中等职业教育国家规划教材
全国中等职业教育教材审定委员会审定

物理化学

第二版

主　　编　邬宪伟
责任主审　戴猷元
审　　稿　戴猷元　廖沐真

化学工业出版社
·北京·

本书为第二版，全面介绍了物理化学的基本理论和基本概念，包括理想气体状态方程、热力学定律、相平衡、溶液、化学平衡、电化学、表面现象和分散体系、化学动力学和催化作用。全书以状态函数和动态平衡的概念为核心，对概念及其应用进行了分析和讨论。

本教材在编写中简化了一些方程式的推导和定律的表述，直接引出结论，把重点放在对结论的正确应用和对引出结论的讨论上。书中每章前有学习指南，指出本章的学习重点；章后附有科海拾贝，介绍现代技术及其发展，有利于拓宽学生视野；各章均配有练习及答案，有利于教与学。

本书适合作为中等职业学校化工、轻工、材料、冶金、医药等相关专业的教材，也可作为生产单位对技术工人培训时的参考书。

图书在版编目（CIP）数据

物理化学/邬宪伟主编．—2版．—北京：化学工业出版社，2007.7（2021.4重印）
中等职业教育国家规划教材
ISBN 978-7-122-00442-0

Ⅰ．物…　Ⅱ．邬…　Ⅲ．物理化学-专业学校-教材
Ⅳ．064

中国版本图书馆CIP数据核字（2007）第068075号

责任编辑：王文峡　　文字编辑：李姿娇
责任校对：吴　静　　装帧设计：于　兵

出版发行：化学工业出版社（北京市东城区青年湖南街13号　邮政编码100011）
印　　装：涿州市般润文化传播有限公司
787mm×1092mm　1/16　印张15¾　字数381千字　2021年4月北京第2版第9次印刷

购书咨询：010-64518888　　售后服务：010-64518899
网　　址：http://www.cip.com.cn
凡购买本书，如有缺损质量问题，本社销售中心负责调换。

定　　价：48.00元　

第二版前言

《物理化学》是化工、冶金、材料、医药等相关专业的主干课程。编写适合中等职业学校学生学习的《物理化学》教材一直是我们求索的目标。本书第一版出版后，得到了广大师生的关注和欢迎。此次修订再版，听取了教师和学生使用的多方面意见，突出了以下特点：

1. 全书的结构基本不变，保持原有的连贯性和知识点的依托，但在文字描述上作了一些修改。

2. 对某些概念和定义的表述以及公式的推导（第1、2、3章），进行了必要的精简和修改。

3. 对第一版部分章节较深较难的例题和习题作了删改、简化。

本教材在编写中力求符合中等职业教育的教学要求和学生的学习特点，简化了逻辑推演，增加了理论的实际使用例解，以帮助学生更好地理解理论知识。

本次修订版由周晓云执笔，汇集了第一版各章编写老师及使用本教材的师生提出的多方面意见。在此特别要感谢陕西石油化工学校的孟艳老师对本教材提出了较全面的建议和修改意见。原全国化工中专工业分析专业教学指导委员会刘德生、顾明华、黄一石、袁红兰等对本教材的出版做了大量的组织工作，全国各地的相关教师对本书也提出很多合理化建议，在此一并致谢。

书中不尽人意之处，敬请批评指正。

编　者

2007年2月

第一版前言

本教材是依据教育部2001年8月颁布的中等职业学校80个重点建设专业教学指导方案及《物理化学》教学大纲的规定编写的，适合化工、轻工、冶金等相关专业使用。

本教材突出以人为本的教育思想，为适应各种起点的学生阅读，力求降低全书对数学、物理和化学等基础知识的要求，着重培养学生运用物理化学的理论分析问题和解决问题的能力。作者对内容的编排作了如下几方面的尝试：

1. 全书简化了热力学定律的表述和一些方程式的推导。例如，理想气体状态方程式的推导，热化学的盖斯定律、熵函数的引出，热力学第二定律的表述等，力求使读者着眼于对结论的正确运用，而不是对引出结论的讨论；力求使读者理解结论的局限性，而不是诠释定义和定理。

2. 全书以状态函数和动态平衡的概念为核心，力求使读者掌握这两个基本概念。特别是吉氏函数的应用，在化学平衡、相平衡、电化学和表面化学中，我们主要以吉氏函数为轴心分析和讨论问题。

3. 鉴于教材的适用范围，增加了化学平衡、化学动力学和催化作用两章，以满足化学工艺等其他专业的需要。为了体现工业分析与检验专业教改方案的立意，积极尝试中等职业教育与高等职业教育的衔接，本书力求建立开放的知识链，在各章的结尾增设了“科海拾贝”栏目，旨在拓宽读者的视野，为进一步学习开启一扇心灵的窗户。

4. 本书各章开始均有学习指南，其目的是适应不同的读者。对已有一定实践经验的技术工人，可按学习指南挑选内容；对教师及技术人员可以作为对知识的概括和提炼；对初学者可以作为学习的向导和提示。每章均设有练习，包括填空题和计算题、作图题，前者较多地适用于课内练习，后者主要适用于课后练习。

5. 本书涉及的量和单位，均按国家标准GB 3102—93“物理化学和分子物理学的量和单位”的规定执行。

虽然我们在编写过程中吸取了工业分析与检验专业教学改革的经验（该方案曾获上海市教育科研成果一等奖），努力适应各类学生，增强理论联系实际，力求深入浅出，介绍近代技术，实现以人为本。但是限于作者的理论水平和实践能力，教材中肯定还存在需要完善和提高之处，诚恳地希望本教材的使用者批评指正。

本书由邬宪伟任主编。全书共分9章，其中4、5章由刘佳执笔；6、7章由周晓云执笔；绪论、1、2、3、8、9章由邬宪伟执笔；全书的插图、例题、习题和符号编排均由周健校核。

本书经全国中等职业教育教材审定委员会审定，由清华大学戴猷元教授担任责任主审。戴猷元、廖沐真教授审稿。本书由北京化工大学于世林教授主审。上海应用技术学院孙小玲副教授也对书稿提出了许多宝贵意见，特此一并致谢。

作　者

2002年5月

目　录

绪　论

物理化学的研究内容

任何化学变化的发生总是伴随着物理变化。例如，发生化学反应时通常有热量的吸收或放出；蓄电池中电极和溶液之间进行的化学反应导致电流的产生。反之，发生物理变化也可能导致化学变化的发生，影响化学变化的进行。例如，光照射照相底片引起的化学反应可使图像显示出来；水在常温下通电可以电解生成氢气和氧气。可见，化学变化与物理变化有着紧密的相互联系。人们在长期的实践过程中考察、研究这种联系，逐渐形成了物理化学这门学科。物理化学是从研究化学变化和物理变化之间的相互联系入手，运用物理学的理论和方法，研究化学变化基本规律的一门学科。

物理化学的研究内容有以下三个方面。

(1) 化学反应的方向和限度　研究化学反应以及与之密切相关的相变化、表面现象和电化学等的方向、限度及其所伴随的能量得失等，即化学热力学。对学习化学工艺、石油炼制等工艺类专业的学生而言，化学热力学是理解热量衡算、化学反应、物质分离等操作条件的基础；对学习工业分析与检验等分析类专业的学生而言，它是学习电化学分析、热值分析、色谱分析的基础。

(2) 化学反应速率和原理　研究各种因素（如浓度、温度、压力、催化剂等）对化学反应速率的影响规律，探索反应进行的原理，即化学动力学。对工艺类专业的学生而言，化学动力学是理解反应操作条件、优化操作的基础；对分析类专业的学生而言，它是了解近代催化分析等技术的基础。

(3) 物质的性质与微观结构的关系　研究物质的微观结构与宏观性质（如耐高温、耐低温、耐高压、耐腐蚀等）之间的联系，即物质结构。它是近代物理化学的重要组成部分，是了解化学热力学和化学动力学本质问题的基础。限于中等职业教育的要求，本书对这部分内容不作介绍。

物理化学的研究方法

物理化学采用物理学的方法，主要包括热力学方法、统计力学方法和量子力学方法。这三种方法之间的相互关系见表 0-1。

表 0-1　量子力学、统计力学和热力学三种方法的相互关系

量子力学	统计力学	热力学
研究以电子、原子核组成的微观体系，考察个别微观粒子的运动状态	从微观体系的性质入手，通过配分函数推算出宏观的热力学函数	研究以大量粒子组成的宏观体系，概括热力学状态函数变化与热、功和平衡状态的关系

本书主要采用热力学的方法，以热力学第一定律和第二定律为基础，导出化学平衡、相

平衡、电化学、表面现象等一系列理论，着重介绍热力学状态函数的应用，统计力学和量子力学的方法限于教学要求不作介绍。

物理化学的学习要求

物理化学是化工、轻工、医药等职业学校的重要基础课之一，学习本课程的基本要求如下。

（1）掌握热力学基本概念，理解运用热力学的基本原理，分析生产过程和生活实践中的能量转化和平衡问题。

（2）了解化学反应速率的概念以及各种因素对反应速率的影响。

（3）初步掌握物理化学的计算方法、图像绘制方法，能够对数据和图像作出分析和判断。

（4）掌握物理化学实验的基本原理和操作技能，能够正确使用仪器和设备。

物理化学是一门系统性和理论性较强的课程，涉及数学、物理和化学的基础知识。该课程本身概念和公式较多，且各部分内容关系比较密切。读者在学习中应注意复习，注意联想，注意各结论的应用条件，注意解题的举一反三，这样学习将事半功倍。

1 气　　体

学习指南

物质通常有3种聚集状态：气态、液态和固态。气态物质称为气体。气体的宏观性质主要有物质的量n、温度T、压力p和体积V。生活和生产实践中的气体都是真实气体，仅当真实气体处于高温、低压的条件下，才可以近似为理想气体。理想气体是气体分子间没有作用力、分子本身没有体积的假想气体。

气体宏观性质的描述遵循下列规则：

理想气体状态方程　　$pV=nRT$

真实气体近似计算　$\begin{cases}\left(p+\dfrac{a}{V_m^2}\right)(V_m-b)=RT\\ Z=f(p_r,T_r)\\ pV=ZnRT\end{cases}$

理想气体可以是纯物质，也可以是混合物。作为混合物的理想气体具有下列特性：

$$\frac{p_i}{p}=\frac{V_i}{V}=\frac{n_i}{n}=y_i$$

p_i、V_i、y_i分别是i物质的分压、分体积和摩尔分数。

自然界中的物质通常以3种聚集状态存在，即固态、液态、气态。物质为何有三态？按照分子运动论的观点，物质由大量分子组成，分子是非常微小的粒子，每时每刻都在不停地运动，其运动形式有平动、转动和振动。由于运动分子之间距离的不同，分子间的作用力也不同。分子间距离越小，作用力越强，分子的无规则运动程度越低，反之亦然。如图1-1所示。

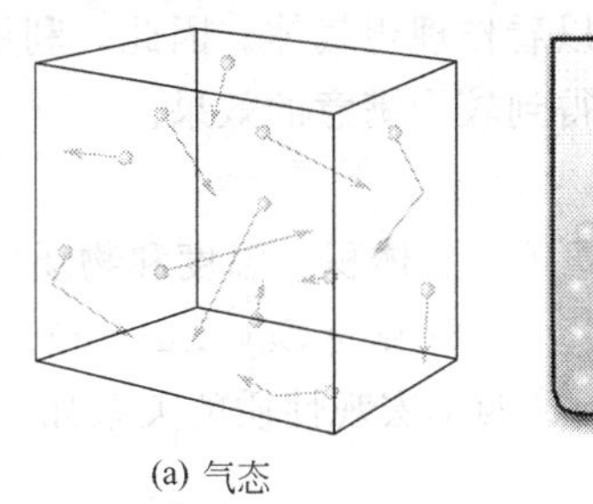

(a) 气态

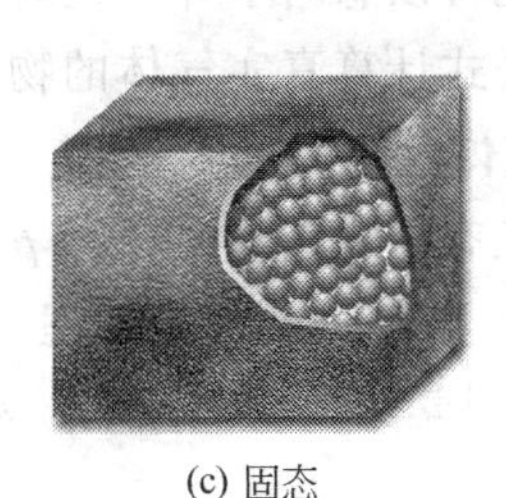

(b) 液态

(c) 固态

图1-1　物质的聚集状态

固体分子间距离最小，分子间作用力较强，分子只能在固定的平衡位置上振动。因此，可以从宏观上看到固体具有一定的形状和体积，且不易被压缩。气体分子间距离最大，分子间作用力最弱，分子能够进行平动、转动和振动，其无规则运动程度最大。所以从宏观上看，气体可以无限制膨胀，均匀地充满任意形状的容器，气体本身则没有具体的形状，而且易被压缩。

液体的分子间距介于气体和固体之间，其分子间作用力与固体分子间作用力比较要弱得多，而与气体分子间作用力比较又要强一些。因此，液体分子没有平衡位置，它们可以进行平动和转动，所以液体在宏观上具有一定的体积和流动性，其形状随容器的形状而定，且难以压缩。

由此可知，物质的气、液、固三种聚集状态决定于物质分子间距的大小。而分子间距的大小与外界条件密切相关。因此，物质究竟处于何种状态，取决于物质本身的性质和外界条件。例如，在常温常压下，氧气是气体，水是液体而食盐是固体。当外界条件改变时，物质可以从一种聚集状态改变成另一种聚集状态。例如，在常压下将水加热到100℃时，水就会变成气体即水蒸气；若降低温度到0℃以下，水又会变成固体即冰。随着温度、压力的变化，各物质分子间作用力的强弱和分子运动的剧烈程度都会相应发生变化，从而导致物质聚集状态的变化。

研究物质的聚集状态及其变化规律，是人们认识宏观事物的基础。在物质三态中，气体是物质存在的最简单形态之一，它广泛存在于自然界，与人们的日常生活、工业生产和科学研究有着密切的联系。与研究液体和固体比较，研究气体宏观性质的变化规律相对简单。气体宏观性质研究的实验和理论探索开始的时间比较早，获得的规律也比较完整。因此，了解气体及其变化规律是学习物理化学不可缺少的基础知识。物理化学中存在大量有关气体及其规律的理论，本章重点讨论气体宏观性质 p（压力）、V（体积）、T（温度）及 n（气体物质的量）之间的变化规律，为后续章节的学习奠定基础。

1.1 理想气体状态方程

1.1.1 理想气体的概念

物理学中为了简化对运动物体的研究，经常利用抽象的方法。例如，物体可以近似地看作是一个没有大小和形状的理想物体，称为质点。同理，为了简化对真实气体的研究，可以将真实气体近似地看作是一个抽象的气体，称为理想气体。

理想气体是分子本身没有体积、分子之间没有相互作用力的假想气体。虽然自然界中并不存在理想气体，但是在高温低压下，真实气体分子间距很大，作用力很小，分子本身体积与气体体积相比可以忽略不计，这时，真实气体可以看作理想气体。因此，利用理想气体概念导出的有关公式计算真实气体的物理量，也可以得到较为满意的效果。

1.1.2 理想气体状态方程

描述气体状态的物理量主要有 p、V、T、n（即压力、体积、温度和物质的量）四个宏观性质。经波义耳（Boyle）、查理（Charles）、盖・吕萨克（Cay Lussac）、阿伏加德罗（Avogadro）等科学家的研究发现，对于低压气体，这四个宏观性质的关系如下：

$$pV=nRT \tag{1-1}$$

式中 p——气体的压力，Pa（帕）；

V——气体的体积，m^3（立方米）；

T——热力学温度，旧称绝对温度，K，它同摄氏温度 t(℃) 的关系为

$$T=273.15+t$$

n——气体的物质的量，mol（摩尔）；

R——摩尔气体常数，$J \cdot K^{-1} \cdot mol^{-1}$。

按照理想气体的模型，当能量单位采用J（焦耳）时，由外推实验的方法测得式(1-1)中的摩尔气体常数为8.314J·K^{-1}·mol^{-1}。不论气体的种类（如O_2、CO_2、Ne等）如何，式(1-1)中的R均为常数。

式(1-1)称为理想气体状态方程式。

由物质的量 $n=\frac{m}{M}$，故式(1-1)也可表示为

$$pV=\frac{m}{M}RT \tag{1-2}$$

式中 m——气体的质量，kg（千克）；

M——气体的摩尔质量，kg·mol^{-1}。

结合密度的定义$\rho=\frac{m}{V}$，则式(1-2)可写成

$$pV=\frac{\rho V}{M}RT$$

故

$$\rho=\frac{pM}{RT} \tag{1-3}$$

式中 ρ——气体的密度，kg·m^{-3}。

【例1-1】 体积为0.2m^{3}的钢瓶盛有CO_2 0.89kg，当温度为0℃时，问钢瓶内气体的压力为多少？

解 已知$V=0.2\text{m}^3$，$m=0.89\text{kg}$，$M=0.044\text{kg}\cdot\text{mol}^{-1}$，$T=273.15+0=273.15$(K)，$R=8.314\text{J}\cdot\text{K}^{-1}\cdot\text{mol}^{-1}$，则根据式(1-2)得

$$p=\frac{0.89\times8.314\times273.15}{0.044\times0.2}=2.30\times10^5\ \text{(Pa)}$$

或

$$p=230\text{kPa}=0.23\text{MPa}$$

【例1-2】 求氨气在100℃和压力为106658Pa时的密度。

解 已知$T=273.15+100=373.15$(K)，$M=0.01703\text{kg}\cdot\text{mol}^{-1}$，则根据式(1-3)得

$$\rho=\frac{106658\times0.01703}{8.314\times373.15}=0.585\ (\text{kg}\cdot\text{m}^{-3})$$

【例1-3】 两个体积相等的玻璃球（见图1-2），中间用细管连通（管内体积可忽略不计）。开始时两球温度为27℃，共含有0.7mol氢气，压力为50663Pa。若将其中一球放在127℃的油浴中，另一球仍保持在27℃，试计算球内的压力和各球内氢气的物质的量。

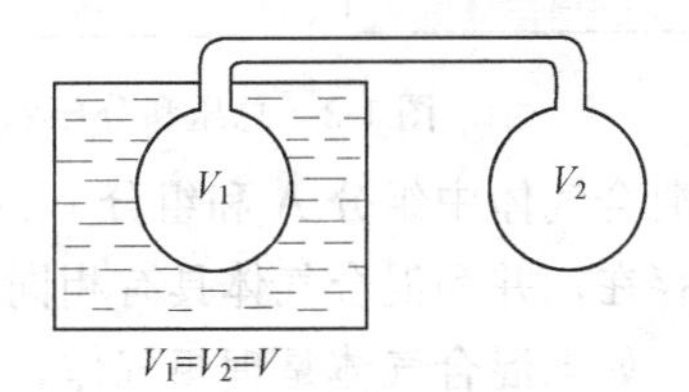

图1-2 等体积连通的玻璃球

解 首先分析初态和终态的条件：

初态	终态
$n_{A1}+n_{A2}=n=0.7\text{mol}$	$n_{B1}+n_{B2}=0.7\text{mol}$
$V_1+V_2=2V$	$V_1+V_2=2V$
$p_A=50663\text{Pa}$	p_B?
$T_{A1}=T_{A2}=27+273.15\approx300(\text{K})$	$T_{B1}=127+273.15\approx400(\text{K})$；$T_{B2}=300\text{K}$

按题意要求得n_{B1}、n_{B2}和p_B。由理想气体状态方程式(1-1)可得

$$n_{B1}=\frac{p_B V}{T_{B1}R}$$

$$n_{B2}=\frac{p_B V}{T_{B2}R}$$

$$n=\frac{p_B V}{R}\left(\frac{1}{T_{B1}}+\frac{1}{T_{B2}}\right) \tag{a}$$

由上式可知，若要求得 p_B，必须先求出 V 的值。根据初态的条件，可以列出两球总的理想气体状态方程：

$$p_A(2V)=nRT_{A1}$$

所以

$$\frac{V}{R}=\frac{nT_{A1}}{2p_A} \tag{b}$$

联立(a)、(b)两式，整理后可得

$$p_B=\frac{2p_A}{T_{A1}\left(\frac{1}{T_{B1}}+\frac{1}{T_{B2}}\right)}=\frac{2\times 50663}{300\times\left(\frac{1}{400}+\frac{1}{300}\right)}=57755\ (\text{Pa})$$

$$n_{B1}=\frac{p_B V}{T_{B1}R}=\frac{p_B n T_{A1}}{T_{B1}\times 2p_A}=\frac{57755}{400}\times\frac{0.7\times 300}{2\times 50663}=0.3\ (\text{mol})$$

$$n_{B2}=n-n_{B1}=0.7-0.3=0.4\ (\text{mol})$$

1.2 分压定律和分体积定律

1.2.1 分压定律

通常，气体都能以任何比例均匀地混合。在一定温度 T 下，体积为 V 的容器中盛有 A、B 两种气体，其物质的量分别为 n_A、n_B。此时所产生的压力 p 即为 A、B 两种气体共同作用于单位容器壁上的力，称为总压力，简称气体压力。

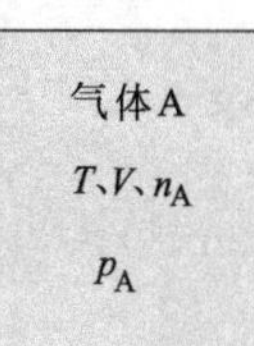

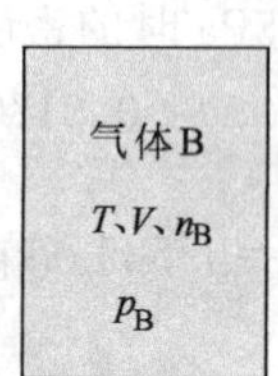

图 1-3　总压和分压示意图

若混合气体中的组分 A 或组分 B 单独存在，分别占有混合气体的体积 V 并且具有相同的温度 T（如图 1-3 所示），则测得的 A、B 两组分的压力 p_A 和 p_B，分别称为混合气体中组分 A 和组分 B 的分压力。所以，混合气体中某组分的分压力是指该组分单独存在，并和混合气体具有相同的体积和温度时所具有的压力。

如果混合气体是理想气体，按式(1-1) 可得

$$p_A=\frac{n_A}{V}RT$$

$$p_B=\frac{n_B}{V}RT$$

$$p=\frac{n}{V}RT=\frac{n_A+n_B}{V}RT$$

显然

$$p=p_A+p_B$$

上式表示，混合气体的总压等于组成混合气体的各组分分压之和，这个经验规律称为道尔顿（Dalton）分压定律。其通式为

$$p = \sum p_i \tag{1-4}$$

式中　p_i——组分 i 的分压。

$$p_i = \frac{n_i}{V} RT$$

上式除以式(1-1)，可得

$$\frac{p_i}{p} = \frac{n_i}{n} = y_i$$

即
$$p_i = p y_i \tag{1-5}$$

式中　y_i——组分 i 的摩尔分数，它是组分 i 物质的量与混合气体物质的量的比值。

由于
$$n = \sum n_i$$

则
$$\sum y_i = \sum \frac{n_i}{n} = \frac{1}{n} \sum n_i = 1 \tag{1-6}$$

式(1-5) 是分压定律的另一表达式，说明某组分的分压是该组分的摩尔分数和混合气体总压的乘积。分压定律是理想气体的定律，真实气体只有在低压下接近理想气体时才能适用。

1.2.2　分体积定律

混合气体中某组分 i 单独存在，并且与混合气体的温度、压力相同时所具有的体积，称为混合气体中组分 i 的分体积，记作 V_i。现以温度 T、压力 p 时由 n_A mol 组分 A 和 n_B mol 组分 B 构成的混合气体为例，引出并说明分体积定律。该混合气体的总体积 V 和两个组分的分体积 V_A、V_B 如图 1-4 所示。

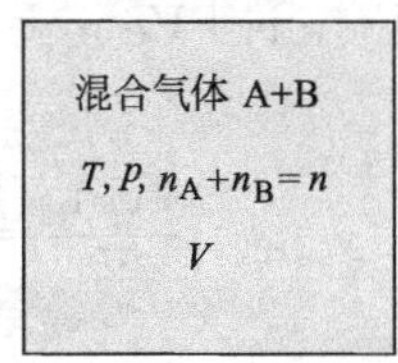

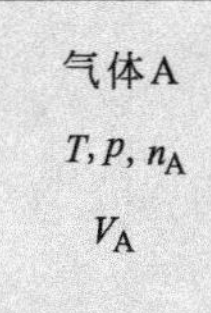

图 1-4　总体积和分体积示意图

如果混合气体是理想气体，则按式(1-1) 可得

$$V_A = \frac{n_A}{p} RT$$

$$V_B = \frac{n_B}{p} RT$$

$$V = \frac{n}{p} RT = \frac{n_A + n_B}{p} RT$$

显然
$$V = V_A + V_B$$

上式表示，混合气体的总体积等于组成混合气体各组分的分体积之和，这称为阿玛格 (Amagat) 分体积定律，其通式为

$$V = \sum V_i \tag{1-7}$$

式中　V_i——组分 i 的分体积。

由于
$$V_i = \frac{n_i}{p} RT$$

上式除以式(1-1)，可得

$$\frac{V_i}{V} = \frac{n_i}{n} = y_i$$

或
$$V_i = V y_i \tag{1-8}$$

这是阿玛格分体积定律的另一种表达式。它说明混合气体中某组分的分体积等于该组分的摩尔分数与混合气体总体积的乘积。分体积定律同分压定律一样，都是理想气体定律。因此，对于真实气体只有在低压下才适用。

1.2.3 压力分数、体积分数和摩尔分数的相互关系

前面引出的混合气体的分压、分体积和摩尔分数都是混合气体的性质。当混合气体可近似看作理想气体时，这些性质存在着普遍的联系。

由式(1-5) 和式(1-8) 可得

$$\frac{p_i}{p}=\frac{V_i}{V}=\frac{n_i}{n}=y_i \tag{1-9}$$

上式表明，对于理想气体或低压下的实际气体，其混合物的压力分数、体积分数和摩尔分数三者是等值的。

【例 1-4】 已知某混合气体的体积分数为：C_2H_3Cl 88%，HCl 10%及 C_2H_4 2%，于恒定 100kPa 压力下经水洗除去 HCl 气体，求剩下干气体（不考虑所含水蒸气）中各组分的分压。

解 设气体近似为理想气体，取 100m³ 混合气体为计算基准，则

$$V_{C_2H_3Cl}=88\text{m}^3 \qquad V_{HCl}=10\text{m}^3 \qquad V_{C_2H_4}=2\text{m}^3$$

除去 HCl后，气体的总体积为

$$V=V_{C_2H_3Cl}+V_{C_2H_4}=88+2=90\ (\text{m}^3)$$

按式(1-9) 可得

$$y_{C_2H_4}=\frac{V_{C_2H_4}}{V}=\frac{2}{90}=0.022$$

按式(1-6) 可得

$$y_{C_2H_3Cl}=1-y_{C_2H_4}=1-0.022=0.978$$

代入式(1-5) 可得

$$p_{C_2H_4}=y_{C_2H_4}p=0.022\times100=2.2\ (\text{kPa})$$

$$p_{C_2H_3Cl}=y_{C_2H_3Cl}p=0.978\times100=97.8\ (\text{kPa})$$

【例 1-5】 设有一混合气体，压力为 100kPa，其中含 CO_2、O_2、C_2H_4、H_2 四种气体，用奥氏气体分析仪进行分析，气体取样为 100.0×10^{-3}L，首先用 NaOH 溶液吸收 CO_2，吸收后剩余气体为 97.1×10^{-3}L，接着用焦性没食子酸溶液吸收 O_2 后，还剩气体 96.0×10^{-3}L，再用浓硫酸吸收 C_2H_4，最后尚余 63.2×10^{-3}L。试求各种气体的摩尔分数及分压。

解 各种气体的分体积分别为

$$V_{CO_2}=(100.0-97.1)\times10^{-3}\text{L}$$

$$V_{O_2}=(97.1-96.0)\times10^{-3}\text{L}$$

$$V_{C_2H_4}=(96.0-63.2)\times10^{-3}\text{L}$$

$$V_{H_2}=63.2\times10^{-3}\text{L}$$

由于气体处在低压下，可近似为理想气体，按式(1-9) 得各种气体的摩尔分数分别为

$$y_{CO_2}=\frac{V_{CO_2}}{V}=\frac{(100.0-97.1)\times10^{-3}}{100.0\times10^{-3}}=0.029$$

$$y_{O_2}=\frac{V_{O_2}}{V}=\frac{(97.1-96.0)\times10^{-3}}{100.0\times10^{-3}}=0.011$$

$$y_{C_2H_4}=\frac{V_{C_2H_4}}{V}=\frac{(96.0-63.2)\times10^{-3}}{100.0\times10^{-3}}=0.328$$

$$y_{H_2}=\frac{V_{H_2}}{V}=\frac{63.2\times10^{-3}}{100.0\times10^{-3}}=0.632$$

根据式(1-5)可得各种气体的分压为

$$p_{CO_2}=0.029\times100=2.9\ (\text{kPa})$$

$$p_{O_2}=0.011\times100=1.1\ (\text{kPa})$$

$$p_{C_2H_4}=0.328\times100=32.8\ (\text{kPa})$$

$$p_{H_2}=0.632\times100=63.2\ (\text{kPa})$$

1.2.4 混合气体的平均摩尔质量

单一气体物质有确定的摩尔质量，而混合气体则没有确定的摩尔质量，其摩尔质量随所含气体的种类和组成的变化而变化。但是，若混合气体所含的气体种类和组成保持稳定，则可以推算出它的平均摩尔质量 $\overline{M}$。

混合气体的平均摩尔质量和纯气体物质的摩尔质量相似，可以用混合气体的质量除以物质的量来表示：

$$\overline{M}=\frac{m}{n} \tag{1-10}$$

设有 A、B 两种物质构成的混合气体，其摩尔质量分别为 M_A 和 M_B，物质的量分别为 n_A 和 n_B，则混合气体质量应该为

$$m=m_A+m_B=n_AM_A+n_BM_B$$

代入式(1-10)得到混合气体的平均摩尔质量为

$$\overline{M}=\frac{n_A}{n}M_A+\frac{n_B}{n}M_B$$

即

$$\overline{M}=y_AM_A+y_BM_B \tag{1-11a}$$

混合气体的平均摩尔质量等于所含各种气体的摩尔分数与它们的摩尔质量乘积之总和，写成通式

$$\overline{M}=\sum y_iM_i \tag{1-11b}$$

式中 M_i——组分 i 的摩尔质量。

【例 1-6】 求标准状态[1]下 1kg 干空气（含 O_2 和 N_2 的体积分数分别为 21%和 79%）的体积（m^3）。

解 设空气近似为理想气体，先要求出空气的平均摩尔质量。

$$\begin{aligned}\overline{M}&=y_{O_2}M_{O_2}+y_{N_2}M_{N_2}=0.21\times0.032+0.79\times0.028\\&=0.02884\ (\text{kg}\cdot\text{mol}^{-1})\end{aligned}$$

按理想气体状态方程

$$\begin{aligned}V&=\frac{m}{\overline{M}}\times\frac{RT}{p}=\frac{1}{0.02884}\times\frac{8.314\times273}{100\times10^3}\\&=0.787\text{m}^3\ (\text{STP})\end{aligned}$$

【例 1-7】 已知 C_2H_6 及 C_4H_{10} 的混合气体，其 $\overline{M}=47.5\times10^{-3}\text{kg}\cdot\text{mol}^{-1}$。求混合气

[1] 标准状态指温度为 0℃、压力为 100kPa，用 STP 表示；后同。

体在 100kPa 时两气体的分压。

解 要求各组分的分压，必须先求得各组分的摩尔分数。

设以 A 表示 C_2H_6，以 B 表示 C_4H_{10}，并认为混合气体近似理想气体。

由式(1-11a)

$$\overline{M}=y_A M_A+y_B M_B$$

而

$$y_B=1-y_A$$

所以式(1-11a) 改写为

$$\overline{M}=y_A M_A+(1-y_A)M_B \tag{a}$$

已知 $\overline{M}=47.5\times10^{-3}\text{kg}\cdot\text{mol}^{-1}$，$M_A=0.03\text{kg}\cdot\text{mol}^{-1}$，$M_B=0.058\text{kg}\cdot\text{mol}^{-1}$，代入式(a) 得

$$47.5\times10^{-3}=y_A\times0.03+(1-y_A)\times0.058$$

整理后得到

$$0.058-0.028y_A=0.0475$$

解得

$$y_A=0.375$$

$$y_B=1-y_A=0.625$$

则

$$p_{C_2H_6}=y_A p=0.375\times100=37.6(\text{kPa})$$

$$p_{C_4H_{10}}=y_B p=0.625\times100=62.4(\text{kPa})$$

1.3 真实气体

前面所导出的状态方程，如道尔顿分压定律和阿玛格分体积定律都是理想气体的定律。真实气体只有在低压下才能遵守这些规律。而在温度较低、压力较高的情况下，真实气体应用这些定律时，将产生较大的偏差。这就必须研究真实气体的 p、V、T 关系。

1.3.1 真实气体对理想气体的偏差

根据理想气体状态方程式(1-1)，一定量的理想气体在一定温度下，p 和 V 的乘积等于常数，即 pV 不随压力 p 的改变而变化。因此，若以 pV_m 为纵坐标，以 p 为横坐标作图时，pV_m-p 的关系应为平行于横轴的直线，但实际情况并非如此。图 1-5 为几种 pV_m-p 的恒温线。

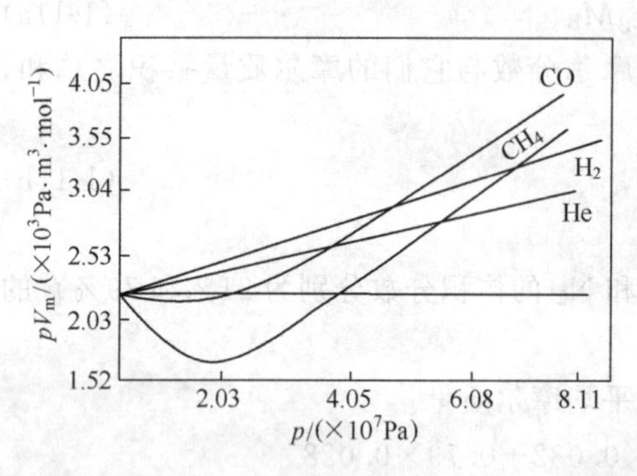

图 1-5 几种真实气体的 pV_m-p 恒温线（0℃）

对于理想气体，pV_m-p 图为一水平直线，而真实气体则偏离该直线。例如 CH_4、CO、H_2、He 的恒温线，在压力升高时均偏离理想气体的水平线。真实气体对理想气体产生偏差的原因主要有以下两方面：

(1) 理想气体分子本身没有体积，但真实气体的分子体积确实存在，只是在高温低压下气体十分稀薄，气体本身的体积与它的运动空间相比可以忽略不计。反之，在高压低温下，气体分子本身的体积就不能忽略了。如以氮分子为例，把氮分子看作球形时，每个分子的体积 $V_1=\frac{4}{3}\pi r^3=1.4\times10^{-29}\text{m}^3$，1mol N_2 分子本身的体积为 $V=6.02\times10^{23}V_1=8.4\times10^{-6}\text{m}^3$，在标准状态下 1mol N_2 的体积为 $22.4\times10^{-3}\text{m}^3$，其分子本身的体积只占气体总体积的万分之三，当 N_2 压力增加到 1000×100kPa 时，气体总体积约缩小为 $22.4\times10^{-6}\text{m}^3$，那么分子

本身的体积约占总体积的五分之一。显然高压下，分子本身体积不能忽略。

(2) 理想气体分子间没有作用力，但真实气体分子间却有作用力存在，而且以分子间引力为主。在温度较高时，由于分子运动激烈，分子运动的动能较大，相对而言，分子间的作用力可以忽略。另外，在压力较低时，气体密度较小，分子间距较大，分子间引力也可略而不计。然而在低温或高压下分子间的作用力不容忽视。

1.3.2 真实气体的液化

真实气体分子间的作用力随着温度的降低和压力的升高而加强。当达到一定程度时，物质的聚集状态将发生变化。即本章开始介绍的物质的三种聚集状态，在一定的条件下可以相互转换。真实气体变成液体的过程称为气体的液化。

气体液化是真实气体有别于理想气体的特征之一。理想气体是为了简化对气体状态变化规律的描述，人为假想的一种气体。它所得出的状态方程，在高温低压的条件下可以适用于真实气体。但是，当真实气体处于低温高压（向液态过渡）下时，对状态变化规律的描述就不能使用理想气体状态方程了。下面以 CO_2 为例，探索新的规律。

1.3.2.1 CO_2 的恒温线

安德鲁斯在 1869 年根据实验得到 CO_2 的压力、体积和温度的关系图，称为 CO_2 的恒温线（见图 1-6）。在该图中，恒温线大致可分成三种类型，分述如下。

(1) 低温下（如 13.1℃）的恒温线。该曲线可分为三段，AB 段表示 CO_2 完全是气态，随着压力的增加，体积逐渐减小，这与理想气体的恒温线相似。压力增加到 B 点时，CO_2 开始液化。随着液化的进行，气体体积沿 BC 线减小，但压力保持不变。这是因为进行液化时，CO_2 分子不断地从气态转入液态，在气体体积减小的同时，气体分子数目也相应地减少，而气体密度则是不变的。当达到 C 点时，CO_2 已全部液化。以后继续加压，液体沿 CD 线迅速上升，体积变化甚小，表明液体不易压缩。20℃的恒温线与 13.1℃的恒温线相似，只是进行液化的水平段缩短。温度越高，水平线越短。

(2) 当温度升到 31.1℃时，恒温线的水平段缩成一点 K，即恒温线上出现拐点。在这一点上，气体和液体的差别消失，看不到气液分界面，并产生乳光现象。在此温度以上，无论加多大压力，CO_2 气体均不能被液化。因此，称 31.1℃为 CO_2 的临界温度。

(3) 临界温度以上，如 40℃的恒温线基本上与理想气体的恒温线相似，温度越高，相似的程度越大。

由上述分析可知，一簇 CO_2 的恒温线不仅描述了不同温度下的 p-V 关系，而且揭示了真实气体向液体过渡的特征。图 1-6 可分为三个区域，$ABKM$ 线以右是气态区域；CKM 线以左是液态区域；BKC 线内是气态和液态共存区域。

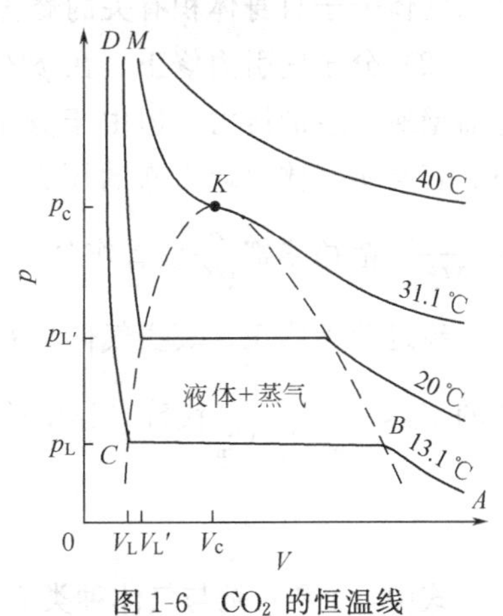

图 1-6 CO_2 的恒温线

1.3.2.2 临界状态

许多研究表明，每种气体都有一个由其特性决定的能够被液化的最高温度，称为临界温度，记作 T_c。低于临界温度是气体液化的必要条件。在临界温度时，气体液化所需的最低压力称为临界压力，记作 p_c。这一确定的压力是气体液化的充分条件。在临界温度和临界压力下，1mol 气体所占有的体积称为临界体积，记作 V_c。

T_c、V_c 和 p_c 统称为临界常数，它们是由各物质的特性所确定的。图 1-6 中的 K 点称为临界点。物质处于临界点（即为 T_c、p_c、V_c）的状态称为临界状态。

表 1-1 给出了部分气体的临界常数。由此可见，各种真实气体具有不同的临界常数，它反映了气体的个性。而各种真实气体在临界状态以下都能被液化，又反映了气体的共性。因此，临界常数既可以看作特定气体的“指纹”，表征特定气体的物性，也经常作为工业过程和科学研究的重要参数。例如，在临界温度以上，物质的存在形式一定是气态。

表 1-1 某些气体的临界常数

物质	T_c/K	$p_c\times10^{-5}$/Pa	$V_c\times10^{-5}$ /$m^3\cdot mol^{-1}$	物质	T_c/K	$p_c\times10^{-5}$/Pa	$V_c\times10^{-5}$ /$m^3\cdot mol^{-1}$
氦	5.3	2.29(2.26)	0.0576	苯	561.6	48.5(47.9)	0.2564
氢	33.3	13.0(12.8)	0.0650	丙烯	365.0	46.2(45.6)	0.1805
氮	126.1	33.9(33.5)	0.0900	丙烷	370.0	42.5(42.0)	0.2003
一氧化碳	134.0	35.5(35.0)	0.0900	氨	405.6	112.9(111.5)	0.0724
氧	153.4	50.3(49.7)	0.0744	氯	417.2	77.0(76.1)	0.1239
二氧化碳	304.3	73.8(72.9)	0.0957	水	647.2	220.5(217.7)	0.0450
甲烷	190.2	46.2(45.6)	0.0988	一氧化氮	179.2	65.8(65.0)	0.0580
乙烷	305.5	48.8(48.2)	0.1478	甲醇	513.1	79.5(78.5)	0.1177
乙烯	283.1	51.2(50.5)	0.1234	正戊烷	470.3	33.7(33.0)	0.3102
乙炔	309.2	62.4(61.6)	0.1128	异戊烷	187.8	34.4(33.7)	0.3055

注：括号中压力数据的单位为 atm（标准大气压）。1atm=101325Pa；后同。

1.3.3 真实气体的近似计算

真实气体的近似计算通常有两种方法：一种是通过理论或半经验的方法推导真实气体状态方程；另一种方法是对理想气体状态方程乘以校正因子。分述如下。

1.3.3.1 *范德华方程*

1881 年范德华（J. D. Vander Waals）在前人研究的基础上，考虑到真实气体与理想气体行为的偏差，他在修正理想气体状态方程时，在体积和压力项上分别提出了两个修正因子 a 和 b，从而使该状态方程式能适用于多数真实气体。

（1）体积修正　在 $pV_m=RT$ 方程式中的 V_m 是指 1mol 气体分子自由活动的空间。理想气体因为分子本身没有体积，所以 V_m 就等于容器的体积。对于真实气体来说，因为要考虑分子本身的体积，所以 1mol 气体分子自由活动的空间就不是 V_m 了，而要从 V_m 中减去一个与气体分子自身体积有关的修正项 b，即把 V_m 换成 V_m-b，常数 b 与气体的种类有关。

（2）分子间引力修正　在 $pV_m=RT$ 方程式中的 p 是指分子间无引力时，气体分子碰撞容器壁所产生的压力。但由于分子间引力的存在，真实气体所产生的压力要比无吸引力时小。若真实气体表现出来的压力为 p，换算为没有引力（作为理想气体）时的压力应该为 $p+\frac{a}{V_m^2}$。范德华把$\frac{a}{V_m^2}$项看作分子内压，它反映分子间引力对气体压力所产生的影响。

经过两项修正，真实气体可看作理想气体加以处理。用 V_m-b 代替理想气体状态方程中的 V_m，以 $p+\frac{a}{V_m^2}$代替方程中的 p，即得范德华方程式

$$\left(p+\frac{a}{V_m^2}\right)(V_m-b)=RT \tag{1-12}$$

式中，a 和 b 是与气体种类有关的物性常数，通称为气体的范德华常数。它们分别与气

体分子间作用力和分子体积的大小有关。范德华常数可以用临界常数来表示：

$$a=\frac{27R^2T_c^2}{64p_c}\qquad b=\frac{RT_c}{8p_c}\tag{1-13}$$

在压力为几兆帕的范围内，使用范德华方程比理想气体状态方程往往可得到比较好的结果，但压力更高时，范德华方程的计算结果仍同实验值存在较大偏差。表 1-2 所列数据表明了这一事实。

表 1-2　CO_2 在 40℃ 时摩尔体积与压力的关系

压力/kPa	实际体积/cm^3	按理想气体状态方程计算的体积/cm^3	按范德华方程计算的体积/cm^3	压力/kPa	实际体积/cm^3	按理想气体状态方程计算的体积/cm^3	按范德华方程计算的体积/cm^3
101.3	25574.0	25705.0	25597.0	50×101.3	380.0	513.0	395.0
10×101.3	2449.0	2571.0	2471.3	100×101.3	69.3	256.7	88.9

随着计算机应用的普及，近年来在工程计算中应用较多的还有索弗（Soave）方程、BWR（Benedit-Webb-Rubin）方程和马丁-侯（J. Mantin-侯虞钧）方程，限于篇幅不再赘述。真实气体状态方程的共同特征有两个方面：①它们都有物性参数，通常参数越多精度越高；②它们都只能在一定范围内较好地描述 p、V、T 的关系。

【例 1-8】 1mol N_2 在 0℃时体积为 $70.3\times10^{-6}m^3$，分别计算：(1) 按理想气体状态方程计算压力；(2) 按范德华方程计算压力；(3) 已知实验值为 40.53MPa，分别计算两方程式的百分误差。

解　(1) 根据理想气体状态方程计算

$$p=\frac{RT}{V_m}=\frac{8.314\times273.15}{70.3\times10^{-6}}=32.3\ (\text{MPa})$$

(2) 根据范德华方程计算。N_2 的临界常数由表 1-1 查得：

$$T_c=126.1\text{K},p_c=33.9\times10^5\text{Pa}$$

按式(1-13) 有

$$a=\frac{27R^2T_c^2}{64p_c}=\frac{27\times8.314^2\times126.1^2}{64\times33.9\times10^5}=0.137$$

$$b=\frac{RT_c}{8p_c}=\frac{8.314\times126.1}{8\times33.9\times10^5}=3.87\times10^{-5}$$

根据式(1-12) 有

$$p=\frac{RT}{V_m-b}-\frac{a}{V_m^2}=\frac{8.314\times273.15}{70.3\times10^{-6}-38.7\times10^{-6}}-\frac{0.137}{(70.3\times10^{-6})^2}=44.1\ (\text{MPa})$$

(3) 百分误差

方法(1) 的误差为

$$\frac{32.3-40.53}{40.53}\times100\%=-20.3\%$$

方法(2) 的误差为

$$\frac{44.1-40.53}{40.53}\times100\%=8.8\%$$

由计算结果可见，范德华方程比理想气体状态方程更符合实际。

1.3.3.2 压缩因子方法

真实气体状态方程通常都比较复杂。因此，在工程速算上希望找到一些更简捷的方法。经过长期探索，人们发现在理想气体状态方程基础上引入校正因子，即可用于真实气体。这个方程表示如下：

$$pV=ZnRT \tag{1-14}$$

式中　Z——校正因子，也叫压缩因子。

由上式得出

$$V_{真}=Z\frac{nRT}{p}=ZV_{理}$$

式中，$\frac{nRT}{p}$是在与真实气体相同的温度、压力和物质的量条件下，按理想气体状态方程计算出来的气体体积；$V_{真}$ 是真实气体所占有的体积。对于理想气体，在任何温度和压力下，压缩因子为1，即 $V_{真}=V_{理}$；如果 $Z>1$，则 $V_{真}>V_{理}$，即真实气体的体积大于理想气体，这表明真实气体比理想气体难于压缩；如果 $Z<1$，则 $V_{真}<V_{理}$，即真实气体的体积小于理想气体，这表明真实气体比理想气体易于压缩。Z 集中了真实气体对理想气体的偏差，以压缩性加以表达，因而得名压缩因子。

压缩因子的大小与温度、压力和气体的种类有关。气体种类的特征“指纹”可以用临界常数来描述，因此

$$Z=f(T,p,T_c,p_c) \tag{1-15}$$

定义

$$p_r=\frac{p}{p_c} \qquad T_r=\frac{T}{T_c} \tag{1-16}$$

式中　p_r——对比压力；

　　　T_r——对比温度。

则式(1-15) 可表述为

$$Z=f(T_r,p_r) \tag{1-17}$$

前人通过大量的科学研究，制作了普遍化的压缩因子图，如图 1-7 所示。横坐标表示对比压力 p_r，纵坐标表示压缩因子 Z，每条曲线表示一个指定的对比温度 T_r。若已知真实气体的压力和温度，则根据其临界常数可求出对比压力和对比温度，从图上可查出与此相对应的压缩因子 Z 值。

【例 1-9】 40℃和 6060kPa 下 1000mol CO_2 气体所占的体积是多少？试分别用理想气体状态方程式、压缩因子图计算。已知实验值为 0.304m^3，问两种方法的计算误差各为多少？

解　(1) 按理想气体状态方程式计算

$$V=n\frac{RT}{p}=1000\times\frac{8.314\times(273.15+40)}{6060\times10^3}=0.429\ (m^3)$$

(2) 用压缩因子图计算

查表 1-1 得 CO_2 的 $p_c=73.8\times10^5$ Pa，$T_c=304.3$K

按式(1-16) 有

$$p_r=\frac{p}{p_c}=\frac{6060\times10^3}{73.8\times10^5}=0.82$$

$$T_r=\frac{T}{T_c}=\frac{273.15+40}{304.3}=1.03$$

由图 1-7 查得　$Z=0.66$

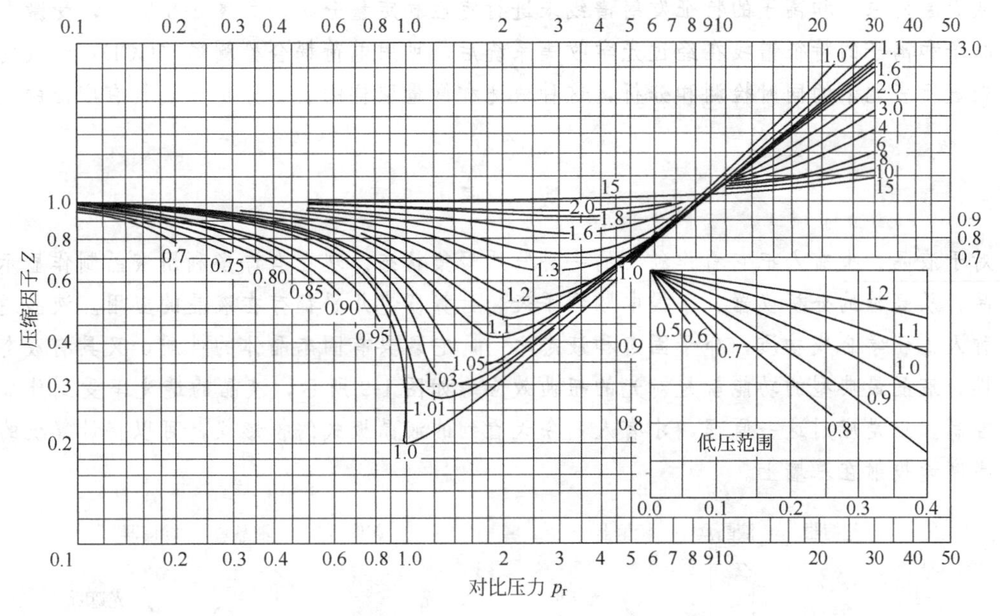

图 1-7　普遍化压缩因子图

故得

$$V_{真}=ZV_{理}=0.66\times0.429=0.283\ (m^3)$$

（3）讨论两种方法与实验值的相对误差分别为

第一种

$$\frac{0.429-0.304}{0.304}\times100\%=41.1\%$$

第二种

$$\frac{0.283-0.304}{0.304}\times100\%=-6.91\%$$

由此可见，用压缩因子方法要比理想气体状态方程精确得多。

科海拾贝

等离子体

等离子体是物质的第四种聚集状态。太阳就是一个灼热的等离子体，恒星、星际空间和地球上空的电离层都是等离子体。日常生活中，日光灯、霓虹灯以及近代的平板大屏幕彩色电视机等都利用了等离子体。若采用某种手段，如加热、放电等，某些气体的部分分子将发生离解和电离。当电离产生的带电粒子密度超过一定限度（如0.1%）时，电离的气体分子间作用达到最弱，而作用力的主要来源是离子和电子间的库仑力。因此，宏观上表现出有别于一般气体的性质，如导电性、与磁场的可作用性等。无论部分电离还是完全电离，其中负电荷总数总是等于正电荷总数，所以称为等离子体。

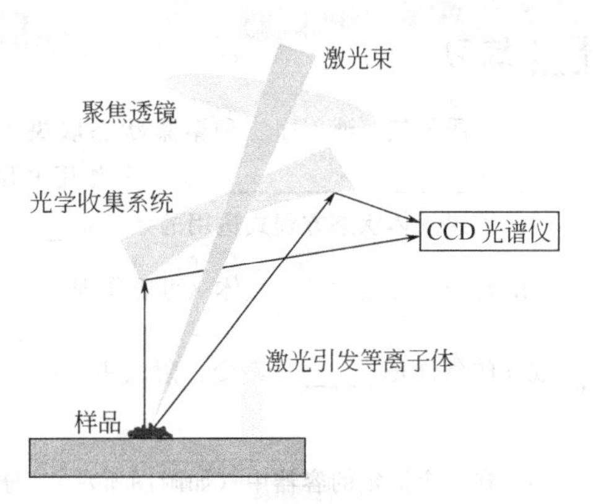

图 1-8　激光引发等离子发射光谱分析装置示意图

近代分析技术中应用大功率激光引发等离子

体，从而激发原子和离子的特征发射谱线来进行定性和定量分析。如图 1-8 所示，受激发元素的原子和离子的特征谱线在经过光学收集系统后，可用电荷耦合检测器（CCD）组成的光谱仪来进行多元素的同时检测和分析，这种快速和微量取样的表面分析方法具有广泛的应用前景。

液　晶

对于液晶，也有人把它看作独立的一种物质聚集状态。现在有许多利用液晶制作显示器的商品，从高档的分析仪器、手提电脑到手表、计算器，几乎都存在液晶的应用。液晶通常是一种人工化学合成物质，介于固态和液态之间，它既具有固态晶体的性质，又具有液态的流动性。液晶最典型的功能就是对光的扭曲效应。如图 1-9 所示，液晶的透光率受到外加电压的控制。正是应用这一原理，才有人们今天看到的液晶板式的投影仪，可以将计算机的屏幕高亮度地投射在幕墙上。

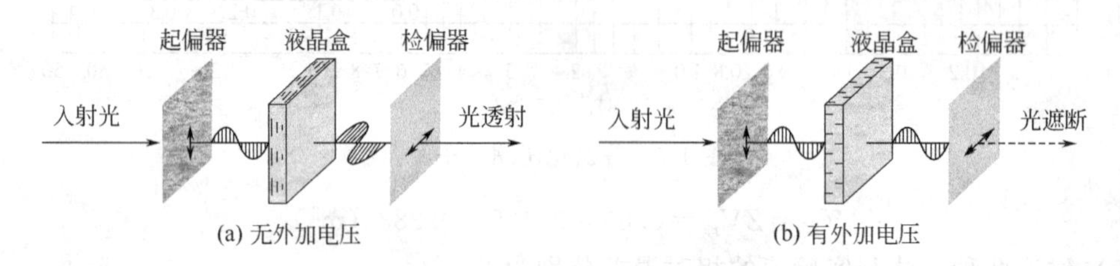

图 1-9　扭曲型电光效应原理

超临界流体

超临界流体是指温度、压力略高于临界点的流体。如图 1-6 所示，这种接近于 K 点的流体，其密度或体积与饱和液体很接近。因此，它能够像一般液体溶剂那样溶解许多固体物质。另一方面，由于等温线在 K 点附近比较平坦，只要恒温下略微降低压力或恒压下略微升高温度，体积将大幅度增加，密度迅速减小，相应地那些被溶解物质的溶解度将显著下降而导致析出。利用这些特性产生了近代技术超临界萃取。例如在近乎室温的条件下，可以利用 CO_2、C_2H_6、C_3H_8 等超临界流体，从茶叶和咖啡豆中萃取咖啡因，从植物中萃取芳香油，从种子中萃取食用油脂等。

练习

1. 物质的气、液、固三种聚集状态取决于分子间距离和分子间作用力。分子间距离大小的顺序为______>______>______；分子间作用力强弱的顺序为______>______>______。

2. 理想气体状态方程式适用的条件是______、______。

3. 对于一定量的低压气体（可看作理想气体），使 $p_1V_1=p_2V_2$ 成立的条件是______不变；使 $\frac{T_1}{V_1}=\frac{T_2}{V_2}$ 成立的条件是______不变。附图中 T_1 ______ T_2 ______ T_3；p_1 ______ p_2 ______ p_3（>，<，=）。

4. 在一个固定的容器中（如附图所示），分别充入相同质量的气体 A、B，压力显示如图。当 A、B 同时充入容器时，压力为______ kPa。得到该结论的理由是：气体的压力______大气压（>，<，=），可看作______气体。因此，可以应用______定律。

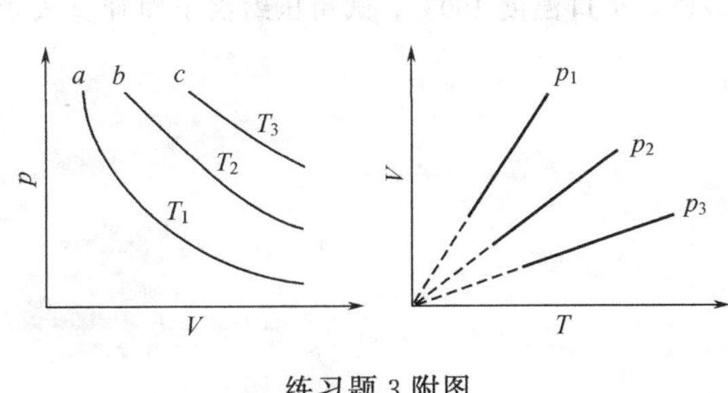

练习题 3 附图

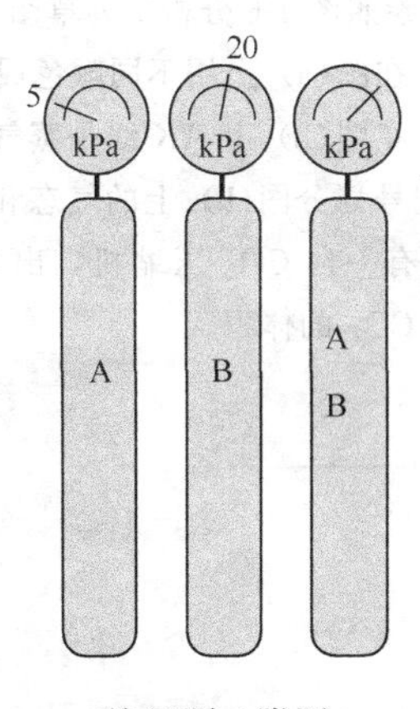

练习题 4 附图

5. 初始压力均为 100kPa 的 1L 氮气和 1L 二氧化碳装入一抽空的 250mL 容器中，若温度保持不变，则 p_{N_2} =________ kPa，$p_{总}$ =________ kPa。

6. 真实气体液化的必要条件是________________________________；充分条件是________________________________。

7. 物质处在临界点，此时看不到气液的分界面，可以说该状态既是________，又是________。

8. 在体积为 $10^{-3}m^3$ 的容器内，含有 1.5×10^{-3}kg 的 N_2，计算 20℃时的压力。

9. 设贮存 H_2 的气柜容积为 $2000m^3$，气柜中压力保持在 104.0kPa。若夏季的最高温度为 42℃，冬季的最低温度为－38℃，问在冬季最低温度时比在夏季最高温度时气柜多装多少千克氢气？

10. 23℃、100kPa 时 3.24×10^{-4}kg 理想气体的体积为 $2.80\times10^{-4}m^3$，试求该气体在 100kPa、100℃时的密度。

11. 两只容积相等的烧瓶装有 N_2，烧瓶之间有细管相通。若两只烧瓶都浸在 100℃的沸水中，瓶内气体的压力为 60kPa。若一只烧瓶浸在 0℃的冰水中，另一只仍然浸在沸水中，试求瓶内气体的压力。

12. 水煤气的体积分数分别为 H_2 50.0%，CO 38.0%，N_2 6.0%，CO_2 5.0%，CH_4 1.0%。在 25℃、100kPa 下，(1) 求各组分的摩尔分数及分压；(2) 计算水煤气的平均摩尔质量和在该条件下的密度。

13. 容器 A 和 B 分别盛有 O_2 与 N_2，两容器用旋塞连接，温度均为 25℃。容器 A 的体积为 $5\times10^{-4}m^3$，O_2 的压力为 100kPa；容器 B 的体积为 $1.5\times10^{-3}m^3$，N_2 的压力为 50kPa。旋塞打开后，两气体混合。在混合均匀后，温度仍为 25℃，试计算其中气体的总压及 O_2、N_2 的分压。

14. 某混合气体含有 0.15g H_2，0.70g N_2 及 0.34g NH_3。计算在 100kPa 的压力下 H_2、N_2、NH_3 各气体的分压力。如果温度为 27℃，该混合气体的总体积应是多少？

15. 分别用理想气体状态方程和范德华方程计算 40℃时，0.1kg CO_2 在 $5.0\times10^{-3}m^3$ 容器中的压力。

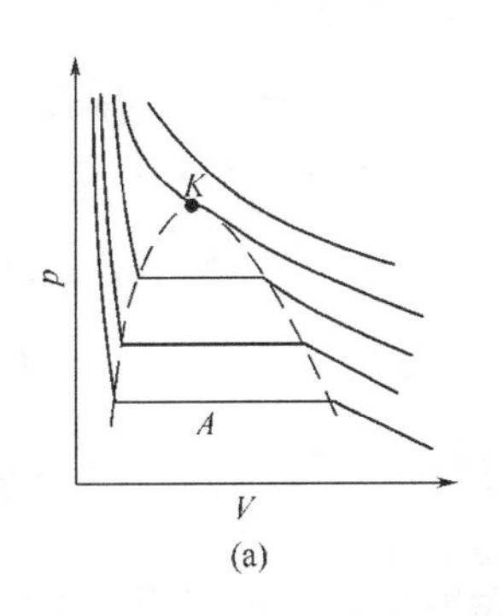

(a)

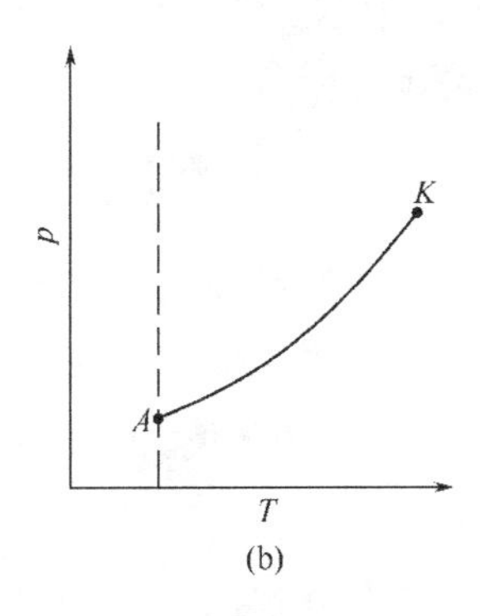

(b)

练习题 16 附图

16. 参照图 1-6 分析下列草图（见附图）：

（1）在图(a) 上用不同颜色或记号标出气态、液态和气液共存状态所属区域。

（2）在图(b) 上 AK 线是蒸气压温度曲线，处在线上的状态是气态、液态还是气液共存状态？用不同颜色或记号划分图(b) 上的气态和液态区域（虚线左侧不必考虑）。

17. 有一台 CO_2 压缩机，出口压力为 15150kPa，出口温度 150℃。试用压缩因子图计算该状态下 1000mol CO_2 的体积。

2 热力学第一定律

学习指南

热力学的研究对象称为体系，体系以外与体系有关的物质与空间被称为环境。用状态函数描述体系的状态，常用的状态函数有 p、V、T、U（内能）、H（焓）等。体系状态发生变化的经过称为过程。热力学第一定律说明任何过程都遵守能量守恒，即 Q（热）$+W$（功）$=\Delta U$。功分成体积功和非体积功两类，本章讨论的一切过程均不包含非体积功。

对于特定体系的典型过程有下列规律：

物理变化：
- 恒容过程 $Q=\Delta U;W=0$
- 恒压过程 $Q=\Delta H;W=-\int_{V_1}^{V_2}p_{外}\mathrm{d}V$
- 理想气体恒温
  - 可逆过程 $Q=-W;W=nRT\ln\dfrac{V_1}{V_2}$
  - 绝热过程 $Q=0;W=-\int_{V_1}^{V_2}p_{外}\mathrm{d}V$
- 可逆相变过程 $Q=n\Delta H_{相变}$

化学变化：
- 恒温恒压(298K) $Q=\Delta H^{\ominus}$
  - 标准生成焓法 $\Delta H^{\ominus}=\sum[m_i\Delta H_{\mathrm{f}}^{\ominus}(i)]_{产物}-\sum[n_j\Delta H_{\mathrm{f}}^{\ominus}(j)]_{反应物}$
  - 标准燃烧焓法 $\Delta H^{\ominus}=\sum[n_j\Delta H_{\mathrm{c}}^{\ominus}(j)]_{反应物}-\sum[m_i\Delta H_{\mathrm{c}}^{\ominus}(i)]_{产物}$
- 恒温恒压(T) $Q=\Delta H_T^{\ominus}=\Delta H_{298}^{\ominus}+\int_{298}^{T}\Delta c_p\mathrm{d}T$

对于状态函数随温度的变化，有下列规律：

$$\Delta U=\int_{T_1}^{T_2}nc_{V,\mathrm{m}}\mathrm{d}T$$

$$\Delta H=\int_{T_1}^{T_2}nc_{p,\mathrm{m}}\mathrm{d}T$$

热力学是研究能量守恒与转换中所遵循规律的学科。热力学的理论主要建立在两个经验定律的基础之上。热力学第一定律指出各种形式的能量在物理变化和化学变化过程中相互转化的关系，也就是能量守恒和转化定律。热力学第二定律则指出过程进行的可能性、方向和限度。这两个定律是人类实践经验的总结，它们不能从逻辑上或用其他理论方法加以证明，但它们的正确性已由无数次实验事实所证实。

热力学在化学领域中的应用就形成了化学热力学。它是物理化学的理论基础，其主要任务是：

(1) 应用热力学第一定律确定物理变化和化学变化过程中各种能量相互转变的量的关

系，特别是化学反应热效应的计算。

(2) 应用热力学第二定律确定在指定条件下，各种物理变化和化学变化过程的方向和限度，即研究建立平衡所需的条件以及外界条件对平衡的影响。

用热力学方法研究问题，只需要知道研究对象的初始状态和最终状态以及过程进行的外界条件，不需要知道物质的微观结构和过程进行的细节，应用上比较方便，这是热力学的优点。

由于热力学只研究大量质点的宏观性质，因此不能说明个别粒子的微观行为，也不能预言变化的历程和时间。热力学只能算出反应达到平衡时的最大产量，而不能回答某一时刻的实际产量是多少。尽管热力学有一定的局限性，但仍不失为是一种非常有用的理论工具。它是化学反应器以及精馏、吸收、萃取、结晶等单元操作的理论基础，在工艺路线选择、工业装置设计、操作条件确定等方面具有重要的指导意义。

例如由石墨制造金刚石的试验，以前很多人曾进行多次实验但都未获得成功，后来通过热力学计算才知道，在常温常压下石墨非常稳定，只有当压力超过 150MPa 时才有可能变成金刚石。在热力学理论指导下，现已成功地实现了这个转变过程。

2.1 基本概念

2.1.1 体系和环境

在热力学中将研究的对象（物质和空间）称为体系，体系以外与体系有关的物质和空间则称为环境。体系与环境由实际的或者想象的边界分开。如图 2-1 所示的反应釜，利用夹套内的水蒸气加热物料。如果只研究物料的变化，则釜中的物料可取为体系，而搅拌器、夹套蒸汽就是环境，显然体系与环境由实际的边界分隔。但如果所研究的对象是反应釜中的产物，则物料中剩余的反应物也同夹套蒸汽和搅拌器一起成为环境。这时，体系同环境之间只能用想象的边界来划分。体系是为了研究问题方便而人为取定的；指定体系以后，环境自然就确定了。根据体系与环境之间能量和物质的交换情况，可将体系分成封闭体系、敞开体系、隔离体系三类。

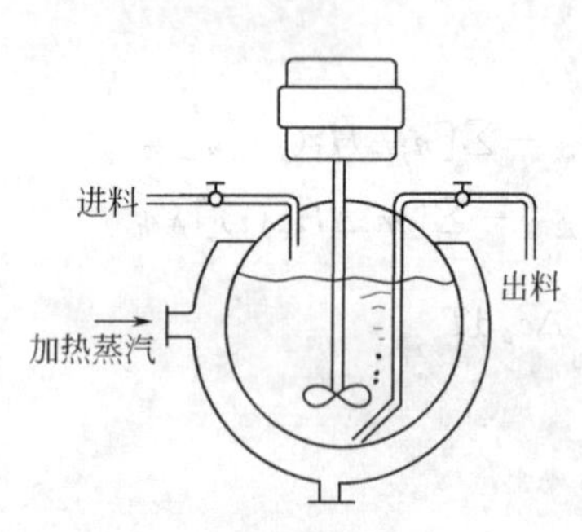

图 2-1　反应釜

2.1.1.1　封闭体系

与环境仅有能量交换而没有物质交换的体系称为封闭体系。图 2-1 中，若取釜内物料为体系，关闭进出料阀门，则体系（物料）与环境（夹套蒸汽）有热交换，搅拌器对体系做了机械功。但是物料没有流入也没有流出反应釜，即与环境没有物质交换，所以该体系称为封闭体系。封闭体系是化学热力学中最常见的体系，今后若不加说明，均指封闭体系。

2.1.1.2　敞开体系

与环境有物质和能量交换的体系称为敞开体系。如图 2-1 中，若取夹套内的水蒸气为体系，则水蒸气冷凝放热传递给釜中物料，这是能量交换；水蒸气不断由夹套的上部流入，冷凝水从夹套下部流出，这是物质交换。所以夹套中的水蒸气就是敞开体系。若取物料中的产物为体系，也为敞开体系，原因请读者自行分析。

2.1.1.3　隔离体系

与环境既无能量交换，又无物质交换的体系称为隔离体系。环境对这类体系无任何影响。绝对的隔离体系是不存在的，只有在适当条件下可近似地把某些体系看作隔离体系。例如在一个绝热封闭的保温瓶中进行盐溶于水的实验，盐和水作为体系，它们与环境可以看作没有能量和物质交换，保温瓶外的环境温度和压力对盐溶于水的过程不发生影响，因此这个体系可认为是隔离体系。

2.1.2 状态函数

物理化学中常用体系的一些宏观性质来描述体系的状态，上述物料中物质的量、温度、压力、体积、密度、组成、黏度等都是体系的宏观性质。这些性质的综合，表示体系的状态。换句话说，在一定状态下，体系的性质都各有定值。这些描述体系状态的宏观性质就叫作状态函数，如温度、压力、体积等。状态函数按照它们与体系中物质数量的关系，可分为强度性质和容量性质两类。

2.1.2.1 强度性质

将体系人为地划分为若干部分，对各部分来说，如有某一性质仍保持体系原来的数值，则这一性质称为强度性质。强度性质表现体系“质”的特征，与物质的数量无关。如釜中物料温度为 100℃，若将物料分为两部分，则每部分仍是 100℃。温度就是强度性质。同样，压力也是强度性质。

2.1.2.2 容量性质

某一性质与所含物质的数量成正比，称为容量性质。容量性质表现体系“量”的特征。例如将物料分为相等的两部分，则每一部分的体积和质量就减少为原来的一半。体积和质量是两个最基本的容量性质。

两个容量性质的比值成为强度性质，如密度（$\rho=m/V$）、摩尔体积（$V_m=V/n$）、浓度（$c=n/V$）等。因为比值中的分子项和分母项都与物质的数量成正比。

初看起来，似乎要给出所有状态函数的值，才能确定体系的状态。其实，由于体系的状态函数之间是相互联系、相互制约的，因此，只要体系的某几个状态函数固定，体系的状态也就确定了。例如 1mol 氧气，若确定其温度、压力（设为 0℃、100kPa）时，则根据状态方程式，必然有一定的体积（$2.24\times10^{-2}\,m^3$）、密度（$1.429kg\cdot m^{-3}$）等。所以在这样的情况下，只要确定两个状态函数，该氧气的状态就可确定了。

体系的某一状态函数发生变化，就会引起一个或多个状态函数随之变化。例如，一定数量的理想气体在温度一定的条件下，当压力增大一倍时，必然引起气体的体积缩小为原来的一半，密度相应地增加一倍。这表明，体系的状态函数发生改变，就意味着体系的状态也发生了变化。

除了温度、压力和体积等状态函数外，以后还将引出一些重要的状态函数（如内能 U、焓 H、熵 S 等）。状态函数的共同特征是：

① 体系的状态一定时，其状态函数都有确定值。

② 体系由某一状态变化到另一状态，其状态函数的变化只取决于体系的初始状态（简称初态）和最终状态（简称终态），而与体系变化的途径无关。例如釜内物料由 25℃升到 100℃，温度的变化 $\Delta T=T_2-T_1=75℃$。至于如何变化，是先加热到 120℃再变到 100℃，还是先冷却到 0℃再加热到 100℃都无关。温度的变化只取决于初终态。

③ 任何状态函数都是其他状态函数的函数。换句话说，在同一状态下，状态函数的任意组合或运算仍为体系的状态函数。例如理想气体的体积 $V=\dfrac{nRT}{p}$，密度 $\rho=\dfrac{pM}{RT}$等。但必须注意，在不同状态下状态函数的组合就不能表示为新的状态函数。如 $\Delta T=T_2-T_1$，ΔT

就不是新的状态函数。

④ 若体系从某一状态出发，经历一系列变化，又重新回到原来的状态，则这种变化过程称为循环过程。显然，在经历循环过程后，体系所有的状态函数都应恢复到原来数值，即各个状态函数的变化值都等于零。

2.1.3 热力学平衡状态

在没有外界影响的条件下，体系各部分的性质在长时间内不发生任何变化，这时该体系所处的状态称为热力学平衡状态（简称平衡态）。换句话说，处在平衡态的体系应同时达到四种平衡。

(1) 热平衡　体系内各部分以及体系与环境之间温度相同（若是绝热体系，则体系和环境温度可以不同）。

(2) 力平衡　体系内各部分以及体系与环境之间没有不平衡的力存在，即压力相同。

(3) 化学平衡　体系内各物质之间发生化学反应时，必须达到化学平衡，即体系的组成不随时间而变化。

(4) 相平衡　常常称气态为气相，液态为液相，不同晶形的固体为不同晶格的固相。若体系有两个以上的相态共存，且物质在各相之间分布达到平衡，则各相的组成和数量不随时间而改变（有关相的概念，将在第 4 章加以评述）。

2.1.4 过程

体系状态发生变化的经过称为过程。根据变化时的条件，常见的过程有如下几种。

(1) 恒温过程　体系与环境的温度恒定不变的过程。

$$T = T_{环} = 常数 \tag{2-1}$$

(2) 恒压过程　体系与环境的压力恒定不变的过程。

$$p = p_{外} = 常数 \tag{2-2}$$

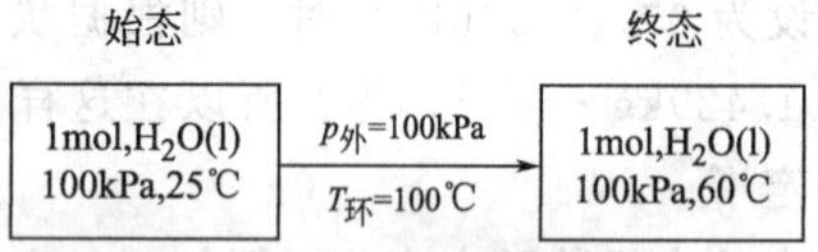

(3) 恒容过程　体系的体积恒定不变的过程。

(4) 绝热过程　体系与环境之间没有热交换的过程。

始态　终态

1mol, $H_2O(l)$ 100kPa, 25℃　$p_{外}$=100kPa　$T_{环}$=100℃　1mol, $H_2O(l)$ 100kPa, 60℃

图 2-2　水的加热过程示意图

热力学对状态与过程的描述常用方块图法。方块表示状态，箭头表示过程。例如，将 1mol 液态水加热的过程可用图 2-2 来表示。该方法的优点是不仅描述了体系状态的变化，而且表达了环境的主要特性。

2.2 热力学第一定律

2.2.1 热

由于体系和环境之间存在温差而引起能量传递的形式称为“热”。如图 2-1 中的加热蒸汽温度为 100℃，体系（即物料）温度为 25℃，体系受热后温度不断升高，水蒸气的能量以热的形式传递给物料。由此可见，热总是与体系所进行的过程相联系着的，体系的状态不发生变化就没有热。因此，热不是状态函数，它与过程有关。热的微观本质是大量粒子的混乱运动，如图 2-3 所示。

热力学上用符号 Q 表示热，并规定体系吸热时 Q 为正值（即 $Q>0$），体系放热时 Q 为负值（即 $Q<0$）。

2.2.2 功

除了热以外体系与环境之间其他各种被传递的能量统称为功。功的种类较多，有体积功、电功和表面功等。除体积功以外，其他的功统称为非体积功。

在物理学中最典型的功为机械功，用符号 W 表示：

$$W=Fl\cos\theta \tag{2-3}$$

式中 F——作用力；

l——位移；

θ——力和位移之间的夹角。

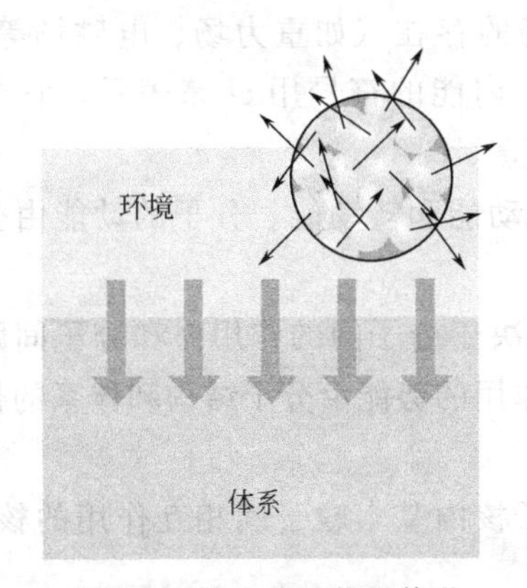

图 2-3 作为热的能量传递

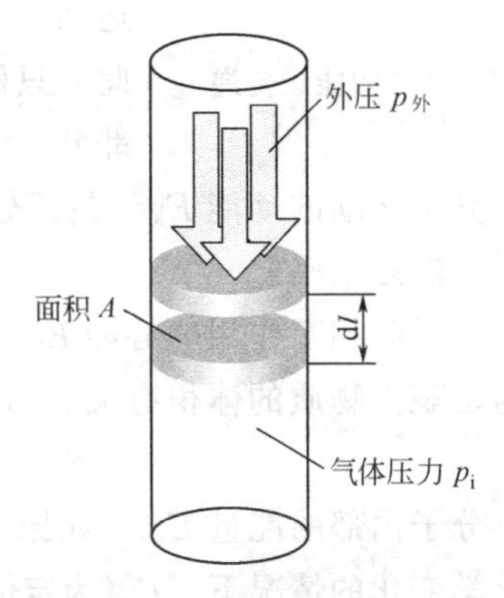

图 2-4 体积功示意图

体积功实质上是机械功，它是指当体系的体积发生变化时，体系对环境（或环境对体系）所做的功。如图 2-4 所示，在一定温度下，将一定量的气体放入气缸中，气缸中有一理想活塞（无重量、无摩擦力），活塞横截面面积为 A，缸内气体的压力为 p_i，外压为 $p_{外}$。如果 $p_i>p_{外}$，气体将膨胀，直到 $p_i=p_{外}$ 为止。设活塞向上移动微小距离 dl，由于气体在膨胀过程中要克服外压 $p_{外}$，作用力与位移间的夹角 $\theta=180°$，所做的功可表示为

$$\delta W=F\cos180°dl$$

即

$$\delta W=-Fdl$$

$$\delta W=-p_{外}Adl=-p_{外}dV \tag{2-4}$$

若体系的体积从 V_1 变化到 V_2，则功为

$$W=-\int_{V_1}^{V_2}p_{外}dV \tag{2-5}$$

当外压恒定时

$$W=-p_{外}\Delta V \tag{2-6}$$

任何种类的功都由两个因素构成，即广义力和广义位移。常用的功表示如下：

功的形式		广义力		广义位移
机械功	=	力	×	距离的变化
体积功	=	压力	×	体积的变化
电功	=	电压	×	通过的电量
表面功	=	表面张力	×	面积的变化

功是能量的传递形式，同热一样，它总是与体系所进行的过程相联系的，体系的状态不发生变化，就无功可言。因此，功不是状态函数，而与过程有关。

功的微观本质是大量粒子的有序运动，如图 2-5 所示。由式(2-6) 可知，环境对体系做

功（即压缩过程 $\Delta V<0$）时，W 为正值（即 $W>0$）；反之，体系对环境做功（即膨胀过程 $\Delta V>0$）时，W 为负值（即$W<0$）。

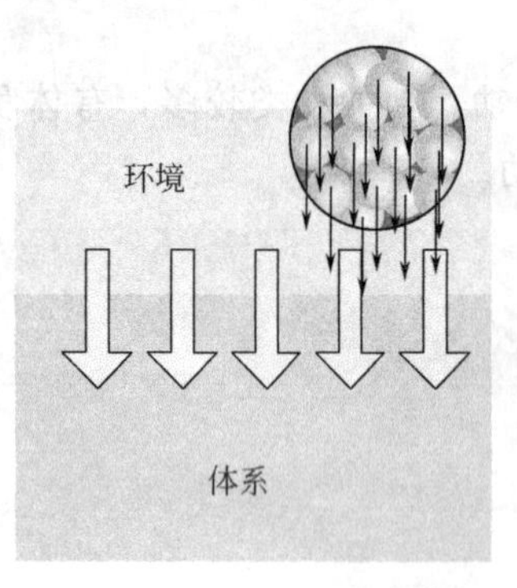

图 2-5　做功的能量传递

2.2.3　内能

体系的能量由三部分组成：①体系整体运动的动能；②体系在外力场中的势能；③体系内部各种运动的能量总和，即内能（也称为热力学能）。

在化学热力学中，通常研究的是宏观静止的体系，无整体运动，并且不考虑外力场的存在（如重力场、电磁场等），因此，只研究体系的内能。内能的符号用 U 来表示，它包括三部分：

(1) 分子运动的动能 E_k　包括分子的平动能、振动能和转动能。分子的动能由分子结构及体系的温度来确定。

(2) 分子间相互作用的势能 E_p　分子间的势能取决于分子间的作用力和分子间距，分子间距与宏观上物质的体积有关。因此，分子间相互作用的势能由分子结构和体系的体积来确定。

(3) 分子内部的能量 E_m　如原子间的键能、原子核内基本粒子间相互作用的核能等。在没有化学变化的情况下，E_m 为定值。

由此可知，内能就是上述三部分能量的总和，即

$$U=E_k(T)+E_p(V)+E_m \tag{2-7}$$

当体系处在一定状态，如体系内物质的分子结构、数量、温度和体积一定时，体系必有一定的内能。因此，内能是状态函数。不言而喻，体系的内能与物质的数量成正比，所以内能又是体系的容量性质。

对于定量定组成的理想气体，E_m 为常数；分子间没有相互作用，$E_p=0$；分子运动论的研究表明，理想气体分子的动能 E_k 仅是温度和物质的量的函数。例如，对于单原子理想气体，$E_k=\frac{3}{2}nRT$，代入式(2-7) 得到单原子理想气体的内能为

$$U=\frac{3}{2}nRT+E_m \tag{2-8}$$

对于双原子或多原子理想气体，虽然内能的表达式比式(2-8) 复杂，但仍是 n 和 T 的函数。

因此，一定量的理想气体经历任何过程，只要初终态的温度相等且没有化学变化，则内能也不变，即 $\Delta T=0$ 时，$\Delta U=0$。

因为人们对于体系内部各种粒子的运动形式和相互作用的复杂性还有待于深入探究，所以目前还不能测定体系内能的绝对值。但是，这并不妨碍解决实际问题。在应用领域中，通常只需要考虑内能的变化值，而这是可以通过实验来确定的。

2.2.4　热力学第一定律

人类在长期生产实践中总结出热力学第一定律。热力学第一定律即能量守恒与转化定律，内容为：能量可以从一种形式转化为另一种形式，但它既不能凭空创造，也不会自行消失。

在具体应用时，需要将热力学第一定律用数学形式表达出来。设有一封闭体系发生了某

一过程，体系从环境吸收热 Q，环境对体系做功 W，使体系的内能从始态的 U_1 变到终态的 U_2，根据能量守恒与转化定律，应得到

$$\Delta U=U_2-U_1=Q+W \tag{2-9}$$

若体系发生极微小的变化，则内能的变化 dU 可表示为

$$dU=\delta Q+\delta W \tag{2-10}$$

式中，d 和 δ 表示状态函数和过程变量的区别。“δ”读作“德尔塔”。

式(2-9) 和式(2-10) 就是热力学第一定律的数学表达式，即过程中内能的增量等于体系所吸入的热与环境对体系所做的功之和。当体系状态的变化一定时，实现这一状态变化的不同过程中 Q 和 W 可有不同的数值，但内能的增量却是一定的。例如在 25℃、100kPa 下完成反应

$$2H_2(g)+O_2(g)\longrightarrow 2H_2O(l)$$

可采用燃烧反应或电池反应两种不同的过程：

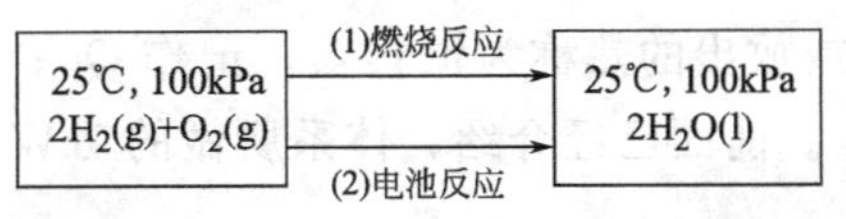

其功、热和内能增量的数据见表 2-1。

表 2-1 反应 $2H_2(g)+O_2(g)\longrightarrow 2H_2O(l)$ 的热、功和内能增量的数据

反应方式	热	体积功	电功	内能增量
燃烧反应	−571.5kJ	7.4kJ	—	−564.1kJ
电池反应	−97.2kJ	7.4kJ	−474.3kJ	−564.1kJ

上述例子再一次表明内能是体系的状态函数，而热和功则不是状态函数。热和功不能单靠体系变化前后的状态来决定其绝对值，而与实现这一变化的具体过程有关。

【例 2-1】 某气缸内充有 10mol 氦气（理想气体），在 300K、100kPa 下处于平衡。当用 700K 的电炉加热气缸后，气体膨胀，活塞反抗外压（100kPa）做功，当气体达到新的平衡时，求电炉传给气体的热 Q。

解 首先分析并列出体系的初终态。取气缸内 10mol 的氦气为体系，其方块图如下：

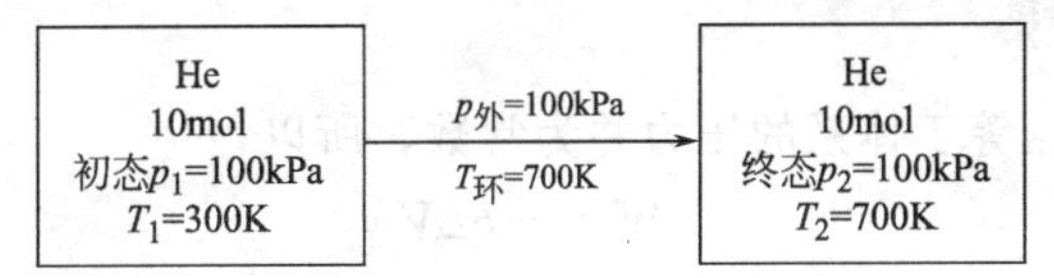

该过程为恒压过程，因此按式(2-6) 计算：

$$W=-p_{外}\Delta V=-p_{外}(V_2-V_1)=-p_{外}\left(\frac{nRT_2}{p_2}-\frac{nRT_1}{p_1}\right)$$

而 $p_1=p_2=p_{外}$，故

$$W=-nR(T_2-T_1)=-10\times 8.314\times(700-300)=-33256\ (\text{J})$$

因为氦是单原子理想气体，所以按式(2-8)

$$U=\frac{3}{2}nRT+E_m$$

有

$$\Delta U=\frac{3}{2}nR(T_2-T_1) \qquad (其中\ E_{m_2}-E_{m_1}=0)$$

$$=\frac{3}{2}\times 10\times 8.314\times(700-300)=49884\ (\text{J})$$

$$Q=\Delta U-W=49884-(-33256)=83.14\ (\mathrm{kJ})$$

上例说明热和功的计算往往比状态函数变化值的计算复杂。那么，能否简化热和功的计算呢？应用热力学方法来处理，这是可能的，例如在绝热条件下，$W=\Delta U$。这说明在特定条件下，过程量（热或功）能够对应状态函数的变化值，利用状态函数的特性，计算就可方便得多。

2.3 焓

在生产实践中经常遇到恒容或恒压过程，如在密封的反应器中进行的过程，一般属于恒容过程，在敞口反应器中进行的液相反应又属于恒压过程。在这种条件下，热能否同状态函数的变化值对应呢？这正是引入新的状态函数“焓”的原因。

2.3.1 恒容热与恒压热

在恒容过程中体系吸收或放出的热称为恒容热，记作 Q_V；在恒压过程中体系吸收或放出的热称为恒压热，记作 Q_p。前面已经介绍，体系所做的功 W 可分为体积功 $W_{体}$ 和非体积功 W' 两类，即

$$W=W_{体}+W' \tag{2-11}$$

若不做非体积功，恒容热与恒压热都与体系状态函数的变化有一定的对应关系。现分述如下。

2.3.1.1 恒容热

在恒容过程中，体系的体积不变 $\Delta V=0$，则

$$W=-\int_{V_1}^{V_2} p_{外}\mathrm{d}V=0$$

$$Q_V=\Delta U \tag{2-12}$$

若进行一微小的恒容过程，式(2-12) 可表示为

$$\delta Q_V=\mathrm{d}U \tag{2-13}$$

在恒容过程中，体系不做体积功；若同时没有非体积功，则体系所吸收或放出的热 Q_V 等于体系内能的改变量。

2.3.1.2 恒压热

在恒压过程中，外压等于体系的压力并为常数，所以

$$W=-p\Delta V$$

$$Q_p+W=\Delta U$$

$$Q_p=\Delta U+p\Delta V$$

将上式整理可得

$$Q_p=U_2-U_1+pV_2-pV_1$$

因为 $p=p_1=p_2$，所以恒压热为

$$Q_p=(U_2+p_2V_2)-(U_1+p_1V_1) \tag{2-14}$$

由于内能 U 的绝对值得不到，因此 Q_p 似乎算不出。但观察发现，由于 U、p、V 都是体系的状态函数，因而在同一状态下，$U+pV$ 也应是状态函数。为此，引出的新的状态函数——焓。

2.3.2 焓与焓变

把体系的 $U+pV$ 叫作焓，用符号 H 表示：

$$H=U+pV \tag{2-15}$$

式中 H——焓，它的单位同能量的单位是一致的，常用 kJ 或 J。

由于引入焓这一新的状态函数，式(2-14) 可简化为

$$Q_p=H_2-H_1=\Delta H \tag{2-16}$$

对一微小的恒压过程，可得

$$\delta Q_p=\mathrm{d}H \tag{2-17}$$

在恒压过程中，若体系只做体积功，则体系吸收或放出的热 Q_p 等于体系焓的改变量。

焓是体系的状态函数，由体系的状态所确定。因为内能和体积都是体系的容量性质，所以焓也是体系的容量性质。同内能一样，焓的绝对值也无法确定。作为内能、压力和体积的组合，焓并没有明确的物理意义。只是在封闭体系只做体积功的恒压过程中，它的特性才显露出来，即 $Q_p=\Delta H$，显然体系吸热将使体系的焓值增加。如果不是恒压过程，焓变仍然存在，但此时它与热无直接关系。

对于单原子理想气体，焓变的计算比较简单。可将式(2-8) 和理想气体状态方程代入焓的定义式，得到

$$H=U+pV=\frac{3}{2}nRT+E_{\mathrm{m}}+nRT$$

$$H=\frac{5}{2}nRT+E_{\mathrm{m}} \tag{2-18}$$

若该气体在某一过程中不发生化学反应，则焓变为

$$\Delta H=\frac{5}{2}nR\Delta T \tag{2-19}$$

上两式说明，对于一定数量的理想气体，焓同内能一样仅仅是温度的函数，温度不变则焓也不变。利用焓变来求恒压热可简化计算。此处仍以例 2-1 计算焓变。

由初终态的分析可知，该体系的温度从 300K 升到 700K。该过程中 $p=p_{外}=100\text{kPa}$，为典型的恒压过程。所以

$$\begin{aligned}Q_p&=\Delta H=\frac{5}{2}nR\Delta T\\&=\frac{5}{2}\times 10\times 8.314\times(700-300)\\&=83.14\ (\text{kJ})\end{aligned}$$

显然，状态函数的应用简化了过程量的计算。对于理想气体体系，前面已经明确了内能与焓变的计算方法；对于更为一般的体系（包括气体、液体或固体），其内能与焓变的计算将在下一节详细阐述。

2.4 热容与显热的计算

2.4.1 热容

在不发生相变化与化学变化的条件下，一定量的均相物质温度升高 1K 所需的热量称为物质的热容，通常以符号 C 表示。如果取 1kg 物质为单位，其热容常称为比热容，单位是 $\text{J}\cdot\text{K}^{-1}\cdot\text{kg}^{-1}$；如果取 1mol 物质为单位，其热容就称为摩尔热容，符号为 c_{m}，单位以 $\text{J}\cdot\text{K}^{-1}\cdot\text{mol}^{-1}$表示。

2.4.1.1 平均热容

如果某物质温度由 T_1 升高到 T_2 所吸收的热为 Q，则在此温度范围内，物质温度每升高 1K 时，平均吸收的热称为该温度间隔内的平均热容：

$$\overline{C}=\frac{Q}{T_2-T_1}=\frac{Q}{\Delta T} \tag{2-20}$$

式中 $\overline{C}$——物质在指定温度间隔（T_2-T_1）内的平均热容。

2.4.1.2 真热容

平均热容使用方便，但误差较大。因为热容与温度有关，温度范围越宽，误差越大。例如水在 0℃→100℃时，$\overline{C}=75.42\text{J}\cdot\text{K}^{-1}\cdot\text{mol}^{-1}$；在 14.5℃→15.5℃时，$\overline{C}=75.3624\text{J}\cdot\text{K}^{-1}\cdot\text{mol}^{-1}$。因此，把温度间隔缩小到极限时

$$C=\lim_{\Delta T\to 0}\frac{Q}{\Delta T}=\frac{\delta Q}{\text{d}T} \tag{2-21}$$

式中 C——物质在某一温度下的真热容，简称热容。

式(2-21) 即为热容的定义式。由于物质吸热可在恒容或恒压的条件下进行，因而热容也可分为恒容热容和恒压热容。

① 恒容热容　在不做非体积功的恒容过程中 1mol 物质的热容，称为恒容摩尔热容，简称恒容热容，记作 $c_{V,\text{m}}$。

$$c_{V,\text{m}}=\frac{\delta Q_V}{\text{d}T} \tag{2-22a}$$

根据式(2-13)，$\delta Q_V=\text{d}U$，代入式(2-22a) 得

$$c_{V,\text{m}}=\frac{\delta Q_V}{\text{d}T}=\left[\frac{\text{d}U_\text{m}}{\text{d}T}\right]_V \tag{2-22b}$$

式中，下标 V 表示恒容条件；U_m 为体系的摩尔内能。

式(2-22b) 表明，在恒容条件下，体系的摩尔内能随温度的变化率即为体系的恒容热容。

② 恒压热容　在不做非体积功的恒压过程中 1mol 物质的热容称为恒压摩尔热容，简称恒压热容，记作 $c_{p,\text{m}}$。

$$c_{p,\text{m}}=\frac{\delta Q_p}{\text{d}T} \tag{2-23a}$$

根据式(2-17)，$\delta Q_p=\text{d}H$，代入上式得

$$c_{p,\text{m}}=\frac{\delta Q_p}{\text{d}T}=\left[\frac{\text{d}H_\text{m}}{\text{d}T}\right]_p \tag{2-23b}$$

式中，下标 p 表示恒压条件；H_m 为体系的摩尔焓。

式(2-23b) 表明，在恒压条件下，体系的摩尔焓随温度的变化率即为体系的恒压热容。

无论是摩尔内能对温度的导数，还是摩尔焓对温度的导数，都是同一状态下，状态函数的运算，它仍是体系的状态函数。因此，当体系处于一定状态时，$c_{V,\text{m}}$ 和 $c_{p,\text{m}}$ 都具有确定的数值；当体系的状态变化时，它们也可能随之变化，其中最明显的是随温度的变化。

2.4.2 热容与温度的关系

通常热容数据主要靠实验测定。图 2-6 给出乙烯的恒压热容随温度变化的关系曲线，由图可见 $c_{p,\text{m}}$ 与相态及温度有关。通常采用下列两种经验式来表示 $c_{p,\text{m}}$ 同温度的关系：

$$c_{p,\text{m}}=a+bT+cT^2 \tag{2-24a}$$

$$c_{p,\mathrm{m}}=a+bT+\frac{c'}{T^2} \qquad (2\text{-}24\mathrm{b})$$

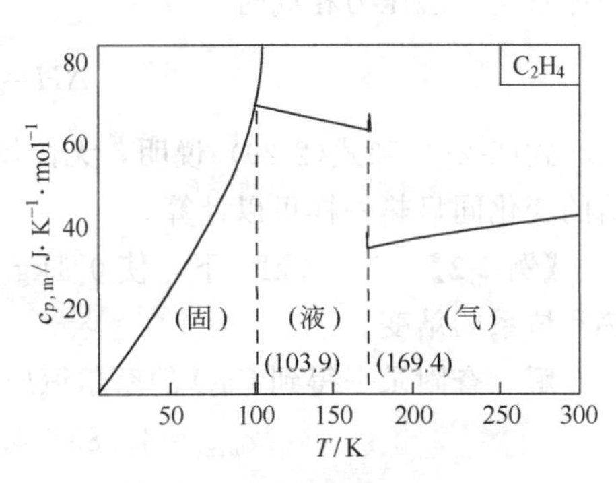

图 2-6　乙烯的 $c_{p,\mathrm{m}}$ 与温度的关系

式中，a、b、c、c' 是经验常数，它们因物质种类和温度范围不同而异，可由物理化学数据表（见附录一）查得。式(2-24a) 适用温度范围较小，式(2-24b) 适用温度范围较广。在应用时要注意数据表中所指明的 $c_{p,\mathrm{m}}$ 的单位。

2.4.3　理想气体的热容

以单原子理想气体为例，由于理想气体的内能与焓仅仅是温度的函数，因此将 $U=\frac{3}{2}nRT+E_{\mathrm{m}}$ 和 $H=\frac{5}{2}nRT+E_{\mathrm{m}}$ 分别代入恒容热容和恒压热容的定义式(2-22b) 和式(2-23b)，即得

$$c_{V,\mathrm{m}}=\left[\frac{\mathrm{d}U_{\mathrm{m}}}{\mathrm{d}T}\right]_V=\frac{\mathrm{d}\left(\frac{3}{2}RT+E_{\mathrm{m}}\right)}{\mathrm{d}T}=\frac{3}{2}R \qquad (2\text{-}25)$$

$$c_{p,\mathrm{m}}=\left[\frac{\mathrm{d}H_{\mathrm{m}}}{\mathrm{d}T}\right]_p=\frac{\mathrm{d}\left(\frac{5}{2}RT+E_{\mathrm{m}}\right)}{\mathrm{d}T}=\frac{5}{2}R \qquad (2\text{-}26)$$

因此有以下结论：

① 单原子理想气体　$c_{V,\mathrm{m}}=\frac{3}{2}R$；$c_{p,\mathrm{m}}=\frac{5}{2}R$。

② 双原子理想气体　$c_{V,\mathrm{m}}=\frac{5}{2}R$；$c_{p,\mathrm{m}}=\frac{7}{2}R$。

这两个结论在缺乏热容数据时很有用。

根据式(2-25) 和式(2-26)，可以得到单原子理想气体的恒压热容与恒容热容之间的关系式：

$$c_{p,\mathrm{m}}-c_{V,\mathrm{m}}=\frac{5}{2}R-\frac{3}{2}R=R \qquad (2\text{-}27)$$

实践和理论都能证明式(2-27) 适用于所有的理想气体，即理想气体的恒压热容与恒容热容之差与温度无关。$c_{p,\mathrm{m}}$ 和 $c_{V,\mathrm{m}}$ 可以相互换算。换句话说，对于理想气体，当初、终态之间温度相同时 Q_p 和 Q_V 可以相互换算。

2.4.4　显热的计算

当体系在整个变化过程中不发生化学变化和相变化时，体系与环境交换的热称为显热。

显热必定引起体系温度的变化，因此可应用式(2-22a) 或式(2-23a) 的积分，来计算在恒容或恒压过程中的显热。若体系物质的量为 n，当温度由 T_1 变化到 T_2 时，有

$$Q_V=n\int_{T_1}^{T_2}c_{V,\mathrm{m}}\mathrm{d}T$$

$$Q_p=n\int_{T_1}^{T_2}c_{p,\mathrm{m}}\mathrm{d}T$$

于是，当体系初态体积相同时

$$\Delta U=Q_V=n\int_{T_1}^{T_2}c_{V,\mathrm{m}}\mathrm{d}T \qquad (2\text{-}28)$$

当体系初终态压力相同时

$$\Delta H=Q_p=n\int_{T_1}^{T_2} c_{p,\mathrm{m}}\mathrm{d}T \tag{2-29}$$

式(2-28) 和式(2-29) 说明，无论体系是气体、液体还是固体，在一定条件下，内能与焓的变化同显热一样可以计算。

【例 2-2】 在 100kPa 下，使 0.1kg 的生石灰（CaO）从 25℃升温到 1500℃。求所需的热和体系的焓变。

解 查附录一得到 CaO 的摩尔恒压热容为

$$c_{p,\mathrm{m}}=48.83+4.52\times10^{-3}T-6.53\times10^5T^{-2}$$

因为 $n_{\mathrm{CaO}}=\frac{100}{56}\mathrm{mol}$，$T_1=298.15\mathrm{K}$，$T_2=1773.15\mathrm{K}$

代入式(2-29)，得

$$\Delta H=Q_p=\frac{100}{56}\int_{298.15}^{1773.15}(48.83+4.52\times10^{-3}T-6.53\times10^5T^{-2})\mathrm{d}T$$

$$=\frac{100}{56}\left[48.83\times(1773.15-298.15)+\frac{4.52\times10^{-3}}{2}\times(1773.15^2-298.15^2)+6.53\times10^5\times\left(\frac{1}{1773.15}-\frac{1}{298.15}\right)\right]$$

$$=137.7\ (\mathrm{kJ})$$

【例 2-3】 1mol 氧气在 100kPa 下恒压加热，从 300K 变为 1000K，求过程的热 Q_1。若加热在密封的钢制容器中进行，求过程的热 Q_2（设气体近似为理想气体）。

解 查附录一得到 O_2 的摩尔恒压热容为

$$c_{p,\mathrm{m}}=31.46+3.38\times10^{-3}T-3.766\times10^5T^{-2}$$

则 $Q_1=\Delta H=n\int_{300}^{1000}c_{p,\mathrm{m}}\mathrm{d}T=\int_{300}^{1000}(31.46+3.38\times10^{-3}T-3.766\times10^5T^{-2})\mathrm{d}T$

$$=31.46\times(1000-300)+\frac{3.38\times10^{-3}}{2}\times(1000^2-300^2)+3.766\times10^5\times\left(\frac{1}{1000}-\frac{1}{300}\right)$$

$$=22.7\ (\mathrm{kJ})$$

因为第 2 个过程在恒容条件下进行，所以

$$Q_2=\Delta U=n\int_{300}^{1000}c_{V,\mathrm{m}}\mathrm{d}T$$

按式(2-27) 可得

$$c_{V,\mathrm{m}}=c_{p,\mathrm{m}}-R$$

则 $Q_2=\Delta U=n\int_{300}^{1000}(c_{p,\mathrm{m}}-R)\mathrm{d}T=n\int_{300}^{1000}c_{p,\mathrm{m}}\mathrm{d}T-nR(100-300)$

$$=\Delta H-nR(1000-300)=22.7\times10^3-8.314\times700=16.9\ (\mathrm{kJ})$$

将 $c_{p,\mathrm{m}}$看成常数的计算读者可以自行尝试。

2.5 可逆过程与最大功

2.5.1 功与过程的关系

在前面的讨论中，已经知道功与热都不是状态函数，它们不仅取决于体系的初、终态，

而且与体系状态改变所经历的过程有关。此处以理想气体的恒温膨胀过程为例，分析体系在确定的初、终态之间变化时功随过程变化的情况。

把一定量的理想气体充入带有活塞的气缸中（假定活塞的质量及其同缸壁的摩擦力均可忽略不计），将此气缸放在一个 300K 的恒温槽内以维持气体温度恒定。起初外压（用 6 个砝码表示）与气体的压力相等，活塞静止不动。然后，降低外压（即取走一定数量砝码），让气体按下列几种不同方式从初态（6×100kPa，10^{-3} m^3）恒温膨胀到终态（100kPa，6×10^{-3}m^3），如图 2-7 所示。

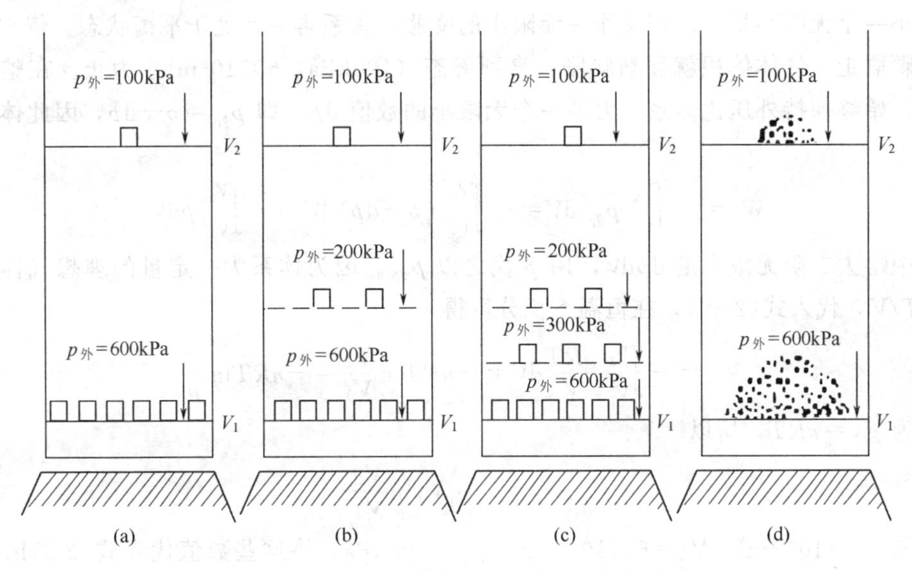

图 2-7　相同初、终态间不同的恒温膨胀过程

2.5.1.1　一次膨胀

将活塞上的砝码一次性取走 5 个，即外压突然从 6×100kPa 下将到 100kPa，并维持不变。这时气体的体积从 10^{-3}m^3 膨胀到 6×10^{-3}m^3 [如图 2-7(a) 所示]，由于整个过程中外压都保持 100kPa，因此，体系对外做功为

$$W_1=-p_外(V_2-V_1)=-100\times10^3\times(6\times10^{-3}-10^{-3})$$
$$=-500\ (\mathrm{J})$$

2.5.1.2　二次膨胀

首先把外压降到 2×100kPa，气体体积膨胀到 3×10^{-3}m^3；然后再把外压降到 100kPa，气体体积又膨胀到 6×10^{-3}m^3 [如图 2-7(b) 所示]。体系对外做功为

$$W_2=-200\times10^3\times(3\times10^{-3}-10^{-3})-100\times10^3\times(6\times10^{-3}-3\times10^{-3})$$
$$=-700\ (\mathrm{J})$$

2.5.1.3　三次膨胀

首先把外压降到 3×100kPa，气体体积膨胀到 2×10^{-3}m^3；然后再降低外压为 2×100kPa，气体体积膨胀到 3×10^{-3}m^3；最后再把外压降到 100kPa，气体体积膨胀到 6×10^{-3}m^3 [如图 2-7(c) 所示]。体系对外做功为

$$W_3=-300\times10^3\times(2\times10^{-3}-10^{-3})-200\times10^3\times(3\times10^{-3}-2\times10^{-3})-$$
$$100\times10^3\times(6\times10^{-3}-3\times10^{-3})$$
$$=-800\ (\mathrm{J})$$

由此可见，膨胀的途径不同，功的数值也不同；膨胀次数越多，体系反抗外压做功的绝对值越大。依此类推，膨胀次数无限增多时，体系必然对外做最大功。

2.5.2 最大功与最小功

设想一个膨胀次数非常多的过程，即在气缸活塞上用一堆相同质量的极细的砂粒代替上述 6 个砝码，并把每颗砂粒的质量视为无限小 [如图 2-7(d) 所示]。开始时，外压 $p_{外}$ 与体系的压力 p 相等，体系处于平衡状态。当取一颗砂粒时，外压减小一个无限小量 dp，$p_{外}=p-dp$，这时，气体作无限小膨胀，体积增加 dV。当达到新的平衡时，再取一颗砂粒，外压又减小一个无限小量，体积又作一无限小的膨胀，体系再一次处于平衡状态。依次将砂粒一颗一颗取走，气体体积就逐渐膨胀，直到终态（100kPa，$6\times10^3\text{m}^3$）为止。在整个膨胀过程中，始终保持外压比体系压力差一个无限小的数值 dp，即 $p_{外}=p-dp$，因此体系对外做功为

$$W_4=-\int_{V_1}^{V_2} p_{外}\, dV=-\int_{V_1}^{V_2}(p-dp)dV\approx-\int_{V_1}^{V_2} p dV \tag{2-30}$$

式中略去二阶无限小量 $dpdV$，用 p 代之以 $p_{外}$。因为体系为一定量的理想气体，所以 $p=nRT/V$，代入式(2-30)，在恒温下积分可得

$$W_4=-\int_{V_1}^{V_2}\frac{nRT}{V}dV=-nRT\ln\frac{V_2}{V_1}=-nRT\ln\frac{p_1}{p_2} \tag{2-31a}$$

因为 $pV=nRT$，所以

$$W_4=-p_1V_1\ln\frac{V_2}{V_1} \tag{2-31b}$$

已知 $V_1=10^{-3}\text{m}^3$，$V_2=6\times10^{-3}\text{m}^3$，$p_1=600\text{kPa}$。将这些数值代入式(2-31b)，即求得体系对外做功为

$$\begin{aligned}W_4&=-600\times10^3\times10^{-3}\times\ln\frac{6\times10^{-3}}{10^{-3}}\\&=-1075\ (\text{J})\end{aligned}$$

将这种膨胀过程所做的功与上述三种作一比较，可以发现，尽管这四种膨胀过程的初、终态相同，但最后一种恒温膨胀所做功的绝对值最大。这一结果可以这样理解：因为在这种恒温膨胀过程中，外压始终与体系压力差一个无限小量 dp；换句话说，体系在膨胀过程中反抗了最大的外压，所以体系所做的功为最大功。

还可以通过图解方式来理解最大功的概念。图 2-8(a)、(b)、(c)、(d) 中阴影部分的面积分别代表经过一次、二次、三次膨胀和无限接近平衡的第四种膨胀过程中体系对外做功的数值。显然，其中图 2-8(d) 面积最大，因而是最大功。若在恒温下采用同样方式，经过一次、二次、三次压缩过程和无限接近平衡的压缩过程，使气体恢复到初态，当环境对体系做功的大小用图形面积表示时，分别如图 2-8(e)、(f)、(g)、(h) 所示。由图可见，无限接近平衡的压缩过程，面积最小 [见图 2-8(h)]。此时的功为

$$\begin{aligned}W_4'&=-\int_{V_2}^{V_1} p_{外}dV=-\int_{V_2}^{V_1}(p+dp)dV\\&\approx-\int_{V_2}^{V_1} pdV=-\int_{V_2}^{V_1}\frac{nRT}{V}dV=-nRT\ln\frac{V_1}{V_2}=pV\ln\frac{V_2}{V_1}=1075\ (\text{J})\end{aligned}$$

其压缩功与膨胀功的绝对值相等，符号相反。在初、终态一定的情况下，这个绝对值既是体系能够对环境做的最大功，又是环境需要对体系做的最小功。

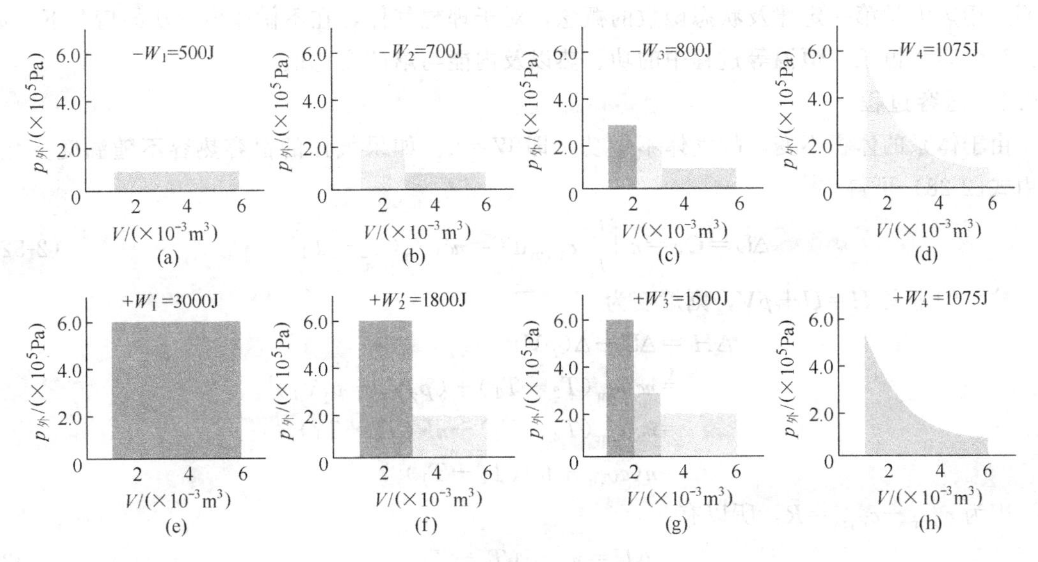

图 2-8 恒温膨胀功与压缩功示意图

上述四种过程所做的功列于表 2-2，以便比较。

表 2-2 四种过程所做功的比较

过程名称	一次膨胀后 一次压缩	二次膨胀后 二次压缩	三次膨胀后 三次压缩	无限接近平衡膨胀后 无限接近平衡压缩
体系对环境做功	－500J	－700J	－800J	－1075J
环境对体系做功	3000J	1800J	1500J	1075J
体系恢复原态后环境功损失	2500J	1100J	700J	0

2.5.3 可逆过程

体系与环境间在无限接近平衡时所进行的过程称为热力学可逆过程，简称可逆过程。

可逆过程具有如下特点：

① 可逆过程是以无限小的变化进行的，整个过程由一连串无限接近平衡的状态所构成。体系的作用力和环境的阻力（例如内、外压力等）相差无限小，过程进行的速度无限缓慢。

② 只要沿着原来过程的反方向按同样的条件和方式进行，可使体系和环境都完全恢复到原来状态（即环境无功损失）。

③ 在可逆过程中，体系对环境做最大功（指绝对值），环境对体系做最小功。两者绝对值相同，符号相反。

可逆过程是一种理想过程，客观世界中并不存在真正的可逆过程，但有些实际过程接近于可逆过程。例如，液体在其沸点时的蒸发、固体在其熔点时的熔化等。可逆过程的概念非常重要，它是实际过程的理论极限。通过比较可逆过程和实际过程，可以确定提高实际过程效率的可能性；此外，对某些重要状态函数变化值（将在第 3 章讨论），只有通过可逆过程才能求算，而这些函数的变化值在解决实际问题中起着重要的作用。

2.6 热力学第一定律对理想气体的应用

前面列举了一些理想气体状态变化时 ΔU、ΔH、Q 和 W 的计算。在此将作一归纳，以阐明应用热力学第一定律及状态函数的概念，对于理想气体，在不做非体积功的情况下，如何计算恒容、恒压、恒温等过程中的功、热以及内能与焓的变化值。

2.6.1 恒容过程

由于体系的体积不变，故气体不做功，即 $W=0$。如果气体的恒容热容不随温度变化，则由式(2-28) 可得

$$\Delta U=Q_V=n\int_{T_1}^{T_2} c_{V,\mathrm{m}}\mathrm{d}T=nc_{V,\mathrm{m}}(T_2-T_1) \tag{2-32}$$

按焓的定义 $H=U+pV$，则焓变为

$$\begin{aligned}\Delta H&=\Delta U+\Delta(pV)\\&=nc_{V,\mathrm{m}}(T_2-T_1)+(p_2V_2-p_1V_1)\\&=nc_{V,\mathrm{m}}(T_2-T_1)+nR(T_2-T_1)\\&=n(c_{V,\mathrm{m}}+R)(T_2-T_1)\end{aligned}$$

因为 $c_{p,\mathrm{m}}-c_{V,\mathrm{m}}=R$，所以有

$$\Delta H=nc_{p,\mathrm{m}}(T_2-T_1) \tag{2-33}$$

2.6.2 恒压过程

由于 $p_{外}=p=$常数，所以体系所做的功为

$$W=-\int_{V_1}^{V_2} p_{外}\mathrm{d}V=-p(V_2-V_1) \tag{2-34}$$

引用理想气体状态方程代入式(2-34) 得

$$W=-nR(T_2-T_1) \tag{2-35}$$

如果气体的恒压热容不随温度变化，则由式(2-29) 可得

$$\Delta H=Q_p=n\int_{T_1}^{T_2} c_{p,\mathrm{m}}\mathrm{d}T=nc_{p,\mathrm{m}}(T_2-T_1) \tag{2-36}$$

根据热力学第一定律

$$\begin{aligned}\Delta U&=Q_p+W\\&=nc_{p,\mathrm{m}}(T_2-T_1)-nR(T_2-T_1)\\&=n(c_{p,\mathrm{m}}-R)(T_2-T_1)\end{aligned}$$

按式(2-27) 可得

$$\Delta U=nc_{V,\mathrm{m}}(T_2-T_1) \tag{2-37}$$

由以上讨论可得到结论：理想气体的内能与焓仅仅是温度的函数，无论过程如何进行，只要温度从 T_1 变化到 T_2，内能的变化总是为$\Delta U=n\int_{T_1}^{T_2} c_{V,\mathrm{m}}\mathrm{d}T$，焓的变化也总是为 $\Delta H=n\int_{T_1}^{T_2} c_{p,\mathrm{m}}\mathrm{d}T$。

2.6.3 恒温过程

由于理想气体的内能与焓仅仅是温度的函数。因此，恒温过程中理想气体的内能与焓不变，即

$$\Delta T=0\ 时，\Delta U=0，\Delta H=0$$

按热力学第一定律 $\Delta U=Q+W$ 得

$$Q=-W$$

理想气体恒温过程的功可以分成以下两类：

2.6.3.1 恒温可逆过程的功

$$W=-\int_{V_1}^{V_2} p\mathrm{d}V=\int_{V_1}^{V_2}-\frac{nRT}{V}\mathrm{d}V=nRT\ln\frac{V_1}{V_2}=nRT\ln\frac{p_2}{p_1} \qquad (2\text{-}38)$$

2.6.3.2 恒温恒外压过程的功

在恒温下体系反抗恒定外压所做的功一般为不可逆过程的功。因为 $p_{外}$＝常数，所以

$$W=-p_{外}(V_2-V_1)=p_{外}\ nRT\left(\frac{1}{p_1}-\frac{1}{p_2}\right) \qquad (2\text{-}39)$$

【例 2-4】 1mol N_2（理想气体）在 300K 时，自 100kPa 恒温膨胀到 10kPa，计算下列过程的 ΔU、ΔH、Q 与 W。(1) 自由膨胀（即 $p_{外}=0$ 的膨胀）；(2) 反抗恒定外压为 10kPa 的膨胀；(3) 可逆膨胀。

解 首先列出初、终态，提出三种过程：

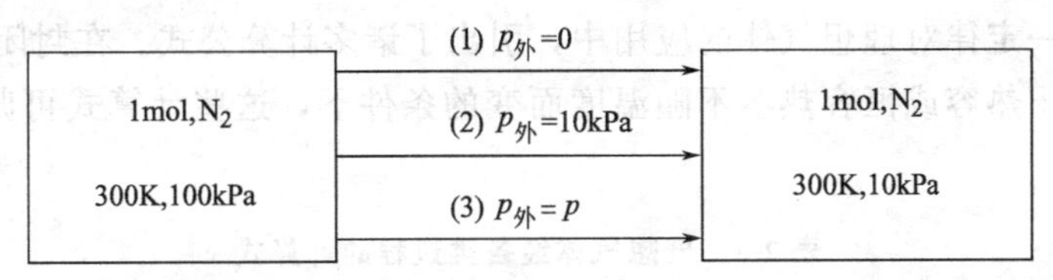

根据理想气体的内能与焓只是温度的函数这一基本概念，在恒温时三个过程都有 $\Delta U=0$，$\Delta H=0$，所以 $Q=-W$。

(1) $W_1=-p_{外}\ \Delta V=0 \qquad Q_1=-W_1=0$

(2) $W_2=-p_{外}(V_2-V_1)$

$$=-p_{外}\left(\frac{nRT}{p_2}-\frac{nRT}{p_1}\right)=nRTp_{外}\left(\frac{1}{p_1}-\frac{1}{p_2}\right)$$

$$=1\times8.314\times300\times10\times10^3\times\left(\frac{1}{100\times10^3}-\frac{1}{10\times10^3}\right)$$

$$=-2245\ (\mathrm{J})$$

$Q_2=-W_2=2245\mathrm{J}$

(3) $W_3=-nRT\ln\dfrac{p_1}{p_2}=-1\times8.314\times300\times\ln\dfrac{100}{10}$

$$=-5743\ (\mathrm{J})$$

$Q_3=-W_3=5743\mathrm{J}$

【例 2-5】 2mol 298K 的理想气体，经恒容加热后，又经恒压膨胀，最终温度达到 598K，整个加热过程中环境传递的热为 15797J（已知该气体的恒压热容 $c_{p,\mathrm{m}}=29.1\mathrm{J}\cdot\mathrm{K}^{-1}\cdot\mathrm{mol}^{-1}$）。求 (1) 体系在膨胀过程中所做的功；(2) 恒容热与恒压热各为多少？

解 首先列出气体的初、终态及变化过程：

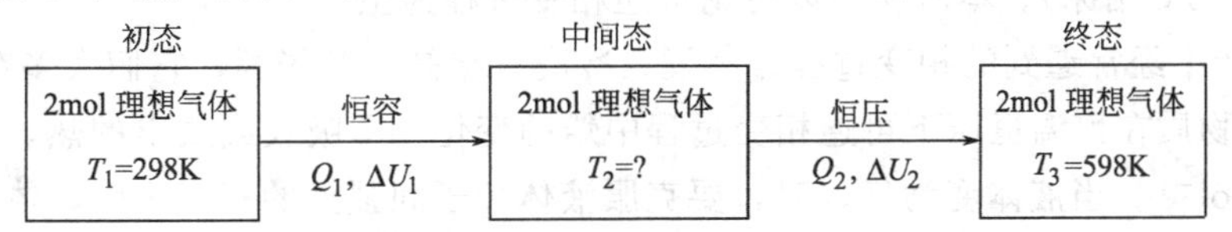

根据热力学第一定律

初态到中间态 $\Delta U_1=Q_1$

中间态到终态 $\Delta U_2=Q_2+W$

按状态函数的概念有 $\Delta U=\Delta U_1+\Delta U_2=Q_1+Q_2+W$

(1) 因为总的热 $Q=Q_1+Q_2$，所以

$$W=\Delta U-Q=nc_{V,\mathrm{m}}(T_3-T_1)-Q$$

按式(2-27) 有 $c_{V,\mathrm{m}}=c_{p,\mathrm{m}}-R=29.1-8.314=20.786\ (\mathrm{J\cdot K^{-1}\cdot mol^{-1}})$

得 $$W=2\times 20.786\times(598-298)-15797=-3325\ (\mathrm{J})$$

(2) 按式(2-35) 有 $$W=-nR(T_3-T_2)$$

所以 $$T_2=T_3+\frac{W}{nR}=598-\frac{3325}{2\times 8.314}=398\ (\mathrm{K})$$

恒容热 $$Q_1=\Delta U_1=nc_{V,\mathrm{m}}(T_2-T_1)$$

$$=2\times 20.786\times(398-298)=4157\ (\mathrm{J})$$

恒压热 $$Q_2=Q-Q_1=15797-4157=11640\ (\mathrm{J})$$

本例还有几种解题方法，请读者思考。

在热力学第一定律对理想气体的应用中，引出了诸多计算公式。在封闭体系、不做非体积功且体系的恒压热容或恒容热容不随温度而变的条件下，这些计算式可归纳于表 2-3，以便读者查考。

表 2-3 理想气体经各类过程的计算式

过程名称	ΔU	ΔH	Q	W
恒容过程	$nc_{V,\mathrm{m}}(T_2-T_1)$	$nc_{p,\mathrm{m}}(T_2-T_1)$	$nc_{V,\mathrm{m}}(T_2-T_1)$	0
恒压过程	$nc_{V,\mathrm{m}}(T_2-T_1)$	$nc_{p,\mathrm{m}}(T_2-T_1)$	$nc_{p,\mathrm{m}}(T_2-T_1)$	$-p(V_2-V_1)$ $=nR(T_1-T_2)$
恒温可逆过程	0	0	$nRT\ln\frac{V_2}{V_1}$ $=nRT\ln\frac{p_1}{p_2}$	$nRT\ln\frac{V_1}{V_2}$ $=nRT\ln\frac{p_2}{p_1}$
恒温不可逆过程	0	0	$nRTp_{外}\left(\frac{1}{p_2}-\frac{1}{p_1}\right)$	$nRTp_{外}\left(\frac{1}{p_1}-\frac{1}{p_2}\right)$

2.7 热力学第一定律对相变过程的应用

物质聚集状态的变化或固体晶型的变化都是相变过程。相变过程可分为可逆与不可逆两类。在 101.3kPa 及正常相变点（如正常沸点等）条件下进行的相变过程称为可逆相变。例如水在 101.3kPa、100℃下汽化为蒸汽，水在 101.3kPa、0℃下凝固成冰都是在两相平衡条件下进行的可逆相变过程（可联系热力学可逆概念思考）。反之，不在两相平衡条件下进行的相变过程均为不可逆相变过程。例如过饱和蒸汽的凝结、过冷液体的凝固等（如水在 101.3kPa、−5℃结冰）。本教材中以讨论可逆相变过程为主。

化工生产中经常遇到的相变过程有蒸发、冷凝、结晶、升华等，它们大多在恒温恒压下进行。1mol 物质在恒温恒压下可逆相变过程中焓的变化，即吸收或放出的热，称为相变热，单位为 $\mathrm{J\cdot mol^{-1}}$。当液体变为气体时，要克服液体分子间强烈的相互吸引，体系（指液体）必须吸收能量，因此蒸发是吸热过程，按热的符号规定，蒸发热是正值；反之，冷凝热为负值。两者的关系是

$$\Delta H_{\mathrm{m}蒸发}=-\Delta H_{\mathrm{m}冷凝} \tag{2-40a}$$

与此类似，有

$$\Delta H_{m熔化} = -\Delta H_{m凝固} \tag{2-40b}$$

式中，下标“m”指1mol。

对于上例中的水，$\Delta H_{m蒸发} = 40.6\text{kJ}\cdot\text{mol}^{-1}$，$\Delta H_{m熔化} = 6.008\text{kJ}\cdot\text{mol}^{-1}$。

在一定温度下，由固体直接升华为气体的过程，可看作熔化与蒸发过程之和，所以有

$$\Delta H_{m升华} = \Delta H_{m熔化} + \Delta H_{m蒸发} \tag{2-41}$$

【例 2-6】 在101.3kPa下，逐渐加热2mol的冰，使之成为100℃的水蒸气。已知水的$\Delta H_{m凝固} = -6008\text{J}\cdot\text{mol}^{-1}$，$\Delta H_{m升华} = 46676\text{J}\cdot\text{mol}^{-1}$，液态水的$c_{p,\text{m}} = 75.3\text{J}\cdot\text{K}^{-1}\cdot\text{mol}^{-1}$。假设过程中的相变都在可逆条件下完成，求该过程的$Q$、$W$、$\Delta U$、$\Delta H$。

解 首先分析过程，列出初、终态：

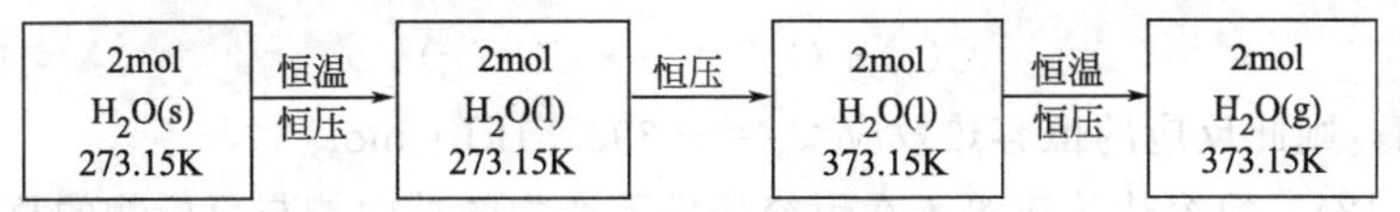

第一个过程为熔化，故

$$\Delta H_1 = n\Delta H_{m熔化} = n(-\Delta H_{m凝固}) = 2\times 6008 = 12016\ (\text{J})$$

因为固体和液体的密度相差不大，则体积变化ΔV_1甚小，所以

$$p\Delta V_1 = 0$$

则
$$\Delta U_1 = \Delta H_1 = 12016\ (\text{J})$$

第二个过程为恒压升温 $\Delta H_2 = nc_{p,\text{m}}(T_2 - T_1)$

$$= 2\times 75.3\times(373.15-273.15) = 15060\ (\text{J})$$

$$\Delta U_2 = \Delta H_2 - p\Delta V_2$$

同理液体的热膨胀一般较小，故ΔV_2可以忽略，则

$$\Delta U_2 = \Delta H_2 = 15060\ (\text{J})$$

第三个过程为蒸发

$$\begin{aligned}\Delta H_3 &= n\Delta H_{m蒸发} = n(\Delta H_{m升华} - \Delta H_{m熔化})\\ &= n(\Delta H_{m升华} + \Delta H_{m凝固})\\ &= 2\times(46676-6008) = 81336\ (\text{J})\end{aligned}$$

$$\Delta U_3 = \Delta H_3 - p(V_{气} - V_{液})$$

由于同量气体的体积要比液体大得多，因此液体体积常可忽略。则

$$\Delta U_3 = \Delta H_3 - pV_{气}$$

若气体服从理想气体状态方程 $pV_{气} = nRT$，则

$$\Delta U_3 = \Delta H_3 - nRT = 81336 - 2\times 8.314\times 373.15 = 75131\ (\text{J})$$

所以整个过程

$$\Delta H = \Delta H_1 + \Delta H_2 + \Delta H_3 = 12016 + 15060 + 81336 = 108412\ (\text{J})$$

$$\Delta U = \Delta U_1 + \Delta U_2 + \Delta U_3 = 12016 + 15060 + 75131 = 102207\ (\text{J})$$

由于整个过程是恒压过程，因此

$$Q = Q_p = \Delta H = 108412\ (\text{J})$$

$$W = \Delta U - Q = 102207 - 108412 = -6205\ (\text{J})$$

2.8 化学反应热效应

在化学反应中，产物的总能量和反应物的总能量不相等。因此，在化学反应进行的同时

常伴随着吸热或放热的现象。通常把研究化学反应热效应的该部分内容称为热化学。在热力学形成之前，热化学在实验的基础上已经有了很大的发展，现在讨论的热化学是在热力学基础上进行的，实际上，就是热力学第一定律在化学反应中的应用。

2.8.1 化学反应热效应

化学反应热效应是指恒温恒压或恒温恒容，且不做非体积功的条件下，反应放出或吸收的热量。如果上述条件不能满足，这时的热量不能称为热效应。

2.8.1.1 恒容热效应

化学反应在恒温恒容条件下进行的热效应，称为该反应的恒容热效应。例如 1mol C 和 1mol O_2 在 25℃恒容条件下反应生成 1mol CO_2。

$$C(s)+O_2(g) \longrightarrow CO_2(g)$$

放热 393.51kJ，则此反应的恒容热效应 $Q_V=-393.51\text{kJ}\cdot\text{mol}^{-1}$。

根据式(2-12)，恒容热效应等于在恒容条件下产物的总内能与反应物的总内能之差，即

$$Q_V=\Delta U$$

由于 Q_V 在数值上等于状态函数的变化值，与过程无关，因此为 Q_V 的测定提供了方便。

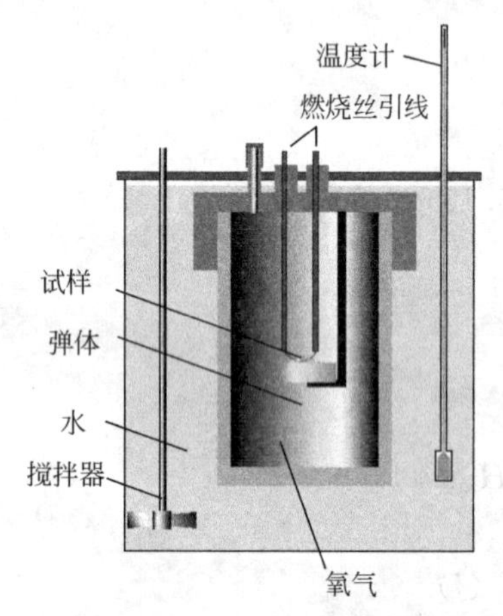

图 2-9 氧弹量热计

实验室中测定反应热效应经常采用氧弹量热计，如图 2-9 所示。密闭的弹型反应器内盛以一定量的被测物（试样）和高压氧气后置于水浴中，水浴外采取绝热措施。取整个反应器和水浴作为体系，进行恒容绝热反应。在反应器中，被测物在高压氧气中充分燃烧后，体系由反应前的温度 T_1 升到反应终了的最高温度 T_2。根据 T_1、T_2 和内能变化的有关计算式，就可求出被测物燃烧的反应热效应。现以苯甲酸的燃烧为例，首先分析初、终态的变化，如图 2-10 所示。

根据反应热效应的定义，反应物与产物的温度应该相等。为此，设想体系（整个反应器和水浴）自 T_2 变回到 T_1，如果体系的恒容热容 c_V 不随温度变化，则体系内能的变化为

$$\Delta U_2=c_V(T_1-T_2)$$

该反应的恒容热效应就可利用状态函数的概念得到：

$$Q_V=\Delta U_3=\Delta U_1+\Delta U_2=c_V(T_1-T_2)$$

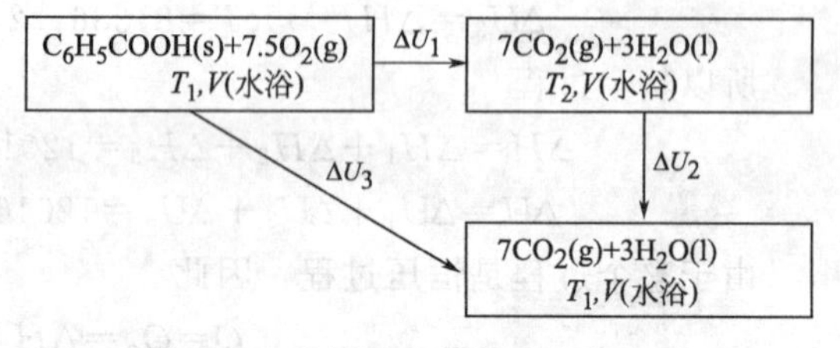

图 2-10 苯甲酸的燃烧反应方块图

式中，体系的恒容热容 c_V 通常根据一定量的电能引起体系温度的升高来求得，或者利用已知燃烧焓的标准物（如萘或苯甲酸）先行标定。

2.8.1.2 恒压热效应

化学反应在恒温恒压下进行的热效应，称为该反应的恒压热效应。例如 1mol CH_4 和 2mol O_2 在 101.3kPa、25℃下进行燃烧反应生成 $CO_2(g)$和 $H_2O(l)$。

$$CH_4(g)+2O_2(g) \longrightarrow CO_2(g)+2H_2O(l)$$

放热 890.31kJ，则此反应的恒压热效应 $Q_p=-890.31\text{kJ}\cdot\text{mol}^{-1}$。

按照式(2-16)，恒压热效应等于在恒压条件下体系发生化学变化前后焓的改变值，即

$$Q_p = \Delta H$$

它是状态函数的变化值，与过程无关。

恒压热效应的测定比恒容热效应困难，但它的用途比恒容热效应更为广泛。因此，有必要找到恒压热效应同恒容热效应的换算关系，从而间接地得到恒压热效应。

2.8.2 恒容热效应与恒压热效应的关系

下面结合实例来讨论恒容热效应与恒压热效应的关系。设有1mol苯甲酸固体在氧弹量热计中燃烧，反应式为

$$C_6H_5COOH(s) + 7.5O_2(g) \longrightarrow 7CO_2(g) + 3H_2O(l)$$

经测定及计算得到在25℃时 $Q_V = -3226.3\text{kJ}\cdot\text{mol}^{-1}$。为了导出 Q_p 与 Q_V 的关系，可假设上述反应分别按①恒温恒压和②先恒温恒容再恒温两种过程进行，这两种过程从相同的始态变到相同的终态，如图2-11所示。

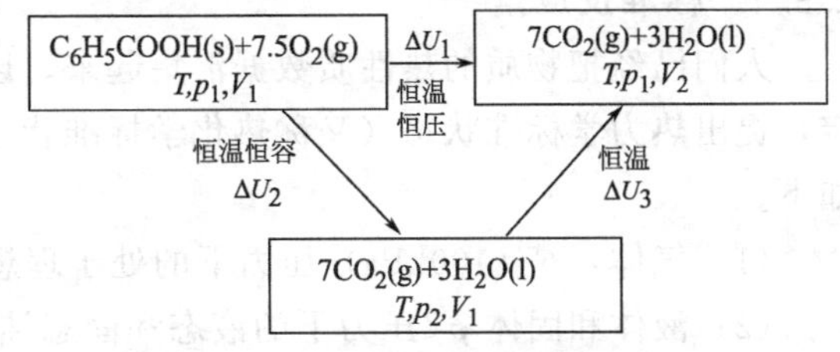

图2-11 Q_p 和 Q_V 换算示意图

按照状态函数的概念，有

$$\Delta U_1 = \Delta U_2 + \Delta U_3$$

由恒容热效应定义可得 $\Delta U_2 = Q_V$。过程"3"是体系（产物）在恒温下改变体积和压力的过程。若体系的压力在不太高的范围内变化，其中气体（如 CO_2）可视为理想气体，它的内能只取决于温度；固体和液体（如 H_2O）的内能受压力的影响甚微，其变化可以忽略，因此

$$\Delta U_3 = 0$$

则

$$\Delta U_1 = \Delta U_2 = Q_V$$

根据焓的定义可得

$$\Delta H_1 = \Delta U_1 + p_1(V_2 - V_1)$$

液体和固体体积相对于气体来说可以忽略不计，因此 $V_2 - V_1$ 只要考虑体系中的气体体积。设初态气体物质的量为 n_1，终态气体物质的量为 n_2，按照理想气体状态方程有

$$p_1V_2 = n_2RT \qquad p_1V_1 = n_1RT$$

可得

$$\Delta H_1 = \Delta U_1 + (n_2RT - n_1RT)$$
$$= \Delta U_1 + RT(n_2 - n_1)$$

所以

$$Q_p = Q_V + RT\Delta n \tag{2-42}$$

式中，$\Delta n = n_2 - n_1$，即终态气体物质的量（n_2）与初态气体物质的量（n_1）之差。式(2-42)表明恒压热效应与恒容热效应之差等于恒压时所做的体积功 $RT\Delta n(=p\Delta V)$。

在本例中，1mol苯甲酸完全燃烧反应，产物中气体 CO_2 的物质的量为7mol，反应物中 O_2 的物质的量为7.5mol。因此

$$Q_p = Q_V + (7 - 7.5)RT$$
$$= -3226.3\times10^3 - 0.5\times8.314\times298$$
$$= -3227.5\ (\text{kJ}\cdot\text{mol}^{-1})$$

计算 Δn 时，液体和固体物质的量不应计算在内。例如合成氨反应

$$\frac{1}{2}N_2(g) + \frac{3}{2}H_2(g) \longrightarrow NH_3(g)$$

$$\Delta n = n_2 - n_1 = 1 - \left(\frac{1}{2} + \frac{3}{2}\right) = -1$$

又如 $$C(s)+O_2(g) \longrightarrow CO_2(g)$$
$$\Delta n=1-1=0$$

通常，化学反应不是在恒容和没有非体积功的条件下进行，就是在恒压和只做体积功的条件下进行。在前者的条件下，$Q_V=\Delta U$；在后者的条件下 $Q_p=\Delta H$。即化学反应的热效应对应状态函数的变化值，均只取决于系统的初、终态。因此，化学反应热效应的计算经常采用间接计算的方法。

2.9 生成焓与燃烧焓

化学反应热效应的间接计算方法，是一种普遍使用的方法。它基于状态函数的基本特征，利用了前人长期积累的大量文献数据，其中最重要的是标准生成焓和标准燃烧焓数据。

2.9.1 标准反应焓

人们已经把物质的热性质数据汇集起来，以备查用；并因此对物质的状态作了统一的规定，提出热力学标准状态（又称热化学标准状态）的概念。按照习惯，热化学标准状态规定如下。

（1）气体：$p^{\ominus}$（100kPa）压力下的处于理想气体状态的气态纯物质。

（2）液体和固体 $p^{\ominus}$ 压力下的液态和固态纯物质。

对于化学反应 $bB+dD \longrightarrow gG+rR$，若各物质的温度相同，且均处于热化学标准状态，则 $g$mol G 物质和 $r$mol R 物质的焓与 $b$mol B 物质与 $d$mol D 物质的焓之差，即为该反应在该温度下的标准摩尔反应焓，简称标准反应焓，记作 $\Delta H_T^{\ominus}$。我国大多数热化学数据指定温度为 298K，因此，标准反应焓通常可记作 $\Delta H_{298}^{\ominus}$。例如：

$$N_2(g)+3H_2(g) \longrightarrow 2NH_3(g) \qquad \Delta H_{298}^{\ominus}=-92.38\text{kJ}\cdot\text{mol}^{-1}$$

说明 1mol N_2 和 3mol H_2 完全反应生成 2mol NH_3，反应物和产物均为 100kPa 下的理想气体；反应在 298K 下恒温恒压进行的反应热效应为－92.38kJ，也可以说，该反应在 298K 时的标准反应焓为 $-92.38\text{kJ}\cdot\text{mol}^{-1}$。

2.9.2 标准生成焓

在 100kPa 和一定温度（通常指定 298K）下，由元素的稳定单质化合生成 1mol 化合物的标准反应焓，称为该化合物的标准摩尔生成焓，简称标准生成焓，记作 $\Delta H_f^{\ominus}(i)$。例如在 25℃及 100kPa 下

$$C(\text{石墨})+O_2(g) \longrightarrow CO_2(g) \qquad \Delta H_{298}^{\ominus}=-393.51\text{kJ}\cdot\text{mol}^{-1}$$

则 $CO_2(g)$在 25℃时的标准生成焓 $\Delta H_f^{\ominus}[CO_2(g)]=-393.51\text{kJ}\cdot\text{mol}^{-1}$；

$$\frac{1}{2}N_2(g)+\frac{3}{2}H_2(g) \longrightarrow NH_3(g) \qquad \Delta H_{298}^{\ominus}=-46.19\text{kJ}\cdot\text{mol}^{-1}$$

则 $NH_3(g)$在 298K 时的标准生成焓 $\Delta H_f^{\ominus}[NH_3(g)]=-46.19\text{kJ}\cdot\text{mol}^{-1}$。

原则上标准生成焓可以在任意指定温度下得到，但目前大多数手册所给出的数据都是在 298K 下得到的，因此，今后凡不加说明，标准生成焓均指 298K 下的数据。

按照标准生成焓的定义，必须明确下列三点：

① 各种稳定单质（在任意温度下）的标准生成焓为零。例如 C(石墨)的生成焓 $\Delta H_f^{\ominus}[C(\text{石墨})]=0$，$H_2$ 的生成焓 $\Delta H_f^{\ominus}[H_2(g)]=0$。

② 反应物必须全部是稳定单质，即指在一定温度和 100kPa 时最稳定的单质。如石墨、

金刚石和无定形碳三者比较，25℃下石墨为稳定单质。因此

$$C(石墨)+O_2(g) \longrightarrow CO_2(g) \qquad \Delta H_{298}^{\ominus}=-393.5\text{kJ}\cdot\text{mol}^{-1}$$

$$C(金刚石)+O_2(g) \longrightarrow CO_2(g) \qquad \Delta H_{298}^{\ominus}=-395.4\text{kJ}\cdot\text{mol}^{-1}$$

前者的热效应是 $CO_2(g)$ 的生成焓，而后者不是，两式相减可得到单质金刚石的生成焓。

$$C(石墨) \longrightarrow C(金刚石) \qquad \Delta H_f^{\ominus}=1.896\text{kJ}\cdot\text{mol}^{-1}$$

③ 生成物必须是 1mol 物质。例如下列反应

$$2C(石墨)+O_2(g) \longrightarrow 2CO(g) \qquad \Delta H_{298}^{\ominus}=-221.08\text{kJ}\cdot\text{mol}^{-1}$$

表明生成 2mol CO(g)的反应焓是－221.08kJ。因此，CO (g) 的标准生成焓为

$$\Delta H_f^{\ominus}[CO(g)]=\frac{1}{2}\Delta H_{298}^{\ominus}=-110.54\text{kJ}\cdot\text{mol}^{-1}$$

物质的标准生成焓数据详见附录一（或相关的化工数据手册）。

2.9.3 利用标准生成焓计算反应热效应

有了各种物质的标准生成焓，就可以方便地计算同一温度下的化学反应热效应。下面利用状态函数的性质来分析标准状态下煤气完全燃烧的热量，如图 2-12 所示。可以把椭圆内的物质看作标准状态下各种最稳定的单质的仓库。显然有

$$\Delta H_3=\Delta H_1+\Delta H_4+\Delta H_2$$

可以看出，其中

$$\Delta H_3=2\Delta H_f^{\ominus}[CO_2(g)]$$

$$\Delta H_1=2\Delta H_f^{\ominus}[CO(g)]$$

$$\Delta H_4=0 \qquad (O_2\ 没有变化)$$

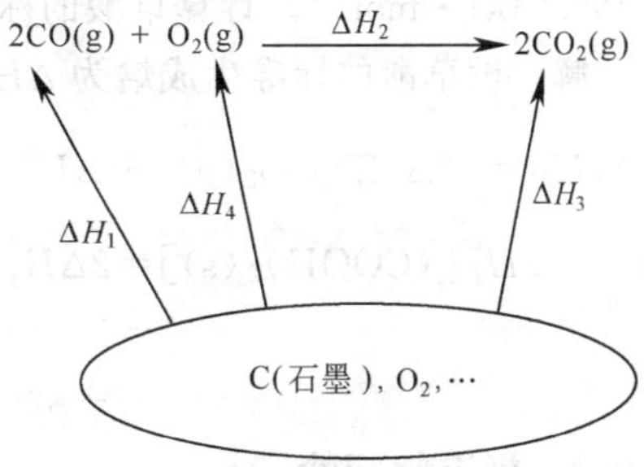

图 2-12 生成焓间接计算示意图

则

$$\Delta H_2=\Delta H_3-(\Delta H_1+\Delta H_4)$$
$$=2\Delta H_f^{\ominus}[CO_2(g)]-\{2\Delta H_f^{\ominus}[CO(g)]+\Delta H_4\}$$

将前面举例的数据代入可得

$$\Delta H_2=2\times(-393.5)-[2\times(-110.54)+0]=-565.92\ (\text{kJ})$$

即在标准状态下完全燃烧 2mol CO(g) 放热 565.92kJ。

由该例题看出：上述反应热效应的计算就是求解 $2CO(g)+O_2(g) \longrightarrow 2CO_2(g)$ 的标准反应焓。该值可用反应物和产物的标准生成焓来计算：

$$\Delta H^{\ominus}=\{2\Delta H_f^{\ominus}[CO_2(g)]\}_{产物}-\{2\Delta H_f^{\ominus}[CO(g)]+\Delta H_4\}_{反应物}$$

上式说明了计算反应热效应的一个简单方法。将此方法推广到任一化学反应，可以得到如下规则：化学反应的标准反应焓等于产物标准生成焓之和减去反应物标准生成焓之和。以数学式表示为

$$\Delta H_{298}^{\ominus}=\sum[m_i\Delta H_f^{\ominus}(i)]_{产物}-\sum[n_j\Delta H_f^{\ominus}(j)]_{反应物} \qquad (2\text{-}43)$$

式中 i——产物的名称；

j——反应物的名称；

m_i——产物“i”的计量系数；

n_j——反应物“j”的计量系数。

应用式(2-43) 计算反应热效应时要注意以下三点：

① 应用标准生成焓只能计算同一温度下的反应热效应。

② 物质的相态不同，则标准生成焓也不同。查表时应注意。

③ 计算时不要忘记化学反应方程式中各分子前的计量系数。

【例 2-7】 由标准生成焓计算25℃时下列反应的恒压反应热效应：

$$2C_2H_5OH(g) \longrightarrow C_4H_6(g) + 2H_2O(g) + H_2(g)$$

解 由附录一查得

$$\Delta H_f^{\ominus}[C_2H_5OH(g)] = -235.31\text{kJ} \cdot \text{mol}^{-1}$$

$$\Delta H_f^{\ominus}[C_4H_6(g)] = 111.9\text{kJ} \cdot \text{mol}^{-1}$$

$$\Delta H_f^{\ominus}[H_2O(g)] = -241.83\text{kJ} \cdot \text{mol}^{-1}$$

则 $Q_p = \Delta H_{298}^{\ominus} = \{\Delta H_f^{\ominus}[C_4H_6(g)] + 2\Delta H_f^{\ominus}[H_2O(g)] + \Delta H_f^{\ominus}[H_2(g)]\} - \{2\Delta H_f^{\ominus}[C_2H_5OH(g)]\}$

$= 111.9 + 2\times(-241.83) + 0 - (-2\times235.31)$

$= 98.86\ (\text{kJ} \cdot \text{mol}^{-1})$

【例 2-8】 已知反应 $(COOH)_2(s) + \frac{1}{2}O_2(g) \longrightarrow 2CO_2(g) + H_2O(l)$ 的标准反应焓为 $\Delta H_{298}^{\ominus} = -246.02\text{kJ} \cdot \text{mol}^{-1}$，并知 $\Delta H_f^{\ominus}[CO_2(g)] = -393.51\text{kJ} \cdot \text{mol}^{-1}$，$\Delta H_f^{\ominus}[H_2O(l)] = -285.84\text{kJ} \cdot \text{mol}^{-1}$。计算草酸的标准生成焓。

解 设草酸的标准生成焓为 $\Delta H_f^{\ominus}[(COOH)_2(s)]$，则按式(2-43) 可得

$$\Delta H_{298}^{\ominus} = \{2\Delta H_f^{\ominus}[CO_2(g)] + \Delta H_f^{\ominus}[H_2O(l)]\} - \{\Delta H_f^{\ominus}[(COOH)_2(s)] + \frac{1}{2}\Delta H_f^{\ominus}[O_2(g)]\}$$

则 $\Delta H_f^{\ominus}[(COOH)_2(s)] = 2\Delta H_f^{\ominus}[CO_2(g)] + \Delta H_f^{\ominus}[H_2O(l)] - \Delta H_{298}^{\ominus}$

$= 2\times(-393.51) - 285.84 + 246.02$

$= -826.84\ (\text{kJ} \cdot \text{mol}^{-1})$

2.9.4 标准燃烧焓

在100kPa及指定温度（通常是298K）下，1mol物质完全燃烧时的标准反应焓，称为该物质的标准燃烧焓，记作 $\Delta H_c^{\ominus}$。所谓完全燃烧是指该物质中的C变为 $CO_2(g)$，H变为 $H_2O(l)$，N变为 $N_2(g)$，Cl变为HCl（水溶液）等。应该指出，有的热力学数据表的规定略有不同，使用时请注意。例如在298K、100kPa下，已知下列反应的标准反应焓：

$$CH_4(g) + 2O_2(g) \longrightarrow CO_2(g) + 2H_2O(l) \quad \Delta H_{298}^{\ominus} = -890.31\text{kJ} \cdot \text{mol}^{-1}$$

$$COS(g) + \frac{3}{2}O_2(g) \longrightarrow CO_2(g) + SO_2(g) \quad \Delta H_{298}^{\ominus} = -553.1\text{kJ} \cdot \text{mol}^{-1}$$

$$C_2N_2(g) + 2O_2(g) \longrightarrow 2CO_2(g) + N_2(g) \quad \Delta H_{298}^{\ominus} = -1087.8\text{kJ} \cdot \text{mol}^{-1}$$

$$C_6H_5Cl(l) + 7O_2 \longrightarrow 6CO_2(g) + 2H_2O(l) + HCl(g) \quad \Delta H_{298}^{\ominus} = 3140.9\text{kJ} \cdot \text{mol}^{-1}$$

则甲烷、氧硫化碳、氰以及氯苯的标准燃烧焓分别为

$$\Delta H_c^{\ominus}[CH_4(g)] = -890.31\text{kJ} \cdot \text{mol}^{-1}$$

$$\Delta H_c^{\ominus}[COS(g)] = -553.1\text{kJ} \cdot \text{mol}^{-1}$$

$$\Delta H_c^{\ominus}[C_2N_2(g)] = -1087.8\text{kJ} \cdot \text{mol}^{-1}$$

$$\Delta H_c^{\ominus}[C_6H_5Cl(l)] = -3140.9\text{kJ} \cdot \text{mol}^{-1}$$

不仅有机物有标准燃烧焓，其他一些物质也有标准燃烧焓。目前多数手册是在298K时给出的标准燃烧焓数据，因此今后凡不加说明，标准燃烧焓的温度均指298K。

按照标准燃烧焓的定义，必须明确以下三点：

① 各种指定燃烧产物以及氧气的标准燃烧焓为零。

例如，H_2O（l）的标准燃烧焓 $\Delta H_c^{\ominus}[H_2O(l)]=0$，$N_2$(g）的标准燃烧焓 $\Delta H_c^{\ominus}[N_2(g)]=0$。

② 反应的产物皆为指定的产物及相态。

例如，反应 $C_6H_5NO_2(l)+\frac{29}{4}O_2(g)\longrightarrow 6CO_2(g)+NO_2(g)+\frac{5}{2}H_2O(l)$ 的标准反应焓 $\Delta H_{298}^{\ominus}$ 并不是硝基苯 $C_6H_5NO_2$(l）的标准燃烧焓，因为 NO_2(g）不是燃烧的指定产物。又如反应 $H_2(g)+\frac{1}{2}O_2(g)\longrightarrow H_2O(g)$ 的标准反应焓 $\Delta H_{298}^{\ominus}$ 也不是 H_2(g）的标准燃烧焓，因为气态水不是指定产物的相态。

③ 被燃烧的反应物是1mol物质。

例如乙烯的燃烧反应

$$\frac{1}{2}C_2H_4(g)+\frac{3}{2}O_2(g)\longrightarrow CO_2(g)+H_2O(l) \qquad \Delta H_{298}^{\ominus}=-705.49\text{kJ}\cdot\text{mol}^{-1}$$

则

$$\Delta H_c^{\ominus}[C_2H_4(g)]=2\Delta H_{298}^{\ominus}=-1410.98\text{kJ}\cdot\text{mol}^{-1}$$

部分有机化合物的标准燃烧焓数据见附录二。

2.9.5 利用标准燃烧焓计算反应热效应

有了各种物质的标准燃烧焓，就可以方便地计算同一温度下化学反应的热效应。如图2-13所示，乙酸的标准生成焓可以用标准燃烧焓来计算，按照状态函数的概念有

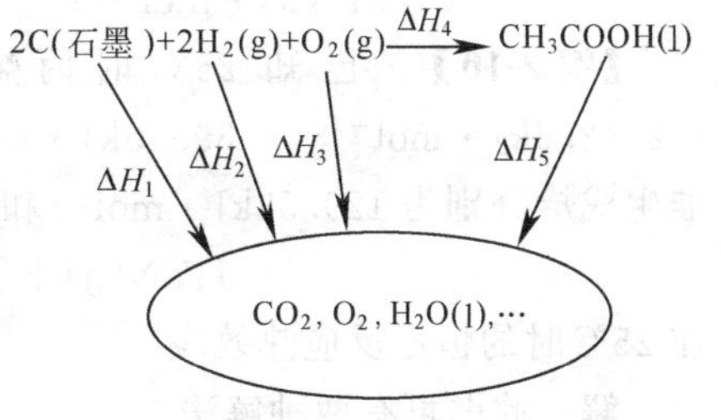

$$\Delta H_1+\Delta H_2+\Delta H_3=\Delta H_4+\Delta H_5$$

图2-13 燃烧焓间接计算示意图

其中 $\Delta H_1=2\Delta H_c^{\ominus}[C(\text{石墨})]=2\times(-393.5)\text{kJ}$

$\Delta H_2=2\Delta H_c^{\ominus}[H_2(g)]=2\times(-285.8)\text{kJ}$

$\Delta H_3=\Delta H_c^{\ominus}[O_2(g)]=0$

$\Delta H_4=\Delta H_f^{\ominus}[CH_3COOH(l)]$

$\Delta H_5=\Delta H_c^{\ominus}[CH_3COOH(l)]=1\times(-874.5)\text{kJ}$

所以

$$\begin{aligned}\Delta H_4&=\Delta H_1+\Delta H_2+\Delta H_3-\Delta H_5\\&=2\Delta H_c^{\ominus}[C(\text{石墨})]+2\Delta H_c^{\ominus}[H_2(g)]+\Delta H_c^{\ominus}[O_2(g)]-\Delta H_c^{\ominus}[CH_3COOH(l)]\end{aligned}$$

将数据代入可得

$$\begin{aligned}\Delta H_4&=[2\times(-393.5)+2\times(-285.8)+1\times0]-[1\times(-874.5)]\\&=-484.1\ (\text{kJ})\end{aligned}$$

由此可以看出，$2C(\text{石墨})+2H_2(g)+O_2(g)\longrightarrow CH_3COOH(l)$ 的标准反应焓 $\Delta H_{298}^{\ominus}$ 既是乙酸的生成焓 $\Delta H_f^{\ominus}(CH_3COOH)$，同时也可以用反应物和产物的标准燃烧焓来表达。即

$$\Delta H_f^{\ominus}(CH_3COOH)=\Delta H_{298}^{\ominus}=\{2\Delta H_c^{\ominus}[C(\text{石墨})]+2\Delta H_c^{\ominus}[H_2(g)]+\Delta H_c^{\ominus}[O_2(g)]\}_{\text{反应物}}-\{\Delta H_c^{\ominus}[CH_3COOH(l)]\}_{\text{产物}}$$

上式说明一个简单的计算方法。将它推广到任何化学反应，可以得到如下规则：化学反应的标准反应焓等于反应物的标准燃烧焓之和减去产物的标准燃烧焓之和。以数学式表示为

$$\Delta H_{298}^{\ominus}=\sum[n_j\Delta H_c^{\ominus}(j)]_{\text{反应物}}-\sum[m_i\Delta H_c^{\ominus}(i)]_{\text{产物}} \tag{2-44}$$

式中 j——反应物的名称；

i——产物的名称；

n_j——反应物“j”的计量系数；

m_i——产物“i”的计量系数。

应用式(2-44) 计算反应热效应时注意事项与利用标准生成焓进行计算的情况类同，在此不再赘述。

【例 2-9】 由标准燃烧焓计算 298K 时丙烷裂解的标准反应焓：

$$C_3H_8(g) \longrightarrow CH_4(g) + C_2H_4(g)$$

解 由附录二查得

$$\Delta H_c^{\ominus}[C_3H_8(g)] = -2220.0\text{kJ} \cdot \text{mol}^{-1}$$
$$\Delta H_c^{\ominus}[CH_4(g)] = -890.31\text{kJ} \cdot \text{mol}^{-1}$$
$$\Delta H_c^{\ominus}[C_2H_4(g)] = -1411.0\text{kJ} \cdot \text{mol}^{-1}$$

根据式(2-44) 求得标准反应焓为

$$\begin{aligned}\Delta H_{298}^{\ominus} &= \{\Delta H_c^{\ominus}[C_3H_8(g)]\} - \{\Delta H_c^{\ominus}(CH_4) + \Delta H_c^{\ominus}[C_2H_4(g)]\} \\ &= -2220.0 - (-890.31) - (-1411.0) \\ &= 81.31\ (\text{kJ} \cdot \text{mol}^{-1})\end{aligned}$$

【例 2-10】 已知 25℃ 时丙烯腈、C（石墨）和 $H_2(g)$ 的标准燃烧焓分别为 $-2042.6\text{kJ} \cdot \text{mol}^{-1}$、$-393.5\text{kJ} \cdot \text{mol}^{-1}$和$-285.8\text{kJ} \cdot \text{mol}^{-1}$，HCN(g) 和 $C_2H_2(g)$ 的标准生成焓分别为 $129.58\text{kJ} \cdot \text{mol}^{-1}$和 $226.73\text{kJ} \cdot \text{mol}^{-1}$，求反应

$$HCN(g) + C_2H_2(g) \longrightarrow CH_2{=}CHCN(g)$$

在 25℃时的恒压反应热效应。

解 此题可有两种解法。

(1) 若用标准燃烧焓法求反应的热效应，则按式(2-44) 可知缺少 HCN(g) 和 $C_2H_2(g)$ 的标准燃烧焓数据。因此，先求 HCN(g) 和 $C_2H_2(g)$ 的标准燃烧焓。

HCN(g) 的完全燃烧反应为

$$HCN(g) + \frac{5}{4}O_2(g) \longrightarrow \frac{1}{2}H_2O(l) + CO_2(g) + \frac{1}{2}N_2(g)$$

由标准生成焓计算标准燃烧焓可得

$$\Delta H_c^{\ominus}[HCN(g)] = \frac{1}{2}\Delta H_f^{\ominus}[H_2O(l)] + \Delta H_f^{\ominus}[CO_2(g)] - \Delta H_f^{\ominus}[HCN(g)]$$

因为

$$H_2(g) + \frac{1}{2}O_2(g) \longrightarrow H_2O(l)$$

$$C(\text{石墨}) + O_2(g) \longrightarrow CO_2(g)$$

即 $H_2O(l)$ 的标准生成焓就是 $H_2(g)$ 的标准燃烧焓；$CO_2(g)$ 的标准生成焓也就是 C（石墨）的标准燃烧焓。则

$$\begin{aligned}\Delta H_c^{\ominus}[HCN(g)] &= \frac{1}{2}\Delta H_c^{\ominus}[H_2(g)] + \Delta H_c^{\ominus}[C(\text{石墨})] - \Delta H_f^{\ominus}[HCN(g)] \\ &= \frac{1}{2} \times (-285.8) + (-393.5) - 129.58 \\ &= -665.98\ (\text{kJ} \cdot \text{mol}^{-1})\end{aligned}$$

同理 $C_2H_2(g)$ 的完全燃烧反应为

$$C_2H_2(g) + \frac{5}{2}O_2(g) \longrightarrow 2CO_2(g) + H_2O(l)$$

$$\Delta H_c^{\ominus}[C_2H_2(g)]=2\Delta H_f^{\ominus}[CO_2(g)]+\Delta H_f^{\ominus}[H_2O(l)]-\Delta H_f^{\ominus}[C_2H_2(g)]$$
$$=2\times(-393.5)+(-285.8)-226.73$$
$$=-1299.53\ (kJ\cdot mol^{-1})$$

按式(2-44) 可得反应 $HCN(g)+C_2H_2(g) \longrightarrow CH_2=CHCN(g)$的恒压反应热效应为

$$Q_p=\Delta H_{298}^{\ominus}=\Delta H_c^{\ominus}[HCN(g)]+\Delta H_c^{\ominus}[C_2H_2(g)]-\Delta H_c^{\ominus}[CH_2=CHCN(g)]$$
$$=-665.98-1299.53-(-2042.6)$$
$$=77.09\ (kJ\cdot mol^{-1})$$

(2) 若用标准生成焓法求反应的热效应，则按式(2-43) 可知，缺少 $CH_2=CHCN$ 的标准生成焓数据，必须先求 $CH_2=CHCN(g)$ 的标准生成焓。

按标准生成焓的定义，$CH_2=CHCN$ 的生成反应为

$$3C(石墨)+\frac{3}{2}H_2(g)+\frac{1}{2}N_2(g) \longrightarrow CH_2=CHCN(g)$$

用标准燃烧焓计算上述反应的热效应，可得

$$\Delta H_f^{\ominus}[CH_2=CHCN(g)]=3\Delta H_c^{\ominus}[C(石墨)]+\frac{3}{2}\Delta H_c^{\ominus}[H_2(g)]-\Delta H_c^{\ominus}[CH_2=CHCN(g)]$$
$$=3\times(-393.5)+\frac{3}{2}\times(-285.8)+2042.6$$
$$=433.4\ (kJ\cdot mol^{-1})$$

按式(2-43) 计算反应 $HCN(g)+C_2H_2(g) \longrightarrow CH_2=CHCN(g)$的热效应为

$$Q_p=\Delta H_{298}^{\ominus}=\Delta H_f^{\ominus}[CH_2=CHCN(g)]-\Delta H_f^{\ominus}[HCN(g)]-\Delta H_f^{\ominus}[C_2H_2(g)]$$
$$=433.4-129.58-226.73$$
$$=77.09\ (kJ\cdot mol^{-1})$$

由上述计算可见，标准燃烧焓和标准生成焓数据可以相互补充和换算。根据所给的条件，尽量采用简捷方法计算反应热效应。

2.10 反应热效应与温度的关系

由标准生成焓或标准燃烧焓计算得到的反应热效应，通常是在 298K 下的数据。但实际化工生产中，大量的化学反应并不在 298K 下进行，为了计算各种温度下的反应热效应，就需要研究反应热效应随温度的变化规律。

化学反应的热效应对应体系状态函数的变化值，它只取决于反应的初、终态，而与反应途径无关。利用这一性质，可以找出反应热效应与温度的关系。例如，在 100kPa 和温度 T 下进行下列反应：

$$bB+dD \longrightarrow gG+rR$$

此反应生成 $g$mol 的 G 物质和 $r$mol 的 R 物质，反应热效应为 $\Delta H_T^{\ominus}$。另外，假设一条途径，在 100kPa 下将 bB 和 dD 的温度从 T 变到 298K，此过程的焓变为 ΔH_1；再进行化学反应生成 gG 和 rR，焓变为 $\Delta H_{298}^{\ominus}$；最后将 gG 和 rR 的温度从 298K 变到 T，其焓变为 ΔH_2，如图 2-14 所示。

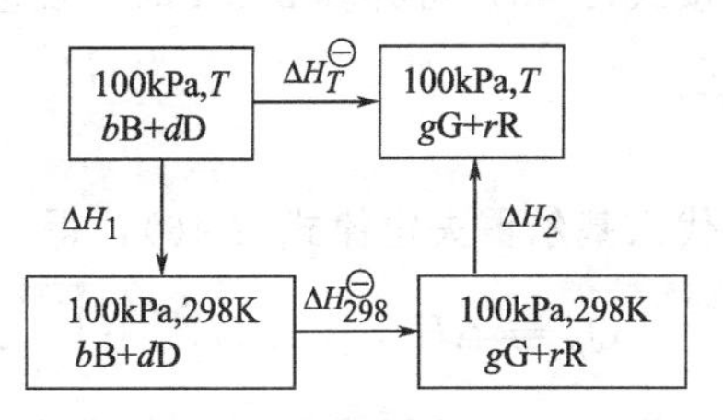

图 2-14 反应热效应与温度关系示意图

根据状态函数的概念，有

$$\Delta H_T^{\ominus}=\Delta H_1+\Delta H_{298}^{\ominus}+\Delta H_2$$

若在变温过程中，体系不发生相变化，则显然有

$$\Delta H_1=\int_T^{298}[bc_{p,\mathrm{m}}(\mathrm{B})+dc_{p,\mathrm{m}}(\mathrm{D})]\mathrm{d}T$$

$$=\int_T^{298}\left[\sum n_j c_{p,\mathrm{m}}(j)\right]_{\text{反应物}}\mathrm{d}T$$

式中 $c_{p,\mathrm{m}}(j)$——反应物 j 的恒压热容；

n_j——反应物 j 的计量系数。

$$\Delta H_2=\int_{298}^{T}[gc_{p,\mathrm{m}}(\mathrm{G})+rc_{p,\mathrm{m}}(\mathrm{R})]\mathrm{d}T$$

$$=\int_{298}^{T}\left[\sum m_i c_{p,\mathrm{m}}(i)\right]_{\text{产物}}\mathrm{d}T$$

式中 $c_{p,\mathrm{m}}(i)$——产物 i 的恒压热容；

m_i——产物 i 的计量系数。

因此 $$\Delta H_T^{\ominus}=\int_T^{298}\left[\sum n_j c_{p,\mathrm{m}}(j)\right]\mathrm{d}T+\Delta H_{298}^{\ominus}+\int_{298}^{T}\left[\sum m_i c_{p,\mathrm{m}}(i)\right]\mathrm{d}T$$

$$=\Delta H_{298}^{\ominus}+\int_{298}^{T}\left[\sum m_i c_{p,\mathrm{m}}(i)-\sum n_j c_{p,\mathrm{m}}(j)\right]\mathrm{d}T$$

如令 $$\Delta c_p=\sum m_i c_{p,\mathrm{m}}(i)-\sum n_i c_{p,\mathrm{m}}(j) \tag{2-45}$$

式中，Δc_p 表示产物恒压热容的总和减去反应物恒压热容的总和。

则 $$\Delta H_T^{\ominus}=\Delta H_{298}^{\ominus}+\int_{298}^{T}\Delta c_p\mathrm{d}T \tag{2-46}$$

式(2-46) 称为基尔霍夫（G. R. Kirchhoff）定律的数学式。当然积分下限 298K 和 $\Delta H_{298}^{\ominus}$可以更换成任何温度和相应的标准反应焓。它的意义在于已知某一温度的标准反应焓和反应物、产物的恒压热容，且在变温过程中反应物和产物不发生相变化时，可以用基尔霍夫定律计算其他反应温度下的反应焓或者说恒压反应热效应。

【例 2-11】 估算合成氨反应 $N_2(g)+3H_2(g)\longrightarrow 2NH_3(g)$在 500℃、100kPa 下的恒压反应热效应。已知：氮气、氢气和氨气的恒压热容估算值分别为 29J·K^{-1}·mol^{-1}、29J·K^{-1}·mol^{-1}、33 J·K^{-1}·mol^{-1}，$\Delta H_f^{\ominus}[NH_3(g)]=-46.2$ kJ·mol^{-1}。

解 因为在 25～500℃之间氮、氢和氨均为气体，没有相变化，应用式(2-45) 可得

$$\Delta c_p=2c_{p,\mathrm{m}}[NH_3(g)]-\{c_{p,\mathrm{m}}[N_2(g)]+3c_{p,\mathrm{m}}[H_2(g)]\}$$

$$=2\times 33-(29+3\times 29)=-50\ (\mathrm{J\cdot K^{-1}\cdot mol^{-1}})$$

按式(2-43) 可计算 298K 时的反应焓

$$\Delta H_{298}^{\ominus}=2\Delta H_f^{\ominus}[NH_3(g)]$$

$$=2\times(-46.2)=-92.4\ (\mathrm{kJ\cdot mol^{-1}})$$

代入基尔霍夫定律式(2-46)，得

$$Q_p=\Delta H_{773}^{\ominus}=\Delta H_{298}^{\ominus}+\int_{298}^{773}\Delta c_p\mathrm{d}T$$

$$=-92400+(-50)\times(773-298)=-116.15\ (\mathrm{kJ})$$

【例 2-12】 某燃料气中含各种气体的组成（体积分数）为：CO 30%，N_2 60%，CO_2

10%。若按理论量多加一倍的氧气（全部氧气以空气带入）进行燃烧，计算在绝热条件下加热炉中的最高火焰温度（燃料气进口温度为25℃）。

为简便计算，各气体$c_{p,m}$的数据可取下列平均值：

$$c_{p,m}[CO(g)]=31.8\ J\cdot K^{-1}\cdot mol^{-1}$$
$$c_{p,m}[CO_2(g)]=50.4\ J\cdot K^{-1}\cdot mol^{-1}$$
$$c_{p,m}[N_2(g)]=31.7\ J\cdot K^{-1}\cdot mol^{-1}$$
$$c_{p,m}[O_2(g)]=33.7\ J\cdot K^{-1}\cdot mol^{-1}$$

CO和CO_2在298K时的标准生成焓分别为$-110.5kJ\cdot mol^{-1}$、$-393.5kJ\cdot mol^{-1}$。

解 取1mol燃料气为计算基准，则有0.3mol CO、0.6mol N_2及0.1mol CO_2。

按反应
$$CO \quad + \quad \frac{1}{2}O_2 \longrightarrow CO_2$$
$$0.3mol \quad \frac{1}{2}\times 0.3mol \quad 0.3mol$$

理论耗氧为0.15mol，根据题意多加一倍，则实际给氧为0.3mol，因为氧气以空气带入，而空气中N_2：O_2（体积比）通常4∶1，所以引入0.3mol氧气必然带入4×0.3=1.2（mol）N_2。

经上述分析，可以列出过程的初、终态，并设计过程如图2-15所示。

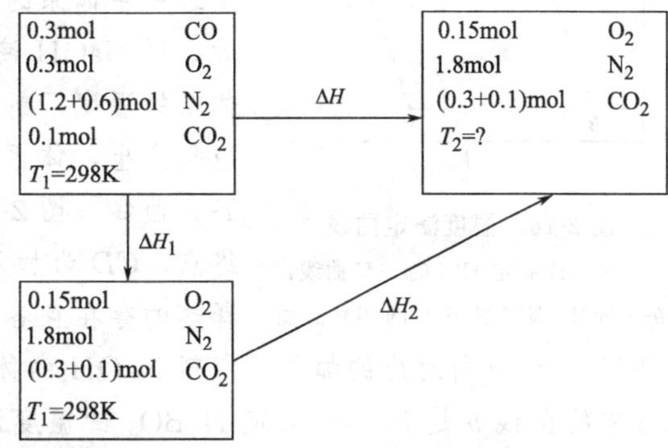

图2-15 最高火焰温度计算示意图

与ΔH_1对应的第一步变化为：0.3mol的CO和0.15mol的O_2反应生成0.3mol的CO_2。

因为$CO+\frac{1}{2}O_2 \longrightarrow CO_2$的标准反应焓为

$$\Delta H_{298}^{\ominus}=\Delta H_f^{\ominus}[CO_2(g)]-\Delta H_f^{\ominus}[CO(g)]$$
$$=-393.5+110.5=-283\ (kJ\cdot mol^{-1})$$

则
$$\Delta H_1=0.3\Delta H_{298}^{\ominus}=0.3\times(-283)\approx-85\ (kJ)$$

与ΔH_2对应的第二步变化为O_2、N_2、CO_2三种气体恒压升温，因此

$$\Delta H_2=\int_{298}^{T_2}[\sum n_i c_{p,m}(i)]dT$$
$$=\int_{298}^{T_2}\{0.4c_{p,m}[CO_2(g)]+1.8c_{p,m}[N_2(g)]+0.15c_{p,m}[O_2(g)]\}dT$$
$$=\int_{298}^{T_2}(0.4\times 50.4+1.8\times 31.7+0.15\times 33.7)dT$$
$$=\int_{298}^{T_2}82.28dT=82.28(T-298)$$

因为整个燃烧过程在恒压绝热条件下进行，因此$\Delta H=0$，则

$$\Delta H=\Delta H_1+\Delta H_2=0$$
$$-85000+82.28\times(T-298)=0$$

所以
$$T=1331K$$

在上述计算中，没有考虑高温时生成物可能部分分解；反应也不可能在真正的绝热条件下进行，因此理论计算的火焰温度往往高于实验值。虽然如此，理论计算仍有参考价值。

科海拾贝

温度滴定

温度滴定是利用热力学原理的一种化学分析方法。众所周知，任何化学反应总伴随着热效应，或放热，或吸热，而且热效应与反应物的浓度有关。温度滴定就是基于测量化学反应体系的温度变化，或以温度变化来指示反应的起始态和终态，从而确定待测组分含量的一种定量分析方法。

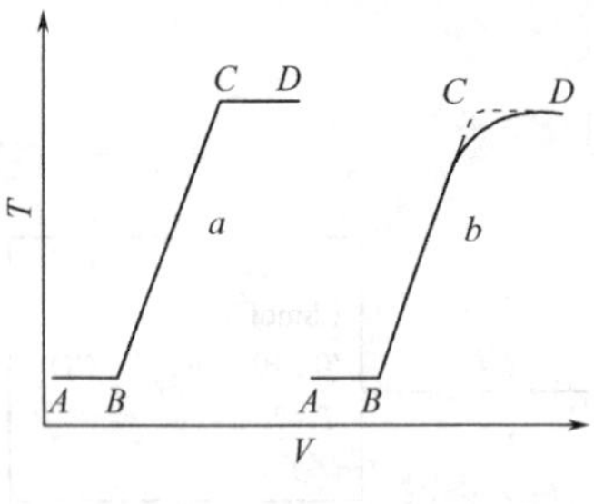

图 2-16　温度滴定曲线

a—NaOH 滴定 HCl 的 *T-V* 曲线；

b—NaOH 滴定 H_3BO_3 的 *T-V* 曲线

(1) 温度滴定曲线　温度滴定曲线也称为热谱图，它是在滴定反应过程中，以滴定剂的加入量（*V*）为横坐标，滴定过程中体系的温度（*T*）为纵坐标，绘制的 *T-V* 曲线。例如，用 NaOH 滴定 HCl，随着滴定剂 NaOH 的加入，反应体系的温度不断上升，当 HCl 被反应完全时，体系不再有反应热产生，体系的温度将不再上升，形成如图 2-16 所示的 *T-V* 曲线。图 2-16 中，*B* 点为滴定的起始点，*C* 点为反应的终点，*CD* 为加入过量 NaOH 滴定剂后的稀释阶段，由于稀释热的存在且各不相同，*CD* 线段可能具有不同的斜率（见图 2-17）。*C* 点所对应的加入滴定剂 NaOH 的体积 V_b 即为滴定终点所耗滴定剂的体积。图 2-16 中的曲线 *b* 是 NaOH 滴定 H_3BO_3 的温度滴定曲线。曲线中的 *C* 点是通过外推法得到的，此处没有明显的转折是由于反应不完全和产物的解离所致。总之，通过对 *T-V* 曲线的绘制和解析，可以确定反应的终点所在。

由于反应热及稀释热的不同，可能有如图 2-17 所示的不同类型的 *T-V* 曲线，图中 *a* 和 *b* 放热反应，*c* 和 *d* 吸热反应。

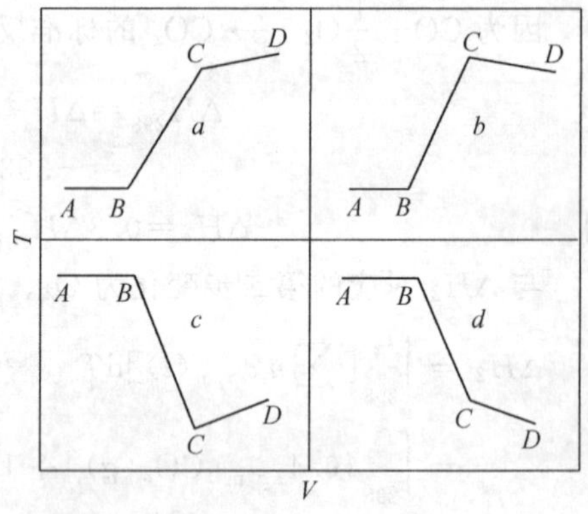

图 2-17　不同反应类型及稀释热条件下的 *T-V* 曲线

(2) 温度滴定的应用与准确度　温度滴定不受反应类型的限制，可用于酸碱反应、沉淀反应、配位反应、氧化还原反应以及非水溶液中的反应等，因而应用范围相当广。其确定终点的准确度可以与其他滴定方法媲美，见下列文献数据：

① 用 0.1000mol/L 的 NaCl 滴定 0.0500mol/L 的 $AgNO_3$，*T-V* 曲线上终点很明显，终点误差为 0.2%；

② 用 H_2SO_4 滴定 0.0500mol/L 的 $Ba(NO_3)_2$，终点误差为 0.2%；

③ 用 $K_2Cr_2O_7$ 滴定 $(NH_4)_2Fe(SO_4)_2$，终点误差为 0.3%；

④ 用 EDTA 滴定 Cr^{3+}，终点误差为 0.2%；

⑤ 用 EDTA 滴定 Zn^{2+}，终点误差为 0.4%。

从文献数据可以看出，温度滴定具有较高的准确度，为定量分析中确定终点提供了新的途径，具有快速、准确、便于自动化的优点。与电位滴定方法比较，由于作为测量器件的温度传感器是惰性的，它不显示试样成分参与反应的结果。此外，该方法不受试样特性如离子强度或容积等的干扰，还可以操作有色溶液、胶体溶液或浆液等，不失为一种较好的物理化学分析方法。

练习

1. 在附图中取框内物质为体系，按照体系内能的变化，填写功 W 和热 Q 的变化（用>、=、<来表示）。

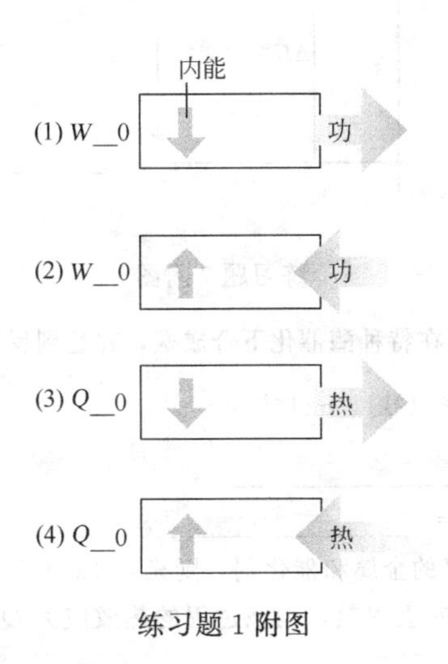

练习题 1 附图

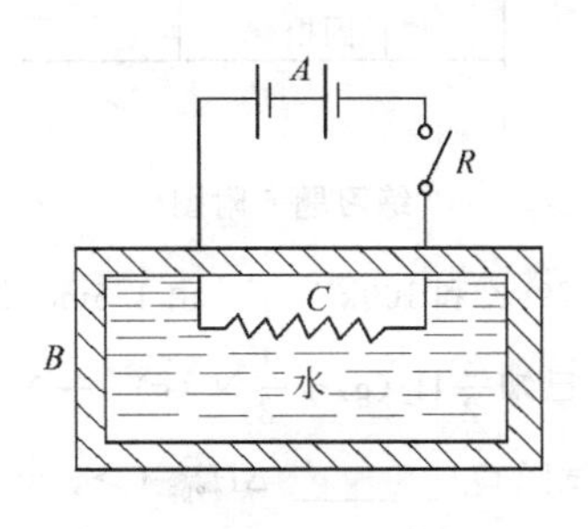

练习题 2 附图

2. 在一绝热容器中装有水，A 表示电池，C 表示电阻丝，按下电键 R，电流通过电阻丝发热（见附图），当选择不同的体系和不同的环境时，问 Q、W、ΔU 的值是>0、=0 还是<0？填入下表。

体系	电池	电池+电阻丝	电阻丝	水	水+电阻丝
环境	水+电阻丝	水	水+电池	电池+电阻丝	电池
Q	=0				
W	<0				
ΔU	<0				

3. 在一礼堂中有 950 人开会，每个人平均每小时向周围散发出 420000J 的热量，如果以礼堂中的空气和椅子等为体系，则在开会时 20min 内体系内能增加了________ kJ；如果以礼堂中空气、人和其他所有的东西为体系，则其内能增加了________ kJ。

4. 一封闭体系，从状态 A 变化到状态 B，经历两条不同的途径。已知 $Q_1 > Q_2$，则 W_1 ______ W_2（>、=、<），$(Q_1 - Q_2) + (W_1 - W_2)$ ______ 0（>、=、<）。

5. 在一绝热气缸内充有一定量的理想气体，活塞在大气压下平衡高度为 h。当一人跳在活塞上时，气体被压缩。然后该人又跳出活塞，气体又膨胀到与大气压平衡状态。这一过程是________过程（可逆、不可逆）。若取气缸内气体为体系，则该过程的 Q ______ 0，W ______ 0，ΔU ______ 0，ΔH ______ 0，最终活塞高度______ h（>、=、<）。

6. 物质发生相变时，焓的变化如附图所示，请填写 ΔH 的下标。

7. 附图是用标准生成焓计算标准反应焓的示意图，请填写焓坐标上的物质名称和括号内的名称（反应物、产物、中间物）。

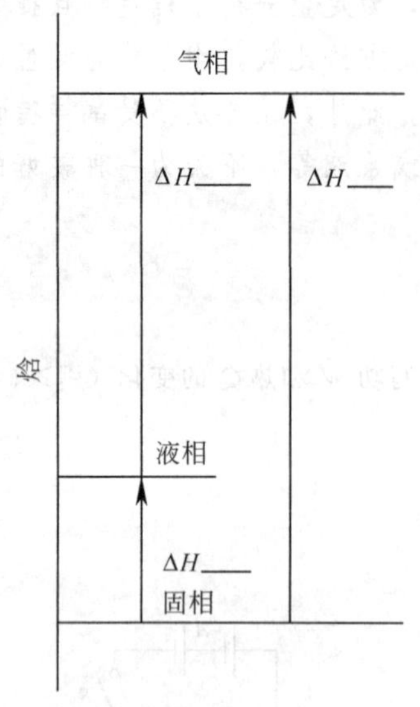

练习题 6 附图

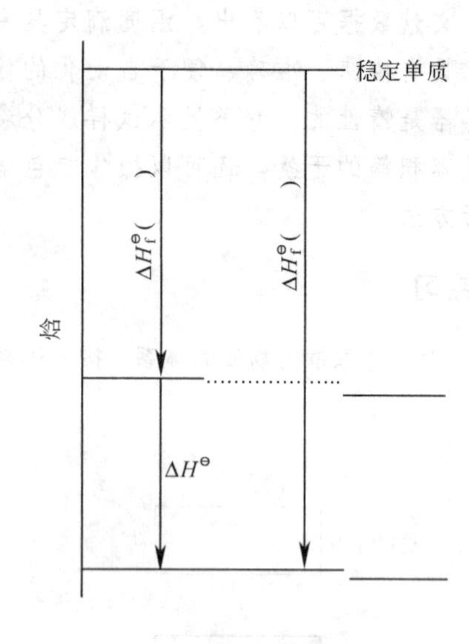

练习题 7 附图

8. 在 298K 和 100kPa 下，由 1.5mol 的氢气和 0.5mol 氮气在特种酶催化下合成氨，并达到反应平衡时放热 Q_1，已知 $\frac{3}{2}H_2(g)+\frac{1}{2}N_2(g)\longrightarrow NH_3(g)$ 的 $\Delta H_{298}^\ominus=-46.19kJ\cdot mol^{-1}$。

(1) 试问 Q_1 ________ $\Delta H_{298}^\ominus$（>、=、<）；其原因是____________________。

(2) 若反应式为 $3H_2(g)+N_2(g)\longrightarrow 2NH_3(g)$，则 $\Delta H_{298}^\ominus=$____________。

(3) 若在一密闭的恒温 298K 的容器中，放入可以吸附氢气的金属和催化剂，则充入 1mol 氨气后完全分解成 0.5mol 的氮气和 1.5mol 被金属吸附的氢气。忽略氢气的吸附热，则该过程的热效应为 $Q_V=Q_p-\Delta nRT$，其中 $Q_p=$________，$\Delta n=$________，$Q_V=$________。

9. 我们尝试对自身作一个热力学分析。根据生理数据的统计，人每分钟呼吸 15 次，每次吸入和呼出空气约为 $5\times10^{-4}m^3$，人的正常体温为 310K，人吸入氧气的 30% 用于氧化食物中的蔗糖。假定空气可以看作理想气体，蔗糖在人体中的反应热近似于蔗糖的标准反应焓，讨论下列问题：人每时每刻都在做功和传热，这是耗能；另一方面人每天都在进食，食物的完全氧化产生热，又增加能量。当人平躺着时仅有呼吸做功，若只靠食蔗糖维持生命，按一天______分钟计算，呼吸做功 $W=$______ kJ。一天吸入的空气体积 $V=$______ m^3，其中 $V_{O_2}=$______ m^3；折算成氧气的物质的量为______ mol。蔗糖完全氧化反应的方程式为__________________，从附录中直接查得标准反应焓 $\Delta H_{298}^\ominus=$__________ kJ，每消耗 1mol O_2 释放的热量为__________ kJ，所以 30% 的吸入氧同蔗糖反应释放的热量为__________ kJ。则呼吸耗能占食物产生能量的比例为 $W/Q=$__________%。

10. 初态为 100kPa、100℃、2mol 的氮气（可视为理想气体），在 $2\times100kPa$ 的压力下恒压缩到 $0.02m^3$，求 W、Q、ΔU、ΔH。

11. 已知 NH_3 的恒压热容（$J\cdot K^{-1}\cdot mol^{-1}$）与温度的关系式为

$$c_{p,m}(NH_3)=29.79+25.48\times10^{-3}T-1.665\times10^5T^{-2}$$

试计算 2mol NH_3 由 27℃恒压加热到 127℃所需要的热量。若 NH_3 可视为理想气体，则恒容加热所需要的热量为多少？

12. 1mol 理想气体在 373K 时由 1000kPa 恒温膨胀到 100kPa。

(1) 若为可逆膨胀，计算过程的 Q、W、ΔU 和 ΔH。

(2) 若为自由膨胀，计算过程的 Q、W、ΔU 和 ΔH。

13. 0℃、100kPa 下，$11.2\times10^{-3}m^3$ 的双原子理想气体（$c_{p,m}=29.1J\cdot K^{-1}\cdot mol^{-1}$），连续地经过下列变化（设过程都是可逆的）：(1) 首先恒压升温到 273℃；(2) 再恒温压缩到原来体积 $11.2\times10^{-3}m^3$；

(3) 最后再恒容降温到0℃。试用 p-V 图把整个过程表示出来；计算每一过程的 Q、W、ΔU 和 ΔH，填入下表；计算整个循环过程的 Q、W、ΔU 和 ΔH，填入下表。

步骤	过程名称	Q/kJ	W/kJ	ΔU/kJ	ΔH/kJ
(1)					
(2)					
(3)					
A—B—C	循环过程				

14. 0.1kg 液态苯在沸点 80.2℃、101.3kPa 下蒸发，汽化热为 30.7kJ・mol^{-1}。试计算 Q、W、ΔU 和 ΔH。(苯蒸气可视作理想气体)

15. 恒定 101.3kPa 下，2mol 50℃的液态水变成 150℃的水蒸气，求过程的热。已知水和水蒸气的恒压热容分别为 75.31 J・K^{-1}・mol^{-1} 及 33.47 J・K^{-1}・mol^{-1}；水在 100℃及 101.3kPa 下蒸发的相变热为 40.67 kJ・mol^{-1}。

16. 假设下列反应物和产物均处在 25℃、100kPa 下，问哪一反应的 ΔH 和 ΔU 之差较大，并指出哪个反应的 $\Delta H > \Delta U$，哪个反应的 $\Delta H < \Delta U$，哪个反应的 $\Delta H = \Delta U$。

(1) 蔗糖（$C_{12}H_{22}O_{11}$）的完全燃烧；

(2) 萘（$C_{10}H_8$）被氧气完全氧化成邻苯二甲酸 [$C_6H_4(COOH)_2$]；

(3) 乙醇（C_2H_5OH）的完全燃烧；

(4) PbS 与 O_2 完全氧化成 PbO 和 SO_2。

17. 求下列反应在 25℃时 ΔH 与 ΔU 之差：

(1) $N_2(g) + 3H_2(g) \longrightarrow 2NH_3(g)$

(2) $2H_2(g) + O_2(g) \longrightarrow 2H_2O(l)$

(3) $CaCO_3(s) \longrightarrow CaO(s) + CO_2(g)$

(4) C(石墨) + $O_2(g) \longrightarrow CO_2(g)$

(5) $CaO(s) + H_2O(l) \longrightarrow Ca(OH)_2(s)$

18. 25℃时，0.5g 正庚烷 [$C_7H_{16}(l)$] 放在弹式量热计中，燃烧后温度升高 2.94℃。若量热计本身及其附件的平均恒容热容 $\overline{c_V} = 8.177$kJ・K^{-1}，计算 25℃时正庚烷完全燃烧反应的恒容热效应和恒压热效应。

19. 试用附录中的标准生成焓数据计算下列反应在 25℃时的标准反应焓 $\Delta H^{\ominus}_{298}$：

(1) $CH_4(g) + 2O_2(g) \longrightarrow CO_2(g) + 2H_2O(l)$

(2) $C_2H_4(g) + H_2O(g) \longrightarrow C_2H_5OH(g)$

(3) $3C_2H_2(g) \longrightarrow C_6H_6(l)$

(4) $SO_2(g) + \frac{1}{2}O_2(g) + H_2O(l) \longrightarrow H_2SO_4(l)$

20. 试用附录中的标准燃烧焓数据计算下列反应在 25℃时的标准反应焓 $\Delta H^{\ominus}_{298}$：

(1) $C_2H_2(g) + H_2O(l) \longrightarrow CH_3CHO(g)$

(2) $3C_2H_2(g) \longrightarrow C_6H_6(l)$

(3) $C_2H_4(g) + H_2(g) \longrightarrow C_2H_6(g)$

21. 常用动力火箭中的一个反应为

$$CH_3OH(g) + \frac{3}{2}O_2(g) \xrightarrow{673K} CO_2(g) + 2H_2O(g)$$

已知热化学数据见下表：

物质	$\Delta H_f^{\ominus}$ /kJ·mol^{-1}	$c_{p,m}$/J·K^{-1}·mol^{-1}
$CH_3OH(g)$	−201.2	59.2
$O_2(g)$	0	30.99
$CO_2(g)$	−393.51	43.77
$H_2O(g)$	−241.84	35.18

求 673K 下恒压反应的热效应。

22. 气态乙炔的燃烧反应为

$$C_2H_2(g)+\frac{5}{2}O_2(g)\longrightarrow 2CO_2(g)+H_2O(g)$$

在 25℃时乙炔燃烧反应的热效应为 $\Delta H_{298}^{\ominus}=-1257$kJ·mol^{-1}，试求乙炔在空气（含 20%的 O_2 和 80%的 N_2）中燃烧时的火焰最高温度。已知 CO_2(g)、H_2O(g)、N_2(g) 的平均恒压热容 $c_{p,m}$ 分别为 54.36 J·K^{-1}·mol^{-1}、43.57 J·K^{-1}·mol^{-1}和 33.4 J·K^{-1}·mol^{-1}。

3 热力学第二定律

学习指南

热力学第二定律阐明过程的方向和限度。在隔离体系中，过程总是向着熵增大的方向进行。其数学式如下：

$$\Delta S_{总}=\Delta S-\int_A^B\frac{\delta Q}{T_{环}}\begin{cases}>0 & 不可逆过程(自发或非自发过程)\\ =0 & 可逆过程(达到平衡)\\ <0 & 不可能过程(过程反方向进行)\end{cases}$$

对于封闭体系的恒温恒压过程，引用吉氏函数的判据如下：

$\Delta G_{T,p}<0$　　(自发过程)

$\Delta G_{T,p}=0$　　(达到平衡)

$W'>\Delta G_{T,p}>0$　　(需要非体积功的非自发过程)

$\Delta G_{T,p}>W'$　　(不可能进行的过程)

熵是体系分子运动混乱度的表征。熵变的计算遵循下列规律：

$$\Delta S=\int_A^B\frac{\delta Q_R}{T}\begin{cases}恒压变温\quad \int_{T_A}^{T_B}\frac{nc_{p,m}}{T}dT\quad 当\ c_{p,m}为常数时，\Delta S=nc_{p,m}\ln\frac{T_B}{T_A}\\ 恒容变温\quad \int_{T_A}^{T_B}\frac{nc_{V,m}}{T}dT\quad 当\ c_{V,m}为常数时，\Delta S=nc_{V,m}\ln\frac{T_B}{T_A}\\ 理想气体恒温变容和变压\quad \Delta S=nR\ln\frac{V_B}{V_A}=nR\ln\frac{p_A}{p_B}\\ 恒温混合\quad \Delta S=-nR\sum x_i\ln x_i\\ 可逆相变\quad \Delta S=\frac{\Delta H_{相变}}{T}\end{cases}$$

$\Delta S=S_B-S_A$

化学变化　　$\Delta S^{\ominus}=\sum[m_iS_m^{\ominus}(i)]_{产物}-\sum[n_jS_m^{\ominus}(j)]_{反应物}$

吉氏函数 $G=H-TS$ 可看作恒温恒压、没有非体积功条件下，过程进行的推动力，其变化遵循下列规律：

恒温过程　　$\Delta G=\Delta H-T\Delta S$

理想气体恒温变压　　$\Delta G=nRT\ln\frac{p_B}{p_A}$

自然界中一切过程都服从热力学第一定律，但并不是说只要能量守恒的任何过程都能自动实现。例如反应

$$H_2(g)+\frac{1}{2}O_2(g)\longrightarrow H_2O(l)\qquad \Delta H_{298}^{\ominus}=-285\ kJ\cdot mol^{-1}$$

$$H_2O(l)\longrightarrow H_2(g)+\frac{1}{2}O_2(g)\qquad \Delta H_{298}^{\ominus}=285\ kJ\cdot mol^{-1}$$

在 25℃、100kPa 下氢和氧燃烧生成 1mol 水，并放热 285kJ；但把水加热到 25℃使其吸热 285kJ 却不能变成氢气和氧气。这说明过程能否发生，不仅取决于能量守恒，而且取决于本身的自发方向。热力学第二定律正是要解决在一定条件下，如何判断过程的方向和限度问题。

3.1 热力学第二定律

3.1.1 自发过程

不需要外力帮助就能自动进行的过程称为自发过程。在适当条件下，自发过程具有对外做功的能力。如果只有借助外力的帮助才能发生该过程，则称为非自发过程。

自发过程是自然界中普遍存在的现象。一个质量为 m 的重物离地面的高度为 h，因重力的作用，具有势能 mgh。经验表明，重物落到地面是个自发过程。当重物下落撞击地面时，原来集中于重物上的势能消失，转化成了等量的热。这些热将升高与重物接触的地面分子的温度，加剧这些分子的无序振动，而这些分子还会借助振动把能量传递给周围更多的分子，直到温度均匀为止。在这个简单的例子中，只要把重物和地面看成一个隔离体系，那么上述自发过程是向着能量分散程度增大的方向进行的。根据经验，构成地面的大量分子借助分子振动把等量的能量集中于和重物接触的那些分子上，而这些分子在某一瞬间同时向上振动，并把能量传递给重物，使重物又回升到原高度 h，这个过程是不可能的。也就是说，作为总的结果，隔离体系中能量自动集中的过程是不可能发生的。上述特征是否具有普遍意义呢？下面将其推广到其他事例中进行验证。

① 理想气体因扩散，分子会充满全部空间（容纳气体的盒子），如图 3-1 所示。这是一个很普遍的自发过程。若取盒子作为隔离体系，则该过程中气体分子活动空间的扩大与能量分散程度的增大是完全一致的，所以该自发过程的方向也符合隔离体系中自发过程向着能量分散程度增大的方向进行。反之，理想气体分子不会自动集中到某一部分体积中，这也说明了隔离体系中能量自动集中的过程不可能发生。

② 高温金属与低温气体接触，金属和气体组成一个隔离体系，热自动由金属传给低温气体。温度越高，分子运动的能量越高。如图 3-2 所示，由于高能量分子与低能量分子的碰

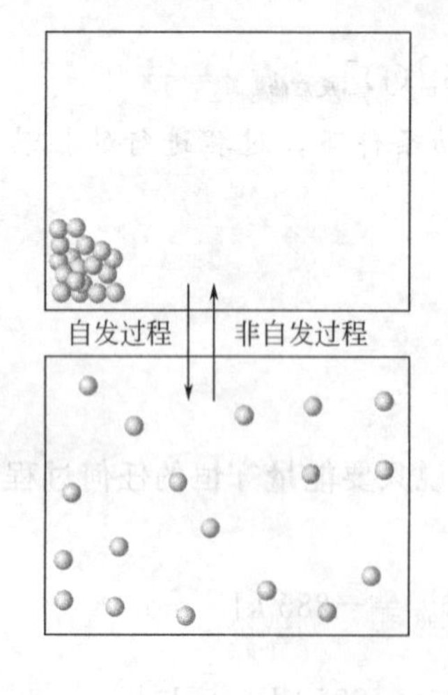

图 3-1　气体的扩散现象

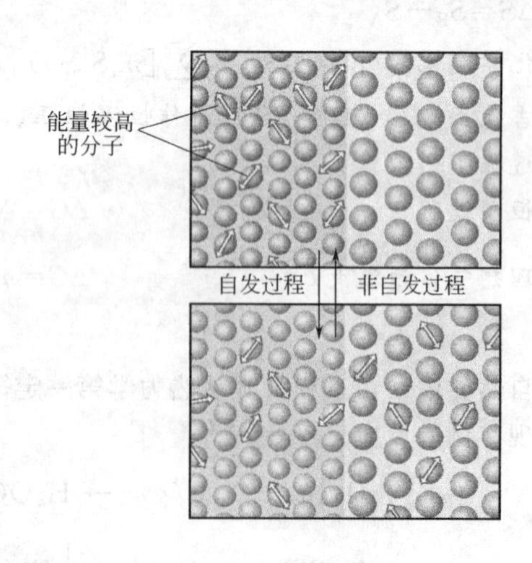

图 3-2　传热现象

撞，发生能量转移，能量逐渐分散，使各部分分子的平均能量趋于一致。反之，从来不会出现高能量分子自动集中于某一部分，而低能量分子自动集中于另一部分的现象。也就是说，热自动从低温物体传给高温物体，使能量进一步集中到高温物体上的过程是不可能发生的。

③ Fe在空气中氧化成 Fe_2O_3，将 Fe 与周围空气一起取作隔离体系。众所周知，在 25℃、100kPa 下，Fe 生锈的反应是自发过程。如图 3-3 所示，原来集中于 Fe 和 O_2 中的能量，通过分子结构的改变先分散到生成的 Fe_2O_3 分子中，再通过分子热运动把反应热传递给周围的空气，这个过程显然是一个能量分散程度增大的过程。不能想象周围空气分子通过热运动把能量先集中到 Fe_2O_3 分子上，而这些分子又能自动地集中能量到 Fe—O 键上使之断裂，进而使能量再集中在 Fe 和 O_2 分子中。所以上述化学反应自动进行的方向仍然符合隔离体系中自发过程向着能量分散程度增大的方向进行的规律。

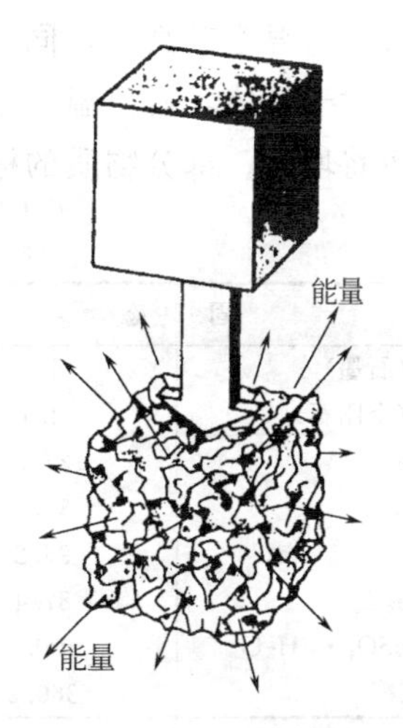

图 3-3　铁生锈的过程

任何自发过程都有一定的方向和限度。因此，过程一旦进行，就表示体系状态发生变化，因而必有一个或多个状态函数随之而变。例如，高处的物体往地面下落，势能这一状态函数从 mgh 变化到零；高压气体向真空或低压扩散，压力从 p_1 变化到 p_2（$p_2<p_1$）；高温物体向低温物体传热，温度从 T_1 变化到 T_2（$T_2<T_1$）；作为铁生锈的化学反应 $4Fe+3O_2 \longrightarrow 2Fe_2O_3$ 也有状态函数发生变化，暂且称它为 G。各种过程进行的方向和限度的判断见表 3-1。

表 3-1　各种过程进行的方向和限度的判断

过程性质	判据	自发条件	限度	过程性质	判据	自发条件	限度
热从高温传向低温	ΔT	$\Delta T<0$	$\Delta T=0$	气体从高压向低压扩散	Δp	$\Delta p<0$	$\Delta p=0$
物体从高处落到底处	Δh	$\Delta h<0$	$\Delta h=0$	恒温恒压下进行的化学反应	ΔG	$\Delta G<0$	$\Delta G=0$

显然，不同的过程都可由不同的状态函数作为判据，这是事物的个性。那么它们的共性是什么呢？由前面分析可知，自发过程的共同特征是：在隔离体系中，所有发生的过程都朝着能量分散程度增大的方向进行。隔离体系的能量分散程度是体系中大量微观质点的某些运动情况的综合表现，故应体现出一种宏观性质，也是一个状态函数，把这个状态函数叫作熵，用符号 S 表示。在隔离体系中，无论是重物落地、气体扩散、物体传热还是铁生锈等自发过程，状态函数熵总是由小变大，这是个性与共性的统一。

3.1.2　熵的物理意义

熵是能量分散的度量。从分子运动的角度看，分子是能量的载体，能量越分散，分子运动越混乱。因此也可以说，熵是体系内部分子热运动混乱程度的度量，这就是熵的物理意义。

当物质处于固体状态时，分子或离子大多数固定在晶格上，只有振动，而转动和移动都很弱。当物质处于液体状态时，分子不再是固定在一个位置上，而可以自由地转动和移动。至于气体，分子的运动大为增强，也更为杂乱，运动的空间充满容器，比液体、固体的运动空间大很多。显然，从固体到液体再到气体，分子运动混乱程度依次增加，因而熵值也依次增大。当温度升高时，同一相态物质的分子热运动增强，分子运动混乱程度增大，熵也增大。对于气体，若恒温下压力降低，则体积增大。分子在增大的空间内运动，就更为混乱，熵也将增大。部分物质的标准摩尔熵列于表 3-2。

表 3-2 25℃时部分物质的标准摩尔熵 单位：$J \cdot K^{-1} \cdot mol^{-1}$

固态		液态		气态	
C(石墨)	5.7	Hg	76.0	H_2	130.6
C(金刚石)	2.4	H_2O	69.9	N_2	192.1
Fe	27.3	C_2H_5OH	160.7	O_2	205.0
Cu	33.1	C_6H_6	173.3	CO_2	213.6
AgCl	96.2	CH_3COOH	159.8	NO_2	239.9
Fe_2O_3	87.4			N_2O_4	304.0
$CuSO_4 \cdot 5H_2O$	300.4			NH_3	192.3
蔗糖	360.2			CH_4	186.2

从表 3-2 中，不仅可以看到不同相态的物质之间熵的大小，而且还能看到分子结构越复杂，熵也就越大。同样是固体，蔗糖的熵就比石墨的熵大得多。这同混乱度的概念完全吻合。对于化学反应，按熵的物理意义，也可定性地判断是熵增反应还是熵减反应。例如

$$4Fe(s)+3O_2(g) \longrightarrow 2Fe_2O_3(s)$$

在 25℃进行，反应是分子数减少的反应，因此混乱度降低，表现为熵减小反应。如果用表 3-2 的数据核算的话，也能看到该反应的熵变 ΔS 为 $-549.4 J \cdot K^{-1} \cdot mol^{-1}$。

利用熵的物理意义，可以定性地估计各种物理和化学过程的熵变。

① 物质的量 n：n 增加，熵增大。

② 相变化：$S_{气} > S_{液} > S_{固}$

③ p、V、T 变化：p 升高，熵减小；V 增大或 T 升高，熵增大。

④ 化学变化：增加分子数的反应（指气相），熵增大；反之，熵减小。

因此，状态函数熵取决于体系的物质种类、数量和物理状态，它是体系的容量性质。

3.1.3 熵变的定义

熵体现了体系的混乱度，那么熵变在宏观上又与什么有关呢？体系在温度 T 时，进行一无限小的可逆过程，吸收（或放出）微热 δQ_R，并引起无限小的熵变 dS。则 δQ_R 除以吸热（或放热）时的温度 T 等于体系的熵变，即

$$dS=\frac{\delta Q_R}{T} \tag{3-1a}$$

式(3-1a) 就是熵变的定义式。其中下标 R 表示可逆过程，$\frac{\delta Q_R}{T}$ 称为可逆过程的热温商。因此也可以说，可逆过程的热温商在数值上就等于体系的熵变。

若体系由状态 A 经某一过程变化到状态 B，则按状态函数的特性，体系的熵变可以写成

$$\Delta S=S_B-S_A \tag{3-1b}$$

无论过程是否可逆，体系的熵变都可以式(3-1b) 表示。

3.1.4 热力学第二定律

热力学第二定律是人类经验的总结。其说法各不相同，有克劳修斯（R. Clausius）说法、开尔文（Lord Kelvin）说法等，其实质都是要说明自发过程的方向和限度。本章仅引

用最直接的说法，即“在隔离体系中，自发过程向着熵增大的方向进行”。若体系初态的熵 S_A 变化到终态的熵 S_B，该过程自发进行的条件是 $S_B > S_A$，即 $S_B - S_A > 0$。在隔离体系中，一个自发过程总是沿着熵增大的方向进行，当增到极大时，熵不再发生变化，即 $\Delta S = 0$，说明已到达平衡，这称为熵增大原理。利用这一原理得到如下结论：

$$\Delta S_{隔离}\begin{cases} >0 & 自发过程 \\ =0 & 平衡 \\ <0 & 逆过程自发 \end{cases} \tag{3-2}$$

利用熵变判断过程的方向和限度仅适用于隔离体系。一般化学反应都不是在隔离体系内进行的，但由于体系总是与环境密切联系，因此可以把体系和环境包括在一起，看作一个隔离体系，则总的熵变为

$$\Delta S_{大隔离} = \Delta S_{总} = \Delta S + \Delta S_{环} \tag{3-3}$$

式中，ΔS 为体系的熵变；$\Delta S_{环}$ 为环境的熵变。由于环境是根据过程进行的要求而指定的，它可以设计成一个无限大的热源，同体系进行热交换时可看作可逆过程，就好像从大海中提取一壶水并不降低海平面高度一样。因此

$$\Delta S_{环} = -\int_A^B \frac{\delta Q}{T_{环}} \tag{3-4}$$

式中，负号表示环境和体系的热效应符号相反；$T_{环}$ 表示环境的温度。

利用总熵可以判断一切过程的方向和限度，但与直接用体系熵变判断方向仍有某些区别。如图 3-4 所示，若取气缸内的理想气体为体系，则气缸及周围的空气或重物都是环境，按大隔离体系的概念，把虚线内的物质与空间统统作为一个大隔离体系。显然，无论是图(a) 的膨胀还是图(b) 的压缩，就大隔离体系而言都是自发过程，$\Delta S_{总}$ 都大于零。然而就体系的变化来看，膨胀是自发过程，压缩为需要外力帮助才可进行的非自发过程，但它们都是在一定条件下能够进行的过程。

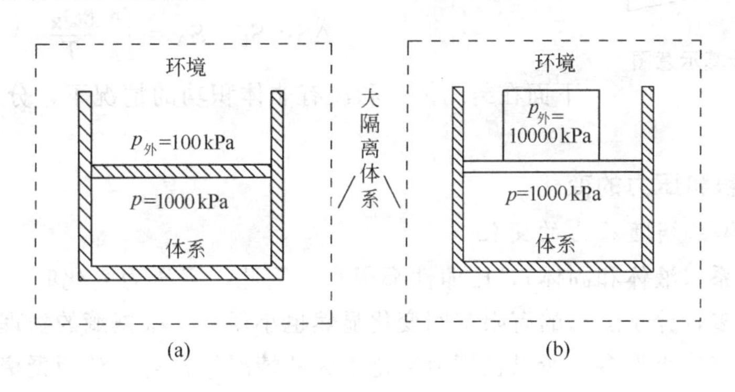

图 3-4　膨胀与压缩过程

在第 2 章中，把无限接近平衡条件下发生的过程称为可逆过程。此处把远离平衡条件的自发和非自发过程统称为不可逆过程。因此，假设某一过程要使体系由状态 A 变化到状态 B，则按式(3-2)、式(3-3) 和式(3-4) 可得

$$-\int_A^B \frac{\delta Q}{T_{环}} + \Delta S\begin{cases} >0 & 体系发生不可逆过程 \\ =0 & 体系发生可逆过程 \\ <0 & 该过程不可能发生 \end{cases} \tag{3-5a}$$

若发生极微小的状态变化，则上式可写成

$$
-\frac{\delta Q}{T_{环}}+\mathrm{d}S\begin{cases}>0 & 不可逆过程\\ =0 & 可逆过程\\ <0 & 该过程不可能发生\end{cases} \tag{3-5b}
$$

式(3-5) 称为克劳修斯不等式，它是热力学第二定律的数学表达式。

【例 3-1】 在 25℃、100kPa 下，进行下列反应（已知 $\Delta S=-549.4\mathrm{J\cdot K^{-1}}$）：

$$
4\mathrm{Fe(s)}+3\mathrm{O_2(g)}\longrightarrow 2\mathrm{Fe_2O_3(s)}
$$

反应放出热量 1648.4kJ，试判断反应进行的方向。

解 按式(3-5) 计算可得

$$
\Delta S_{总}=-\int_{A}^{B}\frac{\delta Q}{T}+\Delta S=-\frac{-1648.4\times 10^{3}}{298}+(-549.4)
$$

$$
\approx 4982\ (\mathrm{J\cdot K^{-1}})
$$

$\Delta S_{总}>0$，说明在常温常压下 Fe 生锈是一个不可逆过程。因为没有外力作用，显然反应是自发过程。

3.2 熵变计算

根据熵变的定义式 $\mathrm{d}S=\frac{\delta Q_R}{T}$，可以知道在数值上，熵变等于可逆过程的热温商。如果体系经历一个不可逆过程，状态从 A 变化到 B，只要设计出与其初、终态相同的可逆过程，然后进行计算，求得该可逆过程的热温商，就是该不可逆过程的熵变，如图 3-5 所示。这是因为熵是状态函数，与进行的过程无关。按定义，熵变的基本计算式为

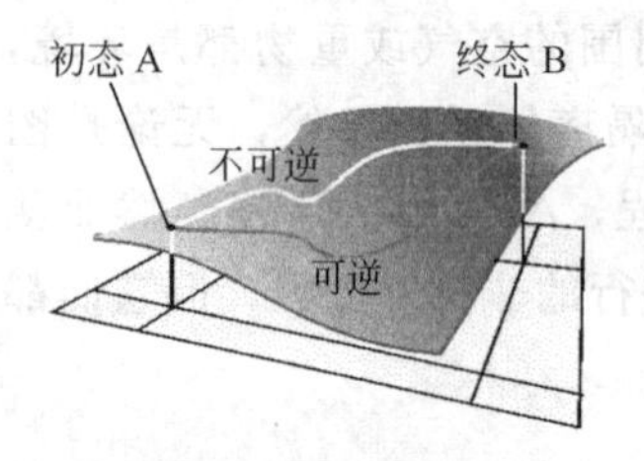

图 3-5 熵变计算示意图

$$
\Delta S=S_B-S_A=\int_{A}^{B}\frac{\delta Q_R}{T} \tag{3-6}
$$

下面在封闭体系和没有非体积功的情况下，分析并计算各类过程的熵变。

3.2.1 熵随体积和压力的变化

3.2.1.1 凝聚体系熵随压力的变化

对于凝聚体系（液体和固体），压缩性都很小。因此，当压力变化时，体积变化相对于气体来说要小得多，分子运动的有限空间变化显然也小得多。根据熵的物理意义，混乱度随压力的变化也比气体小得多，所以在压力变化不大的情况下，可以认为凝聚体系的 $\Delta S\approx 0$。

3.2.1.2 理想气体熵随体积和压力的变化

对于气体，其压缩性很大，熵随压力的变化就比较明显，如下所示。

$$
\boxed{p_1、V_1、T}\xrightarrow{\Delta S}\boxed{p_2、V_2、T}
$$

无论实际过程是什么，只要初、终态一定，则可以设计一个可逆过程来计算熵变。在第 2 章中已经介绍了理想气体的恒温可逆过程，这里就设计一个恒温可逆过程，由初态变化到终态，则

$$
\Delta U=0 \qquad Q_R=-W_R=nRT\ln\frac{V_2}{V_1}
$$

因此，按熵变计算式(3-6) 可得到

$$\Delta S=\int_{A}^{B}\frac{\delta Q_{R}}{T}=\frac{Q_{R}}{T}=\frac{nRT\ln\dfrac{V_2}{V_1}}{T}$$

$$=nR\ln\frac{V_2}{V_1} \tag{3-7}$$

由于理想气体，恒温下满足 $p_1V_1=p_2V_2$，所以式(3-7) 也可写成

$$\Delta S=nR\ln\frac{p_1}{p_2} \tag{3-8}$$

这就是理想气体的熵在恒温下随压力和体积的变化。

【例 3-2】 1mol 理想气体 $N_2(g)$，初态为 273K、100kPa，经恒温膨胀到终态 10kPa，求体系的熵变 ΔS。

解

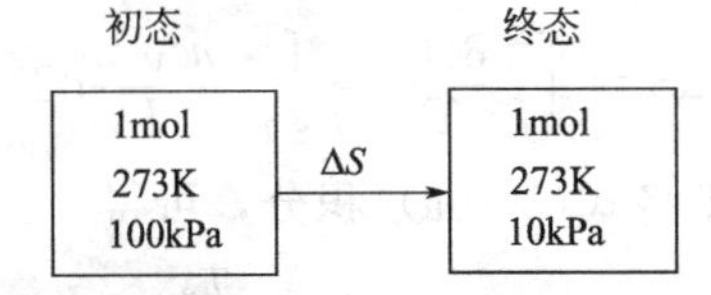

按式(3-8) 有

$$\Delta S=nR\ln\frac{p_1}{p_2}=8.314\times\ln\frac{100}{10}=19.14\ (\mathrm{J\cdot K^{-1}})$$

3.2.2 熵随温度的变化

熵随温度的变化可以分成以下三种情况。

3.2.2.1 *初、终态的压力相同*

这类变化可以假设一条恒压可逆途径，如图 3-6 所示。让体系（铁）连续地与温度高一个 dT 的热源接触，使传热过程在无限接近平衡的条件下进行。

这个可逆过程中每一步的热传递为

$$\delta Q_R=\delta Q_p=dH=nc_{p,m}dT$$

代入式(3-6) 得到

$$\Delta S=\int_{A}^{B}\frac{\delta Q_p}{T}=\int_{T_1}^{T_2}\frac{nc_{p,m}}{T}dT \tag{3-9a}$$

若恒压热容是常数，则将式(3-9a) 积分，可得

$$\Delta S=nc_{p,m}\ln\frac{T_2}{T_1} \tag{3-9b}$$

图 3-6 恒压变温的可逆过程

若 $c_{p,m}$是温度的函数，则应将 $c_{p,m}=f(T)$ 代入式(3-9a) 进行积分即可。

【例 3-3】 在常压下，224kg、300K 的铁，放在 900K 的电炉上加热至平衡，求铁的熵变。已知铁的摩尔质量 $M=56\times10^{-3}\mathrm{kg\cdot mol^{-1}}$，$c_{p,m}=14.10+29.71\times10^{-3}T$。

解 熵变计算的首要条件是确定初、终态。根据平衡，可以看出初、终态的条件如下。

初态 → 终态

初态		终态
Fe 300K 100kPa	ΔS →	Fe 900K 100kPa

因为 $c_{p,m}$是温度的函数，故将 $c_{p,m}=a+bT$ 代入式(3-9a) 计算

$$\Delta S = n\int_{T_1}^{T_2} \frac{c_{p,\mathrm{m}}}{T}\mathrm{d}T = n\int_{T_1}^{T_2} \frac{a+bT}{T}\mathrm{d}T$$

$$= n\left[a \ln \frac{T_2}{T_1} + b(T_2 - T_1)\right]$$

$$= \frac{224}{56\times10^{-3}} \times \left[14.10 \times \ln \frac{900}{300} + 29.71\times10^{-3} \times (900-300)\right]$$

$$= 133266\ (\mathrm{J \cdot K^{-1}})$$

3.2.2.2　初、终态的体积相同

同理，这类变化可以假设一条恒容可逆途径，计算 A 到 B 状态变化的 ΔS。按热力学第一定律，恒容过程 $\delta W=0$，所以

$$\delta Q_V = \mathrm{d}U = nc_{V,\mathrm{m}}\mathrm{d}T$$

对于恒容可逆过程，$\delta Q_\mathrm{R} = \delta Q_V$，所以代入式(3-6) 可得

$$\Delta S = \int_\mathrm{A}^\mathrm{B} \frac{\delta Q_V}{T} = \int_{T_1}^{T_2} \frac{nc_{V,\mathrm{m}}}{T}\mathrm{d}T \tag{3-10a}$$

若恒容热容 $c_{V,\mathrm{m}}$是常数，则将式(3-10a) 积分，可得

$$\Delta S = nc_{V,\mathrm{m}} \ln \frac{T_2}{T_1} \tag{3-10b}$$

【例 3-4】 1mol 水在封闭的容器内从 25℃加热到 50℃，已知 $c_{V,\mathrm{m}} = 75.3\mathrm{J \cdot K^{-1} \cdot mol^{-1}}$，热源温度为 100℃，求过程的熵变和总熵变。

解　因为体系在封闭容器内，所以体积不变；且 $c_{V,\mathrm{m}}$为常数，故利用式(3-10b) 计算熵变。

$$\Delta S = nc_{V,\mathrm{m}} \ln \frac{T_2}{T_1}$$

其中，$n=1$，$c_{V,\mathrm{m}} = 75.3\mathrm{J \cdot K^{-1} \cdot mol^{-1}}$，$T_1 = 298\mathrm{K}$，$T_2 = 323\mathrm{K}$。代入得

$$\Delta S = 75.3 \times \ln \frac{323}{298} = 6.07\ (\mathrm{J \cdot K^{-1}})$$

按环境熵变的概念式(3-4)，得

$$\Delta S_{环} = \int_\mathrm{A}^\mathrm{B} \frac{-\delta Q}{T_{环}} = \frac{-nc_{V,\mathrm{m}}(T_2 - T_1)}{T_{环}}$$

因为 $T_{环} = 373\mathrm{K}$，所以代入得到

$$\Delta S_{环} = -\frac{75.3\times(323-298)}{373} = -5.05\ (\mathrm{J \cdot K^{-1}})$$

则总熵变为 $\Delta S_{总} = \Delta S + \Delta S_{环} = 6.07 - 5.05 = 1.02\ (\mathrm{J \cdot K^{-1}})$

该加热过程没有外力作用，显然是自发过程。

3.2.2.3　理想气体初、终态的 p、V、T 均改变

理想气体初、终态的 p、V、T 均改变的情况从两方面来考虑。首先考虑这一变化的过程是否是绝热可逆过程。若是，则按熵变的定义，$\Delta S=0$；若不是，则要假设两步可逆途径，才能计算这类变化的 ΔS。对于非绝热可逆过程，ΔS 的计算有两种方法：

第一种方法：如图 3-7(a) 所示，先设计一步恒容可逆过程，使温度从 T_1 变到 T_2；第二步为恒温可逆过程，使 V_1 变成 V_2。显然这里的 ΔS_1 可按式(3-10) 计算，ΔS_2 可按式(3-7) 计算。

第二种方法：如图 3-7(b) 所示，先设计一步恒压可逆过程，使温度由 T_1 变到 T_2；第二步为恒温可逆过程，压力由 p_1 变到 p_2，同理 ΔS_3 的计算可按式(3-9) 完成，而 ΔS_4 可按式(3-8) 计算。

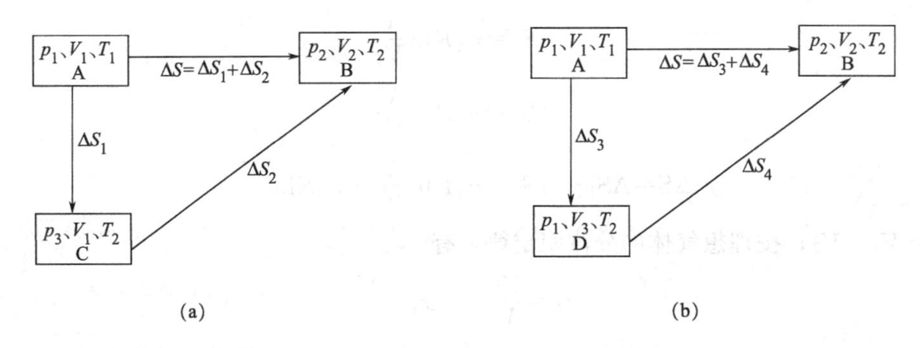

图 3-7　p、V、T 均改变的过程 ΔS 计算设计

因此，当理想气体的 $c_{p,\mathrm{m}}$ 和 $c_{V,\mathrm{m}}$ 为常数时，熵随 p、V、T 变化的通式可写成

第一种方法　$$\Delta S=\Delta S_1+\Delta S_2=nc_{V,\mathrm{m}}\ln\frac{T_2}{T_1}+nR\ln\frac{V_2}{V_1} \tag{3-11a}$$

第二种方法　$$\Delta S=\Delta S_3+\Delta S_4=nc_{p,\mathrm{m}}\ln\frac{T_2}{T_1}+nR\ln\frac{p_1}{p_2} \tag{3-11b}$$

按初、终态所给条件的不同，可选择通式进行计算。

【例 3-5】 2mol 氮气（理想气体 $c_{V,\mathrm{m}}=\frac{5}{2}R$）由 300K、0.05m^3 加热膨胀到 373K、0.1m^3，求 ΔS。

解　按初、终态的条件可列出

初态		终态
2mol N_2 300K 0.05m^3	$\xrightarrow{\Delta S}$	2mol N_2 373K 0.1m^3

从列出的条件可以看出，利用式(3-11a) 计算比较方便。则

$$\Delta S=2\times\frac{5}{2}R\ln\frac{373}{300}+2R\ln\frac{0.1}{0.05}=20.58\ (\mathrm{J\cdot K^{-1}})$$

3.2.3　熵随体系混合的变化

根据熵的物理意义，任何不同物质的混合过程，都是熵增大过程。混合过程熵变的计算比较复杂，没有统一的模式。通常都是按计算状态函数变化的基本原理，首先确定初、终态的 p、V、T，计算各部分物质的熵变，然后求总熵变。本章仅讨论最常见的理想气体恒温混合过程。

若有两种气体 A、B 在一定温度下混合，如图 3-8 所示。同温同压下有 $n_\mathrm{A}$mol 的 A 气体和 $n_\mathrm{B}$mol 的 B 气体，分别看这两种物质初、终态的变化。混合过程可以分解为两个体积变化过程，分别计算 ΔS_1 和 ΔS_2，则 $\Delta S=\Delta S_1+\Delta S_2$。根据式(3-7)，计算恒温变容的 ΔS，可得到

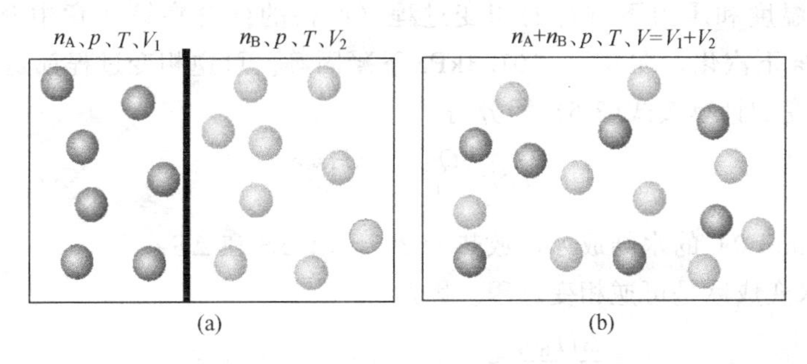

图 3-8　理想气体恒温混合过程

$$\Delta S_1 = n_A R\ln\frac{V}{V_1}$$

$$\Delta S_2 = n_B R\ln\frac{V}{V_2}$$

所以
$$\Delta S = \Delta S_1 + \Delta S_2 = n_A R\ln\frac{V}{V_1} + n_B R\ln\frac{V}{V_2}$$

由于 $V = V_1 + V_2$，按理想气体的分体积定律，有

$$x_A = \frac{V_1}{V} \qquad x_B = \frac{V_2}{V}$$

$$n_A = n x_A \qquad n_B = n x_B \text{（}n\text{ 为体系的总物质的量）}$$

代入上式可得到

$$\Delta S = -nR(x_A \ln x_A + x_B \ln x_B)$$

如果混合的气体不止两种，一共有 n 种，则必然有

$$\Delta S = \Delta S_1 + \Delta S_2 + \Delta S_3 + \cdots + \Delta S_n$$

所以
$$\Delta S = -nR\sum(x_i \ln x_i) \tag{3-12}$$

【例 3-6】 设在 0℃时，用隔板将容器分为两部分，一边装有 0.2mol、100kPa 的 O_2，另一边是 0.8mol、100kPa 的 N_2，抽去隔板后，两气体混合均匀。试求混合熵和总熵变。

解 将题意示意如下图：

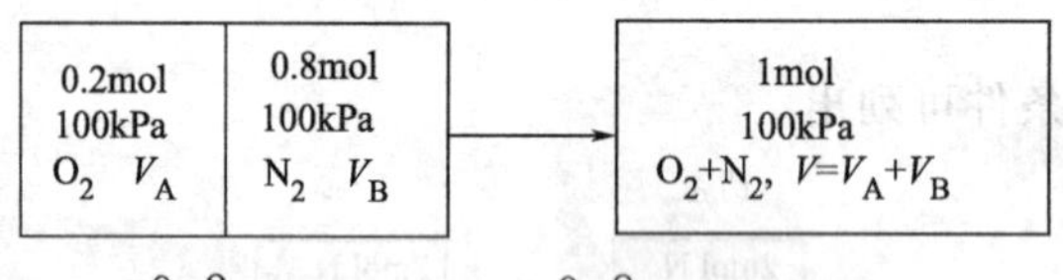

总物质的量 $n=1$ $\quad x_{O_2} = \frac{0.2}{1} = 0.2 \quad x_{N_2} = \frac{0.8}{1} = 0.8$

根据式(3-12) 计算，得

$$\Delta S = -8.314 \times (0.2 \times \ln 0.2 + 0.8 \times \ln 0.8) = 4.16 \ (\text{J} \cdot \text{K}^{-1})$$

由于理想气体的恒温混合没有热效应，故 $Q=0$，则

$$\Delta S_{环} = -\int_A^B \frac{\delta Q}{T_{环}} = -\frac{Q}{T_{环}} = 0$$

所以
$$\Delta S_{总} = \Delta S + \Delta S_{环} = 4.16 + 0 = 4.16 \ (\text{J} \cdot \text{K}^{-1})$$

显然，$\Delta S_{总} > 0$ 且混合过程没有外力作用，因此它是一个自发过程。

3.2.4 熵随相态的变化

通常恒温恒压下的相变过程可以分成两类：一类是可逆相变；另一类称为不可逆相变。按现有的知识，可以认为在正常沸点、熔点发生的相变化是可逆相变化。所谓可逆相变过程是指在相平衡的温度和压力下进行的相变过程（严格的概念在第 4 章中介绍），例如水在 100℃、101.3kPa 下汽化，在 0℃、101.3kPa 下凝固等。可逆相变过程都是恒温恒压的可逆过程。因此，熵变的计算按式(3-6) 积分得

$$\Delta S = \frac{Q_R}{T} = \frac{\Delta H_{相变}}{T} \tag{3-13}$$

【例 3-7】 1mol 0℃的水结成冰，放热 6020J，求 ΔS 和 $\Delta S_{总}$。

解 0℃的水变成冰是可逆相变过程。因此

$$\Delta S = \frac{\Delta H_{相变}}{T} = -\frac{6020}{273} \approx -22 \ (\text{J} \cdot \text{K}^{-1})$$

$$\Delta S_{环} = -\int_{初}^{终} \frac{\delta Q}{T_{环}} = \frac{6020}{273} \approx 22\ (\mathrm{J \cdot K^{-1}})$$

所以 $$\Delta S_{总} = \Delta S + \Delta S_{环} = -22 + 22 = 0$$

$\Delta S_{总} = 0$ 说明为可逆过程。

不是在相平衡的温度和压力下进行的相变过程为不可逆过程，其熵变要通过设计可逆过程进行计算。

3.2.5 熵随化学反应的变化

通常化学反应都在不可逆条件下进行，因此，化学反应的热效应并不是 Q_R。要利用式(3-6) 计算化学反应的熵变，就必须把反应设计成可逆过程（如在第 7 章可逆电池中进行）。若将所有化学反应都作此变换，困难甚大。经过探索，前人提出了物质绝对熵的思想，根据熵的物理意义，纯物质的 S 可看作 p、T、物质的量、相态和物质化学性质的函数。当 T、p 和物质的量都确定时，熵的绝对值仅仅由相态和物质化学性质所决定。

在标准状态和温度 T 时，1mol 纯物质的熵称为该物质的标准摩尔熵，记作 $S^{\ominus}_{\mathrm{m},T}$。不同的物质或不同的相态具有不同的标准摩尔熵。表 3-2 给出 25℃时部分物质的标准摩尔熵（详见附录一或其他手册）。利用反应物和产物的标准摩尔熵就可以计算出反应的标准熵变 $\Delta S^{\ominus}$ 按熵变定义式(3-6) 即得

$$\Delta S^{\ominus} = S^{\ominus}_{\mathrm{B}} - S^{\ominus}_{\mathrm{A}}$$

$$\Delta S^{\ominus}_{298} = \sum[m_i S^{\ominus}_{\mathrm{m}}(i)]_{产物} - \sum[n_j S^{\ominus}_{\mathrm{m}}(j)]_{反应物} \tag{3-14}$$

式(3-14) 与式(2-43) 相类似。

【例 3-8】 计算反应 $NH_4HCO_3(s) \longrightarrow NH_3(g) + CO_2(g) + H_2O(l)$ 的 $\Delta S^{\ominus}_{298}$。

已知 298K 时各物质 $S^{\ominus}_{\mathrm{m}}$ 的值如下：

$NH_4HCO_3(s)$	$121\mathrm{J \cdot K^{-1} \cdot mol^{-1}}$
$CO_2(g)$	$213.64\mathrm{J \cdot K^{-1} \cdot mol^{-1}}$
$NH_3(g)$	$192.51\mathrm{J \cdot K^{-1} \cdot mol^{-1}}$
$H_2O(l)$	$69.94\mathrm{J \cdot K^{-1} \cdot mol^{-1}}$

解 $\Delta S^{\ominus}_{298} = S^{\ominus}_{\mathrm{m}}(NH_3) + S^{\ominus}_{\mathrm{m}}(CO_2) + S^{\ominus}_{\mathrm{m}}(H_2O) - S^{\ominus}_{\mathrm{m}}(NH_4HCO_3)$

$= 192.51 + 213.64 + 69.94 - 121 = 355.09\ (\mathrm{J \cdot K^{-1} \cdot mol^{-1}})$

无论过程多么复杂，只要有确定的初、终态，都可以分解成一系列简单的化学变化，相变化和 p、V、T 变化。利用表 3-3 的基本计算通式，在已知相关热力学参数的情况下，可以求得每一步简单过程的 ΔS，然后综合各步的熵变，即可得到所要求的两状态间的熵变。

表 3-3 熵变计算的基本通式

变化因素	熵变计算通式
理想气体 p、V、T 变化	$\Delta S = nc_{V,\mathrm{m}} \ln \frac{T_2}{T_1} + nR\ln \frac{V_2}{V_1}$ $\Delta S = nc_{p,\mathrm{m}} \ln \frac{T_2}{T_1} + nR\ln \frac{p_1}{p_2}$
液体和固体 T 变化	$\Delta S = \int_{T_1}^{T_2} \frac{nc_{V,\mathrm{m}}}{T} \mathrm{d}T$ 或 $\Delta S = \int_{T_1}^{T_2} \frac{nc_{p,\mathrm{m}}}{T} \mathrm{d}T$
可逆相变化	$\Delta S = \frac{\Delta H_{相变}}{T}$
标准态间的化学变化	$\Delta S^{\ominus} = \sum[m_i S^{\ominus}_{\mathrm{m}}(i)]_{产物} - \sum[n_j S^{\ominus}_{\mathrm{m}}(j)]_{反应物}$

3.3 吉氏函数

在热力学第一定律的讨论中，过程变量热和功在特定条件下，可以转化成状态函数的变化，如 $Q_V=\Delta U$，$Q_p=\Delta H$，使能量衡算大为简化。同理，热力学第二定律（即克劳修斯不等式）在取隔离体系的条件下，用熵变作为过程方向的判据普遍适用；但化工生产中经常遇到封闭体系的恒温恒压过程（如化学反应和相变化）。在此条件下，利用热力学第一定律和第二定律（克劳修斯不等式）可以引出新的状态函数，进一步完成对恒温恒压过程的方向及限度的判断。

3.3.1 吉氏函数及其判据

在封闭体系内，热力学第一定律的微分式为

$$\delta Q=\mathrm{d}U-\delta W$$

热力学第二定律的微分式为

$$-\frac{\delta Q}{T_{环}}+\mathrm{d}S\geqslant 0 \quad \begin{cases} >0 & \text{不可逆过程} \\ =0 & \text{可逆过程} \end{cases}$$

结合上两式可得

$$\mathrm{d}S-\frac{\mathrm{d}U-\delta W}{T_{环}}\geqslant 0$$

在恒温恒压条件下，有

$$T_{环}=T \qquad p_{外}=p$$

$$\delta W=-p\mathrm{d}V+\delta W'$$

式中，W'为非体积功。

将上式代入第二定律微分式并整理，得到

$$T\mathrm{d}S-(\mathrm{d}U+p\mathrm{d}V-\delta W')\geqslant 0$$

即

$$-(\mathrm{d}U+p\mathrm{d}V-T\mathrm{d}S)+\delta W'\geqslant 0$$

因为 p 和 T 均为常数，所以有

$$-[\mathrm{d}U+\mathrm{d}(pV)-\mathrm{d}(TS)]\geqslant -\delta W'$$

则

$$\mathrm{d}(U+pV-TS)\leqslant \delta W' \tag{3-15}$$

由式(3-15) 可以看出，U、p、V、T、S 都是体系的状态函数。那么在同一状态下，$U+pV-TS$ 仍然是状态函数。

令 $G=U+pV-TS$，G 称为吉氏函数。因为 $H=U+pV$，所以

$$G=U+pV-TS=H-TS \tag{3-16}$$

式(3-16) 就是吉氏函数的定义式。吉氏函数具有能量单位，是体系的容量性质。将吉氏函数代入式(3-15)，即

$$\mathrm{d}G_{T,p}\leqslant \delta W' \tag{3-17a}$$

积分得

$$\Delta G_{T,p}\leqslant W' \quad \begin{cases} “<” & \text{不可逆过程} \\ “=” & \text{可逆过程} \end{cases} \tag{3-17b}$$

式(3-17b) 是克劳修斯不等式在恒温恒压条件下的特殊形式。现就该式进行如下讨论。

(1) 吉氏函数变化（ΔG）的物理意义　仅就定义式 $G=U+pV-TS$ 而言，吉氏函数无具体的物理意义。但根据式(3-17b) $\Delta G_{T,p} \leqslant W'$ 可以看出，对于相同状态之间的变化，在恒温恒压可逆过程中，是体系对外做最大的非体积功，且在数值上等于吉氏函数的变化，即 $\Delta G_{T,p}=W'_R$（下标“R”表示可逆），这就是恒温恒压下 ΔG 的物理意义（在后续章节中有重要应用）。

(2) 吉氏函数判据　若 $W'<0$，说明体系能对外做功，因而是自发过程，其 $\Delta G_{T,p}<0$。若 $W'>0$，说明环境对体系做功，则有两种可能的情况：①$0<\Delta G_{T,p}<W'$，这表明为不可逆过程，但需要外界给予非体积功时才能进行，是非自发过程；②$\Delta G_{T,p}>W'>0$，这是违背克劳修斯不等式的，即违反热力学第二定律，因此该过程不可能进行，它的逆过程是自发过程。

综上所述，可以得到吉氏函数判据为

$$\begin{cases} \Delta G_{T,p}<0 & \text{自发过程} \\ \Delta G_{T,p}=0 & \text{平衡} \\ W'>\Delta G_{T,p}>0 & \text{需要非体积功的非自发过程} \\ \Delta G_{T,p}>W' & \text{不可能进行的过程} \end{cases} \tag{3-18}$$

特殊地，在恒温恒压、没有非体积功参与的条件下，式(3-18) 可简化为

$$\begin{cases} \Delta G_{T,p}<0 & \text{自发过程(不做非体积功的不可逆过程一定自发)} \\ \Delta G_{T,p}=0 & \text{平衡} \\ \Delta G_{T,p}>0 & \text{过程不发生} \end{cases} \tag{3-19}$$

换句话说，在恒温恒压、不做非体积功的条件下，判断过程的方向，只要看初、终态的吉氏函数。$G_{终}<G_{初}$，过程自发进行；$G_{终}>G_{初}$，则逆过程自发进行；$G_{终}=G_{初}$，体系处于平衡。

从某种意义上说，吉氏函数类似于推动流体流动的势能，它推动了某种化学热力学过程的进行，正如前面表 3-1 所示。因此，每摩尔纯物质的吉氏函数，即摩尔吉氏函数 G_m 也常被称为化学势。例如，50℃、101.3kPa 下，G_m(水)$<G_m$（水蒸气），则水蒸气能自发地凝结成水，而水不能蒸发变成水蒸气；在 110℃、101.3kPa 下，G_m(水)$>G_m$（水蒸气），表明水能自发地蒸发变成水蒸气；在 100℃、101.3kPa 时，G_m(水)$=G_m$（水蒸气），则水与水蒸气处于平衡状态。

3.3.2　理想气体的吉氏函数

对吉氏函数的定义式 $G=U+pV-TS$ 进行微分，得

$$dG=dU+pdV+Vdp-TdS-SdT \tag{3-20}$$

根据热力学第一定律和第二定律，对于封闭体系、不做非体积功的可逆过程，有

$$dU=\delta Q_R+\delta W$$

$$dU=TdS-pdV$$

代入式(3-20) 得到

$$dG=-SdT+Vdp \tag{3-21}$$

式(3-21) 表明吉氏函数随温度、压力而变化。该式适用于定量、定组成的体系以及处于相平衡、化学平衡的体系。

对于理想气体，在一定温度 T 时，将式(3-21) 从压力 p_1 到 p_2 积分，可得

$$\int_{G_1}^{G_2} \mathrm{d}G = \int_{p_1}^{p_2} V \mathrm{d}p \tag{3-22}$$

$$G_2 - G_1 = \Delta G_T = \int_{p_1}^{p_2} \frac{nRT}{p} \mathrm{d}p \tag{3-23}$$

即

$$G_2 - G_1 = \Delta G_T = nRT\ln\frac{p_2}{p_1} \tag{3-24}$$

若取 1mol 理想气体，在一定温度 T 时，从标准状态的 $p^{\ominus} = 100\text{kPa}$ 到任意状态的压力 p 积分，同样可得

$$G_m - G_m^{\ominus} = RT\ln\frac{p}{p^{\ominus}}$$

或

$$G_m = G_m^{\ominus} + RT\ln\frac{p}{p^{\ominus}} \tag{3-25}$$

式中 G_m——一定温度 T 时理想气体的摩尔吉氏函数；

$G_m^{\ominus}$——同一温度时理想气体的标准摩尔吉氏函数。

由式(3-25) 可见，摩尔吉氏函数与温度有关。但由于 $G_m^{\ominus}$ 也是温度的函数，所以摩尔吉氏函数同温度的关系就变得相当复杂。因此，在吉氏函数差的计算中，往往回避变温过程，而主要讨论恒温过程。

3.4 恒温过程 ΔG 的计算

在封闭体系、没有非体积功的情况下，恒温过程 ΔG 的计算可分为三种情况。

3.4.1 理想气体的恒温过程

在恒温条件下，理想气体的压力和体积变化引起的吉氏函数变化可按式(3-24) 计算：

$$\Delta G = nRT\ln\frac{p_2}{p_1}$$

因为温度不变，所以有

$$p_2 V_2 = p_1 V_1$$

即

$$\frac{p_2}{p_1} = \frac{V_1}{V_2}$$

代入式(3-24)，则

$$\Delta G = nRT\ln\frac{V_1}{V_2}$$

由上式可知，理想气体恒温过程吉氏函数的变化同恒温可逆过程的体积功相等，因此也可以写成

$$\Delta G_T = W_R$$

【例 3-9】 1mol 的正丁烷在 137℃时，自 10kPa 压缩至 2000kPa（设气体近似看作理想气体），计算 ΔG。

解 $\Delta G = nRT\ln\dfrac{p_2}{p_1}$

$$= 1 \times 8.314 \times (137 + 273) \times \ln\frac{2000 \times 10^3}{10 \times 10^3} = 1.76 \times 10^4 \text{ (J)}$$

3.4.2 恒温恒压下的可逆相变

按式(3-19)，对于恒温恒压下的可逆过程，$\Delta G_{T,p}=0$。因此，恒温恒压条件下进行的可逆相变，其吉氏函数不变。例如 100℃、101.3kPa 下水变成水蒸气，为一可逆相变，$\Delta G=0$。

3.4.3 恒温过程 ΔG 的通式

计算恒温过程吉氏函数差 ΔG 的最一般的通式，可以从吉氏函数的定义式(3-16) 导出。

因为

$$G=H-TS$$

对于任何过程，都有

$$\Delta G=\Delta(H-TS)=\Delta H-\Delta(TS)$$

则对于恒温过程，有

$$\Delta G=\Delta H-T\Delta S \qquad (3\text{-}26)$$

从式(3-26) 看出，只要能够计算初、终态之间的焓变和熵变，就能得到这两个状态之间的吉氏函数差。对一些另有附加条件的情况，计算可以进一步简化。表 3-4 归纳了吉氏函数的部分计算式，供读者参考。

表 3-4 计算吉氏函数的基本公式

计算公式	条件
$\Delta G=0$	恒温恒压的可逆过程
$\left.\begin{aligned}\Delta G=nRT\ln\frac{p_2}{p_1}\\ \Delta G=nRT\ln\frac{V_1}{V_2}\end{aligned}\right\}=W_R$	理想气体，$T_1=T_2$
$\Delta G=\Delta H-T\Delta S$	$T_1=T_2$

【例 3-10】 求下列反应的 $\Delta G^{\ominus}_{298}$，并判断过程的方向。

$$CH_4(g)+2O_2(g)\longrightarrow CO_2(g)+2H_2O(l)$$

已知	$CH_4(g)$	$O_2(g)$	$CO_2(g)$	$H_2O(l)$
$\Delta H^{\ominus}_{f,298}/kJ\cdot mol^{-1}$	−74.85	0	−393.51	−285.8
$S^{\ominus}_{m,298}/J\cdot K^{-1}\cdot mol^{-1}$	186.19	205.02	213.64	69.92

解 化学反应初、终态的条件都已清楚（见反应式）。因此

$$\Delta H^{\ominus}_{298}=\sum[m_i\Delta H^{\ominus}_f(i)]_{产物}-\sum[n_j\Delta H^{\ominus}_f(j)]_{反应物}$$
$$=-393.51+2\times(-285.8)-(-74.85)=-890.26\ (kJ)$$

$$\Delta S^{\ominus}_{298}=\sum[m_iS^{\ominus}_m(i)]_{产物}-\sum[n_jS^{\ominus}_m(j)]_{反应物}$$
$$=213.64+2\times69.92-186.19-2\times205.02=-242.75\ (J\cdot K^{-1})$$

则 $$\Delta G^{\ominus}_{298}=\Delta H^{\ominus}_{298}-T\Delta S^{\ominus}_{298}$$
$$=-890260+298\times242.75\approx-818\ (kJ)$$

由于 $\Delta G^{\ominus}_{298}<0$，说明在常温常压下，若反应物和产物均处于标准状态，则甲烷氧化成 CO_2 的反应是自发的。

【例 3-11】 1mol 理想气体在 300K 时压力由 1000kPa 膨胀到 100kPa，求 ΔU、ΔH、ΔS、ΔG、Q、W。

(1) 经历恒温可逆膨胀；

(2) 经历绝热自由膨胀。

解 先列出体系的初、终态：

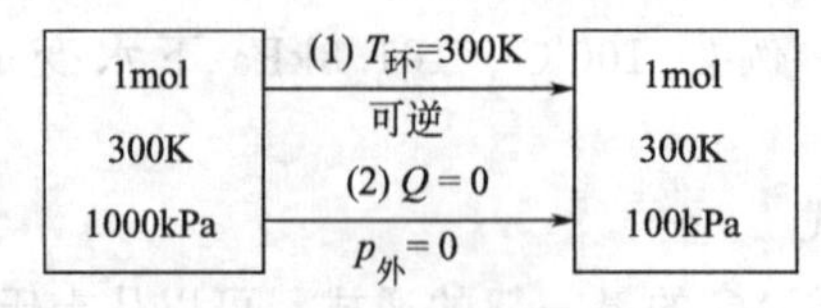

(1) 因为理想气体，且 $\Delta T=0$，所以

$$\Delta U=0 \qquad \Delta H=0$$

$$\Delta S=nR\ln\frac{p_1}{p_2}=1\times 8.314\times\ln\frac{1000\times 10^3}{100\times 10^3}=19.14\ (\mathrm{J\cdot K^{-1}})$$

$$\Delta G=\Delta H-T\Delta S=-300\times 19.14=-5742\ (\mathrm{J})$$

$$W_{\mathrm{R}}=\Delta G=-5742\ (\mathrm{J})$$

$$Q=\Delta U-W_{\mathrm{R}}=-W_{\mathrm{R}}=5742\ (\mathrm{J})$$

(2) 绝热自由膨胀

由

$$Q=0$$

因为 $p_{外}=0$，所以 $W=0$，则

$$\Delta U=Q+W=0$$

对于理想气体，$\Delta U=0$，则 $\Delta T=0$，所以

$$T_2=T_1$$

初、终态同 (1)。因此，状态函数的变化也同 (1) 一样，即

$$\Delta H=0 \qquad \Delta S=19.14\mathrm{J\cdot K^{-1}} \qquad \Delta G=-5742\mathrm{J}$$

科海拾贝

熵概念的拓展

(1) 玻尔兹曼熵　从分子运动论的角度来考虑，采用统计物理学的方法可得

$$S=k\ln\Omega \tag{3-27}$$

式中，S 称为玻尔兹曼 (L. Boltzmann) 熵；Ω 为系统的微观态数，又称热力学概率。式(3-27) 表明，熵是系统微观粒子无序量大小的度量，它把宏观量熵与微观状态数 Ω 联系起来，从而以概率的形式表述了熵及热力学第二定律的重要物理意义，对信息科学、生命科学乃至社会科学的发展都起了十分重要的推动作用。

(2) 信息熵　信息论的创始人申农 (C. E. Shannon) 利用概率统计理论来定义具有一定概率分布的信号源的平均不确定性的测度：

$$H=-C\sum_{i=1}^{n}P_i\ln P_i \tag{3-28}$$

式中，n 为信号源的信号种数；P_i 为第 i 种信号出现的概率。利用等概率原理可以证明，H 和 S 的统计表现形式可以相互转换，所以称 H 为信息熵。式(3-28) 表明，熵不仅不一定要与热力学过程相联系，而且不必与微观分子的运动相联系。在自然科学和社会科学的各个领域中，存在着大量不同层次、不同类别的随机事件，每一种随机事件的集合都具有相应的不确定性和无序度，所有这些不确定性或无序度都可以用信息熵这个概念来描述。信息熵也称为广义熵。

信息熵的意义在于它拓展了熵的概念。信息通讯是传递或交流一组语言、文字、图像等，其实质是复制消息，使收信人消除不确定性。信息本身应是一个非常有序的结构，比如说单词“information”（信息）由11个字母有序地组成，而同样的11个字母，可能是无任何意义的信息，如“frotnnimiao”。信息通讯的过程也是有序的，在信息传输中，信息可能不断地被转化成各种信号，如电信号、光信号、热信号等。如何使这些信息在传输中一成不变地、高保真地传输下去，同时不会丢失，是信息通讯技术要处理的技术问题。信息本身及传输过程是极为有序的、是低熵的，而熵的获得就意味着无序状态的出现，比如字符的排列混乱则充斥于传输过程的噪声干扰或译码错误，这就是信息的丢失。因此，信息与熵是个相反的量，信息也可称为负熵。一个通讯系统的熵越低，状态则越有序，它告诉人们的信息就越多；熵越高，状态越无序，它提供给人们的信息就越少。玻尔兹曼写道：“熵是个系统失去信息的量度”。如果说信息代表知识的多少，熵则代表无知的程度。

(3) 广义熵的建立　据不完全统计，目前有70～80种熵应用于自然、生命、思维及社会等各个领域（宏观巨系统），如模糊熵、拓扑熵、基因熵、气象熵、条件熵、社会熵、经济熵等，用来描述不确定性或混乱度或无序度。同时熵概念引发出许多新的交叉科学，如生物热力学、生物信息论、熵经济学、环境经济学和资源物理学等。对这样一些非热力学系统，由于其差异性和复杂性，尚没有统一的理论。目前，广义熵的建立方法有类热力学方法和类统计方法。类热力学方法是分别找出描述系统的一个容量性质和一个强度性质，用容量性质和强度性质之比来定义广义熵。按这种定义的广义熵具有热力学函数的某些判据，如Leopotd和Langbein提出的地貌学熵就是用强度性质 h（高度）和容量性质 m（质量）来定义的：

$$S=\frac{\mathrm{d}m}{h} \tag{3-29}$$

类统计学方法是通过对系统的状态或结构进行随机抽样，得出概率分布，而后得出广义熵。如某地区森林分布的广义熵就可定义为

$$S=\sum\frac{a_i}{A}\ln\frac{a_i}{A} \tag{3-30}$$

式中，A 为该地区的森林总面积；a_i 为各类森林的面积。

熵与生命科学

奥地利著名物理学家、量子力学创始人薛定谔（H. Schrödinger）于1944年在《生命是什么》一书中，从物理学家的眼光审视和研究了细胞，最后提出负熵的概念及其与生物生长进化的关系。生命的特征在于它还在运动，在新陈代谢中，生命不仅表现为它最终将死亡，使熵达到极大，也就是最终从有序走向无序；更在于它要努力避免很快地衰退为惰性平衡态，因而要不断地进行新陈代谢。自然界正在进行的每一种自发事件，都意味着它在其中的那部分世界的熵的增加。生命有机体要摆脱死亡，就要不断地吸取负熵，以抵消它在生活中产生的熵增加，使自身维持在一个稳定的低熵水平上。新陈代谢的本质是使有机体成功地消除了当他活着时不得不产生的全部的熵。任何活的有机物，都通过不断地从它的外界环境中吸取负熵，来维持自己相当高的有序能力，使生命避免退化到死亡的无序状态。例如，高等动物所摄取的食物，其原来的状态是极为有序的；动物在食用这些食物后，排泄物就是有序

性大大降低的东西。薛定谔把上述论点生动地以“生命赖负熵为生”予以概括，并从玻尔兹曼熵 $S=k\ln\Omega$ 出发，认为既然 Ω 是无序的量度，那么它的倒数 $1/\Omega$ 的对数正好是 Ω 的对数的负值，玻尔兹曼关系可以写成 $-S=k\ln\dfrac{1}{\Omega}$。由于熵与系统的无序性联系在一起，那么负熵自然与有机体的有序性联系在一起。薛定谔借助熵的概念开辟了以物理语言描述和分析生命本质的一个新方向。后来，随着信息论的提出，负熵的概念被进一步确立，乃至普利高津耗散结构理论，负熵（流）已成为说明自然界进化机制的极重要概念。

将熵理论引入生命科学领域，产生了生物热力学和生物信息论两个新的分支学科，但它的标志是耗散结构理论的诞生。耗散结构理论是熵概念深化的产物，它在热力学和达尔文进化论之间建立起一座桥梁，它不仅把物理规律和生物发展规律统一起来，同时也为用物理学和化学的方法研究生物学开辟了道路，为自然科学、生命科学和人文科学三者的大统一勾画了一幅初步的蓝图。这是21世纪跨学科研究的重大成果之一。

(1) 耗散结构理论的提出　比利时科学家普利高津（I. Prigogine）在一次理论物理学和生物学的国际会议上发表《结构、耗散和生命》的论文，首次正式提出耗散结构理论，引起了宏观物理学领域的革命。这一变革的主要特点是普利高津从定义非平衡态系统熵开始，引入一系列新概念，把热力学从平衡态拓展到非平衡态，进而拓展到远离平衡态，并用这一理论去说明物理、化学系统在远离平衡区时的有序现象，取得极大成功。

(2) 开放是有序的条件　宇宙中的各种系统，无论是有生命的，还是无生命的，无论是自然的，还是社会的，实质上无一不是与周围环境相互依赖的开放系统，因而必须考虑系统与外界交换能量和物质时引起的熵变 d_eS 以及系统内部由于不可逆过程本身产生的熵变 d_iS，即有

$$dS=d_eS+d_iS \tag{3-31}$$

其中，d_eS 可正可负，但 d_iS 总是大于零的。若外界提供足够的负熵（流）$d_eS<0$，且 $|d_eS|>d_iS$，则可使 $dS<0$。这表明在不违反热力学第二定律的条件下，远离平衡非线性系统可以通过负熵（流）来减小总熵，从而使系统从无序态变为有序态，即耗散结构状态，也就是说开放是有序的条件。

(3) 生命过程中的自组织现象　自组织现象在自然界（包括人类社会）中是广泛而普遍存在的。普利高津利用耗散结构理论来解释自组织现象。对于非孤立系统或开放系统，通过非平衡相变自发地或自然地由无序向有序态演化的现象，称之为自组织现象。

人的大脑是极其复杂且高度有序的自组织结构，它是生物进化的“最高结晶”。起初，自然界并没有高等生物，它是由低等生物进化而来的。进化的过程就是继承和发展的过程，继承就是遗传，而发展就是创新。生命体的遗传是由其体内的“遗传基因操作驾驭”的，“遗传基因”的载体是细胞中的大分子DNA，DNA中的碱基与核苷酸的排列顺序蕴涵着神秘的遗传信息密码，正是这种遗传信息在起着指令作用，“指挥着”机体组织的自复制及相似的繁衍活动。作为开放系统的生命体，一方面受着遗传信息的指令作用，另一方面又受着“内在随机性”及外部环境条件的制约，在一定条件下，就会发生“质的突变”，从而可使其向着更加复杂、更加高级、更加有序的方向演化。除此之外，在生命世界中，动物体与植物体中的结构组织皆为自组织结构。例如，高等生物体的呼吸、消化器官，血液循环器官，神经感觉器官等皆为复杂又井然有序的系列，各种器官的结构组织及其功能恰到好处地适应环境及其自身的需要。

自组织现象不仅存在于生命世界，也存在于无生命世界。实例如天空中的“云街”及岩矿中的规则纹理等。自组织现象不能用热力学第二定律解释，但它并不违反这一定律；自组织现象的前提条件是非孤立系统或开放系统，在此条件下，热力学第二定律是可以允许由无序向有序方向演化的。

熵与环境

人类社会的存在有赖于它所处的环境，需要不断地从周围环境摄取能量，自然界有能力清除生态环境和其他自然过程中的积熵。使用熵的概念，使人类意识到：一方面自然界有其自身的界限，它不能为人类提供取之不尽的资源和无限大的生存空间；而另一方面，人类社会以及科学技术的发展又导致了熵的快速增长。因此，应建立一个对于人类和自然界都合理、合适的最佳生存模式，即建立一个“负熵社会”，以尽可能少的能耗，求得社会生产力的发展，抑制并降低熵增长。地球的排熵能力是有限的。地球的“负熵”从其本源来说来自于太阳。地球作为处在高温热源（太阳）和低温热库（太空）之间的一个开放系统，它在单位时间内能引入的负熵或者说它排熵能力的上限为$-4.47\times10^{14}\,W\cdot K^{-1}$。全人类食物所需求的负熵流为$-1.13\times10^{8}\,W\cdot K^{-1}$，而辐照在地球上的太阳能，真正被绿色植物用来光合作用的仅有0.02%，约$-8.94\times10^{10}\,W\cdot K^{-1}$，其绝对值只比食物的负熵流大几百倍。自然界系统中的食物链有许多营养级，能量的转化平均为10%～15%，而且广阔森林中进行的光合作用大部分不为人类生产食品。所以，人类需要保护地球植被，爱护森林，杜绝沙漠化。没有植被的地面对光除了反射一部分外，大部分直接转化为低品质的热能。植被利用光合作用蓄积的能量是有序的，是推动地球各条生态链运动的能量和负熵输入的唯一方式，而且光合作用能产生O_2、吸收CO_2，从而清洁地球。就人类的消费而言，高消费似乎是人类天生的欲望，而每个人的高消费必然促成社会的高生产，低效率的高生产必然带来高污染。再拿热机废气污染来说，热机在给人类带来便利的同时，它又是一个破坏人类生存环境、侵蚀地球生命支撑结构的污染源。例如，一切热动力机械都属于能源的低效率使用设备，因为不管什么热机，都是先把高品质的化学能或核能转化为低品质的热能，最后才转化为电能或其他形式的能量。目前最先进的热电厂仅利用热能的40%，核电厂则为30%。这种落后的转换模式带来一系列环境污染，如“无色杀手”CO和温室气体CO_2含量的增高；空中死神——酸雨大面积的降落；城市中光化学烟雾的出现；铅污染、电磁污染等。正如阿尔温·托夫勒所言：“在我们急于向技术索取眼前的经济利益的过程中，我们已经把环境变成自然和社会的易燃品”。人类要想继续在太阳系中唯一能提供生存环境的地球上生活，就必须改变以人为中心的观念，改变以经济增长为唯一目标的谋生方式，要创造新的技术形式，开发新的能源和生态技术，在发挥科学技术积极作用的同时，消除科学技术发展的消极影响，从根本上改变人与科技、人与自然的不和谐关系，把耗散过程中产生的多余熵排出去，引入负熵，进化出一个全新的世界，实现人天的统一。有人说“熵”概念的重要性不亚于“能量”，甚至超过“能量”，通过上面的分析这并不夸大。埃姆登说得好：“在自然过程的庞大工厂里，熵原理起着‘经理’的作用，因为它规定着整个企业的经营方式和方法，而能量原理仅仅充当‘簿记’，平衡贷方和借方”。因此，广义熵的原理代表着新的世界观，我们应当掌握并应用它。

练习

1. 一定量的理想气体在恒温（25℃）条件下，从$10^{-3}\,m^3$、100kPa始态膨胀到$10^{-2}\,m^3$、10kPa的终

态，经历四种不同的膨胀过程，并都可以可逆压缩返回初态。试填写下表中空缺的值，并讨论净结果。

膨胀过程(A→B)	向真空膨胀	一次膨胀	二次膨胀	可逆膨胀
功 W/J	0	−90	−130	−230
热 Q/J				
可逆压缩过程(B→A)				
功 W/J				
热 Q/J				
循环过程(A→B→A)				
净结果 功 W/J				
净结果 热 Q/J				

2. 理想气体在可逆绝热膨胀过程中，温度________，内能________，熵________（增加、降低、不变）。若理想气体向真空绝热膨胀，则过程中温度________，内能________，熵________（增加、降低、不变）。

3. 在恒温恒压下，1mol NH_4NO_3(s) 溶于水形成均匀的溶液。对于该过程，体系的 $\Delta H>0$，则 $\Delta S_{系}$________0，$\Delta S_{环}$________0，$\Delta S_{总}$________0（>，=，<）。

4. 根据熵的物理意义，判断下列各恒温恒压过程的熵值是增加还是减小。

(1) NaCl 溶解与水　　ΔS________0（>，=，<）

(2) HCl 气体溶于水生成盐酸　　ΔS________0（>，=，<）

(3) $2H_2(g)+O_2(g) \longrightarrow 2H_2O(g)$　　ΔS________0（>，=，<）

(4) $Ag^+ + 2NH_3(g) \longrightarrow [Ag(NH_3)_2]^+$　　ΔS________0（>，=，<）

(5) $2KClO_3(s) \longrightarrow 2KCl(s)+3O_2(g)$　　ΔS________0（>，=，<）

5. 在 298K 和 100kPa 下电解水产生氢气和氧气，即 $H_2O(l) \longrightarrow H_2(g)+\frac{1}{2}O_2(g)$，该过程的吉氏函数变化 $\Delta G_{T,p}$________0（>，=，<）。但要产生 100kPa 的氢气和氧气，必须满足 $\Delta G_{T,p}$________电功（>，=，<）。

6. 在 100kPa 和 298K 下，1mol CaO 投入水中全部变成 $Ca(OH)_2$，该过程的 ΔH________0，ΔS________0，ΔG________0（>，=，<）。

7. 1mol 单原子理想气体，初态为 1000K、100kPa，经历下列各过程，比较状态函数的变化。

过　程	ΔH	ΔS	ΔG
(1)恒温可逆膨胀，使原体积扩大 10 倍			
(2)恒温自由膨胀，使原体积扩大 10 倍			
(3)绝热可逆膨胀，使原体积扩大 10 倍	−16.3kJ		超纲，不要求
(4)绝热自由膨胀，使原体积扩大 10 倍			

8. 10mol 的水在 101.3kPa 和 100℃时蒸发成水蒸气，吸热 406kJ，熵变为 $1.088kJ \cdot K^{-1}$。若在电炉上加热，电炉通电和断电时温度分别为 500℃和 25℃，通过计算分别说明两种情况下过程的方向。

9. 1mol 理想气体在 25℃时，体积由 $25\times10^{-3}m^3$ 恒温可逆膨胀到 $50\times10^{-3}m^{-3}$，求 W、Q、ΔU、ΔH、ΔS。

10. 有 64g 氧气，初态为 27℃、100kPa。现用 227℃的热源将其恒压下加热到 227℃，已知 $c_{p,m}(O_2)=29.4J \cdot mol^{-1} \cdot K^{-1}$。求 W、Q、ΔU、ΔH、ΔS 和 $\Delta S_{总}$，并说明过程是否自发。

11. 计算下列各过程的 ΔS（温度恒定）：

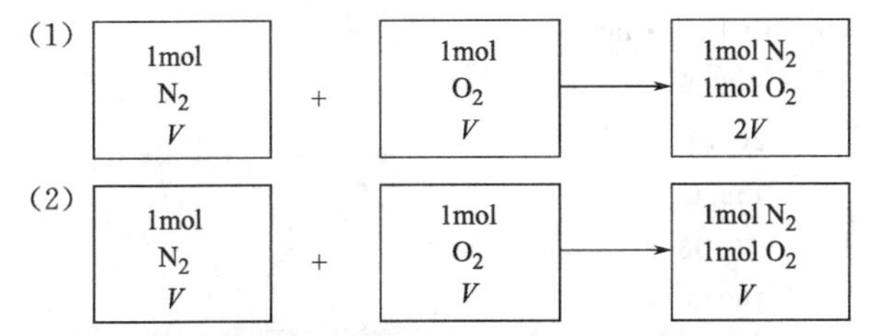

(3) 同 (1)，但将 O_2 换成 N_2，同种气体混合。

(4) 同 (2)，但将 O_2 换成 N_2，同种气体混合。

12. 求下列过程的熵变 ΔS（压力恒定为 101.3kPa）：

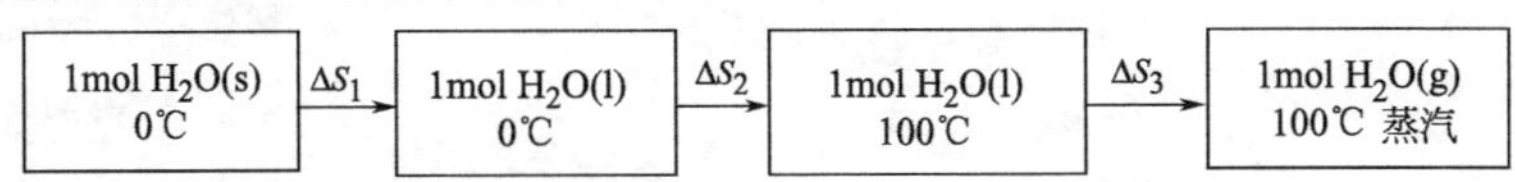

已知：水的热容 $c_{p,\mathrm{m}}=75.3\mathrm{J}\cdot\mathrm{K}^{-1}\cdot\mathrm{mol}^{-1}$；$\Delta H_{熔化}=6025\mathrm{J}\cdot\mathrm{mol}^{-1}$；$\Delta H_{汽化}=40.68\mathrm{kJ}\cdot\mathrm{mol}^{-1}$。

13. 计算下列反应在 25℃、100kPa 下的 $\Delta S^{\ominus}_{298}$。

$$6C(石墨)+3H_2(g)\longrightarrow C_6H_6(l)$$

已知：	C(石墨)	$H_2(g)$	$C_6H_6(l)$
$S^{\ominus}_{\mathrm{m},298}/\mathrm{J}\cdot\mathrm{K}^{-1}\cdot\mathrm{mol}^{-1}$	5.74	130.57	124.5

14. 根据附录计算出反应

$$CO(g)+H_2O(g)\xrightarrow{恒温恒压}CO_2(g)+H_2(g)$$

在标准状态下的 $\Delta H^{\ominus}_{298}$、$\Delta S^{\ominus}_{298}$，并求该反应的 $\Delta G^{\ominus}_{298}$，指明反应方向。

15. 根据附录计算下列反应

$$N_2(g)+3H_2(g)\xrightarrow{恒温恒压}2NH_3(g)$$

在标准状态下的 $\Delta H^{\ominus}_{298}$、$\Delta S^{\ominus}_{298}$，并求该反应的 $\Delta G^{\ominus}_{298}$，指出标准状态的反应在 100kPa、25℃下能否自发进行。

16. 把 1mol 氦气在 127℃和 500kPa 下恒温压缩至 1000kPa，试求其 ΔU、ΔH、ΔS、ΔG、Q 和 W。氦气可作为理想气体。

(1) 设为可逆过程；

(2) 设压缩时外压自始至终为 1000kPa。

17. 1mol 甲苯在其正常沸点 110.6℃时蒸发为 101.3kPa 的气体，求该过程中的 ΔU、ΔH、ΔS、ΔG、Q 和 W。已知在该温度下甲苯的蒸发热为 $362.3\mathrm{J}\cdot\mathrm{g}^{-1}$。

18. 判断下列反应当温度升高时，ΔG 是增大还是减小（若 ΔH 随温度变化不大）。

(1) $CaCO_3(s)\longrightarrow CaO(s)+CO_2(g)$

(2) $SO_2(g)+\frac{1}{2}O_2(g)\longrightarrow SO_3(g)$

(3) $C_6H_5C_2H_5(g)\longrightarrow C_6H_5CH{=}CH_2(g)+H_2(g)$

19. 利用标准生成焓和标准熵的数据，判断下列各法在常温常压下由苯制取苯胺的可能性。

(1) $C_6H_6(l)+HNO_3(l)\longrightarrow H_2O(l)+C_6H_5NO_2(l)$

$C_6H_5NO_2(l)+3H_2(g)\longrightarrow 2H_2O(l)+C_6H_5NH_2(l)$

(2) $C_6H_6(l)+Cl_2(g)\longrightarrow HCl(g)+C_6H_5Cl(l)$

$C_6H_5Cl(l)+NH_3(g)\longrightarrow HCl(g)+C_6H_5NH_2(l)$

(3) $C_6H_6(l)+NH_3(g)\longrightarrow C_6H_5NH_2(l)+H_2(g)$

已知：	$\Delta H^{\ominus}_{\mathrm{f}}/\mathrm{kJ}\cdot\mathrm{mol}^{-1}$	$S^{\ominus}_{\mathrm{m}}/\mathrm{J}\cdot\mathrm{K}^{-1}\cdot\mathrm{mol}^{-1}$
$C_6H_6(l)$	49.04	173.3
$C_6H_5NO_2(l)$	22.38	245.1

	$\Delta H_f^{\ominus}$/kJ·mol^{-1}	$S_m^{\ominus}$/J·K^{-1}·mol^{-1}
$C_6H_5NH_2(l)$	35.53	189.9
$C_6H_5Cl(l)$	10.79	209.2
$HNO_3(l)$	−173.2	155.6
$H_2O(l)$	−285.85	69.96
$NH_3(g)$	−45.69	192.6
$HCl(g)$	−92.3	186.8
$H_2(g)$	0	130.6
$Cl_2(g)$	0	223

4 相 平 衡

学习指南

相平衡涉及两方面内容：一是相平衡理论的运用；二是该理论对实际相图的分析。相平衡解决化工生产中的分离问题。

(1) 相律表达式

$$f=C-P+2$$

$$f^{*}=C-P+1$$

式中，C 为独立组分数；P 为相数；f 为自由度；f^{*} 为条件自由度。

(2) 克劳修斯-克拉贝龙方程式

① 不定积分形式 $$\ln p=-\frac{\Delta H_{m蒸发}}{RT}+C'$$

应用：$\ln p$-$1/T$ 作图；斜率$=-\Delta H_{m蒸发}/R$

② 定积分形式 $$\ln\frac{p_2}{p_1}=-\frac{\Delta H_{m蒸发}}{R}\left(\frac{1}{T_2}-\frac{1}{T_1}\right)$$

应用：蒸气压与沸点的换算

(3) 对相图中点、线、面意义的理解

① 单组分水的相图

② 根据实验数据，用步冷曲线法绘制相图

③ 相律理论对实际体系的分析

④ 杠杆规则对相图的分析应用

$$(W-L)\cdot\overline{XZ}=L\cdot\overline{YZ}$$

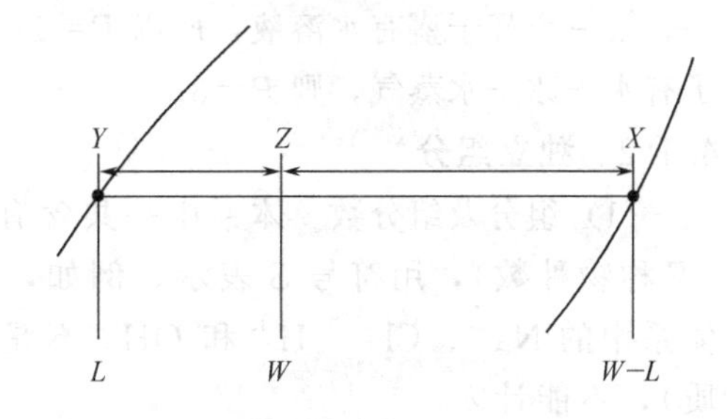

相平衡是研究多相体系的状态如何随浓度、温度、压力等变量的改变而发生变化的规律，并用图形来表示体系状态的变化，这种图就叫相图。本章将介绍一些典型的相图，目的在于通过这些相图的学习能看懂其他相图并了解其应用。

任何多相平衡体系的独立组分数 C、相数 P 及自由度数 f 三者之间都有相互的关联和制约，三者之间总遵守一定的数量关系，这一数量关系称为相律。

相平衡理论有着广泛的应用。从熔化的金属化合物形成合金，从熔融的岩石形成矿物，从盐水和卤水中析出各种盐类，从熔融的氧化物得到无机非金属材料等，其理论基础就是液固平衡。化工生产过程中的分离操作，大多数都是利用相平衡原理的过程。最常见的蒸馏与吸收，涉及气液相间的转化，其理论基础是气液平衡；萃取是两个液相间的物质传递，要应用液液平衡；结晶是液固相间的物质传递，要应用液固平衡。对相平衡的研究，是选择分离方法、设计分离装置以及实现最佳操作的理论依据。

4.1 基本概念

4.1.1 相

在体系的内部物理性质和化学性质完全均匀的部分称为“相”。多相体系中，相与相之间有明显的界面，越过界面时其性质发生突变。体系中相的数目称为“相数”，以符号 P 表示。区分相数的方法如下所述。

① 对于气体体系，通常任何气体间都能完全均匀混合，所以体系内不论有多少种气体都只有一个气相，$P=1$。

② 对于液体混合体系，由于不同液体的相互溶解度不同，一个体系可以出现一个、两个甚至同时有三个液相存在。例如，水＋乙醇为一相，$P=1$；水＋油为两相，$P=2$；水＋乙醚＋乙烯腈为三相，$P=3$。

③ 对于固体混合体系，一般是有一种固体便是一个相。例如铁粉与硫黄粉互相混合，表面上看很均匀，但通过仪器观察，可以发现铁粉与硫黄粉的颗粒是互相分离的，如果用磁铁很容易就把它们分开，因此 $P=2$。至于同种固体（如碾碎的 $CaCO_3$ 结晶）的许多颗粒，尽管颗粒之间有界面分开，但它们的物理性质和化学性质是一样的，仍属于同一个相，$P=1$。同一种物质如以不同的晶体共同存在，每种晶体自成一相。例如 $C_{石墨}$ 与 $C_{金刚石}$ 共存，$P=2$。

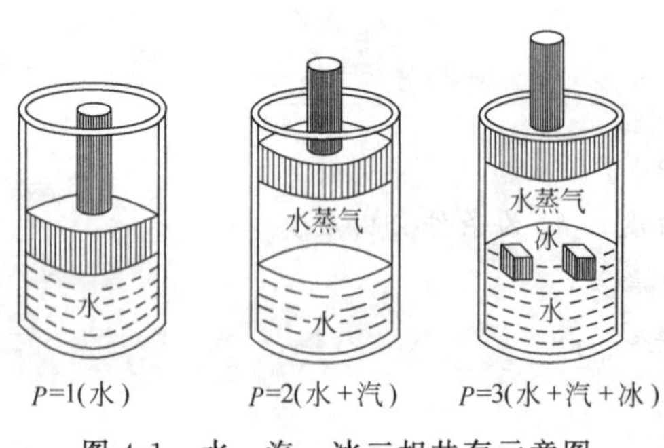

图 4-1　水、汽、冰三相共存示意图

④ 同种物质不同相的平衡共存时，要视具体情况而定。例如，现有三个杯子（见图 4-1），第一个杯子盛有水溶液，所以 $P=1$；第二个杯子中有水＋水蒸气，故 $P=2$；第三个杯子有水＋冰＋水蒸气，则 $P=3$。

4.1.2　独立组分

(1) 组分及组分数　体系中一共含有多少种化学物质，这一数目称为体系的组分数（又称物种数），用符号 S 表示。例如，含有食盐的水溶液，$S=2$（NaCl 和 H_2O），而体系中的 Na^+、Cl^-、H^+ 和 OH^- 不是独立物质（不能单独从体系中分离得到的物质），不能计入。

(2) 独立组分　足以确定平衡体系中所有各相组成，所需要的最少数目的独立物质称为独立组分。独立组分的数目用符号 C 表示。

在体系不发生化学反应的条件下，组分数等于独立组分数，即 $S=C$。如果体系发生化学变化，独立组分数就少于组分数，即 $C<S$。例如由 PCl_5、PCl_3 和 Cl_2 三种气体所构成的单相体系中：

① 如果三种物质彼此间没有发生化学变化，则 $C=S=3$。

② 如果三者之间发生化学变化，并建立了平衡的化学反应 $PCl_5 \rightleftharpoons PCl_3+Cl_2$，则 $C=2$，即只需这三种物质中的任何两种就可以把这个平衡体系的组成确定下来。这是很容易理解的，因为第三种物质可以由其他两种物质通过上述反应产生出来，而且三种物质的浓度受平衡常数约束$\left(平衡常数\ K_p=\dfrac{p_{PCl_3}\cdot p_{Cl_2}}{p_{PCl_5}}\right)$，可以通过平衡浓度与平衡常数的关系求出第三种物质的浓度（此处用分压表示）。即可以任取 PCl_5、PCl_3 和 Cl_2 中的某两个作为体系的独立组分来构成这个平衡体系。平衡常数的有关计算见第 6 章。

③ 如果在抽空的容器中投入 1mol PCl_5，则生成的 PCl_3 与 Cl_2 的浓度之间有一定的比例关系，即$[PCl_3]:[Cl_2]=1:1$，则独立组分数 $C=1$，因为只用 PCl_5 一种原始物质就足

以构成这个平衡体系了。

由上例可知，体系的独立组分数 C 等于组分数减去各物质之间存在的独立的化学反应的数目 R 和浓度限制条件的数目 R'，即

$$C=S-R-R' \tag{4-1}$$

应用式(4-1) 要注意以下两点。

(1) 体系中的化学反应必须是独立的　例如，某体系中有 CO、CO_2、H_2、H_2O 和 C 五种物质，存在三个化学反应：

① $CO+H_2O \longrightarrow CO_2+H_2$

② $CO+\frac{1}{2}O_2 \longrightarrow CO_2$

③ $H_2+\frac{1}{2}O_2 \longrightarrow H_2O$

但只有两个是独立的，因为反应②＝反应③＋反应①，故 $R=2$。

(2) 浓度限制条件　必须是在同一相中才能确定 $R'=1$。在不同相中的物质，并无浓度依赖关系，因而不存在限制条件。例如，碳酸钙的分解反应 $CaCO_3(s) \longrightarrow CaO(s)+CO_2(g)$，虽然 CaO 和 CO_2 都由 $CaCO_3$ 分解而得，它们的物质的量之比为 1∶1，但 CaO(s) 和 $CO_2(g)$ 不在同一相中，不能用平衡常数关联其浓度。该浓度限制条件也就不存在了，$R'=0$，所以 $C=S-R-R'=3-1-0=2$。

4.1.3　自由度

体系的自由度是在不引起体系中相的数目和形态发生变化的条件下，在一定的范围内可以各自独立改变的强度因素（如温度、压力、各组分的浓度等）的数目，用符号 f 表示。

例如，对于单相的液态水来说，可以在一定的范围内，独立改变液态水的温度、压力，而仍能保持水为单相（液相）。因此，该体系有两个可独立改变的因素，或者说自由度 $f=2$。换句话说，要确定水的状态就要确定两个自由度（温度、压力）才能确定它的状态。当水与水蒸气两相平衡时，则在温度和蒸气压力两个变量之中只有一个是可以独立变动的，指定了温度，蒸气压力即被确定。反之，指定了蒸气压力，温度就不能任意指定。此时体系只有一个独立可变的因素，因此自由度 $f=1$。即要确定水与水蒸气的两相平衡状态，只要确定一个自由度（温度或者压力）。

【例 4-1】　试确定在 NH_4Cl 和 MnO_2 发生分解反应的平衡体系中，二者的独立组分数各是多少？

解　(1) NH_4Cl 的分解反应为

$$NH_4Cl(s) \longrightarrow NH_3(g)+HCl(g)$$

反应起始时体系中没有 NH_3 和 HCl，当到达平衡时，二者比例关系一定，即物质的量之比为 1∶1。

因为　$$C=S-R-R'$$

其中　$$S=3(NH_4Cl、NH_3、HCl)$$

$$R=1(NH_4Cl \longrightarrow NH_3+HCl)$$

$$R'=1 \quad [n(NH_3):n(HCl)=1:1]$$

所以　$$C=3-1-1=1$$

(2) MnO_2 的分解反应为

$$2MnO_2(s) \longrightarrow 2MnO(s) + O_2(g)$$

虽然可知 MnO 和 O_2 物质的量之比为 2∶1，但因 MnO(s) 和 O_2(g) 不在同一相，不能利用浓度限制条件，即 $R'=0$。所以 MnO_2 分解反应平衡体系的独立组分数为 $C=3-1-0=2$。

4.2 相　　律

相律就是在相平衡体系中，联系体系内的相数（P）、独立组分数（C）、自由度数（f）以及影响体系性质的环境因素（如温度、压力、重力场、磁场、表面能）之间关系的规律。在只考虑温度和压力影响的情况下，它们之间的关系可写成如下公式：

$$f=C-P+2 \tag{4-2a}$$

式中的“2”指环境温度、压力两个条件。如果温度和压力确定一个，则 $f^*=C-P+1$。对于凝聚体系（液固平衡），外压对平衡影响甚微，只有温度是影响体系的环境条件，这时相律可改写成

$$f^*=C-P+1 \tag{4-2b}$$

相律为相平衡体系的研究建立了热力学的基础，是物理化学中最具有普遍性的定律之一，应用相律就能在多相平衡的体系中确定研究的方向，根据已知条件来确定相、自由度等的数目，即可以确定相平衡体系中有几个可独立变动的量。当然相律只能对平衡体系作出定性的结论，例如只能确定在一定条件下体系中有几个相，而不能指明是哪些相，也不能确定每个相的组成或含量。

【例 4-2】 求纯水在三相平衡时的自由度 f。

解 水在三相平衡时有 $C=1$　　$P=3$

代入式(4-2a) 得

$$f=C-P+2=1-3+2=0$$

自由度 $f=0$，说明水在气、液、固三相平衡时，温度、压力都不能任意变化。

【例 4-3】 一定温度下 $MgCO_3$(s) 在密闭抽空容器中，分解为 MgO(s) 和 CO_2(g)，求组分数、独立组分数和自由度。

解 该平衡体系中

$$MgCO_3(s) \longrightarrow MgO(s) + CO_2(g)$$

$S=3$　$R=1$　$R'=0$

因 $MgCO_3$(s) 分解时，虽然[MgO]∶[CO_2]＝1∶1，但二者为不同的相，其浓度依赖条件不存在：$R'=0$，$C=S-R-R'=3-1-0=2$，$P=3$，则

$f^*=C-P+1=2-3+1=0$

这表明在温度一定的条件下，$MgCO_3$(s) 分解达到平衡时，CO_2(g) 压力有确定的值与之对应。

【例 4-4】 用硫化锌矿炼锌时，先将矿石煅烧成 ZnO，然后用碳还原。试求还原过程中下列情况下体系的组分数、独立组分数、自由度。

(1) 平衡体系中 Zn 以气态存在；

(2) 平衡体系中 Zn 以固态存在。

解 (1) Zn 以气态存在。还原过程中体系达到平衡时，$S=5$，即 ZnO(s)、C(s)、Zn(g)、CO(g)、CO(g)。

这五种物质可建立三个化学平衡，即

$$C(s)+ZnO(s) \rightleftharpoons CO(g)+Zn \quad (1)$$

$$ZnO(s)+CO(g) \rightleftharpoons CO_2+Zn \quad (2)$$

$$C(s)+CO_2(g) \rightleftharpoons 2CO(g) \quad (3)$$

其中式(1)－式(3)＝式(2)，故独立的化学平衡关系式只有 2 个，即 $R=2$。又因为体系中 $CO(g)$、$CO_2(g)$ 中的氧均来自于 $ZnO(s)$ 中的氧，故气相中 Zn、CO、CO_2 之间存在浓度限制条件（$p_{Zn}=p_{CO}+p_{CO_2}$），所以 $R'=1$。

体系存在 2 个固相和 1 个气相，故 $P=3$。所以

$$C=S-R-R'=5-2-1=2$$

$$f^*=C-P+1=2-3+2=1$$

(2) Zn 以固态存在。$R=2$，$S=5$，$P=4$（3 个固相和 1 个气相），而产物 Zn 是固相，与 $CO(g)$、$CO_2(g)$ 不在同一相中，无浓度限制，$R'=0$。所以

$$C=S-R-R'=5-2-0=3$$

$$f^*=C-P+1=3-4+2=1$$

4.3 单组分体系的相图

4.3.1 单组分体系的特点

对于单组分体系，$C=1$，根据相律 $f=C-P+2=3-P$。

① 当 $P=1$ 时，$f=3-P=3-1=2$，称为双变量体系；

② 当 $P=2$ 时，$f=3-P=3-2=1$，称为单变量体系；

③ 当 $P=3$ 时，$f=3-P=3-3=0$，称为无变量体系。

注意这里的“体系”指“平衡体系”，因为相律只能用于已达平衡的体系，简称为“体系”。

由上可知，单组分体系的相数不可能小于 1，所以自由度最多为 2，即温度和压力两个独立变量。所以用温度和压力为坐标，作平面图形，便可反映出这类体系的平衡状态或者说压力、温度的关系，这种图称为相图。通过相图可以描述在指定条件下，体系由哪些相所构成、相变的条件以及各相的组成是什么。

4.3.2 单组分体系的相图——水的相图

下面以纯水为例讨论单组分体系相图。图 4-2 为水的相图，它根据实验数据绘制得到。

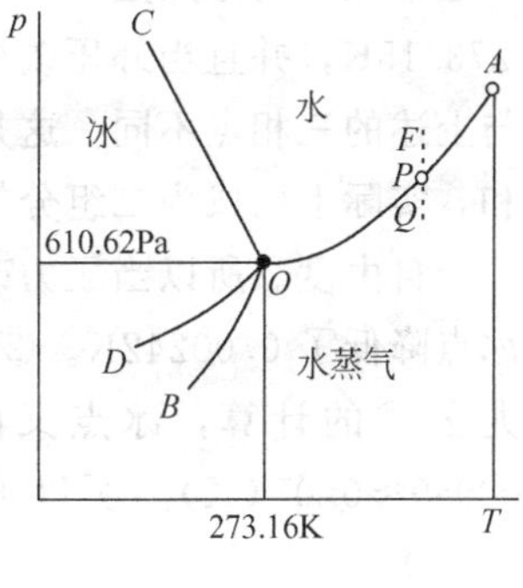

图 4-2 水的相图

4.3.2.1 单相区域（双变量体系）

在水、冰、水蒸气三个区域内，体系都是单相，$P=1$，所以 $f=2$。在该区域内可以有限度地独立改变温度和压力，而不会引起相的改变。必须同时指定温度和压力这两个变量（$f=2$），体系的状态才能完全确定。

4.3.2.2 二相线（单变量体系）

在 OA、OB、OC 这三条平衡线上，都是两相平衡，$P=2$，所以 $f=1$。当温度改变时，必须相应地改变压力，否则会引起某一相的消失。

OA 是水蒸气和水的平衡曲线（即水的饱和蒸气压曲线），OA 线不能任意延长，它终止

于临界点 A（647K，22×10^{7}Pa）。在临界点，液体的密度与蒸气的密度相等，液态和气态之间的界面消失。

OB 是冰和水蒸气两相的平衡线（即冰的升华曲线），OB 线在理论上可延长到绝对零度附近。

OC 是冰和水的平衡曲线（即冰的熔化曲线），OC 线不能无限向上延长，大约从 2.03×10^{8}Pa 开始，相图变得比较复杂，有不同结构的冰生成。

如从 A 点对 T 轴作垂线，则垂线以左与 AO、BO 线所包围的区域可叫作汽相区（意味着气体可以加压或降温液化为水）；而在垂线以右的区域则叫作气相区，因为它高于临界温度，不可能用加压的办法使气体液化。

OD 是 OA 的延长线，是水和水蒸气的介稳平衡线，即过冷水的饱和蒸气压与温度的关系曲线。OD 线在 OB 线之上，它的蒸气压比同温度下处于稳定状态的冰的蒸气压大（原理将在第 8 章介绍），因此过冷水处于不稳定状态。

另外，在这些二相平衡线上的点，例如 P 点，可能有三种情况：①从 F 点起，在恒温下使压力降低，在无限趋近于 P 点之前，气相尚未生成，体系仍是一个液相，体系有两个自由度，$f=1-1+2=2$。由于 P 点是液相区的一个边界点，若要维持液相，则只允许升高压力和降低温度。②当有气相出现时，体系是气液两相平衡，$f=1-2+2=1$，即当两相平衡共存时，指定一个温度相应地就有一定的饱和蒸气压。③当液体全部变为蒸汽时，P 点成为气相区的边界点。若要维持气相，则只允许降低压力和升高温度（$f=2$）。在 P 点虽有上述三种情况，但由于通常只关注相的转变过程，因此常以第二种情况来代表边界线上的相变过程。

4.3.2.3　三相点（无变量体系）

图 4-2 中的 O 点是三条线的交点，称为三相点，在该点水、冰和水蒸气三相共存，$P=3$，所以自由度 $f=1-3+2=0$。三相点的温度和压力皆由体系自定，不能任意改变。三相点的温度为 273.16K，压力为 610.62Pa（三相点与冰点不同）。

通常说水的冰点是 0℃，根据热力学温度的定义 $T=t+273.15$K，此点的热力学温度应为 273.15K，并且当外压改变时，冰点也随着改变，此时虽然也是水、冰、水汽三相共存，但与上述的三相点不同。这是由两种原因所造成的。①在通常情况下的冰和水都已被空气所饱和，实际上已成为二组分体系。对二组分体系，当三相共存时，$f=2-3+2=1$，体系仍有一个自由度。所以当压力改变时，冰点也随着改变。正是由于空气的溶入，而成为溶液，使冰点降低了 0.00242K。②在三相点时的外压力为 610.62Pa，改变到 100kPa，根据克拉贝龙公式的计算，冰点又降低了 0.00747K。这两种效应之和为 $0.00242+0.00747=0.00989\approx0.01$(K)。所以通常所说的水的冰点比三相点低了 0.01K，即等于 273.15K（或 0℃）。

综上所述，单组分相图中点、线、面上的自由度示意图如图 4-3 所示。

【例 4-5】 试根据二氧化碳的相图（见附图）回答下列问题。

(1) 需要多大的压力，才能使二氧化碳在 0℃时液化？

(2) 钢瓶中的液体二氧化碳如果在空气中喷出，大部分成为气体，一部分成为固体（干冰）而没有液体，试解释此现象。

(3) 请指出二氧化碳相图与水的相图的最大差别在哪里。

解 (1) 如附图所示，二氧化碳的蒸气压曲线与 0℃时等温线的交点所示的压力为 34.8×10^{5}Pa，这就是使二氧化碳在 0℃时液化所需的最小压力。

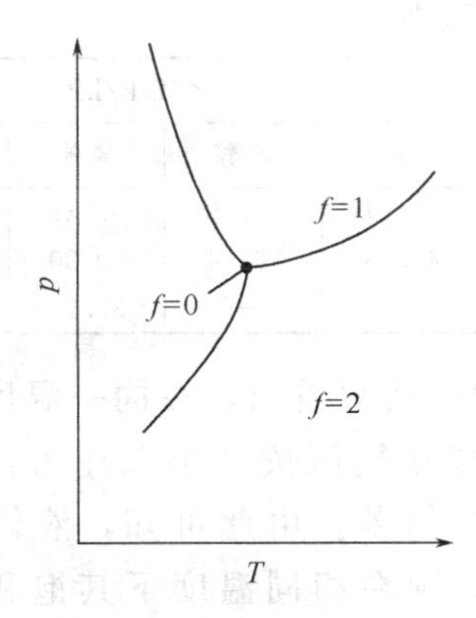

图 4-3　单组分相图中点、线、面上的自由度示意图

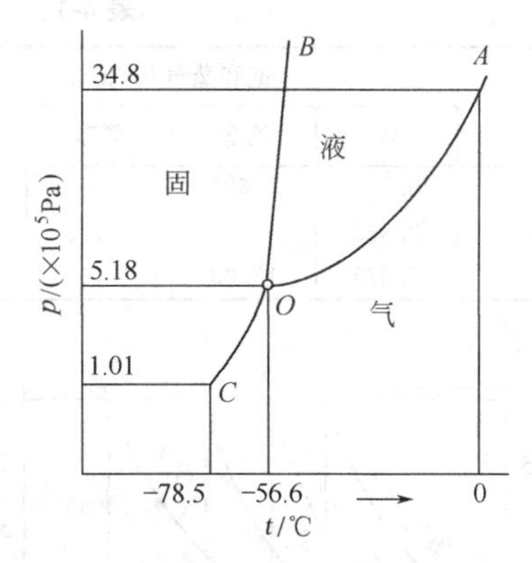

例 4-5 附图　二氧化碳的相图

(2) 由附图可知，当外压低于三相点时的压力（5.18×10^5Pa）时，液体二氧化碳就不能稳定存在了。当打开阀门时，由于压力迅速降到 1.01×10^5Pa，液相不能稳定存在，大量汽化需吸收热量，使周围温度迅速降低，体系进入固相区，因而出现固体二氧化碳即干冰。

(3) 二者最大的差别是液相和固相之间的平衡曲线，即熔点曲线的倾斜方向不同。在水的相图中熔点曲线向左倾斜，而在二氧化碳的相图中熔点曲线向右倾。这表明冰的熔点将随压力的增加而降低，相反，固体二氧化碳（干冰）的熔点将随压力的增加而升高。

4.4　单组分体系两相平衡时温度和压力的关系

4.4.1　液体的饱和蒸气压与沸点

4.4.1.1　液体的饱和蒸气压

液相中的分子都有向大气扩散或向外逃逸的倾向，这种逃逸能力的大小称为该液体的蒸气压，而这种现象称为蒸发现象。如果把液体放入密闭的真空容器内，从微观角度看，在一定温度下液体分子均具有一定的动能，有些分子动能较大足以克服分子间的引力从液体表面逸出。在一定温度下，在单位时间内，从液体表面逸出的分子数是一定的，即液体的蒸发速度是恒定的；另外，液面上的蒸气分子在热运动的过程中一旦碰撞到液体表面，就会被液体分子“俘获”，这种由蒸气变为液体的过程称为冷凝，或称为凝结。当蒸气的凝结速度与液体的蒸发速度相等时，气、液两相就达到平衡。此时，从宏观上看，好像液体既不蒸发，蒸气也不凝结，但实际上蒸发和凝结仍在不断进行，只是二者的速度相等，处于一种动态平衡，如图 4-4 所示。

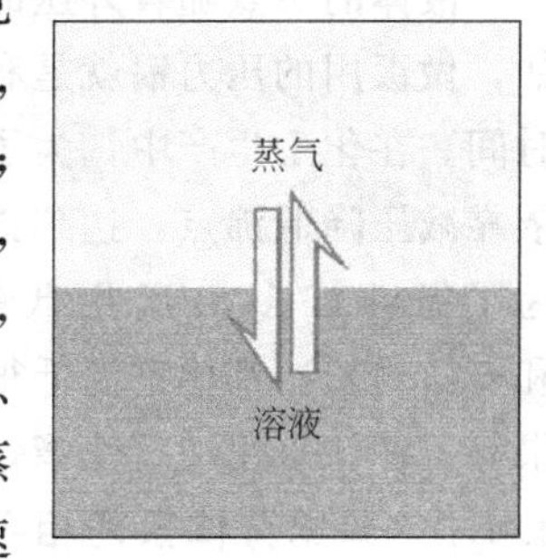

图 4-4　气液平衡示意图

在一定温度下达到气、液两相平衡的状态称为饱和状态，其蒸气就是饱和蒸气，其压力就是饱和蒸气压（简称蒸气压）。一般说来，某纯液体的饱和蒸气压只是温度的函数，随温度的升高而增大。液体的饱和蒸气压由液体的本性所决定，即不同的物质在相同的温度下，其饱和蒸气压不同。表 4-1 列出了一些液体的饱和蒸气压及其随温度而改变的数据。根据这些数据可作出饱和蒸气压与温度的关系曲线，如图 4-5 所示。

表 4-1 一些液体的饱和蒸气压数据

温度/℃	饱和蒸气压/kPa				温度/℃	饱和蒸气压/kPa			
	水	乙醇	氯苯	氯仿		水	乙醇	氯苯	氯仿
0	0.611	1.621	—	—	60	19.91	47.00	8.737	99.10
20	2.338	5.875	1.168	21.27	80	47.33	108.4	19.30	—
40	7.373	18.03	3.467	49.11	100	101.3	—	39.30	—

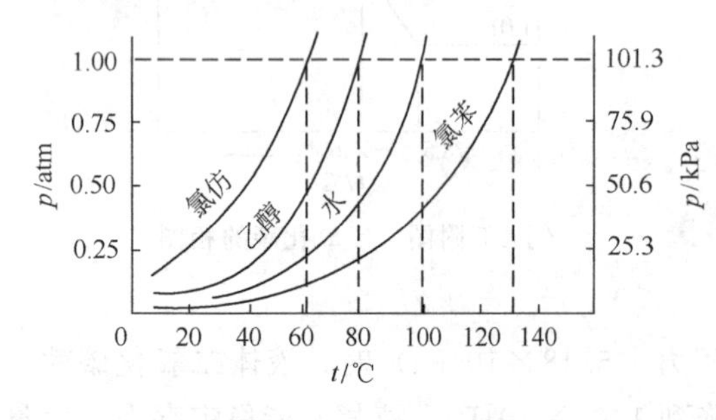

图 4-5 一些液体的饱和蒸气压与温度的关系曲线

从图 4-5 可以看出，在同一温度下几种物质的饱和蒸气压按大小顺序为：氯仿＞乙醇＞水＞氯苯。由此可知，液体的挥发能力越大，则在相同温度下其饱和蒸气压也越大。所以饱和蒸气压是表示液体挥发能力大小的一个属性。以上概念对固体也适用。

4.4.1.2 液体的沸点

如果在开口容器中加热液体，饱和蒸气压将不断增大，当它等于外压时，汽化将不仅在液体表面上进行，而且在液体内部进行，这时液体中产生大量气泡，这个现象称为沸腾，相应的温度就称为该压力下液体的沸点。当外压增大时，需要更高的温度才能使饱和蒸气压等于外压，因而沸点升高；反之，外压减小，沸点就降低。外界压力等于大气压（101.3kPa）时的沸点为正常沸点。例如，水的正常沸点为 100℃，乙醇的正常沸点为 78.4℃。通常所指的沸点，一般都是正常沸点。

在相同的外压下，不同物质的沸点各不相同，以上四种液体的高低顺序如下：

氯仿＜乙醇＜水＜氯苯

此顺序恰好与饱和蒸气压大小的顺序相反。由上所知，可以得出结论：不同液体在相同的温度下，它的饱和蒸气压越大，则其挥发能力越强，沸点越低。

液体的沸点随着外压的变化而变化的规律，在日常生活和生产中都起着很大的作用。例如，做饭用的压力锅就是利用这个原理，加大平衡外压，使水的沸点升高，大大缩短蒸煮的时间。在化工生产中，为了提纯那些在沸点前就开始分解的物质，常采用减压蒸馏的方法，依靠减压降低沸点，达到提纯的目的，如甘油的提纯就是在 1.3kPa 和 180℃进行的。有时为了提纯许多沸点很低的物质，如乙烯及丙烯，它们的正常沸点分别为 −103.7℃ 和 −47.4℃，都比室温低很多，为了降低设备造价（低温设备需用特殊钢材）、提高蒸馏效果等，往往采用加压蒸馏。

4.4.2 单组分体系两相平衡时温度和压力的关系

液体的饱和蒸气压（及固体的升华压）是温度的函数，随温度的升高而增大，其定量关系式可用热力学基本公式推导得到。

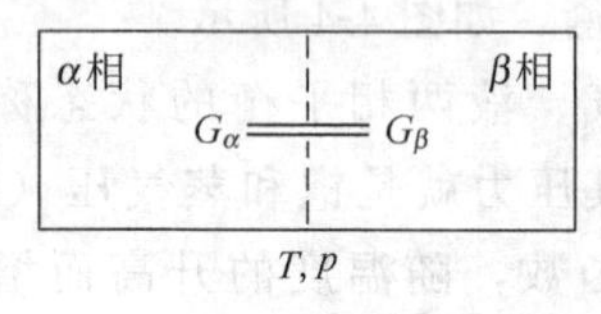

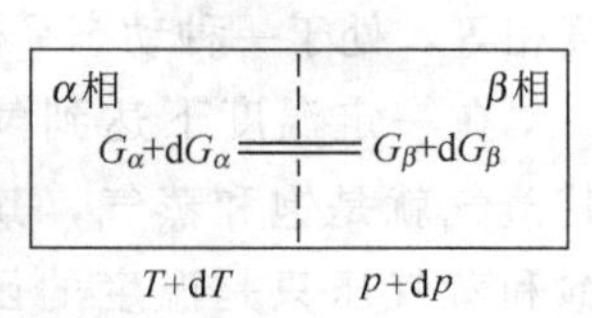

图 4-6 单组分体系两相平衡移动示意图

设有一纯物质在一定的温度 T、压力 p 下，其两相 α 与 β 达到平衡（见图 4-6），必须满足的条件如下：

$$\Delta G = G_\beta - G_\alpha = 0 \quad 或 \quad G_\beta = G_\alpha \tag{4-3}$$

当体系的温度和压力分别改变至 $T+\mathrm{d}T$ 和 $p+\mathrm{d}p$ 时，体系的平衡状态也跟着移动，这时的 G_β、G_α 分别变为 $G_\beta+\mathrm{d}G_\beta$ 与 $G_\alpha+\mathrm{d}G_\alpha$。在新的平衡条件下，摩尔吉氏函数仍需相等，即

$$G_\alpha+\mathrm{d}G_\alpha=G_\beta+\mathrm{d}G_\beta \tag{4-4}$$

将式(4-3) 代入式(4-4)，得

$$\mathrm{d}G_\alpha=\mathrm{d}G_\beta \tag{4-5}$$

式中，$\mathrm{d}G_\alpha$ 和 $\mathrm{d}G_\beta$ 是因温度和压力分别改变而引起的两相摩尔吉氏函数的变化。从热力学方程式(3-21) 可推得下列关系式：

$$\begin{aligned}\mathrm{d}G_\alpha&=-S_\alpha\mathrm{d}T+V_\alpha\mathrm{d}p\\ \mathrm{d}G_\beta&=-S_\beta\mathrm{d}T+V_\beta\mathrm{d}p\end{aligned} \tag{4-6}$$

将式(4-6) 代入式(4-5)，经移项可得

$$(V_\beta-V_\alpha)\mathrm{d}p=(S_\beta-S_\alpha)\mathrm{d}T$$

或

$$\frac{\mathrm{d}p}{\mathrm{d}T}=\frac{S_\beta-S_\alpha}{V_\beta-V_\alpha}=\frac{\Delta S}{\Delta V} \tag{4-7}$$

式中，ΔS 为两相摩尔熵的差值，即摩尔相变熵；ΔV 为相变时摩尔体积的变化。已知平衡时的摩尔相变熵为

$$\Delta S=\frac{\Delta H}{T}$$

代入式(4-7)，得

$$\frac{\mathrm{d}p}{\mathrm{d}T}=\frac{\Delta H}{T\Delta V} \tag{4-8}$$

式中　$\Delta V=V_\beta-V_\alpha$——相变时体积的变化，例如汽化时，为 V_g-V_l；

T——相变温度；

ΔH——摩尔相变热；

$\frac{\mathrm{d}p}{\mathrm{d}T}$——饱和蒸气压（或升华压）随温度的变化率。

式(4-8) 称为克拉贝龙（Clapeyron）方程式，适用于单组分体系的蒸发、升华、熔化及晶型转变等两相平衡过程。应用时，需注意式中各量要采用相应的单位。

（1）液固平衡　把 α 相看成液相，β 相看成固相，即

$$\text{液相}\rightleftharpoons\text{固相}$$

把式(4-8) 改写成

$$\frac{\mathrm{d}T}{\mathrm{d}p}=\frac{T\Delta V}{\Delta H} \tag{4-9}$$

式中　$\frac{\mathrm{d}T}{\mathrm{d}p}$——凝固点随压力的变化率；

ΔV——凝固时体积的变化，$\Delta V=V_s-V_l$；

ΔH——凝固热；

T——凝固温度，即凝固点。

式(4-9) 说明在液固平衡体系中，改变平衡外压对凝固点的影响。

【例 4-6】 273.15K 时，冰的摩尔体积为 $1.965\times10^{-7}\mathrm{m^3\cdot mol^{-1}}$，液态水的摩尔体积为 $1.802\times10^{-7}\mathrm{m^3\cdot mol^{-1}}$，冰的摩尔熔化热为 $6008\mathrm{J\cdot mol^{-1}}$，试求压力与冰熔点的关系。

解 熔点即固液两相平衡的温度。

已知 $\Delta H=6008\text{J}\cdot\text{mol}^{-1}$

$$\Delta V=V_l-V_s=1.802\times10^{-7}-1.965\times10^{-7}=-0.163\times10^{-7}(\text{m}^3\cdot\text{mol}^{-1})$$

代入式(4-9)，得

$$\frac{dT}{dp}=\frac{T\Delta V}{\Delta H}=\frac{273.15\times(-0.163\times10^{-7})}{6008}=-7.411\times10^{-10}(\text{K}\cdot\text{Pa}^{-1})$$

即当压力每增加 1Pa 时，冰的熔点下降 7.411×10^{-10}K。

(2) 液气平衡及固气平衡 把 α 相看成液相或固相，β 相看成气相，即

液相$\rightleftharpoons$气相

固相$\rightleftharpoons$气相

把式(4-8) 用于液气平衡，有

$$\frac{dp}{dT}=\frac{\Delta H}{T\Delta V}=\frac{\Delta H_{蒸发}}{T(V_g-V_l)}$$

由于 $V_g\gg V_l$，V_l 可从上式中略去，又液体的饱和蒸气压一般不大，故可近似地把蒸气看成理想气体。即

$$V_g=\frac{RT}{p}$$

代入上式，得

$$\frac{dp}{dT}=\frac{\Delta H_{蒸发}}{RT^2}p$$

移项得

$$\frac{dp}{p}=\frac{\Delta H_{蒸发}}{RT^2}dT \tag{4-10}$$

在温度变化范围不大时，$\Delta H_{蒸发}$ 可看作常数，将上式积分，得到

$$\ln p=-\frac{\Delta H_{蒸发}}{RT}+C' \tag{4-11}$$

或

$$\lg p=-\frac{\Delta H_{蒸发}}{2.303RT}+C \tag{4-12}$$

式中，C' 和 C 为积分常数。式(4-11) 和式(4-12) 适用于液气平衡和固气平衡，它们是克劳修斯-克拉贝龙 (Clausius-Clapeyron) 方程式的不定积分式。

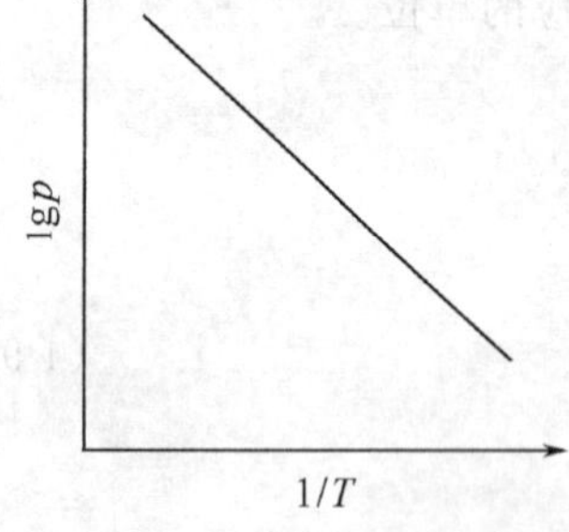

图 4-7 lg*p*-1/*T* 的关系示意图

对于固气平衡，式(4-11) 和式(4-12) 中的 $\Delta H_{蒸发}$ 应为 $\Delta H_{升华}$。

如果上式以 lg*p*-1/*T* 作图，可得一直线，如图 4-7 所示。直线的斜率为 $A=\Delta H_{蒸发}/(2.303R)$，截距为 C，由直线的斜率 A 可求出摩尔蒸发热，$\Delta H_{蒸发}=2.303RA$。

若将式(4-10) 在 T_1 到 T_2 范围内作定积分，得

$$\ln\frac{p_2}{p_1}=-\frac{\Delta H_{蒸发}}{R}\left(\frac{1}{T_2}-\frac{1}{T_1}\right) \tag{4-13}$$

或

$$\lg\frac{p_2}{p_1}=\frac{\Delta H_{蒸发}(T_2-T_1)}{2.303RT_2T_1} \tag{4-14}$$

式(4-13) 和式(4-14) 是克劳修斯-克拉贝龙方程式的定积分形式。

【例 4-7】 水的正常沸点为 100℃，求在气压为 95992.1Pa 的实验中，水沸腾时的温度。已知 $\Delta H_{蒸发}=4.067\times10^4\text{J}\cdot\text{mol}^{-1}$。

解 水的正常沸点就是水在 101325Pa 下的沸点，根据题意有

$$T_1=273.15+100=373.15\ (\text{K})$$

$$p_1=101325\text{Pa}\quad p_2=95992.1\text{Pa}$$

代入克劳修斯-克拉贝龙方程

$$\lg\frac{p_2}{p_1}=\frac{\Delta H(T_2-T_1)}{2.303RT_1T_2}$$

得
$$\lg\frac{95992.1}{101325}=\frac{4.067\times10^4(T_2-373.15)}{2.303\times8.314\times373.15T_2}$$

解得
$$T_2=371\text{K}$$

即当气压为 95992.1Pa 时，水在 371K 下沸腾。

【例 4-8】 乙酰乙酸乙酯 $CH_3COCH_2COOC_2H_5$ 的蒸气压与沸点的关系为

$$\lg p=-\frac{2588}{T}+C$$

其中 p 的单位是 Pa。该试剂在正常沸点 181℃时部分分解，70℃时稳定。用减压蒸馏提纯时，压力应减少到多少帕？并求该试剂的摩尔蒸发热与正常沸点时的摩尔熵变。

解 ① 已知 $T=273+181=454$ (K) 时，$p=101.3\text{kPa}$，代入

$$\lg p=-\frac{2588}{T}+C$$

得
$$\lg101300=-\frac{2588}{454}+C$$

解得
$$C=10.706$$

因此公式可写成
$$\lg p=-\frac{2588}{T}+10.706$$

代入得
$$\lg p=-\frac{2588}{343}+10.706=3.1608$$

$$p=1448\text{Pa}$$

说明在 $p=1448\text{Pa}$ 以下进行减压蒸馏，该化合物不会分解。

② 将该化合物的蒸气压与沸点关系式

$$\lg p=-\frac{2588}{T}+C$$

与式(4-12)

$$\lg p=\frac{-\Delta H}{2.303RT}+C$$

比较得
$$-2588=\frac{-\Delta H}{2.303R}$$

得
$$\Delta H=2.303R\times2588$$
$$=2.303\times8.314\times2588\approx49553\ (\text{J}\cdot\text{mol}^{-1})$$

则
$$\Delta S=\frac{\Delta H}{T}=\frac{49553}{273+181}\approx109\ (\text{J}\cdot\text{K}^{-1}\cdot\text{mol}^{-1})$$

4.5　简单双组分凝聚体系相图

对于双组分体系，$C=2$，由于所研究的体系至少有一个相，所以

$$f=C-P+2=2-1+2=3$$

体系的自由度为3，即可以独立改变的变量数有三个，取温度、压力和组成。如果用相图来表示双组分体系的状态，就必须用具有三个坐标轴的立体模型来表示。如果所研究的体系只有固相和液相，这种体系称为凝聚体系，由于压力对凝聚体系的影响很小，影响凝聚体系的外界条件只有温度。于是，双组分凝聚体系相律公式可写为

$$f^{*}=C-P+1$$

这样，自由度最大为2。所以，只用温度和组成两个坐标轴，即可绘制双组分凝聚体系相图了。

绘制相图的常用方法有两种，即热分析法和溶解度法。下面介绍用热分析法来绘制相图。

4.5.1　热分析法绘制相图

使一定组成的液体混合物缓慢而均匀地冷却（或加热），记录其温度随时间的变化，以温度为纵坐标，时间为横坐标作图，即得步冷曲线，当体系内有相的变化发生时，由于相变热的出现，步冷曲线会出现温度的转折点或水平线段。由此可见，步冷曲线是利用相变时的热效应来测定组成已确定的体系的固液平衡的温度。这样的方法称为热分析法。进一步用步冷曲线绘制相图。

图4-8(a)是邻硝基氯苯（A）与对硝基氯苯（B）混合物的冷却曲线。若所取试样是液态纯B，任其缓慢冷却，每隔一定时间记录一次温度，然后以温度为纵坐标，时间为横坐

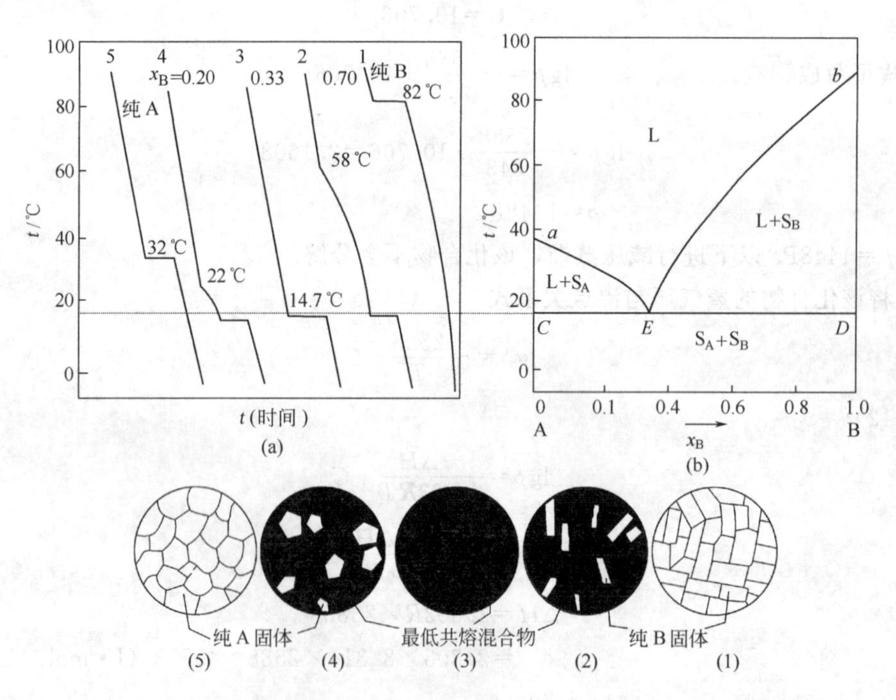

图4-8　邻硝基氯苯（A）-对硝基氯苯（B）二元体系的步冷曲线和相图

标，画出步冷曲线，见曲线 1，起初温度平稳地下降，在 82℃时出现水平线段，最后又平稳地下降。观察试样发现，在 82℃以上是液相；在 82℃时有固态 B 析出，液固两相平衡共存；在 82℃以下为固相。根据相律，纯 B 处于液相或固相时，$P=1$，$f^*=1-1+1=1$，为单变量体系，温度在逐渐下降；液固两相共存时，$f^*=1-2+1=0$，为无变量体系，温度不能变动，82℃即纯 B 的凝固点（熔点）。由于在析出固态 B 的过程中，有凝固热放出，可以抵消体系散热的损失，使体系温度保持不变，因而在步冷曲线上出现水平线段。一直到液态 B 全部凝固，体系的温度才继续下降。

若试样的组成是 $x_B=0.70$，见曲线 2，起初温度平稳地下降，在 58℃时出现转折点，在 14.7℃时出现水平线段，以后又平稳地下降。观察试样，在 58℃以上为液相；在 58～14.7℃之间有固体 B 析出，固液两相共存；在 14.7℃时固体 A 和固体 B 同时析出，加上溶液有三相共存；在 14.7℃以下为固体 A 和固体 B 两相共存。根据相律，若两相共存，$P=2$，$f^*=2-2+1=1$，为单变量体系，在结晶过程中温度逐渐下降；三相共存时，$f^*=2-3+1=0$，为无变量体系，温度和液相组成都不能变化。58℃时刚有固体 B 析出，溶液的组成为 $x_B=0.70$，此温度即为该组成溶液的凝固点（不是熔点）。由于结晶时放出凝固热，可以部分抵消体系散热的损失，使体系温度下降速度变慢，步冷曲线出现转折。14.7℃时固体 A 和固体 B 同时析出，结晶时放出的凝固热完全抵消了体系散热的损失，因而在步冷曲线上出现水平线段。直到液相完全凝固后，体系的温度才继续下降。

若试样的组成是 $x_B=0.33$，见曲线 3，起初温度平稳地下降，在 14.7℃时出现水平线段，以后又平稳地下降。显然，在 14.7℃以上体系为液相，在 14.7℃时固体 A 和固体 B 同时析出，有三相共存；14.7℃以下体系为固体 A 和固体 B 两相共存。14.7℃（E 点）是组成为 $x_B=0.33$ 的溶液的凝固点。根据相律，三相共存，$f^*=2-3+1=0$，为无变量体系（温度和液相组成都不能变动），因而固体 A 和固体 B 必然以 0.67∶0.33 的比例同时析出，这样才能保持溶液的组成始终是 $x_A=0.33$。E 点的温度比纯 B 和纯 A 的凝固点（熔点）都低，所以称为最低共熔点。两种纯固体共同析出时的液相组成称为低共熔组成，所析出的混合物为低共熔混合物。低共熔混合物在显微镜下观察，是比较均匀的两种微小晶体交错在一起，所以低共熔混合物为两个固相。

若试样组成是 $x_B=0.20$，见曲线 4。在 22℃时出现转折点，14.7℃时出现水平线段，说明 $x_B=0.20$ 的溶液的凝固点为 22℃，此时析出的是固体 A。

若试样组成是纯 A，见曲线 5。在 32℃时出现水平线段，纯 A 的凝固点（熔点）即为 32℃。

图 4-8 的下部给出了各试样最终结晶的形态。例如（2），是由原先析出的纯 B 固体和后来析出的低共熔混合物所组成的。但从相的角度来看，不管 B 的晶体大小如何，总是一个相。

以温度为纵坐标，组成为横坐标，将不同组成液态混合物冷却曲线上的转折点和水平线段的温度画在图上，可得一系列点。把对应于固体开始析出的点联结起来，可得两条曲线 aE 和 bE；把对应于溶液消失的点联结起来，可得一条水平直线（CED）。这样就得到了相图 4-8(b)。

4.5.2 简单双组分凝聚体系相图

图 4-9 表示的是邻硝基氯苯（A）与对硝基氯苯（B）的混合物体系的相图。其中，纵坐标表示体系的温度，横坐标表示体系的组成。

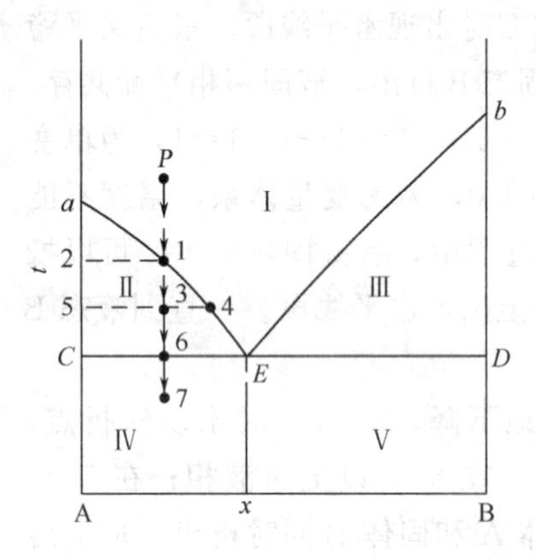

图 4-9 A-B 二元体系相图分析

4.5.2.1 相图中的点

在图 4-9 中，点 a 和点 b 是纯 A 和纯 B 的凝固点（熔点），E 是最低共熔点。

4.5.2.2 相图中的线

aE 线为溶液的凝固点随溶液中 B 含量的增加而降低的曲线；线上纯 A 固体开始析出。

bE 线为溶液的凝固点随溶液中 A 含量的增加而降低的曲线；线上纯 B 固体开始析出。

在 CED 线上三相共存——两个固相（A 和 B 晶体）开始析出，与一个组成为 E 的 A-B 溶液成平衡。

4.5.2.3 相图中的区域

整个相图被三条曲线分成以下五个区域：

（1）区域Ⅰ 为液相区（L）。

（2）区域Ⅱ 为纯固态 A 和 A-B 溶液的平衡共存区（$L+S_A$）。

（3）区域Ⅲ 为纯固态 B 和 A-B 溶液的平衡共存区（$L+S_B$）。

（4）区域Ⅳ 为纯固态 A 和固体低共熔混合物（实质为纯 A 和纯 B）共存区。

（5）区域Ⅴ 纯固态 B 和固体低共熔混合物共存区。

应用相律分析 A-B 二元体系相图要用到“体系点”和“相点”的概念。在相图中表示体系总组成的点称为“体系点”，表示某一个相的组成的点称为“相点”。区别相点与体系点有利于理解当体系温度发生变化时体系中各相的变化情况。

现有体系从点 P（单一液相）开始冷却（见图 4-9），到达点 1 时，便开始有 A 晶体析出，此时体系有两个相，即固相 A 和液态 A-B 溶液。从相律可知 $f^*=2-2+1=1$，这时表示温度和组成只有一个可以任意变动，即只需知道温度或组成就可确定体系的状态。实际上，在冷却过程中，A 不断地析出，液相的组成就沿着图中的 aE 线而改变，凝固温度也相应地下降。冷却继续进行，到达点 3 时，体系存在互成平衡的两相：固相 A 的组成为点 5 所示，液相 A-B 溶液的组成为点 4 所确定（点 3 为体系的总组成，即体系点；点 5 和点 4 分别是体系为 3 时固相和液相的组成点，即相点，表示相组成）。当温度继续下降时，仍为上述两相，只是 A 不断析出（数量增加），液相的组成继续沿 aE 线作相应地改变。当冷却到点 6 时，便到达了低共熔点，液相的组成为低共熔组成（E 点）。此时纯 A 和纯 B 共同析出，体系共有三相，即纯 A 固相、纯 B 固相和组成为 E 的 A-B 溶液，因此，由相律知 $f^*=2-3+1=0$，为无变量体系。所以，继续冷却，温度不降低，析出低共熔混合物，直至液相全部凝固。温度继续下降是纯 A 和纯 B 两个固相的冷却过程。体系继续降温到点 7，处于区域Ⅳ中，即为纯 A 和低共熔混合物（实质为纯 A 和纯 B）两个固相，此时自由度 $f^*=2-2+1=1$，因为是纯晶体，其组成自然不能改变，但温度可以在区域Ⅳ中随意改变而不至于改变两个纯固相。

4.5.3 杠杆规则

恒温恒压下，两相平衡共存时，两相的质量从相图上是无法直接得知的，但可以从相图上的杠杆规则求得。

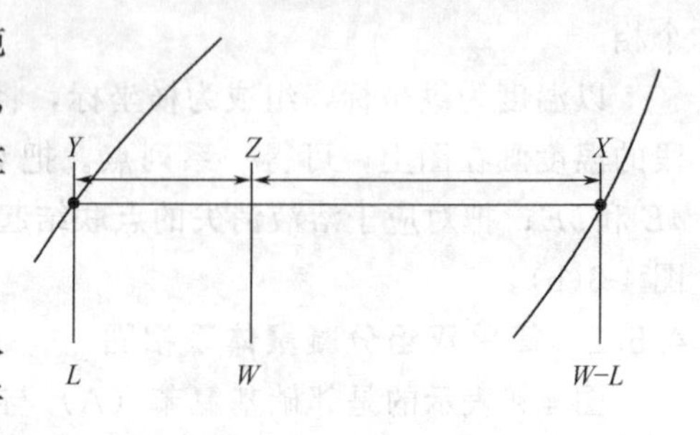

图 4-10 杠杆规则

图 4-10 表示一杠杆，当体系冷却到 Z 点时，体系为两相平衡，由于 B 晶体的析出，液相的质量减少了。用 L 表示此液相的质量，用 W 表示体系的总质量，则析出的 B 的质量应为 $W-L$。对 A 进行物料衡算：

$$\text{原体系中 A 的质量}=\frac{\overline{ZX}}{100}\times W$$

$$\text{液相中 A 的质量}=\frac{\overline{YX}}{100}\times L$$

因为在这个体系冷却过程中 A 并未从溶液中析出，因此有

$$\frac{\overline{ZX}}{100}\times W=\frac{\overline{YX}}{100}\times L$$

或

$$\frac{W}{L}=\frac{\overline{YX}}{\overline{ZX}}$$

因此

$$\frac{\text{析出 B 的质量}}{\text{溶液的质量}}=\frac{W-L}{L}=\frac{W}{L}-1=\frac{\overline{YX}}{\overline{ZX}}-\frac{\overline{ZX}}{\overline{ZX}}=\frac{\overline{YZ}}{\overline{ZX}} \tag{4-15}$$

即

$$\frac{W-L}{L}=\frac{\overline{YZ}}{\overline{XZ}}$$

或

$$(W-L)\overline{XZ}=L\cdot\overline{YZ} \tag{4-16}$$

图 4-10 中 Z 为体系点，它表示整个体系的组成，Y 点和 X 点称为相点，分别表示液相和固相的组成。如以 Z 点为支点，则从相点到支点的距离乘以该相的质量等于另一相的相点到支点的距离与它的质量相乘，这种关系称为杠杆规则。杠杆规则是在固液、固固、液液以及气液两相平衡时，计算两相数量的方法。

4.6 相图应用举例

现举两个例子说明相图在化工生产中的应用。

【例 4-9】 附图(a) 是邻硝基氯苯(A)-对硝基氯苯(B) 体系的相图。

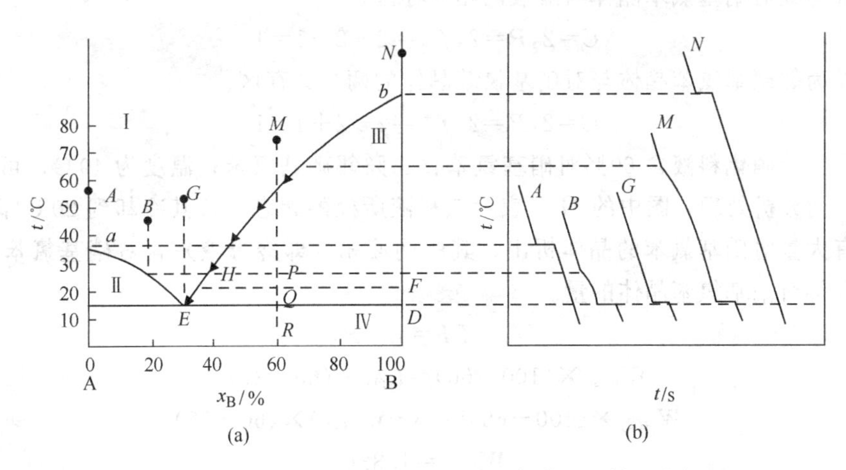

例 4-9 附图　邻硝基氯苯 (A)-对硝基氯苯(B) 体系的相图

(1) 说明附图(a) 中点、线的意义。

(2) 绘出 A、B、G、M、N 各点所示体系的步冷曲线。

(3) 指出 a 点、B 点、E 点、M 点、aE 线、bE 线以及区域Ⅰ、Ⅱ、Ⅲ、Ⅳ的相态及自由度。

（4）假设某厂对硝基氯苯车间的结晶器每次处理氯苯硝化液 5t，料液组成为含 40％的邻硝基氯苯、60％的对硝基氯苯，温度约为 49℃。若将此料液冷却到 20℃，问每次所得对硝基氯苯的产量为多少吨？其冷母液组成为多少？

（5）该厂处理氯苯硝化液的平衡产率为多少？

解　（1）a 点是邻硝基氯苯的凝固点。

b 点是对硝基氯苯的凝固点。

E 点是溶液与对硝基氯苯和邻硝基氯苯固体的三相平衡点，即最低共熔点。

aE 线为溶液的凝固点曲线。aE 线向下弯曲，说明当邻硝基氯苯中溶有对硝基氯苯时，溶液的凝固点将随对硝基氯苯含量的增加而下降。

bE 线也是溶液的凝固点曲线。bE 线也向下弯曲，说明对硝基氯苯中溶有邻硝基氯苯时，溶液的凝固点将随着邻硝基氯苯含量的增加而下降。

水平线 CED 为两个纯固相与具有低共熔组成的溶液的三相平衡线。

（2）A、B、G、M、N 各点的步冷曲线如附图(b)。

（3）各点、线、区域（面）的相数及自由度如下：

a 点　　$C=1$，$P=2$，$f^*=1-2+1=0$

B 点　　$C=2$，$P=1$，$f^*=2-1+1=2$

E 点　　$C=2$，$P=3$，$f^*=2-3+1=0$

M 点　　$C=2$，$P=1$，$f^*=2-1+1=2$

aE 线、bE 线（a、b、E 三点除外）　　$C=2$，$P=2$，$f^*=2-2+1=1$

CED 线　　$C=2$，$P=3$，$f^*=2-3+1=0$

区域Ⅰ为邻硝基氯苯与对硝基氯苯二异构体所组成的溶液，为单相区，

$$C=2, P=1, f^*=2-1+1=2$$

区域Ⅱ为纯邻硝基氯苯晶体与溶液两相共存区，

$$C=2, P=2, f^*=2-2+1=1$$

区域Ⅲ为纯对硝基氯苯晶体与溶液两相共存区，

$$C=2, P=2, f^*=2-2+1=1$$

区域Ⅳ为邻硝基氯苯晶体与对硝基氯苯晶体的两相共存区。

$$C=2, P=2, f^*=2-2+1=1$$

（4）现氯苯硝化料液含 60％对硝基氯苯、40％邻硝基氯苯，温度为 49℃，可应用相图(a) 进行平衡分析处理，图中的 M 点表示该料液所处的状态。将其冷却到 20℃即图中的 P 点，此时有大量对硝基氯苯的晶体析出，其所剩液相（即冷母液）含对硝基氯苯 37％，由杠杆规则求得对硝基氯苯晶体的量。

$$W_{B(s)}PF=L_{(l)}PH$$

$$W_{B(s)}\times(100-60)=L_{(l)}\times(60-37)$$

或

$$W_{B(s)}\times(100-60)=(5-W_{B(s)})\times(60-37)$$

解得

$$W_{B(s)}=1.83\text{t}$$

（5）平衡产率为

$$\frac{1.83}{60\%\times5}=0.61=61\%$$

即料液冷却至 20℃时，其中的对硝基氯苯最多只能有 61％析出。

【例 4-10】 附图为 H_2O-NH_4Cl 体系的相图，试从下图回答问题：

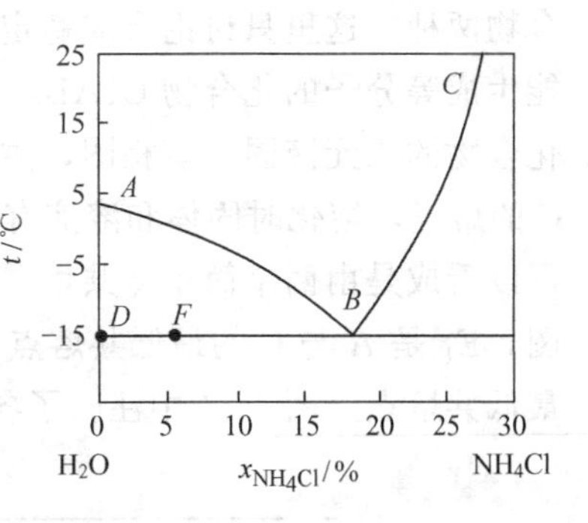

例 4-10 附图 H_2O-NH_4Cl 体系的相图

(1) 若溶液冷却到－8℃开始析出冰，问含有 750g 水的溶液中含有多少克 NH_4Cl？

(2) 如将 15%的 NH_4Cl 溶液冷却到－5℃，可得到多少冰？

(3) 将含 25%的 NH_4Cl 和 H_2O 的混合物加热到 10℃时，NH_4Cl 能否完全溶解？

(4) 5℃时，NH_4Cl 在水中的溶解度为多少？以 1000g 水中含 NH_4Cl 的物质的量表示。

(5) 若要使 100g 25%的 NH_4Cl 溶液冷却到－10℃时，仍为饱和溶液，则还要加入多少水？

(6) 从 500g 5.75%的 NH_4Cl 溶液可得到多少克低共熔混合物？

解 (1) 从附图中可知，在－8℃时析出冰的溶液含 NH_4Cl 14%，故溶液含水 86%。因而在含 750g 水的溶液中所含的 NH_4Cl 质量为

$$\frac{750}{86}\times 14=122\ (\mathrm{g})$$

(2) 从相图中可知 15%的 NH_4Cl 溶液在－5℃时，其状态为一液相，故不能结出冰。

(3) 由相图可知，25%的 NH_4Cl 和 H_2O 的混合物在 10℃时的状态为两相，即一液相与一固相 NH_4Cl，因而这时 NH_4Cl 不能完全溶解。

(4) 从相图中的 BC 线可知，在 5℃时，NH_4Cl 的溶解度为 24%。若以 1000g 水中含 NH_4Cl 的物质的量 n 表示，则

$$\frac{24}{53.5}:(100-24)=n:1000$$

$$n=\frac{24}{53.5}\times\frac{1000}{76}=5.9\ (\mathrm{mol})$$

即 1000g 水中溶解 5.9mol 的 NH_4Cl ($M_{NH_4Cl}=53.5\mathrm{g\cdot mol^{-1}}$)。

(5) 从相图的 BC 线可知，NH_4Cl 在－10℃的溶解度为 21%，而 25%的 100g 溶液中含 NH_4Cl 为 25g，若将它配制成 21%的溶液，则溶液的质量 x 为

$$x=\frac{25}{21}\times 100\approx 120\ (\mathrm{g})$$

故需加入水的质量为

$$120-100=20\ (\mathrm{g})$$

(6) 将 5.75%的 NH_4Cl 溶液冷却到－15℃，析出的冰与溶液的质量比可由杠杆规则求得。

$$m_{冰}:m_{液}=BF:DF$$

即尚未凝固的溶液（凝固析出后便是低共熔混合物）的质量为

$$\frac{DF}{DF+BF}\times 总质量=\frac{5.75}{5.75+12.5}\times 500\approx 158\ (\mathrm{g})$$

4.7 形成稳定化合物的双组分体系

在有些双组分凝聚体系中常有化合物生成。生成的化合物可分为稳定化合物和不稳定化

合物两种。这里只讨论形成稳定化合物的双组分体系。例如四氯化碳（A）与对二甲苯（B）能生成等分子的化合物 C(AB)，此体系的相图见图 4-11，它是固相完全不互溶且生成稳定化合物的二元液固平衡相图，主要特征是在 $x_B=0.50$ 处出现一个峰，最高点 c 就是化合物 C 的熔点，熔化时固体和溶液有相同的组成，C 称为稳定化合物。在分析此类相图时，一般可以看成是由两个简单低共熔混合物的相图合并而成。左边一半是化合物 C 与 A 构成的相图，E_1 是 A 与 C 的最低共熔点。右边一半是化合物 C 与 B 所构成的相图，E_2 是 B 与 C 的最低共熔点。图 4-11 中注明了各相区中的稳定相。

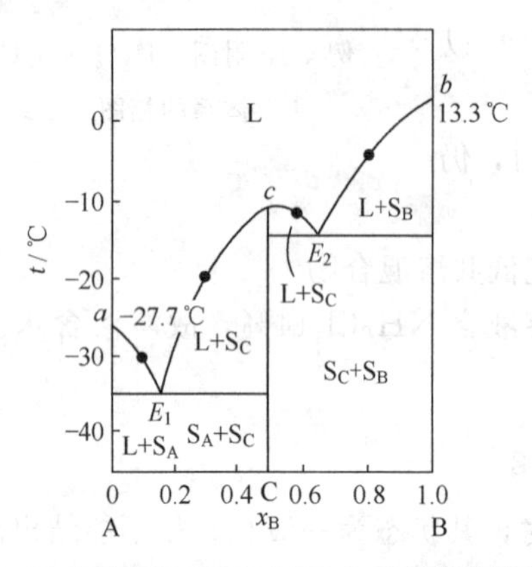

图 4-11　CCl_4(A)-$C_6H_4(CH_3)_2$(B) 体系的相图

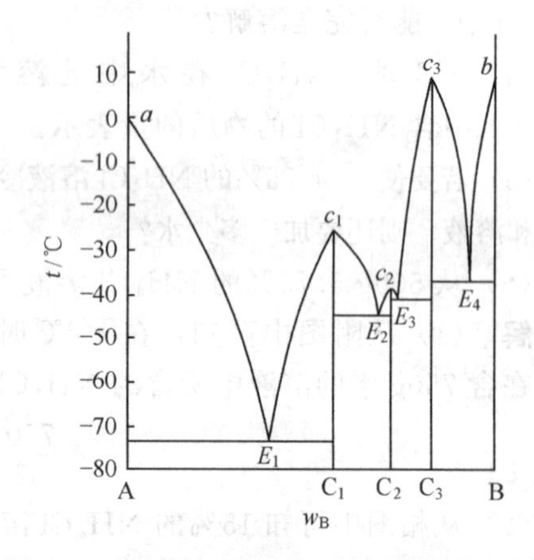

图 4-12　H_2O(A)-H_2SO_4(B) 体系的相图

H_2O(A)-H_2SO_4(B) 也属于该类体系，其中 A 为溶剂 H_2O，B 为溶质 H_2SO_4。

溶质与溶剂之间生成的有一定组成的化合物叫作溶剂化合物。如果溶剂是水，则为水合物，并且往往不是一种而是多种水合物。例如硫酸与水生成 $H_2SO_4\cdot4H_2O(C_1)$、$H_2SO_4\cdot2H_2O(C_2)$ 和 $H_2SO_4\cdot H_2O(C_3)$ 三种化合物，见图 4-12，在相当于三种化合物的组成处，有三个最高点，即为这些化合物的熔点，相应地把整个图形分为四个简单的相图，分别有四个最低共熔点。如需要得到某一种水合物，则必须控制溶液浓度于一定范围，例如 E_2E_3 之间就可结晶出 $H_2SO_4\cdot2H_2O$ 固体。

图 4-12 中各点温度见表 4-2。通常 98%的浓硫酸常用于炸药工业、医药工业等，但是从图 4-12 可以看到 98%浓硫酸的结晶温度为 0℃，作为产品在冬季很容易冻结，输送管道也容易堵塞，无论运输和使用都会遇到困难。因此冬季常以 92.5%的硫酸作为产品（有时简称为 93%酸），这种酸的凝固点大约在－35℃左右，在一般的地区存放或运输都不至于冻结。从图 4-12 还可以看到 90%左右的硫酸的结晶温度对浓度的变化较为显著，例如 93%的硫酸如果因故变成 91%，则结晶温度将从－35℃升到－17.3℃，如果浓度降低到 89%，则结晶温度升到－4℃，在冬季也是很容易有晶体析出的，所以在冬季不能用同一条输送管道来输送不同浓度的硫酸，以免因浓度改变而引起硫酸结晶温度升高而堵塞管道。

表 4-2　图 4-12 中各点温度

点	a	E_1	c_1	E_2	c_2	E_3	c_3	E_4	b
t/℃	0	−74.5	−25.8	−45.5	−39.65	−41.0	8.3	−37.85	10.45
$w_{H_2SO_4}$	0	0.38	0.576	0.683	0.73	0.75	0.843	0.933	1

科海拾贝

记忆合金

所谓记忆合金，是指经适当的加工和处理，使其获得一定的形状后，在低温下于一定范围内（7%）使其变形，而只要重新加热到一定温度以上，它就将自动恢复原形，由此称该合金为记忆合金。应用热弹性马氏体相变原理研制的记忆合金，有独特功能，变形之后，加热到相变温度以上可以恢复其原来形状。

记忆合金是一种在设定温度下具有形状记忆功能同时具有超弹性功能的新型功能材料，被誉为“智能合金”、“跨世纪的新材料”。一般金属材料在受到外力后，首先发生弹性变形，达到屈服点时就会发生塑性变形，应力消除后则会留下永久变形；而形状记忆合金则在发生了塑性变形后，经升温至某一温度（该温度经特殊处理手段进行设定）之上，可完全恢复到变形前的形状。目前已开发成功的形状记忆合金有 TiNi 基形状记忆合金、铜基形状记忆合金、铁基形状记忆合金等。TiNi 基形状记忆合金不仅具有独特的记忆功能与超弹性功能，而且还具有优良的理化性能与优异的生物相容性，其拉伸强度、疲劳强度、剪切强度、冲击韧性均明显优于普通不锈钢，其生物相容性也远好于不锈钢及钴铬合金。近几年，各种形状记忆合金产品相继问世，应用领域不断扩大，目前在航空航天、自动控制、制衣玩具、医疗器械、电器元件等领域已有少量 TiNi 基形状记忆合金商业产品。

练习

1. 将固体 NH_4Cl 放入一抽空的容器中，并使它达到分解平衡 $NH_4Cl(s) \rightleftharpoons NH_3(g) + HCl(g)$，则独立组分数为______，相数为______，自由度为______。

2. 若在上述体系中加入少量的 $NH_3(g)$，并使体系达到平衡，则体系的独立组分数为______，相数为______，自由度为______。

3. $(NH_4)_2SO_4(s)$、$H_2O(s)$ 及溶液在 $p=100kPa$ 下达到平衡，则体系的独立组分数为______，相数为______，自由度为______。

4. 对于双组分体系，在压力一定的条件下，两相共存时的相律数学表达式可写成______，其自由度为______，是指______而言。

5. C(s)、CO(g)、$CO_2(g)$、$O_2(g)$ 在 1000℃时达到平衡，则独立组分数为______，相数为______，自由度为______。

6. 在通常情况下，对于双组分体系能平衡共存的最多相为______。

7. 克拉贝龙方程式为______，其应用条件是______。

8. 液体水的饱和蒸气压 p(mmHg) 与温度 T 的关系为

$$\lg p = -\frac{2265}{T} + 8.977$$

由此可知，以______对______作图得一直线。水的摩尔蒸发热 $\Delta H=$______ $J \cdot mol^{-1}$。某高原地区的气压只有 400mmHg，则该地区水的沸点为______℃。已知 1mmHg=133.322Pa。

9. 醋酸的熔点为 16.6℃，压力每增加 1kPa 其熔点上升 2.39×10^{-4}K，已知醋酸的熔化热为 194.2$J \cdot g^{-1}$，试求 1g 醋酸熔化时体积的变化。

10. 求苯甲酸乙酯（$C_9H_{10}O_2$）在 26.66kPa 时的沸点。已知苯甲酸乙酯的正常沸点为 $t_b=213$℃，蒸发热 $\Delta H_{蒸发}=44.20kJ \cdot mol^{-1}$。

11. 光气 $COCl_2$ 在 9.91℃时的蒸气压为 107.18kPa，在 1.35℃时的蒸气压为 77.148kPa，求光气的蒸

发热。

12. 已知水在50℃时的饱和蒸气压为12.764kPa，水的正常沸点为100℃，试求以下各项：

(1) 水的摩尔蒸发热。

(2) 已知蒸气压与温度的关系式为 $\lg p=-\frac{A}{T}+B$，求常数 A、B。

(3) 110℃时的蒸气压。

13. 0℃时冰的熔化热为6008kJ·mol^{-1}。在此温度下，冰的摩尔体积为19.652mL·mol^{-1}，液态水的摩尔体积为18.018mL·mol^{-1}，求压力与温度的关系。

14. (1) 有一水蒸气锅炉，能耐压15×101.3kPa。问此锅炉加热到什么温度有爆炸的危险？已知水的汽化热为40.64kJ·mol^{-1}。

(2) 求水的蒸气压随温度的变化率（提示：T 在373K附近）。

15. HNO_3 的蒸气压与温度的关系如下：

T/K	273.2	293.2	313.2	323.2	343.2	353.2	363.2	373.2
p/kPa	1.920	6.386	17.730	27.730	62.260	89.324	124.92	170.92

求 HNO_3 的正常沸点 T_b 及摩尔蒸发热。

16. 固态 SO_2 的蒸气压 p(atm) 与温度的关系式为 $\lg p=\frac{-1871.2}{T}+7.71$；液态 SO_2 的蒸气压与温度的关系式为 $\lg p=\frac{-1425.7}{T}+5.44$。

试求：

(1) 固态、液态与气态 SO_2 共存时的温度和压力；

(2) 在该温度下 SO_2 的升华热、蒸发热和熔化热。

17. 已知Sn-Zn相图如附图所示：

(1) 在图中标明各区域的相态及自由度；

(2) 绘出纯Sn、含Zn量为8.9%及60%的步冷曲线，由500℃冷却至150℃；

(3) 指出自由度 $f=0$ 的点；

(4) 将5000g含40%Zn的熔液冷却到250℃，问析出多少Zn?

18. 试利用 H_2O-$NaNO_3$ 体系的相图（见附图），分析 $NaNO_3$ 溶液的等温蒸发过程。并求在60℃时，将100kg 30% $NaNO_3$ 溶液等温蒸发到体系点组成为85%时，析出的 $NaNO_3$ 固体和蒸发的水分量。

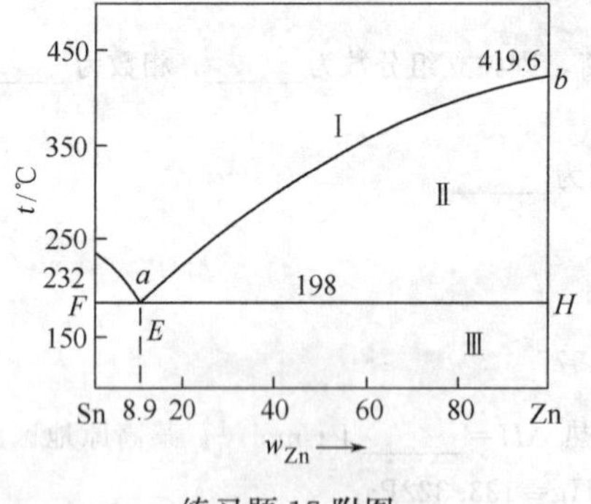

练习题17附图

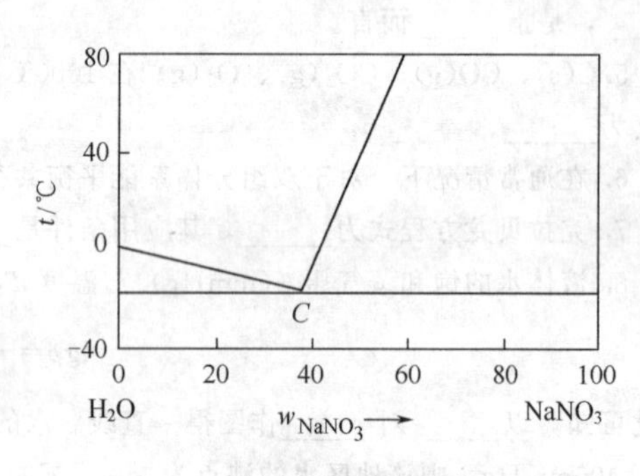

练习题18附图

5 溶 液

学习指南

化工行业、食品行业、医药行业涉及大量的溶液需要分离、提纯。作为基础，本章讨论溶液浓度的表示、溶液的性质和基本相图的绘制及分析方法和简单应用。

1. 溶液浓度的表示

(1) 摩尔分数 x_B $$x_B=\frac{n_B}{\sum n}$$

(2) 质量分数 w_B $$w_B=\frac{m_B}{m}\times 100\%$$

(3) 质量摩尔浓度 b_B $$b_B=\frac{n_B}{m_A}$$

(4) 物质的量浓度 c_B $$c_B=\frac{n_B}{V}$$

2. 稀溶液的两个经验定律

(1) 拉乌尔定律 $$p_A=p_A^{\circ}x_A$$

适用于稀溶液的溶剂

(2) 亨利定律 $$p_B=k_Bx_B$$

适用于稀溶液的挥发性溶质

3. 理想溶液

(1) 蒸气总压 $$p=p_A^{\circ}x_A+p_B^{\circ}x_B$$

(2) 气相组成 $$y_i=\frac{p_i^{\circ}x_i}{p}$$

(3) 柯诺华洛夫第一定律 $y_B>x_B$（B 为溶液中的易挥发组分）

4. 对溶液相图的理解和简单绘制，并应用相图分析精馏产品

(1) 理想溶液的相图（p-x 图和 t-x 图）

(2) 稀溶液的相图（p-x 图）

(3) 真实溶液的相图（p-x 图和 t-x 图）

5.1 溶液及溶液的浓度

5.1.1 溶液的概念

由两种或两种以上的物质混合在一起，每一种物质都以分子、原子或离子的状态分散到其他物质中所组成的均相体系，称为溶液。

按物质的聚集状态分有以下三类溶液。

(1) 气态溶液　不同种类的气体以分子状态完全均匀地混合在一起构成的气体混合物即为气态溶液，如空气、水煤气等；其规律在第 1 章已讨论。

(2) 固态溶液　某些固体混合物在加热熔化后，冷却凝固可得到以原子、离子或分子状态分散的均匀晶体，该均匀晶体即为固态溶液（或称为固溶体），如金和银、铜和锌所组成的合金。前面提到的低共熔混合物并非均相体系，故不属于固态溶液。

(3) 液态溶液　它分为：①气体溶于液体，如二氧化碳的溶液溶于水；②固体溶于液体，如蔗糖溶于水；③液体溶于液体，如苯溶于甲苯的溶液等。液态溶液是本章的重点。

溶液是由溶质和溶剂两部分组成的，通常被溶解的物质叫溶质（用符号 B 表示），能够溶解其他物质的物质叫溶剂（用符号 A 表示）。溶质和溶剂有时很难区分，习惯上把气态和固态物质叫溶质，液态物质叫溶剂，如果被溶解的物质也是液体，则量多的叫溶剂，量少的叫溶质。通常如不指明，溶剂常指定为水。如 98％的硫酸溶液、50％的乙酸溶液，皆以水为溶剂。

5.1.2　溶液组成的表示方法及其换算

溶液的性质与其组成有密切的关系，溶液的组成改变，它的某些性质也随之改变。因此，研究溶液的性质，首先要了解溶液组成的表示方法。

溶液组成的表示方法常用的有以下四种。

(1) 摩尔分数（又称物质的量分数）x_B　溶质 B 的物质的量 n_B 与溶液总物质的量 $\sum n$ 之比，称为溶质 B 的摩尔分数。用公式表示为

$$x_B=\frac{n_B}{\sum n} \tag{5-1}$$

(2) 质量分数 w_B　溶质 B 的质量 m_B 与溶液总质量 m 之比，称为溶质 B 的质量分数。用公式表示为

$$w_B=\frac{m_B}{m}\times 100\% \tag{5-2}$$

(3) 质量摩尔浓度 b_B　溶质 B 的物质的量 n_B 除以溶剂的质量 m_A，称为溶质 B 的质量摩尔浓度，单位为 $mol \cdot kg^{-1}$，用公式表示为

$$b_B=\frac{n_B}{m_A} \tag{5-3}$$

(4) 物质的量浓度 c_B　溶质 B 的物质的量 n_B 除以溶液的体积 V，称为溶质 B 的物质的量浓度，简称浓度，单位为 $mol \cdot m^{-3}$。用公式表示为

$$c_B=\frac{n_B}{V} \tag{5-4}$$

浓度习惯用单位 $mol \cdot L^{-1}$，$1mol \cdot L^{-1}=10^3 mol \cdot m^{-3}$。

各种浓度表示方法之间可以相互换算，其中涉及体积 V 与质量 m 之间的关系时，需使用密度 ρ 这一物理量。其关系为

$$\rho=\frac{m}{V}$$

密度的单位为 $kg \cdot m^{-3}$，习惯用单位为 $g \cdot mL^{-1}$，$1g \cdot mL^{-1}=1000kg \cdot m^{-3}$。

【例 5-1】 由 23×10^{-3}kg 的 C_2H_5OH 溶于 0.5kg 水中组成的溶液，其密度为 $0.992\times 10^3 kg \cdot m^{-3}$，试分别用质量分数、摩尔分数、质量摩尔浓度、物质的量浓度来表示该溶液的组成（乙醇的摩尔质量为 $46\times 10^{-3} kg \cdot mol^{-1}$）。

解　(1) 用质量分数表示

$$w(C_2H_5OH)=\frac{m(C_2H_5OH)}{m(C_2H_5OH)+m(H_2O)}\times 100\%=\frac{23\times 10^{-3}}{23\times 10^{-3}+0.5}\times 100\%=4.4\%$$

$$w(H_2O)=\frac{m(H_2O)}{m(C_2H_5OH)+m(H_2O)}\times 100\%=\frac{0.5}{23\times 10^{-3}+0.5}\times 100\%=95.6\%$$

或
$$w(H_2O)=100\%-4.4\%=95.6\%$$

(2) 用摩尔分数表示

$$x(C_2H_5OH)=\frac{n(C_2H_5OH)}{n(C_2H_5OH)+n(H_2O)}=\frac{\frac{23\times 10^{-3}}{46\times 10^{-3}}}{\frac{23\times 10^{-3}}{46\times 10^{-3}}+\frac{0.5}{18\times 10^{-3}}}=0.018$$

$$x(H_2O)=\frac{n(H_2O)}{n(C_2H_5OH)+n(H_2O)}=\frac{\frac{0.5}{18\times 10^{-3}}}{\frac{23\times 10^{-3}}{46\times 10^{-3}}+\frac{0.5}{18\times 10^{-3}}}=0.982$$

或
$$x(H_2O)=1-0.018=0.982$$

(3) 用质量摩尔浓度表示

$$b(C_2H_5OH)=\frac{n(C_2H_5OH)}{m(H_2O)}=\frac{\frac{23\times 10^{-3}}{46\times 10^{-3}}}{0.5}=1.00\ (\text{mol}\cdot\text{kg}^{-1})$$

(4) 用物质的量浓度表示

$$c(C_2H_5OH)=\frac{n(C_2H_5OH)}{V}=\frac{n(C_2H_5OH)}{\frac{m(C_2H_5OH)+m(H_2O)}{\rho}}=\frac{\frac{23\times 10^{-3}}{46\times 10^{-3}}}{\frac{0.5+0.023}{0.992\times 10^{3}}}$$

$$=948.4\ (\text{mol}\cdot\text{m}^{-3})$$

【例 5-2】 1kg 质量分数为 0.12 的 $AgNO_3$ 水溶液，在 293.15K 及标准压力 $p^{\ominus}$ (100kPa) 时的密度为 $1.1080\times 10^3 \text{kg}\cdot\text{m}^{-3}$。求该溶液的摩尔分数、物质的量浓度、质量摩尔浓度。

已知：$M_{AgNO_3}=169.87\times 10^{-3}\text{kg}\cdot\text{mol}^{-1}$，$M_{H_2O}=18.015\times 10^{-3}\text{kg}\cdot\text{mol}^{-1}$。

解 (1) $n(AgNO_3)=\frac{0.12\times 1.00}{169.87\times 10^{-3}}=0.7064\ (\text{mol})$

$$n(H_2O)=\frac{(1-0.12)\times 1.00}{18.015\times 10^{-3}}=48.85\ (\text{mol})$$

$$x(AgNO_3)=\frac{0.7064}{0.7064+48.85}=0.01425$$

(2) $c(AgNO_3)=\frac{n(AgNO_3)}{V}=\frac{0.7064}{\frac{1.00}{1.1080\times 10^3}}=0.07827\times 10^3\ (\text{mol}\cdot\text{m}^{-3})$

(3) $b(AgNO_3)=\frac{n(AgNO_3)}{m_A}=\frac{0.7064}{1.00\times(1-0.12)}=0.8027\ (\text{mol}\cdot\text{kg}^{-1})$

5.2 理想溶液

5.2.1 理想溶液的定义和通性

理想溶液是人们为了更好地认识溶液而抽象的一种模型，就像理想气体一样，实际上并不存在，但为解决实际问题提供了方便。

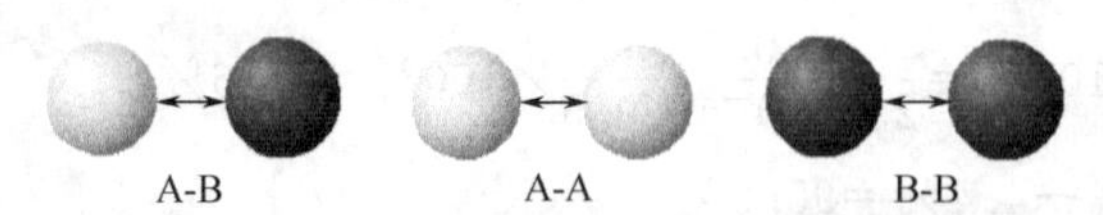

图 5-1 理想溶液组分分子的微观示意图

(1) 理想溶液的微观通性 理想溶液各组分的分子结构非常相似，它们之间的相互作用力（A-B、A-A、B-B）十分相近，分子大小也几乎相同，见图 5-1。

(2) 理想溶液的宏观通性

① 形成溶液的各组分可以任意比例相互混溶，且混合前后体积不变，即

$$\Delta V_{混合}=0$$

② 形成溶液时不发生吸热或放热现象，即混合前后焓不变：

$$\Delta H_{混合}=0$$

③ 溶液中任一组分的蒸气压与摩尔分数成下列线性关系：

$$p_i=p_i^\circ x_i$$

虽然真正的理想溶液并不存在，但由同位素组成的化合物（如$^{12}CH_3I$和$^{13}CH_3I$）、紧邻同系物（如苯和甲苯）、性质非常相似的物质（如 C_2H_5Br 和 C_2H_5I）等，它们混合成的溶液，可近似认为是理想溶液。

5.2.2 拉乌尔定律

在某温度下，当溶剂中加入少量非挥发性溶质后，将使溶剂的蒸气压降低，见图 5-2。

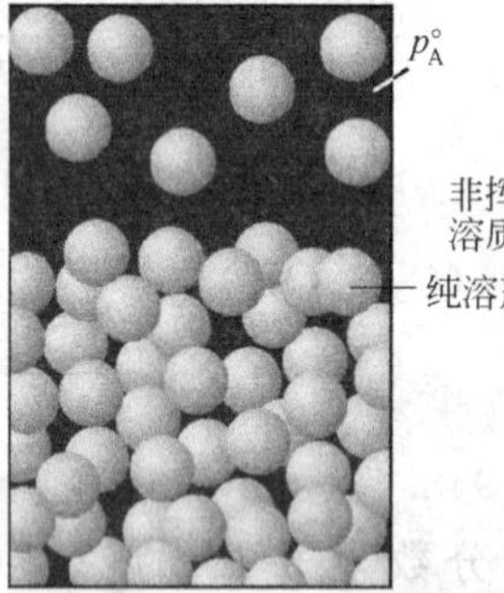

图 5-2 拉乌尔定律实验示意图

p_A°—某温度下纯溶剂的饱和蒸气压；

p_A—同温度下溶液中溶剂的蒸气压

拉乌尔（F. M. Raoult）根据多次实验的结果，得出如下关系式：

$$p_A=p_A^\circ x_A \tag{5-5}$$

式中，x_A 为溶液中溶剂 A 的摩尔分数。

式(5-5) 即为拉乌尔定律的数学表达式，它表示在一定温度下，溶入非挥发性溶质的稀溶液中，溶剂的蒸气压等于纯溶剂的蒸气压乘以溶液中溶剂的摩尔分数。

若溶液中仅有 A、B 两个组分，则 $x_A+x_B=1$，式(5-5) 可改写为

$$p_A=p_A^\circ(1-x_B)$$

或

$$\frac{p_A^\circ-p_A}{p_A^\circ}=x_B \tag{5-6}$$

即稀溶液中溶剂蒸气压降低值与纯溶剂的饱和蒸气压之比等于溶质的摩尔分数。式(5-6) 是拉乌尔定律的另一种表示式。

由图 5-1 和图 5-2 可以认为，在很稀的溶液中，溶质分子很少，溶剂分子所受的作用力并未因少量溶质的存在而改变，它从溶液中逸出能力的大小不变，只是由于溶质分子的存在，使溶剂分子的浓度减小了，所以溶液中溶剂的蒸气压就按纯溶剂的饱和蒸气压打了一个摩尔分数的折扣。

拉乌尔定律是溶液的最基本定律之一，它适用于稀溶液的溶剂。更重要的是，对于由性质极相似的组分所形成的理想溶液，在全部浓度范围内，均符合拉乌尔定律。

【例 5-3】 20℃时纯乙醇（A）的饱和蒸气压为 5.93kPa，在该温度下 460g 乙醇中溶解 0.5mol 某种非挥发性有机化合物（B），求该溶液的蒸气压？已知 $M_{乙醇}=46g\cdot mol^{-1}$。

解 根据题意有

$$n_B = 0.5\text{mol}$$

$$n_A = \frac{460}{46} = 10\ (\text{mol})$$

$$x_A = \frac{n_A}{n_A + n_B} = \frac{10}{10 + 0.5} = 0.952$$

因为B为非挥发性的有机化合物，则 $p_B = 0$，所以

$$p = p_A + p_B = p_A = p_A^\circ x_A = 5.93 \times 0.952 \approx 5.65\ (\text{kPa})$$

5.2.3 理想溶液的气、液平衡组成计算

甲苯（A）与苯（B）组成的溶液为理想溶液，则在一定温度下，它们的蒸气分压与液相组成的关系遵守拉乌尔定律。即

$$p_A = p_A^\circ x_A \tag{5-7a}$$

$$p_B = p_B^\circ x_B \tag{5-7b}$$

式中 p_A，p_B——分别为一定温度下组分A、B的蒸气压；

p_A°，p_B°——分别为在该温度下纯A和纯B的饱和蒸气压；

x_A，x_B——分别为A、B在该溶液中的摩尔分数。

设溶液上方的蒸气是理想气体，根据道尔顿分压定律，溶液的蒸气总压等于两个组分蒸气分压之和，即

$$p = p_A + p_B$$

将式(5-7) 代入可得

$$p = p_A + p_B = p_A^\circ x_A + p_B^\circ x_B \tag{5-8}$$

若视蒸气为理想气体，则又有

$$p_A = p y_A \tag{5-9a}$$

$$p_B = p y_B \tag{5-9b}$$

式中 p——溶液的蒸气总压；

y_A，y_B——分别为组分A、B的气相组成。

根据式(5-7)、式(5-8) 和式(5-9) 可得

$$p y_A = p_A^\circ x_A \qquad y_A = \frac{p_A^\circ x_A}{p} = \frac{p_A^\circ x_A}{p_A^\circ x_A + p_B^\circ x_B} \tag{5-10}$$

$$p y_B = p_B^\circ x_B \qquad y_B = \frac{p_B^\circ x_B}{p} = \frac{p_B^\circ x_B}{p_A^\circ x_A + p_B^\circ x_B} \tag{5-11}$$

利用式(5-10) 和式(5-11) 可以对理想溶液平衡时的组分进行推算。

【例 5-4】 计算100℃，$C_6H_6CH_3$(A) 和 C_6H_6(B) 的摩尔分数分别为0.5时溶液的总压力和气相组成。已知100℃时 $p_A^\circ = 76.08\text{kPa}$，$p_B^\circ = 179.1\text{kPa}$。

解 (1) 根据公式

$$p = p_A^\circ x_A + p_B^\circ x_B$$

代入得 $p = 76.08 \times 0.5 + 179.1 \times 0.5 = 127.6\ (\text{kPa})$

(2) 气相组成

$$y_B = \frac{p_B^\circ x_B}{p} = \frac{179.1 \times 0.5}{127.6} = 0.702$$

$$y_A = 1 - y_B = 1 - 0.702 = 0.298$$

5.2.4 理想溶液的相图

由双组分 A、B 组成的理想溶液，若无化学反应、无浓度限制条件，则

$$R=0,\ R'=0,\ C=2$$

根据相律，有

$$f = C - P + 2 = 4 - P$$

因为相数 $P \geqslant 1$，所以最大自由度为 3，即确定体系的强度性质是温度、压力和组成，则该类理想溶液的完整相图要用三维图形来表示。通常在恒温条件下，用平面图形表示压力与各相组成的关系，称为蒸气压-组成相图；或在恒压条件下，用平面图形表示温度与各相组成的关系，称为沸点-组成相图。

5.2.4.1 蒸气压-组成相图（p-x 图）

以 $C_6H_5CH_3$(A)-C_6H_6(B) 理想溶液为例。在一定温度下，根据式(5-7) 和式(5-8)，以蒸气压对组成作图可得三条直线，它们分别表示 p_A、p_B 和 p 与溶液组成 x_A 的关系，称为蒸气压-组成相图，如图 5-3 所示。

再根据式(5-11) 计算出平衡的气相组成 y_B，将 p-y_B 关系绘图，即得到 $C_6H_5CH_3$(A)-C_6H_6(B) 溶液蒸气总压与液相组成和气相组成的相图，如图 5-4 所示。

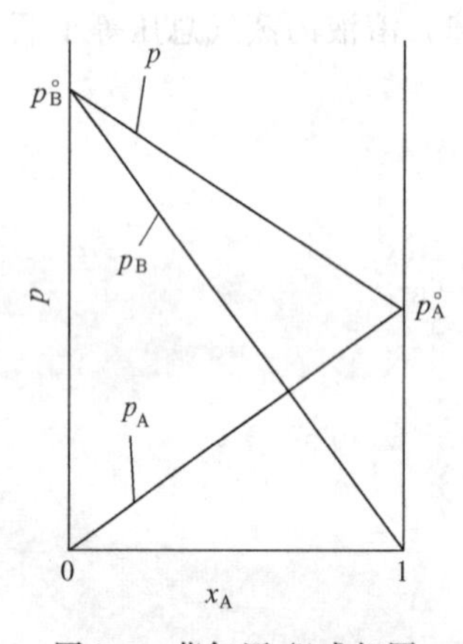

图 5-3 蒸气压-组成相图

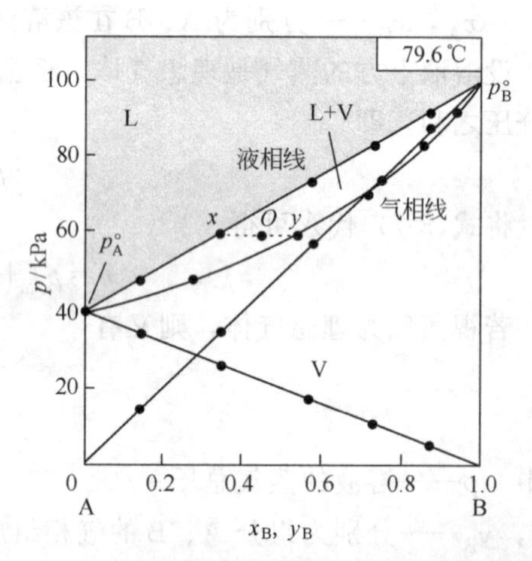

图 5-4 $C_6H_5CH_3$(A)-C_6H_6(B) 溶液的蒸气压-组成相图（p-x 图）

(1) 液相线 p-x_B 线，一定温度下蒸气压随液相组成的变化。

(2) 气相线 p-y_B 线，一定温度下蒸气压随气相组成的变化。

(3) 液相区 液相线以上的区域，用符号 L 表示。当体系的组成与压力处于液相面上时，其压力大于蒸气压，应全部凝结成液体。

(4) 气相区 气相线以下的区域，用符号 V 表示。当体系的组成与压力处于气相面上时，其压力小于饱和蒸气压，应全部汽化。

(5) 气液共存区 液相线与气相线之间的区域，用符号 L+V 表示。当体系处于这个区域内时，如图示 O 点，即分裂为气、液两相，O 点称为体系点。通过 O 点作水平线（恒压下）交于气相线与液相线的两点 y 与 x，y 与 x 称为相点，即表示相互平衡的气液两相的状态。利用杠杆规则可计算气、液相的量。

从图 5-4 可以看出，对于甲苯 (A)-苯 (B) 体系，B 组分更容易挥发，即 $p_B^\circ > p_A^\circ$，因此称 B 组分为溶液中的易挥发组分。其次，还可看出，理想溶液的蒸气总压是介于两纯溶

液的饱和蒸气压之间，即

$$p_B^\circ > p > p_A^\circ$$

则根据式(5-11) 有
$$\frac{y_B}{x_B} = \frac{p_B^\circ}{p} > 1$$

故
$$y_B > x_B$$

由此得出结论，在双组分的理想溶液中，易挥发的组分（B）在平衡时的气相组成（y_B）大于它在液相中的组成（x_B）。这一结论称为柯诺华洛夫（Kohobatob）第一定律。该定律成为精馏法分离溶液的理论基础。

由例 5-4 的计算结果也可以看出，由于 C_6H_6(B) 是易挥发组分，所以它在气相中的组成（$y_B=0.702$）大于它在液相中的组成（$x_B=0.5$）。

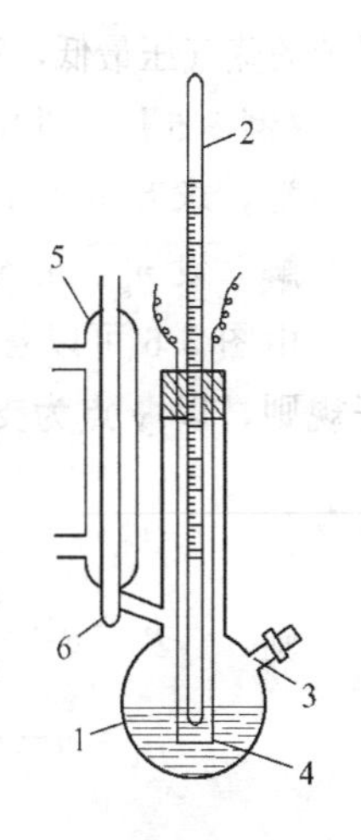

图 5-5　沸点仪示意图

1—圆底烧瓶；
2—精密温度计；
3—支管；4—电热丝；
5—冷凝管；6—捕集器

5.2.4.2　沸点-组成相图（t-x 图）

在化工生产过程中，蒸馏或精馏操作是在恒压下进行的，因此，对双组分体系沸点-组成相图（t-x 图）的讨论更有实际意义。

一般在恒外压条件下，通过实验求得溶液与气、液两相平衡组成的数据，即可绘制出沸点-组成相图。

现绘制甲苯（A）和苯（B）溶液在 101.3kPa 下的沸点-组成相图。首先配制一系列不同组成的甲苯-苯溶液，然后依次倒入如图 5-5 所示的沸点仪内进行蒸馏，准确测定溶液的沸点和气、液两相组成，可得到一系列 x、y 和 t 的数据。表 5-1 即为所测的实验数据，以沸点 t 为纵坐标，以组成 x 和 y 为横坐标，即得甲苯-苯溶液的沸点-组成图，如图 5-6 所示。

表 5-1　甲苯-苯溶液的气液平衡数据

x_B	0	0.100	0.200	0.400	0.600	0.800	0.900	1.000
y_B	0	0.206	0.372	0.621	0.792	0.912	0.960	1.000
t/℃	110.6	109.2	102.2	95.3	89.4	84.4	82.2	80.1

① 液相线　t-x_B 线，一定压力下沸点随液相组成的变化。又称泡点线，一定组成的溶液加热达到线上温度可沸腾起泡。

② 气相线　t-y_B 线，一定压力下温度随饱和蒸气组成的变化。又称露点线，一定组成的气体冷却到线上温度即开始凝结，好像产生露水一样。气相线和液相线在左右两纵坐标上的交点，分别为相应纯组分的沸点 t_A° 和 t_B°。

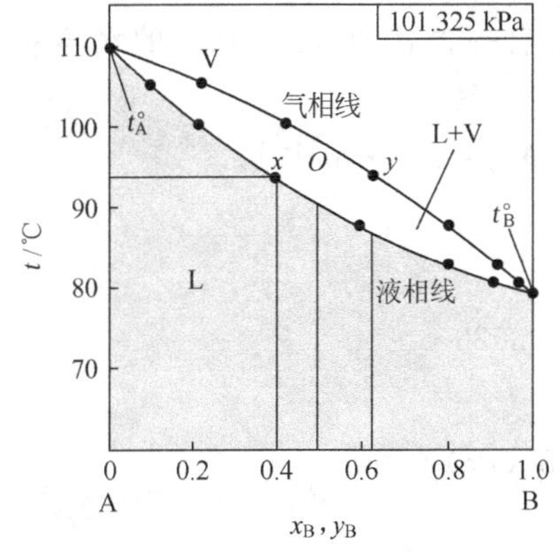

图 5-6　甲苯-苯溶液的沸点-组成相图（t-x 图）

③ 液相区　液相线以下的区域，符号为 L。

④ 气相区　气相线以上的区域，符号为 V。

⑤ 气液共存区　液相线与气相线之间的区域，符号为 L+V。当体系处于这个面内，如图所示 O 点，即分裂为气、液两相，O 点为体系点。通过 O 点作水平线（恒温下）交于气相线与液相线上的两点 y 与 x，y 与 x 称为相点，即表示相互平衡的气、液两相的状态。利用杠杆规则可计算气相和液相的量。

比较甲苯-苯的 p-x 图（见图 5-4）和 t-x 图（见图 5-6）可以发现，在 p-x 上的最高点（纯苯的饱和蒸气压最高），在 t-x 图上为最低点（纯苯的沸点最低）；反之，纯甲苯的蒸气压最低，沸点最高。如果已知 p-x 图(或 t-x 图)，可以很容易地绘出 t-x 图(p-x 图)。

【例 5-5】 利用图 5-6，将组成为 $x_{苯}=0.50$、$n=1000$mol 的甲苯-苯溶液加热到 95.3℃，求互成平衡时气、液两相的数量（mol）。

解 设 n_g、n_l 分别为气、液相的物质的量。

由图 5-6 可以看出，在 95.3℃时，液相组成 $x_{苯}=0.40$，气相组成 $y_{苯}=0.62$。利用杠杆规则，以 y 点为支点时，有

$$n_l \cdot \overline{xy}=n \cdot \overline{Oy}$$

则 $$n_l=n\times\frac{\overline{Oy}}{\overline{xy}}=1000\times\frac{0.62-0.5}{0.62-0.4}=1000\times\frac{0.12}{0.22}=545.5\ (\text{mol})\qquad(液相量)$$

$$n_g=n-n_l=1000-545.5=454.5\ (\text{mol})\qquad(气相量)$$

5.3 稀 溶 液

通常，稀溶液是指那些和纯溶液比较，性质差别不大的非理想溶液。这种溶液是经过极大程度冲淡后的溶液，为数极少的溶质分子被大量溶剂分子所隔开，因此，溶质分子之间和溶质分子对溶剂分子的作用可以忽略不计。

5.3.1 稀溶液的依数性

在稀溶液中，当溶入非挥发性物质时，溶液的蒸气压就是溶液中溶剂的蒸气压。由拉乌尔定律可知，稀溶液的蒸气压下降；同时还产生稀溶液凝固点降低和沸点升高的现象。事实证明，稀溶液的蒸气压下降、凝固点降低和沸点升高的数值，仅仅取决于溶质的浓度（即溶质分子数目)，而与溶质的本性无关，这种性质称为稀溶液的依数性。

5.3.1.1 蒸气压下降

在稀溶液中，溶剂的蒸气压下降与溶液中溶质的摩尔分数的关系，如前所述，可用拉乌尔定律表示，即

$$\frac{p_A^\circ-p_A}{p_A^\circ}=x_B$$

$$\Delta p=p_A^\circ-p_A=p_A^\circ x_B \tag{5-12}$$

即溶液中溶剂的蒸气压下降值与溶质的摩尔分数成正比。

【例 5-6】 50℃时纯水（A）的蒸气压为 7.94kPa。现有一含甘油（B）10%的水溶液，求：(1) 50℃时溶液的蒸气压下降值；(2) 溶液的蒸气压。

解 以 1g 溶液为计算基准。已知 $M_A=18\text{g}\cdot\text{mol}^{-1}$，$M_B=92\text{g}\cdot\text{mol}^{-1}$。

根据拉乌尔定律，有

$$x_B=\frac{n_B}{n_A+n_B}=\frac{\frac{0.10}{92}}{\frac{0.90}{18}+\frac{0.10}{92}}=0.020$$

(1) $\Delta p=p_A^\circ-p_A=p_A^\circ x_B=7.94\times10^3\times0.020=158.8\ (\text{Pa})$

(2) $p_A=p_A^\circ-\Delta p=7.94\times10^3-158.8=7781.2\ (\text{Pa})$

5.3.1.2 沸点升高

如前所述，水的饱和蒸气压等于外压（为 101325Pa）时的沸点称为正常沸点，即

$T^{\circ}_{b,水}=100℃$（正常沸点用 T°_b 表示）。在溶剂（水）中加入非挥发性的溶质，溶液的沸点就会比纯溶剂的高些。这是因为含有非挥发性溶质的溶液的蒸气压比同温度的纯溶剂的蒸气压低，要使它等于外压，就必须提高温度。这种关系可用图 5-7 来表示。

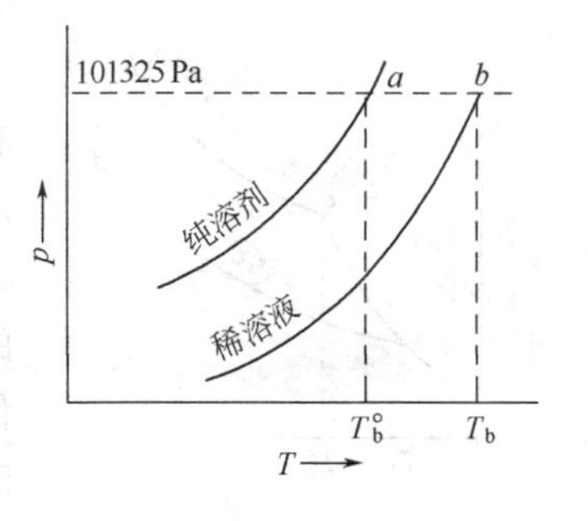

图 5-7 稀溶液的沸点升高

图 5-7 中两支曲线分别为纯溶剂和稀溶液的饱和蒸气压与温度的关系曲线。当外压为 101325Pa 时，纯溶剂的沸点为 T°_b（图中 a 点），而溶液的沸点为 T_b（图中 b 点），$T_b > T^{\circ}_b$，所以溶液沸点升高。实验证实，含有非挥发性溶质的稀溶液，其沸点升高与溶液中溶质 B 的质量摩尔浓度成正比。

$$\Delta T_b = T_b - T^{\circ}_b = k_b b_B \tag{5-13}$$

式中 T°_b——纯溶剂的正常沸点；

T_b——溶液的沸点；

ΔT_b——沸点升高值；

b_B——溶液的质量摩尔浓度；

k_b——沸点升高常数。

表 5-2 中列出几种溶剂的沸点升高常数的数值。

表 5-2 几种溶剂的 k_b 值

溶　剂	水	甲醇	乙醇	丙酮	氯仿	苯	四氯化碳
纯溶剂的沸点/℃	100.00	64.51	78.33	56.15	61.20	80.10	76.72
k_b/K·kg·mol^{-1}	0.52	0.83	1.19	1.73	3.85	2.60	5.02

【例 5-7】 将某物质 B 1.09×10^{-3}kg 溶于 20×10^{-3}kg 水中，测得该溶液的沸点为 373.31K，求溶质 B 的摩尔质量。已知 $k_b=0.52\text{K}\cdot\text{kg}\cdot\text{mol}^{-1}$。

解 根据题意

$$\Delta T_b = 373.31 - 373.15 = 0.16\ (\text{K})$$

由式(5-13) 得

$$\Delta T_b = k_b b_B$$

$$b_B = \frac{\Delta T_b}{k_b} = \frac{0.16}{0.52} = 0.308\ (\text{mol}\cdot\text{kg}^{-1})$$

由式(5-3) 得

$$b_B = \frac{n_B}{m_A} = \frac{\frac{m_B}{M_B}}{m_A} = \frac{m_B}{M_B m_A}$$

$$M_B = \frac{m_B}{b_B m_A} = \frac{1.09\times10^{-3}}{0.308\times20\times10^{-3}} \approx 0.177\ (\text{kg}\cdot\text{mol}^{-1})$$

5.3.1.3 凝固点下降

纯物质的凝固点就是该物质处于固、液两相平衡时的温度。这里假设从溶液中析出的是纯溶剂的固体，溶剂和溶质不生成固态溶液。按照多相平衡条件，在凝固点时，固相和液相的蒸气压相等。根据拉乌尔定律，含有非挥发性溶质的溶液蒸气压比同温度时纯溶剂的蒸气压低，因此稀溶液的凝固点低于纯溶剂的凝固点。这种关系可用图

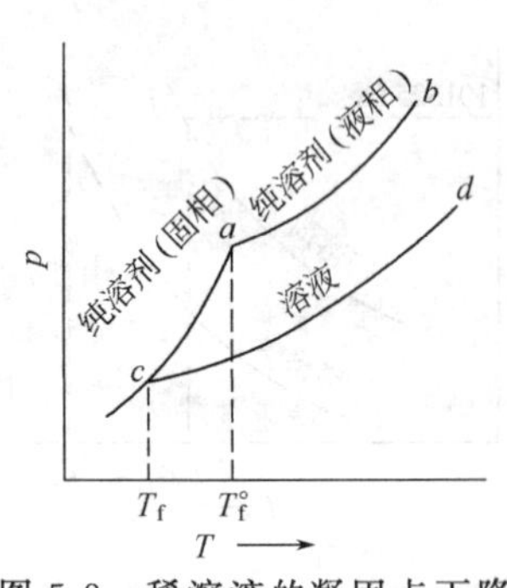

图 5-8　稀溶液的凝固点下降

5-8 来表示。

图 5-8 中两支曲线 ab、cd 线分别为纯溶剂和稀溶液的饱和蒸气压与温度的关系曲线。ac 线为固相纯溶剂的饱和蒸气压与温度的关系曲线（即升华压线）。两支曲线 ab、cd 线与 ac 线相交于 a、c 两点，对应的温度为凝固点，T_f 为稀溶液的凝固点，T_f°为纯溶剂的凝固点，$T_f < T_f^\circ$，即溶液的凝固点低于纯溶剂的凝固点。实验证实，含有非挥发性溶质的稀溶液，其凝固点的下降与溶液中溶质 B 的质量摩尔浓度成正比。即

$$\Delta T_f = T_f^\circ - T_f = k_f b_B \tag{5-14}$$

式中　T_f°——纯溶剂的凝固点；

T_f——溶液的凝固点；

ΔT_f——凝固点下降值；

b_B——溶液的质量摩尔浓度；

k_f——凝固点下降常数。

表 5-3 列出几种溶剂的凝固点下降常数的数值。

表 5-3　几种溶剂的 k_f 值

溶剂	水	醋酸	苯	环乙烷	萘	樟脑
纯溶剂凝固点/℃	0.00	16.60	5.533	6.5	80.25	173
k_f/K・kg・mol^{-1}	1.86	3.90	5.10	20	7.0	40

【例 5-8】 已知水在 0℃时结冰，水的凝固点下降常数为 1.86K・kg・mol^{-1}。求 150g 水中溶有 3.5g 蔗糖（B）时溶液的凝固点（即冰点）。

解　已知 $M_B = 342\times10^{-3}$kg・mol^{-1}。根据式(5-14) 及式(5-3)，可得

$$\Delta T_f = k_f b_B$$

$$b_B = \frac{n_B}{m_A} = \frac{\frac{m_B}{M_B}}{m_A}$$

$$\Delta T_f = \frac{k_f m_B}{M_B m_A} = \frac{1.86\times3.5\times10^{-3}}{342\times10^{-3}\times150\times10^{-3}} \approx 0.127\ (\text{K})$$

$\Delta T_f = T_f^\circ - T_f$，故蔗糖溶液的冰点为

$$T_f = T_f^\circ - \Delta T_f = 273.15 - 0.127 = 270.023\ (\text{K}) = -0.127\ (℃)$$

5.3.2　亨利定律

当气体与液体相接触时，气体分子就会被液体吸收，发生气体溶于液体中的过程；而被溶解了的气体分子也会发生相反的过程，从溶液中逸出。在一定温度下，溶解与逸出的速度相等时就达到了平衡，这时的溶液称为该气体的饱和溶液。饱和溶液的浓度就是该气体溶质在此液体溶剂中的溶解度，通常以一定量液体溶剂中所含气体溶质的量来表示。

表 5-4 和表 5-5 中列出了不同温度下氧气在水中的溶解度以及不同压力下氧气在水中的溶解度。气体溶于液体中的溶解度，不但与气体和液体的性质有关，而且与溶解时的温度和气体溶质的平衡分压有关。增大该气体的平衡分压，溶解度增大。

表 5-4　不同温度下氧气在水中的溶解度（101325Pa）

温度/℃	0	20	40	60	80
溶解度[以 1000g 水中氧气的质量(g)表示]	0.00694	0.00443	0.00311	0.00221	0.00135

表 5-5　不同压力下氧气在水中的溶解度（25℃）

p/Pa	c/mg·dm^{-3}	$k=\frac{p}{c}$	p/Pa	c/mg·dm^{-3}	$k=\frac{p}{c}$
23331	9.5	2456	55195	22.0	2510
26931	10.7	2516	81326	32.5	2501
39997	16.0	2501	101325	40.8	2482

1803 年亨利（W. Henry）研究了一定温度下气体在液体中的溶解度，总结出稀溶液的另一条重要经验定律——亨利定律：在一定温度下，气体（或挥发性溶质）在液体中的溶解度与该气体的平衡分压成正比。即

$$p_B=k_x x_B \tag{5-15}$$

式中　p_B——溶质 B 的平衡分压；

x_B——溶质 B 的摩尔分数；

k_x——亨利常数，其数值取决于温度、溶质和溶剂的性质。

当溶质和溶剂确定且温度不变时，k_x 为定值，与气体的平衡分压无关。

k_x 是溶解度用摩尔分数表示时的亨利常数。在实际应用中，溶液的组成也常用质量摩尔浓度 b_B、物质的量浓度 c_B 等表示。这时，相应的亨利定律的表示式为

$$p_B=k_b b_B \tag{5-16}$$

$$p_B=k_c c_B \tag{5-17}$$

由于溶液组成的表示方法不同，亨利常数 k_x、k_b 和 k_c 的数值就不相同，但它们之间可以相互换算。例如对于溶剂 A 和溶质 B 的二组分稀溶液，可假设 $n_A+n_B\approx n_A$，则

$$x_B=\frac{n_B}{n_A+n_B}\approx\frac{n_B}{n_A}$$

根据物质 B 的质量摩尔浓度和物质的量浓度的定义及式(5-15) 可得

$$p_B=k_x x_B=k_x\frac{M_A}{1000}b_B=k_b b_B \tag{5-18}$$

$$p_B=k_x x_B=k_x\frac{M_A}{1000\rho}c_B=k_c c_B \tag{5-19}$$

式中　M_A——溶剂的摩尔质量，g·mol^{-1}；

ρ——溶液的密度，g·mL^{-3}。

由此可得

$$k_x=\frac{1000}{M_A}k_b=\frac{1000\rho}{M_A}k_c \tag{5-20}$$

表 5-6 列出了一些气体在 25℃时溶解于水和苯中的亨利常数。

分析或计算表 5-4 和表 5-6 中的数据，可以得出以下三点结论：①亨利常数的值随着温度的变化而变化；②亨利常数与溶质和溶剂的性质有关；③在相同的气体分压下进行比较，k 值越小则溶解度越大。所以亨利常数可作为选择吸收溶剂的重要依据。

亨利定律是化工单元操作“吸收”的理论基础，吸收分离是利用混合气体中各种气体在溶剂中溶解度的差别，有选择地把溶解度大的气体吸收下来，从混合气体中回收或除去。由

表 5-6 25℃时一些气体的亨利常数 k_x

气体	亨利常数 k_x/Pa		气体	亨利常数 k_x/Pa	
	水为溶剂	苯为溶剂		水为溶剂	苯为溶剂
H_2	7.12315×10^9	3.66797×10^8	CO	5.78566×10^9	1.63133×10^8
N_2	8.68355×10^9	2.39127×10^8	CO_2	1.66173×10^9	1.14497×10^8
O_2	4.39751×10^9	—	CH_4	4.18472×10^9	5.69447×10^8

表 5-4 可知，随着温度的升高，氧气在水中的溶解度降低，这是因为气体溶于液体的过程常伴有放热现象；又根据亨利定律，在一定温度时增大气体的分压，气体的溶解度 x_{O_2} 也随之增加。工业上利用上述特点，在低温高压下把气体吸收下来。

亨利定律只适用于稀溶液，使用时应注意以下几点：

① $p_B=k_x x_B$ 中的 p_B 是 B 气体在液面上的分压力，不是指液面上的总压力。对于混合气体，在总压力不大时，亨利定律能分别适用于每一种气体。

② 溶质在气相和在溶剂中的分子状态必须是相同的。例如氯化氢溶于苯或 $CHCl_3$ 中，在气相和液相中都呈 HCl 的分子状态，所以可以应用亨利定律；但若氯化氢溶于水中，在气相中是 HCl 分子，而在液相中则为 H^+ 和 Cl^-，这时亨利定律就不再适用了。

③ 温度越高或压力越低，即溶液越稀，亨利定律越准确。

【例 5-9】 在 25℃时，测得空气中氧溶于水中的量为 $8.7\times10^{-3}\,g\cdot L^{-1}$，问同温度下，氧气的压力为 101.3kPa 时，每升水中能溶解多少克氧？设空气中氧占 21%（体积分数）。

解 根据题意，空气中氧气的分压为 101.3×21%＝21.27（kPa）

代入式(5-17）得 $$k_c=\frac{p_{O_2}}{c_{O_2}}=\frac{21.27}{8.7\times10^{-3}}=2445\ (kPa\cdot L\cdot g^{-1})$$

故 $$c'_{O_2}=\frac{p'_{O_2}}{k_c}=\frac{101.3}{2445}=41.43\times10^{-3}\ (g\cdot L^{-1})$$

【例 5-10】 将含 CO 30%（体积分数）的煤气，在总压为 101.325kPa 下，用 25℃的水洗涤，问每用一吨水时 CO 损失多少千克？

解 根据亨利定律 $$p_B=k_x x_B$$

由表 5-6 查出 25℃时，CO 在水中溶解时，亨利常数 $k_x=5.78566\times10^9\,Pa$。

代入，得

$$x_{CO}=\frac{p_{CO}}{k_{CO}}=\frac{0.30\times101325}{5.786\times10^9}=5.26\times10^{-6}$$

$$x_{CO}=\frac{n_{CO}}{n_{H_2O}+n_{CO}}=\frac{\dfrac{m_{CO}}{M_{CO}}}{\dfrac{m_{H_2O}}{M_{H_2O}}+\dfrac{m_{CO}}{M_{CO}}}=\frac{\dfrac{m_{CO}}{28\times10^{-3}}}{\dfrac{1000}{18\times10^{-3}}+\dfrac{m_{CO}}{28\times10^{-3}}}=5.26\times10^{-6}$$

解方程得 $$m_{CO}=0.0082kg$$

即每吨水中溶解损失 8.2g CO。

5.3.3 稀溶液的相图

综上所述，稀溶液中有两个重要的经验定律——拉乌尔定律和亨利定律。这两个定律都是经验的总结。

实验表明，双组分溶液中组分 i 的蒸气分压与组成的关系如图 5-9 所示。

图 5-9 中，在 $x_i \to 0$ 及 $x_i \to 1$ 的范围内，呈现部分的线性关系。

在 $x_i \to 1$ 的浓度范围内（这时组成 i 相当于稀溶液中的溶剂），p_i-x_i 为直线关系，即满足拉乌尔定律，$p_i = p_i^\circ x_i$；

在 $x_i \to 0$ 的浓度范围内（这时组成 i 相当于稀溶液中的溶质），p_i-x_i 为直线关系，即满足亨利定律，$p_i = k_i x_i$。

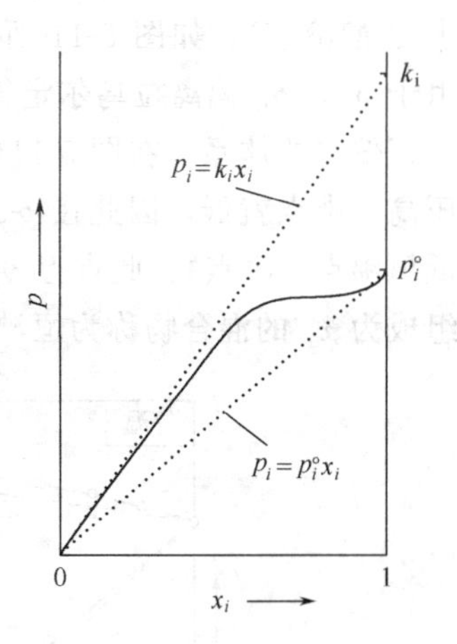

图 5-9 双组分溶液中组分 i 的蒸气压与组成的关系

由此可见，在稀溶液中溶质若服从亨利定律，则溶剂必定服从拉乌尔定律。因此，对于双组分稀溶液，溶液的蒸气总压可用下式计算：

$$p_{溶液} = p_A + p_B = p_A^\circ x_A + k_x x_B \tag{5-21}$$

【例 5-11】 已知 97.11℃时，质量分数 $w_B = 0.03$ 的乙醇水溶液的蒸气总压为 101.325kPa，纯水的 $p_A^\circ = 91.3$kPa。设该乙醇水溶液可看作稀溶液，试求 $x_B = 0.0200$ 时的蒸气总压和气相组成。

解 水（A）和乙醇（B）的摩尔质量分别为

$$M_A = 18.02 \times 10^{-3}\,\text{kg} \cdot \text{mol}^{-1},\ M_B = 46 \times 10^{-3}\,\text{kg} \cdot \text{mol}^{-1}$$

$$x_B = \frac{\dfrac{m_B}{M_B}}{\dfrac{m_B}{M_B} + \dfrac{m_A}{M_A}} = \frac{\dfrac{0.03}{46 \times 10^{-3}}}{\dfrac{0.03}{46 \times 10^{-3}} + \dfrac{0.97}{18.02 \times 10^{-3}}} = 0.012$$

在该水溶液中，溶剂遵守拉乌尔定律，溶质遵守亨利定律。

$$\begin{aligned} p = 101.325\text{kPa} &= p_A + p_B = p_A^\circ x_A + k_x x_B \\ &= 91.3\text{kPa} \times (1 - 0.012) + k_x \times 0.012 \end{aligned}$$

解得乙醇的亨利常数为 $k_x = 927$kPa

设 $x_B = 0.0200$ 时仍可看作稀溶液，则

$$p = p_A^\circ x_A + k_x x_B = 91.3 \times (1 - 0.0200) + 927 \times 0.0200 = 108\ (\text{kPa})$$

$$y_B = \frac{p_B}{p} = \frac{k_x x_B}{p} = \frac{927 \times 0.0200}{108} = 0.172$$

5.4 真实溶液

实验和生产中遇到的实际体系绝大多数是真实溶液（又称非理想溶液），它们的行为与拉乌尔定律有一定的偏差。

5.4.1 具有正偏差的溶液

很多真实溶液的蒸气压，实验测得的数据大于按拉乌尔定律计算所得的数值，称为正偏差。具有正偏差的溶液分为两类。一类是偏差不大的体系（如苯-丙酮溶液），称为一般正偏差体系。如图 5-10 所示，图(a) 中，虚线（直线）是符合拉乌尔定律的情况，实线代表实际情况；图(b) 同时画出了气相线和液相线。可见，在图 5-10(a)、(b) 中，液相线都不是直线。图 5-10(c) 则是相应的 t-x 图。

另一类是具有最大正偏差的体系。当正偏差很大时，体系在 p-x 图上可产生最高点（如

水-乙醇溶液），如图 5-11 所示。图 5-11(a) 中，虚线代表理想情况，实线代表实际情况。由于 p_A、p_B 偏离拉乌尔定律都很大，因而在 p-x 图上可形成最高点（O 点），称为具有最大正偏差的体系。在图 5-11(b) 中同时画出了液相线和气相线。图 5-11(c) 是 t-x 图。蒸气压高，沸点就低，因此在 p-x 图上有最高点者，在 t-x 图上就有最低点。这个最低点称为最低恒沸点（O 点），此点上 $y_B = x_B$（表明 A、B 二组分的挥发能力相同）。在最低恒沸点时组成为 x_1 的混合物称为恒沸混合物。

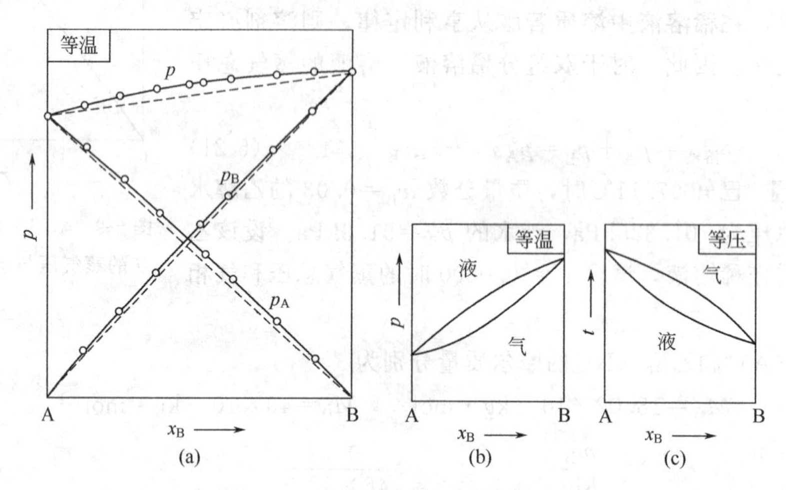

图 5-10　真实溶液的 p-x 和 t-x 图

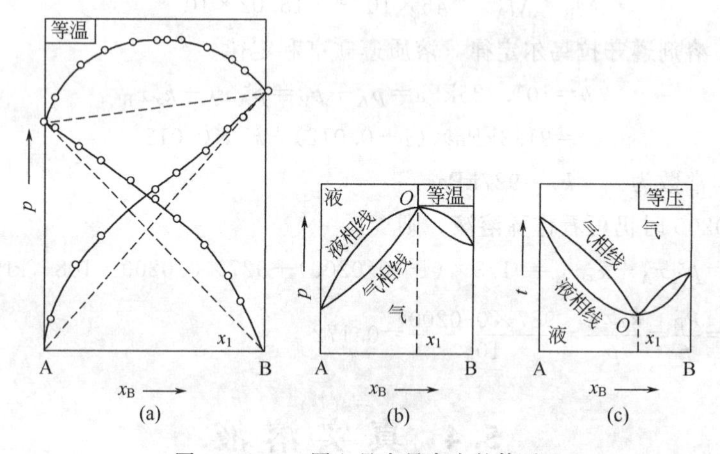

图 5-11　p-x 图上具有最高点的体系

5.4.2　具有负偏差的溶液

真实溶液的蒸气压，实验测得的数据小于按照拉乌尔定律计算所得的数值，称为负偏差。

对于有一般负偏差的体系，其情况跟一般正偏差情况类似（实际情况以正偏差居多）。对于负偏差很大，在 p-x 图上产生最低点的体系，称为具有最大负偏差的体系，（如氯仿-丙酮溶液）。如图 5-12 所示，在 p-x 图上有最低点，在 t-x 图上则相应地有最高点，因此也称为具有最高恒沸点的体系。最高恒沸点时组成为 x_2 的混合物称为恒沸混合物。

上述的恒沸物是混合物而不是化合物，因为恒沸混合物的组成在一定范围内随外压的连续改变而改变。

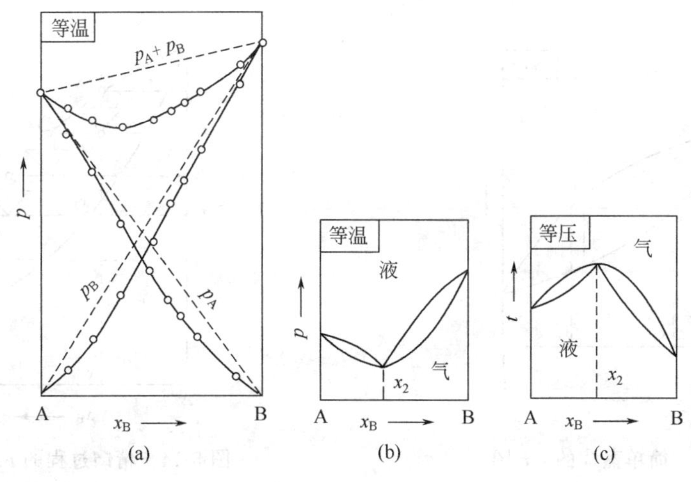

图 5-12 p-x 图上具有最低点的体系

5.4.3 真实溶液产生偏差的原因

真实溶液体系产生偏差的原因，通常有以下几种情况：

① 形成溶液的组分 A 原为缔合分子，在组成溶液后发生离解或缔合度减小，溶液中 A 分子的数目增加，蒸气压增大，因而产生正偏差。如乙醇加到苯中时，缔合的乙醇分子发生解离，分子数目增加，蒸气压升高而产生正偏差。缔合分子解离时要吸收热量，所以形成溶液时，常伴有温度降低和体积增加的效应。

② 如果两组分混合后，生成化合物，溶液中 A、B 的分子数都要减少，其蒸气压要比按拉乌尔定律的计算值为小，因而产生负偏差。在生成化合物时常伴有热量放出，所以一般来说，形成这类溶液时常伴有温度升高和体积缩小的效应。

③ 由于各组分的引力不同，如 B-A 间引力小于 A-A 或 B-B 间的引力，形成溶液后，组分 A 和 B 变得容易逸出，因而产生正偏差；反之，A-B 之间的引力大于 A-A 和 B-B 之间的吸引力，则会产生负偏差。

5.5 溶液的精馏

根据柯诺华洛夫第一定律，对于正常类型的两组分溶液的分离，如果 B 组分较易挥发（即 $p_B^\circ > p_A^\circ$），则蒸馏时平衡气相中含有较多的 B 组分。如图 5-13 所示，若原始溶液的组成为 x_1，加热到 t_2 时开始沸腾，此时气相的组成为 y_2，如将这部分蒸气引出，冷却到 t_1 后再进行第二次蒸馏，在产生的蒸气 y_1 中将含有更多的 B 组分。若将这种操作反复进行，就可达到提纯的目的，甚至可以实现 A、B 两组分完全分离。这是简单蒸馏的基本原理。

工业上或实验室内为了简化操作，减少能源消耗，多用精馏法来分离两组分溶液。精馏实际上是多次简单蒸馏的组合。

5.5.1 二元溶液的精馏

下面利用正常类型二元溶液的沸点-组成图来阐述精馏过程，如图 5-14 所示。

设原始溶液的组成为 x，体系点的位置为 O 点，即体系的温度为 t_4，此时气、液两相的组成分别为 x_4 和 y_4。

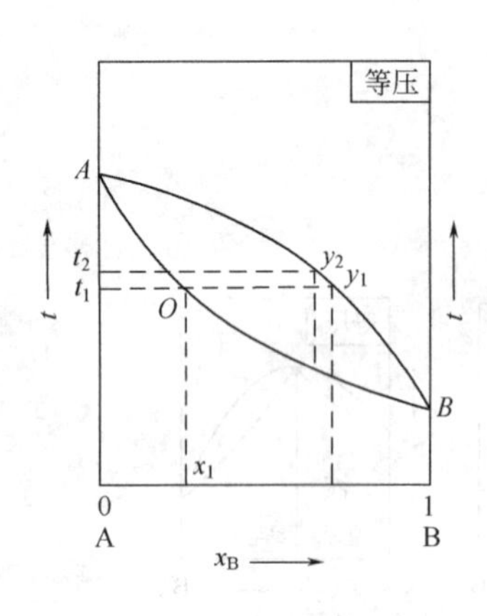

图 5-13　简单蒸馏的 t-x 图

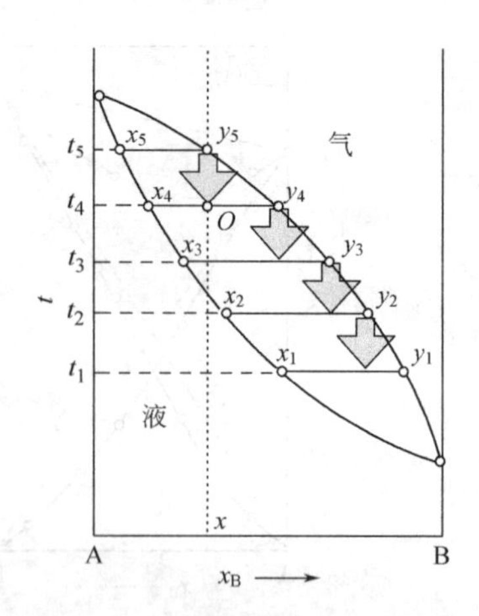

图 5-14　精馏过程的 t-x 示意图

先考虑气相部分，如果把组成为 y_4 的气相冷却到 t_3，则气相将部分地冷凝为液体，得到组成为 x_3 的液相和组成为 y_3 的气相。使组成为 y_3 的气相冷凝到 t_2，就得到组成为 x_2 的液相和组成为 y_2 的气相，依次类推。从图 5-14 可见，$y_4 < y_3 < y_2 < y_1$。如果继续下去，反复把气相部分冷凝，最后所得到的蒸气的组成可接近纯 B。

再考虑液相部分，将组成为 x_4 的液相加热到 t_5，液相部分汽化，此时气、液相的组成分别为 y_5 和 x_5，把浓度为 x_5 的液相再部分汽化，这样依此类推，显然，$x_5 < x_4 < x_3$。即液相组成沿液相线上升，最后靠近纵轴，得到纯 A。

总之，多次反复部分蒸发和部分冷凝的结果，使气相组成沿气相线下降，最后蒸出来的是纯 B，液相组成沿液相线上升，最后剩余的是纯 A。

在工业上这种反复的部分汽化与部分冷凝是在精馏塔中进行的。最终在塔顶得到的是纯度很高的易挥发组分 B，而在塔底（或塔釜）得到的是纯度很高的难挥发组分 A。图 5-15 为精馏塔示意图。

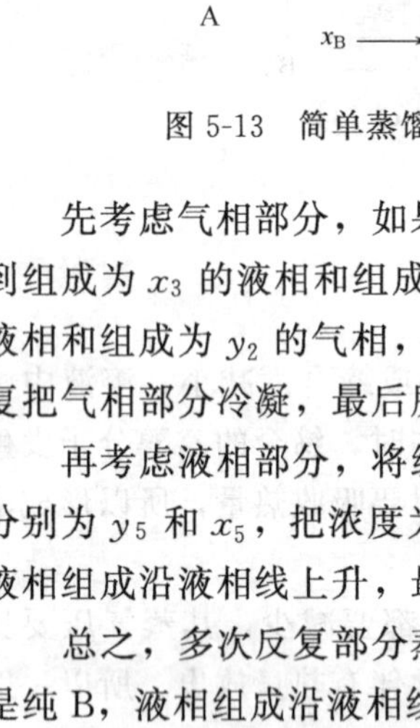

图 5-15　精馏塔示意图
1—进料口；2—再沸器；
3—回流；4—冷凝器；
5—塔顶产品；
6—塔底产物

精馏塔主要由三部分组成，即塔釜、塔身和塔顶冷凝器。物料在塔釜内加热后，蒸气通过塔板上的泡罩与塔板上的液体接触，进行热量和质量的交换。蒸气中高沸点物冷凝为液体并放出冷凝热，使液相中低沸点物蒸发并升入高一层塔板。因此在上升蒸气中含有较多的易挥发组分，而下降到下一块塔板的液体中，难挥发组分增加。每层塔板相当于一个简单的蒸馏器，随着塔板数的增多，分离效果增强。塔顶具有冷凝装置，可以把上升到塔顶的纯净易挥发组分蒸气冷凝为液体。冷凝液一部分可作为产品放出，另一部分作为“回流液”送回最上一层塔板，而“回流液”每下降一块塔板，液体中的难挥发组分就会增加，下降到塔釜的液体几乎全是难挥发组分，这样就达到了两组分的分离。

5.5.2　具有最低恒沸点溶液的精馏

图 5-16 是具有最低恒沸点溶液精馏过程的 t-x 示意图。如图 5-16 所示，在 C 点液相线与气相线相交，在最低恒沸点 C 处液相与气相组成相同，即 $y_B = x_B$。故不能用精馏法将溶液中的两组分

分开，而只能得到一个纯组分和一个恒沸混合物。若溶液的组成在恒沸组成 C_1 的左边，如 x_1 点，则精馏的结果是塔顶气相部分为恒沸混合物 C，其组成如图 5-16 中的 C_1 所示，液相为纯组分 A。若溶液的组成在恒沸组成 C_1 的右边，如 x_3 点，则精馏的结果是气相仍为恒沸混合物 C，液相为纯组分 B。

5.5.3 具有最高恒沸点溶液的精馏

图 5-17 是具有最高恒沸点溶液精馏过程的 t-x 示意图。图 5-17 中最高点 C 为最高恒沸点。在最高恒沸点 C 处液相与气相组成相同，即 $y_B = x_B$。同理，对于这类溶液用精馏的方法也只能得到一个恒沸混合物和一个纯组分。若溶液组成在恒沸组成 C_1 的左边，如 x_1，则精馏的结果是塔顶气相为纯组分 A，塔底液相为恒沸混合物 C。若溶液组成在恒沸组成 C_1 的右边，如 x_3 点，则气相为纯组分 B，液相为恒沸混合物 C。

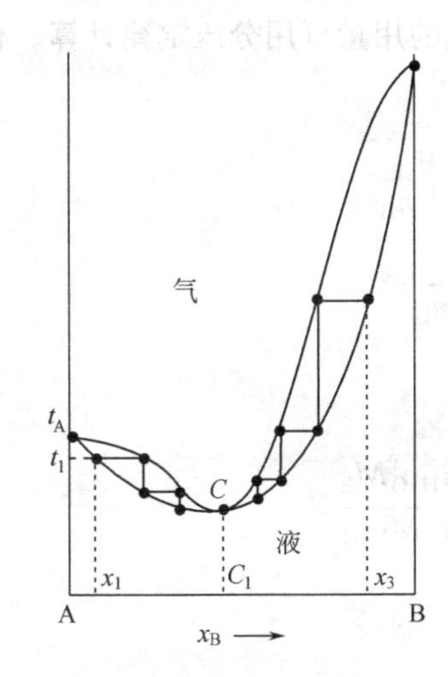

图 5-16 具有最低恒沸点溶液精馏过程的 t-x 示意图

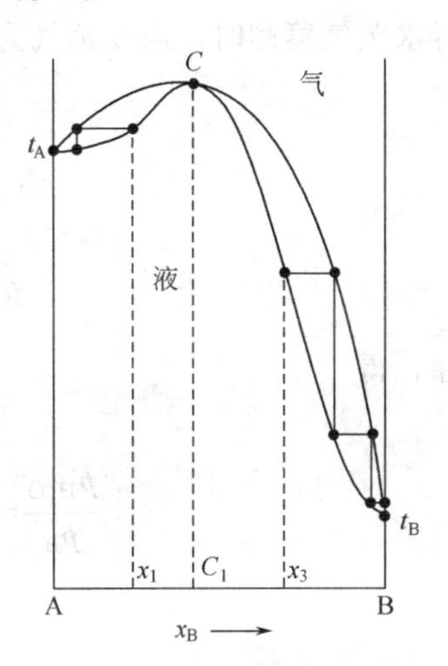

图 5-17 具有最高恒沸点溶液精馏过程的 t-x 示意图

5.6 不互溶液体混合物

5.6.1 不互溶液体混合物的蒸气压

如果两种液体彼此之间溶解度都非常小，相互之间溶解度可略而不计，这时可近似地看作互不相溶。例如水和油类所形成的两组分溶液。

实验证明，对于这种不互溶的溶液，每个组分的蒸气压等于它在纯态时的饱和蒸气压，而与另一组分的存在与否以及数量的多少无关。因此，互不相溶的溶液（设为 A 和 B）混合物的蒸气总压，等于在相同温度下，各纯组分单独存在时的蒸气压之和，即

$$p = p_A^\circ + p_B^\circ \qquad (5\text{-}22)$$

由此可见，在一定温度下，互不相溶溶液的蒸气总压恒大于任一纯组分的蒸气压，因而混合物的沸点也低于任一纯组分的沸点。图 5-18 表示水、氯苯以及水-氯苯混合物的蒸气压

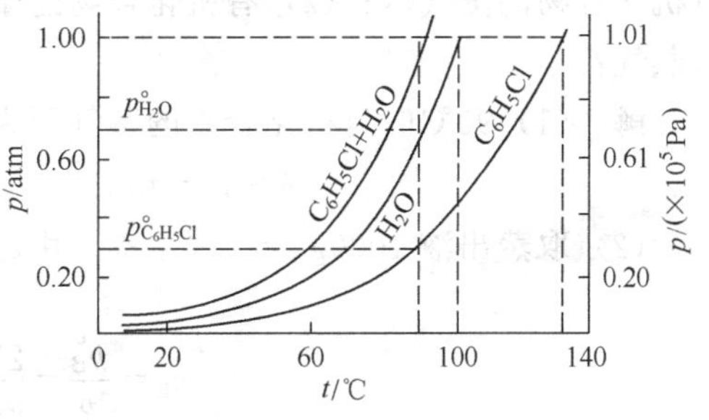

图 5-18 水、氯苯及其混合物的蒸气压曲线

曲线。

由图5-18可知，当外压为101.3kPa时，水的沸点为100℃，氯苯的沸点为130℃，而水-氯苯混合物的沸点则为91℃。这是因为在91℃时，水和氯苯的蒸气压之和已达到101.3kPa（等于外压），混合物就沸腾了。

5.6.2 水蒸气蒸馏

工业上提纯某些热稳定性较差的有机化合物时，为了防止在沸点时发生分解，必须降低蒸馏时的温度。通常采用的方法有两种：一种是减压蒸馏；另一种是水蒸气蒸馏。

水蒸气蒸馏适用于和水互不相溶的有机液体。在进行水蒸气蒸馏时，应使水蒸气以鼓泡的形式通过有机液体，这样可起到供给热量和搅拌液体的作用。蒸发出来的蒸气（含有水和有机物）经冷凝后分为两层，除去水层即得产品。

进行水蒸气蒸馏时，假设蒸气为理想气体，水蒸气的用量可用分压定律计算。根据分压定律，得

$$p^{\circ}_{H_2O}=py_{H_2O}=p\frac{n_{H_2O}}{n_{H_2O}+n_B}$$

$$p^{\circ}_{B}=py_{B}=p\frac{n_{B}}{n_{H_2O}+n_B}$$

两式相除，得

$$\frac{p^{\circ}_{H_2O}}{p^{\circ}_{B}}=\frac{n_{H_2O}}{n_B}=\frac{\dfrac{m_{H_2O}}{M_{H_2O}}}{\dfrac{m_B}{M_B}}=\frac{m_{H_2O}M_B}{m_BM_{H_2O}}$$

或

$$\frac{m_{H_2O}}{m_B}=\frac{p^{\circ}_{H_2O}M_{H_2O}}{p^{\circ}_{B}M_B} \tag{5-23}$$

式中 $p^{\circ}_{H_2O}$，p°_{B}——分别为纯水和纯有机物B的饱和蒸气压；

M_{H_2O}，M_B——分别为H_2O和有机物B的摩尔质量；

m_{H_2O}，m_B——分别为蒸出物中水和有机物B的质量；

$\frac{m_{H_2O}}{m_B}$——蒸馏出单位质量有机物B所需的水蒸气用量，称为水蒸气消耗系数。该系数越小，则水蒸气蒸馏效果越高。

由式(5-23)可以看出，有机物的蒸气压越高，摩尔质量越大，则水蒸气消耗系数越小。

【例5-12】 水与某有机化合物形成不互溶混合物，混合物在97.86kPa下于90℃沸腾，蒸出液中含有机化合物70%。已知90℃时，水的饱和蒸气压为70.1kPa。求：(1) 90℃时有机化合物的蒸气压；(2) 有机化合物的摩尔质量；(3) 每蒸出1000g有机化合物耗用多少水蒸气？

解 (1) 90℃时有机化合物的蒸气压为

$$p^{\circ}_{B}=p-p^{\circ}_{H_2O}=97.86-70.1=27.27\ (\text{kPa})$$

(2) 取蒸出液1000g为计算基准。由题意可知，蒸气组成与蒸出液组成相同，即

$$y_B=\frac{p^{\circ}_{B}}{p}=\frac{27.76}{97.86}=\frac{\dfrac{700}{M_B}}{\dfrac{700}{M_B}+\dfrac{300}{18}}$$

解得 $$M_B=106.1\text{g}\cdot\text{mol}^{-1}$$

(3)
$$\frac{m_{H_2O}}{m_B}=\frac{18\times p^\circ_{H_2O}}{p^\circ_B M_B}$$

$$m_{H_2O}=\frac{18\times70.1}{27.76\times106.1}\times1000\approx428\ (\text{g})$$

即每蒸出 1000g 该有机化合物需要消耗 428g 水蒸气。

科海拾贝

海洋的盐差能

海水中平均含有35%盐分，与淡水相比，具有较高的浓度。因此，在海水和淡水相交汇的地方，就出现了显著的盐度差。倘若不加以限制，那么，经过一定的时间，淡水和海水就会混合，盐的离子向淡水扩散，直至盐分均匀为止。其实，这种在海水与淡水交界面上的盐度差（或称海洋浓度差）可以产生热量，利用这种能量（称为盐差能）进行发电，就称为盐度差发电或海洋浓度差发电。盐差能实际上并不是海洋自己所具有的能量，它是江河淡水流入大海，与苦咸的海水交融在一起由渗透引起的渗透压能，其产生原理如下。

在自然界中，特别是在生物（动物和植物）体内，存在着这样一类薄膜，它们只能使水分通过，而不允许溶解在水中的盐分通过。人和动物的膀胱就是这样一种薄膜。这种薄膜现在也可用人工合成的办法制造出来。人们把这种只允许水通过（或广义地说，只允许溶剂通过而不允许溶质通过）的薄膜，叫“半透膜”。

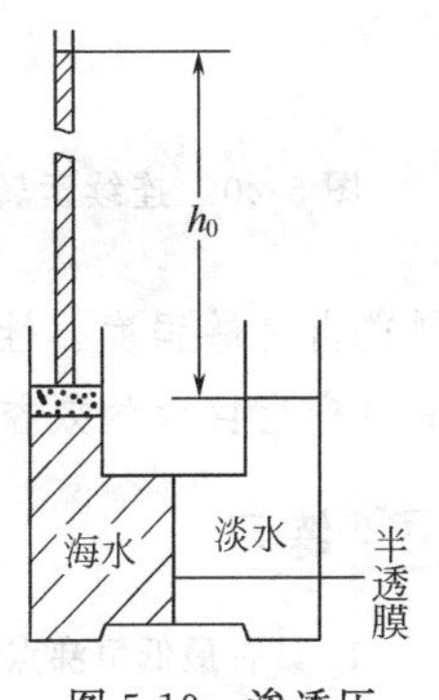

图 5-19 渗透压

下面观察一下用半透膜将海水和淡水隔开时会出现什么情况。

图 5-19 是一个连通器，与一般的连通器不同的是，其中间的连接通道上安装了一层半透膜，将连通器分成左、右两部分，左侧装入海水，右侧装入淡水，并使两侧水位相同。注意观察，很快就会发现，海水一侧的水位升高，而淡水一侧的水位下降。这说明，淡水在通过半透膜向海水中扩散。通常把这种通过半透膜的扩散叫渗透。继续观察，不用多久，海水侧的水位就会比淡水侧水位高出一截。如果在海水侧竖直地引出一根长玻璃管，就可以看到，海水在不断地沿玻璃管上升，一直上升到很高的高度才停止下来。这个情况明显地说明：当用半透膜将海水和淡水隔开时，必然是淡水对海水产生了一个虽然看不见然而非常强大的压力，正是这种压力使淡水通过半透膜扩散到海水中，并迫使海水沿玻璃管上升至某高度。这种压力叫作渗透压。

半透膜和渗透压在生活中是很常见的。例如，人吃了咸的东西就会感到口渴，这是为什么呢？这是因为人的细胞壁就是一种半透膜，当人吃了咸的东西以后，血液中的含盐量增大，由于渗透压的缘故，细胞内的水分经细胞壁渗透到血液中，细胞的水分不但得不到补充，反而减少了，这时人就会有口渴的感觉。

海水盐差能主要分布在江河入海口，这里海水和淡水存在着很大的盐度差，其渗透压有时可高达24atm。日本学者高野健三于1979年根据世界河流入海的淡水流量，估计海水盐差能的总输出功率约为35亿千瓦，而威克（Wick，1977年）等人的估计则高达300亿千瓦；其可利用量则分别估计为3.5亿千瓦和26亿千瓦。

我国陆地河川入海经流量每年为2万～3万亿立方米，估计盐差能量蕴藏量达1.1亿千瓦。其中，长江口经流量为1万亿立方米，珠江口为0.3亿立方米，这两条河入海处蕴藏的盐差能约占全国总量的一半以上。

用盐差能（即浓度差）发电，将是21世纪人类的又一壮举。这种能量的开发利用是不久前才提出来的，它是一种新的海洋动力资源的研究项目。

海水盐差能的输出功率 P 可用下式表示：

$$p=\Pi Q \tag{5-24}$$

式中，Π 为渗透压力差；Q 为渗透流量。

渗透压的大小与什么有关呢？简单地说，渗透压的大小主要取决于海水的含盐浓度和温度。含盐浓度越高，渗透压越高。海水的含盐浓度平均是35%，即1L海水含有35g氯化钠（NaCl）。这个浓度的海水，以水温20℃计算，和江河淡水用半透膜隔开时所能形成的渗透压为24.8atm，按水头说就是256.2m。也就是说，当把1L（1kg）淡水混入海水中时，这1L淡水实际具有256.2kgf[1]·m的潜在能量，也就是浓度差能。

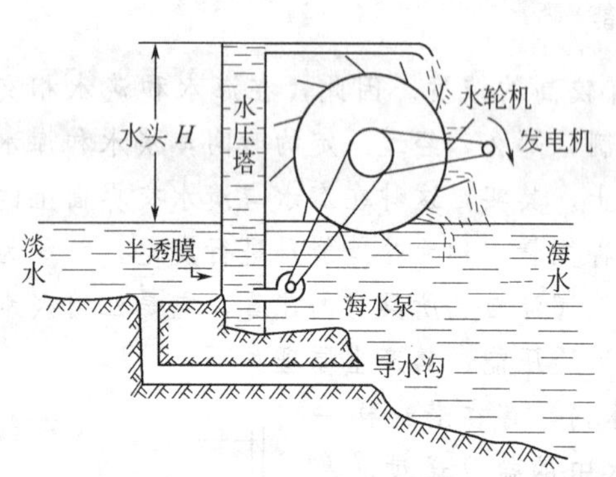

图5-20　连续运转的浓度差发电系统

目前盐差发电尚处在研究实验阶段。人们已经设计了许多方案等待21世纪来实施，图5-20就是其中的一种方案。这种发电方法的技术关键是制造出足够强度、性能优良、成本适宜的半透膜。到那时，这种神奇的能量必将被充分地利用，产生巨大的效益。

练习

1. 具有最低恒沸点的 t-x 相图中，易挥发组分B在 C 点（恒沸点）的液、气相组成关系为 y_B ＿＿＿＿ x_B（<，=，>）。

2. 乙醇分子间有缔合作用，加入苯后缔合离子解离，这样它们形成溶液时，将会＿＿＿＿热，体积＿＿＿＿，蒸气压将发生＿＿＿＿偏差。

3. 在25℃，某气体溶解在水和苯中的亨利常数分别为 k_1 和 k_2，且知 $k_1>k_2$，则在相同平衡分压下，该气体在水中的溶解度＿＿＿＿（小于，等于，大于）在苯中的溶解度。

4. 当两种互不相溶的液体A和B放在一起时，该体系的总蒸气压 $p=$＿＿＿＿。

5. 一般有机物可以用水蒸气蒸馏法提纯，当有机物的＿＿＿＿和＿＿＿＿越大时，提纯一定质量有机物需用的水蒸气越少，燃料越省。

6. 完全互溶的双液体系中，在 $x_B=0.6$ 处，平衡蒸气压有最高值，那么组成为 $x_B=0.4$ 的溶液在气液平衡时，$x_B(g)$、$x_B(l)$、x_B(总) 的大小顺序为＿＿＿＿＿＿。将 $x_B=0.4$ 的溶液进行精馏时，塔顶将得到＿＿＿＿＿＿。

7. 已知100℃时，液体A、B的饱和蒸气压分别为1000Pa、500Pa。设A和B构成理想溶液，则当A在溶液中的摩尔分数为0.5时，在气相中A的摩尔分数为＿＿＿＿＿＿。

8. 10g CH_3COOH 溶于100g H_2O 中，在20℃时，密度 $\rho=1.0123g\cdot mL^{-1}$，求 CH_3COOH 的：(1) 质量分数；(2) 质量摩尔浓度；(3) 物质的量浓度；(4) 摩尔分数。

---

[1] 1kgf=9.80665N；后同。

9. 质量分数为98%的 H_2SO_4 溶液，其密度为 $1.84g \cdot mL^{-1}$，求 H_2SO_4 溶液的：(1) 物质的量浓度；(2) 质量摩尔浓度；(3) 摩尔分数。

10. 68.4g蔗糖（$C_{12}H_{22}O_{11}$）溶于1080g H_2O 中，求该溶液在100℃时的蒸气压以及蒸气压下降值。

11. 20℃时，乙醚（$C_2H_5OC_2H_5$）的蒸气压为58.94kPa，今在100g乙醚中溶解某非挥发性有机物质10g，其蒸气压下降2.519kPa，求该有机物的摩尔质量。

12. $CHCl_3$ 在61.2℃沸腾，今有2.84g某有机化合物溶于100g $CHCl_3$ 中，其沸点升高到61.97℃。又从元素分析结果知道，该化合物含碳84.4%，含氢15.6%，求该化合物的分子式。

13. 在4℃凝固的 C_6H_6 溶液的沸点是多少度？已知纯 C_6H_6 的凝固点为5.5℃，沸点为80.1℃，$k_f = 5.1K \cdot kg \cdot mol^{-1}$，$k_b = 2.6K \cdot kg \cdot mol^{-1}$。

14. 纯樟脑的凝固点为177.9℃，今有 54×10^{-3} g某物质与10.3g樟脑形成溶液，其凝固点下降了2.56℃，求该化合物的摩尔质量。已知 $k_f = 40K \cdot kg \cdot mol^{-1}$。

15. 20℃下，HCl溶于苯中达到平衡，气相中HCl的分压为101325Pa时，溶液中HCl的摩尔分数为0.0425。已知20℃时，苯的饱和蒸气压为10010.91Pa，若20℃时，HCl和苯的蒸气总压为101325Pa，求100g苯中溶解多少克HCl？

16. 25℃时，N_2 溶于 H_2O 的亨利常数为 8.68×10^6 kPa，若将 N_2 与 H_2O 平衡时所受的压力从666.45kPa减至101.3kPa，问从1000g H_2O 中放出多少毫升 N_2？

17. A、B两液体能形成理想溶液，已知 t℃时 $p_A^\circ = 40530Pa$，$p_B^\circ = 121590Pa$。求：

(1) A、B两液体混合，并使此溶液在 t℃、101325Pa下沸腾时溶液的组成 x_B、x_A。

(2) 沸腾时饱和蒸气的组成 y_B、y_A。

18. A、B两种液体形成的溶液服从拉乌尔定律，在一定温度下溶液的蒸气总压为53.28kPa时，测得气相中的摩尔分数 $y_A = 0.45$，而液相中的 $x_A = 0.65$。求该温度下两种气体的饱和蒸气压。

19. A、B两种液体形成理想溶液，在 t℃时，$p_A^\circ = 40.52kPa$，$p_B^\circ = 121.56kPa$。求：

(1) 将气缸内含40%A（摩尔分数）的A、B混合气体在 t℃时恒温缓慢压缩，凝结出第一滴液滴时体系的总压及组成。

(2) 使将A、B配成的溶液在大气压下的泡点为 t℃时，该溶液的组成（摩尔分数）。

20. 下表是 C_2H_5OH-C_6H_6 两组分体系的气液平衡数据。

温度 T/K	乙醇(摩尔分数)/%		温度 T/K	乙醇(摩尔分数)/%	
	x	y		x	y
352.8	0	0	341.4	62.9	50.5
348.2	4.0	15.1	342.0	71.8	54.9
342.5	15.9	35.3	343.3	79.8	60.6
341.2	29.8	40.5	344.8	87.2	68.3
340.8	42.1	43.6	347.4	93.9	78.7
341.0	53.7	46.6	351.1	100	100

(1) 依此数据绘出 C_2H_5OH-C_6H_6 的 T-x-y 图。

(2) 说明图中点、线、面的相态。

(3) 有 $x_{C_2H_5OH} = 0.4$ 的混合物，能否用普通精馏法将 C_2H_5OH 和 C_6H_6 完全分开？用普通精馏法蒸馏该混合物所得到得初馏物、最终蒸出物以及精馏残液的组成为多少？

(4) 如果有 $x_{C_2H_5OH} = 0.9$ 的混合物，将其加热到75℃，试问气、液两相的组成如何？

6 化学平衡

学习指南

将热力学第二定律应用于化学反应体系，得到了一系列化学平衡的结论，这些结论是学习专业知识的重要基础。

理想气体反应 $b\mathrm{B}+d\mathrm{D} \rightleftharpoons g\mathrm{G}+r\mathrm{R}$，在一定温度和压力的条件下达到平衡时，平衡常数可表述为

$$K_p^{\ominus}=\frac{\overline{p}_{\mathrm{G}}^{g}}{\overline{p}_{\mathrm{B}}^{b}}\times\frac{\overline{p}_{\mathrm{R}}^{r}}{\overline{p}_{\mathrm{D}}^{d}}$$

判断化学反应的方向和限度，可用化学反应恒温方程式：

恒温恒压下

$$\Delta G=\Delta G^{\ominus}+RT\ln J_p$$

$$或\quad \Delta G=-RT\ln K_p^{\ominus}+RT\ln J_p$$

该式对多相反应也适用。

温度对化学平衡的影响可用范特荷夫方程式：

$$定积分形式\qquad \ln\frac{K_{p_2}^{\ominus}}{K_{p_1}^{\ominus}}=-\frac{\Delta H_{\mathrm{m}}^{\ominus}}{R}\left(\frac{1}{T_2}-\frac{1}{T_1}\right)$$

$$不定积分形式\qquad \ln K_p^{\ominus}=-\frac{\Delta H_{\mathrm{m}}^{\ominus}}{RT}+C$$

压力、惰性介质对平衡组成的影响规律如下：

① 升高压力，平衡向气相总分子数减少的方向移动；

② 增加惰性介质，平衡向气相总分子数增加的方向移动。

用热力学状态函数计算化学反应平衡常数：

$$\Delta G^{\ominus}=-RT\ln K_p^{\ominus}$$

$$\Delta G^{\ominus}=\Delta H^{\ominus}-T\Delta S^{\ominus}$$

$$\Delta G^{\ominus}=\left[\sum n_i\Delta G_{\mathrm{f}}^{\ominus}(i)\right]_{产物}-\left[\sum n_j\Delta G_{\mathrm{f}}^{\ominus}(j)\right]_{反应物}$$

一般化学反应不仅向一个方向进行，也有逆方向的变化。现举一气体反应为例。

将等体积的氢气和碘蒸气放入密闭容器中保持445℃时，总体积的78%为碘化氢所占，而22%是由尚未反应的氢气和碘蒸气所占；相反，在容器中只放入碘化氢，在445℃时也会有22%分解成氢气和碘蒸气。该反应可表示如下：

$$2\mathrm{HI} \rightleftharpoons \mathrm{H_2}+\mathrm{I_2}$$

无论从左、右哪一物质体系开始，最终达到的状态中氢、碘和碘化氢的比例相等。这类反应称为可逆反应；反应物和生成物按一定比例共存的状态称为化学平衡状态。

所谓化学平衡，是指发生右向（正方向）和左向（逆方向）反应的速率相等，且各物质的浓度或分压不变的状态。化学平衡是动态平衡。

化学平衡状态最重要的特点是存在一个平衡常数。平衡常数可用实验方法测定，也可用热力学方法计算。本章着重讨论平衡常数的计算，以及温度、压力、原料配比等因素对化学平衡的影响。

6.1　化学反应平衡常数和恒温方程式

6.1.1　化学反应平衡常数

设有任意理想气体间的化学反应

$$b\mathrm{B}+d\mathrm{D} \rightleftharpoons g\mathrm{G}+r\mathrm{R}$$

式中　B，D，G，R——参加反应的各物质；

b，d，g，r——配平后的反应计量系数。

在恒温恒压且只做体积功的情况下，要判断化学反应自发进行趋势的大小，可以用反应前后吉氏函数之差 ΔG 来衡量。现在假定反应体系中每种物质的量都很大，反应过程中各物质的吉氏函数 G_i 不变，根据式(3-25)，理想气体混合物中各物质的吉氏函数可以表示为

$$G_{\mathrm{m}i}=G_{\mathrm{m}i}^{\ominus}+RT\ln\frac{p_i}{p^{\ominus}}$$

令

$$\overline{p}_i=\frac{p_i}{p^{\ominus}}$$

式中　$p^{\ominus}$——标准状态下理想气体的压力，按新规定取 100kPa；

p_i——反应温度下 i 组分理想气体的平衡分压。

将上式用于 B、D、G、R 气体，省略下标 m，则有

$$G_{\mathrm{B}}=G_{\mathrm{B}}^{\ominus}+RT\ln\overline{p}_{\mathrm{B}}$$

$$G_{\mathrm{D}}=G_{\mathrm{D}}^{\ominus}+RT\ln\overline{p}_{\mathrm{D}}$$

$$G_{\mathrm{G}}=G_{\mathrm{G}}^{\ominus}+RT\ln\overline{p}_{\mathrm{G}}$$

$$G_{\mathrm{R}}=G_{\mathrm{R}}^{\ominus}+RT\ln\overline{p}_{\mathrm{R}}$$

根据化学反应平衡的条件，即式(3-19) 有

$$\Delta G_{T,p}=(gG_{\mathrm{G}}+rG_{\mathrm{R}})-(bG_{\mathrm{B}}+dG_{\mathrm{D}})=0$$

将 B、D、G、R 的吉氏函数表达式代入，得

$$\Delta G_{T,p}=[g(G_{\mathrm{G}}^{\ominus}+RT\ln\overline{p}_{\mathrm{G}})+r(G_{\mathrm{R}}^{\ominus}+RT\ln\overline{p}_{\mathrm{R}})]-[b(G_{\mathrm{B}}^{\ominus}+RT\ln\overline{p}_{\mathrm{B}})+d(G_{\mathrm{D}}^{\ominus}+RT\ln\overline{p}_{\mathrm{D}})]=0$$

整理后得

$$\Delta G_{T,p}=(gG_{\mathrm{G}}^{\ominus}+rG_{\mathrm{R}}^{\ominus}-bG_{\mathrm{B}}^{\ominus}-dG_{\mathrm{D}}^{\ominus})+RT(g\ln\overline{p}_{\mathrm{G}}+r\ln\overline{p}_{\mathrm{R}}-b\ln\overline{p}_{\mathrm{B}}-d\ln\overline{p}_{\mathrm{D}})=0$$

令 $\Delta G^{\ominus}=gG_{\mathrm{G}}^{\ominus}+rG_{\mathrm{R}}^{\ominus}-bG_{\mathrm{B}}^{\ominus}-dG_{\mathrm{D}}^{\ominus}$，代入上式整理，则

$$\Delta G_{T,p}=\Delta G^{\ominus}+RT\ln\frac{\overline{p}_{\mathrm{G}}^{g}\overline{p}_{\mathrm{R}}^{r}}{\overline{p}_{\mathrm{D}}^{d}\overline{p}_{\mathrm{B}}^{b}}=0 \tag{6-1}$$

当 $p_{\mathrm{G}}=p_{\mathrm{D}}=p_{\mathrm{B}}=p_{\mathrm{D}}=100\mathrm{kPa}$ 时，根据式(6-1) 有

$$\Delta G=\Delta G^{\ominus}$$

因此，$\Delta G^{\ominus}$ 为各理想气体的分压等于 100kPa 时反应体系吉氏函数的改变，称为反应的标准吉氏函数改变。由于理想气体的 $G_{\mathrm{m}}^{\ominus}$ 是温度的函数，因此 $\Delta G^{\ominus}$ 的数值也仅取决于温度。

将式(6-1) 写成

$$\Delta G^{\ominus}=-RT\ln\frac{\overline{p}_{\mathrm{G}}^{g}\overline{p}_{\mathrm{R}}^{r}}{\overline{p}_{\mathrm{D}}^{d}\overline{p}_{\mathrm{B}}^{b}} \tag{6-2}$$

或
$$\frac{-\Delta G^{\ominus}}{RT}=\ln\frac{\overline{p}_{G}^{g}\overline{p}_{R}^{r}}{\overline{p}_{D}^{d}\overline{p}_{B}^{b}}$$

可以看出，当温度确定时，$\frac{-\Delta G^{\ominus}}{RT}$是一个常数。

令
$$\ln K_{p}^{\ominus}=-\frac{1}{RT}\Delta G^{\ominus}$$

或
$$\Delta G^{\ominus}=-RT\ln K_{p}^{\ominus} \tag{6-3}$$

代入式(6-2) 可得

$$\ln K_{p}^{\ominus}=\ln\frac{\overline{p}_{G}^{g}\overline{p}_{R}^{r}}{\overline{p}_{D}^{d}\overline{p}_{B}^{b}}$$

或
$$K_{p}^{\ominus}=\frac{\overline{p}_{G}^{g}\overline{p}_{R}^{r}}{\overline{p}_{D}^{d}\overline{p}_{B}^{b}} \tag{6-4}$$

通过以上演算可以得到两点结论：①化学反应在达到平衡时，存在着一个标准平衡常数$K^{\ominus}$，其中$K_{p}^{\ominus}$是以参加反应各物质的平衡分压表示的平衡常数；②对于理想气体反应，$K_{p}^{\ominus}$仅是温度的函数，与压力无关。

在运用式(6-4) 时应注意两点：①$K_{p}^{\ominus}$表示式中各物质的分压都作$\frac{p_i}{p^{\ominus}}$的处理，因而$K_{p}^{\ominus}$是一个无量纲的纯数；②$K_{p}^{\ominus}$的表示式中，分子项为气体产物的平衡分压之积，分母项为气体反应物的平衡分压之积，计量系数作指数。

式(6-3) 是一个重要的公式，表明恒温时反应的标准吉氏函数改变与标准平衡常数之间的关系，揭示了用热力学数据计算化学反应标准平衡常数的方法。

【例 6-1】 在 1000K、150kPa 下，2mol 乙烷按下列反应方程式分解：

$$C_2H_6(g) \rightleftharpoons C_2H_4(g)+H_2(g)$$

平衡时各物质的分压/kPa　　36.3　　56.9　　56.9

求$K_{p}^{\ominus}$和$\Delta G^{\ominus}$。

解 根据题意，按式(6-4) 有

$$K_{p}^{\ominus}=\frac{\overline{p}_{H_2}\overline{p}_{C_2H_4}}{\overline{p}_{C_2H_6}}=\frac{\left(\frac{56.9\text{kPa}}{100\text{kPa}}\right)^2}{\frac{36.3\text{kPa}}{100\text{kPa}}}\approx 0.892$$

$$\Delta G^{\ominus}=-RT\ln K_{p}^{\ominus}=-8.314\times 1000\times \ln 0.892=950.2\ (\text{J})$$

6.1.2 化学反应恒温方程式

平衡常数是描述反应体系达到平衡时参加反应各物质的平衡分压之间相互关系的物理量，它反映了一定条件下化学反应进行的限度。因此，如果把平衡常数和恒温恒压下过程进行方向的判据ΔG联系起来，就能判断一个化学反应的方向。

仍以恒温恒压条件下，理想气体化学反应$bB+dD \rightleftharpoons gG+rR$为例。设反应体系任意时刻各物质的分压分别为$p'_B$、$p'_D$、$p'_G$、$p'_R$。将式(6-1) 变形，得

$$\Delta G_{T,p}=\Delta G^{\ominus}+RT\ln\frac{\overline{p}_{G}^{\prime g}}{\overline{p}_{B}^{\prime b}}\times\frac{\overline{p}_{R}^{\prime r}}{\overline{p}_{D}^{\prime d}}\neq 0$$

令
$$J_p=\frac{\overline{p}_{G}^{\prime g}\overline{p}_{R}^{\prime r}}{\overline{p}_{D}^{\prime d}\overline{p}_{B}^{\prime b}} \tag{6-5}$$

将式(6-3) 和式(6-5) 一并代入上式可得

$$\Delta G_{T,p}=-RT\ln K_p^{\ominus}+RT\ln J_p \tag{6-6}$$

或

$$\Delta G_{T,p}=\Delta G^{\ominus}+RT\ln\frac{\overline{p}_G'^{g}\,\overline{p}_R'^{r}}{\overline{p}_D'^{d}\,\overline{p}_B'^{b}} \tag{6-7}$$

式(6-6) 和式(6-7) 都称为化学反应恒温方程式。

按照用 ΔG 判断反应方向性的原理，恒温恒压下且只做体积功时，ΔG 的正负取决于 $K_p^{\ominus}$和 J_p 的大小。

① 若 $J_p<K_p^{\ominus}$，则 $\Delta G<0$，反应自发由左向右进行；

② 若 $J_p>K_p^{\ominus}$，则 $\Delta G>0$，反应不能自发由左向右进行；

③ 若 $J_p=K_p^{\ominus}$，则 $\Delta G=0$，反应处于平衡状态。

在应用化学反应恒温方程式时要注意两点：①J_p 和 $K_p^{\ominus}$所表示的压力单位必须一致；②对于多相反应来说，式(6-6) 和式(6-7) 也能通用。

【例 6-2】 在 420℃时，反应 $H_2(g)+I_2(g)\rightleftharpoons 2HI(g)$ 的平衡常数 $K_p^{\ominus}=50$，设 H_2、I_2、HI 的分压具有如下数值：

(1) $p'_{H_2}=200\text{kPa}$，$p'_{I_2}=500\text{kPa}$，$p'_{HI}=1000\text{kPa}$；

(2) $p'_{H_2}=150\text{kPa}$，$p'_{I_2}=25\text{kPa}$，$p'_{HI}=500\text{kPa}$；

(3) $p'_{H_2}=100\text{kPa}$，$p'_{I_2}=200\text{kPa}$，$p'_{HI}=1000\text{kPa}$。

试分别计算由 H_2、I_2、HI 组成的混合气体能否进行生成 HI 的反应？

解 根据式(6-5) 可计算反应在各条件下的 J_p。

(1) $$J_{p_1}=\frac{\overline{p}'^2_{HI}}{\overline{p}'_{H_2}\,\overline{p}'_{I_2}}=\frac{\left(\frac{1000}{100}\right)^2}{\frac{200}{100}\times\frac{500}{100}}=10$$

$K_p^{\ominus}=50$，则 $K_p^{\ominus}>J_p$，故 $\Delta G<0$，可自发生成 HI。

(2) $$J_{p_2}=\frac{\left(\frac{500}{100}\right)^2}{\frac{150}{100}\times\frac{25}{100}}\approx 66.67$$

则 $K_p^{\ominus}<J_p$，故 $\Delta G>0$，不能自发生成 HI（实际进行的是 HI 分解）。

(3) $$J_{p_3}=\frac{\left(\frac{1000}{100}\right)^2}{\frac{100}{100}\times\frac{200}{100}}=50$$

则 $J_{p_3}=K_p^{\ominus}$，故 $\Delta G=0$，处于平衡状态。

此例也可具体算出各条件下的 ΔG 值，再根据 ΔG 的正负进行方向性判断。

6.2 平衡常数的各种表示方法

6.2.1 $K_p^{\ominus}$的不同表示法

已知反应 $CO_2\rightleftharpoons CO+\frac{1}{2}O_2$（设为理想气体反应）在 3000K 时 $K_p^{\ominus}=0.335$，现要求

同样条件下，$CO+\frac{1}{2}O_2 \rightleftharpoons CO_2$ 的标准平衡常数 $K_{p_1}^{\ominus}$。

因为 $$K_p^{\ominus}=\frac{\bar{p}_{CO}\bar{p}_{O_2}^{0.5}}{\bar{p}_{CO_2}} \qquad K_{p_1}^{\ominus}=\frac{\bar{p}_{CO_2}}{\bar{p}_{CO}\bar{p}_{O_2}^{0.5}}$$

所以 $$K_{p_1}^{\ominus}=\frac{1}{K_p^{\ominus}}=\frac{1}{0.335}\approx 2.99$$

若方程写成 $2CO+O_2 \rightleftharpoons 2CO_2$，求 $K_{p_2}^{\ominus}$，则

$$K_{p_2}^{\ominus}=\frac{\bar{p}_{CO_2}^2}{\bar{p}_{CO}^2\bar{p}_{O_2}}=\left(\frac{\bar{p}_{CO_2}}{\bar{p}_{CO}\bar{p}_{O_2}^{0.5}}\right)^2=(K_{p_1}^{\ominus})^2=2.99^2=8.94$$

由此可见，平衡常数 $K_p^{\ominus}$的数值与反应方程式的写法有关。

6.2.2 用平衡时各物质的量浓度 c 表示的平衡常数 K_c

对于理想气体反应 $bB+dD \rightleftharpoons gG+rR$，由理想气体状态方程可知各组分分压 p_i 与其物质的量浓度之间的关系为

$$p_i=\frac{n_iRT}{V}=c_iRT$$

式中 V——理想气体混合物的总体积。

将上式应用于参加反应的各气体，可得到 p_B、p_D、p_G、p_R 与 c_B、c_D、c_G、c_R 之间的关系，代入式(6-4) 后整理得

$$K_p^{\ominus}=\frac{c_G^g c_R^r}{c_B^b c_D^d}\left(\frac{RT}{p^{\ominus}}\right)^{g+r-b-d}$$

为了得到用物质的量浓度表示的无量纲的平衡常数，将标准浓度 $c^{\ominus}$（通常以 1mol·L^{-1}为基准）引入上式各项中，得

$$K_p^{\ominus}=\frac{\left(\frac{c_G}{c^{\ominus}}\right)^g\left(\frac{c_R}{c^{\ominus}}\right)^r}{\left(\frac{c_B}{c^{\ominus}}\right)^b\left(\frac{c_D}{c^{\ominus}}\right)^d}\left(\frac{c^{\ominus}RT}{p^{\ominus}}\right)^{g+r-b-d}$$

令 $$K_c=\frac{\left(\frac{c_G}{c^{\ominus}}\right)^g\left(\frac{c_R}{c^{\ominus}}\right)^r}{\left(\frac{c_B}{c^{\ominus}}\right)^b\left(\frac{c_D}{c^{\ominus}}\right)^d} \tag{6-8}$$

将式(6-8) 代入上式得

$$K_p^{\ominus}=K_c\left(\frac{c^{\ominus}RT}{p^{\ominus}}\right)^{\Delta n} \tag{6-9}$$

式(6-9) 中，$\Delta n=g+r-b-d$，指化学反应方程式中产物的计量系数之和与反应物计量系数之和的差（不计液体、固体的计量系数）。

将式(6-9) 改写成 $$K_c=K_p^{\ominus}\left(\frac{c^{\ominus}RT}{p^{\ominus}}\right)^{-\Delta n}$$

分析式(6-9) 可知，Δn 是由反应方程式所决定的。在一定温度下，$K_p^{\ominus}$和$\frac{c^{\ominus}RT}{p^{\ominus}}$都是常数，其乘积也是常数，因此等式左边也是常数，即 K_c 是以平衡时物质的量浓度表示的平衡常数，且只与温度有关。

应当指出，在运用式(6-9) 进行 $K_p^{\ominus}$、K_c 之间的换算时，要注意 R 单位的选用。当压力

单位为 Pa，浓度单位为 $mol \cdot m^{-3}$时，R 应取 $8.314J \cdot K^{-1} \cdot mol^{-1}$。

据此整理式(6-8) 和式(6-9)，得

$$K_p^{\ominus}=K_c\left(\frac{c^{\ominus}RT}{p^{\ominus}}\right)^{\Delta n}=K_c\left(\frac{10^3\times 8.314T}{100000}\right)^{\Delta n}$$

$$K_p^{\ominus}=K_c(0.083T)^{\Delta n}$$

或

$$K_c=K_p^{\ominus}(0.083T)^{-\Delta n} \tag{6-10}$$

从式(6-10) 可以看出，只有当 $\Delta n=0$ 时，$K_p^{\ominus}$才等于 K_c。

6.2.3 用平衡时各物质的摩尔分数表示的平衡常数 K_y

按前面理想气体反应方程式及式(6-4)

$$K_p^{\ominus}=\frac{\overline{p}_G^g\overline{p}_R^r}{\overline{p}_D^d\overline{p}_B^b}$$

根据道尔顿分压定律，$p_i=p_{总}\ y_i$（其中下标 i 指 B、D、G、R 气体），代入式(6-4) 并整理得到

$$K_p^{\ominus}=\frac{y_G^g y_R^r}{y_D^d y_B^b}\left(\frac{p_{总}}{p^{\ominus}}\right)^{\Delta n} \qquad (\Delta n=g+r-b-d)$$

令

$$K_y=\frac{y_G^g y_R^r}{y_D^d y_B^b} \tag{6-11}$$

代入上式，得

$$K_p^{\ominus}=K_y(\overline{p}_{总})^{\Delta n} \tag{6-12}$$

或

$$K_y=K_p^{\ominus}(\overline{p}_{总})^{-\Delta n}$$

因为 $K_p^{\ominus}$在一定温度下是常数，所以确定了反应体系的总压力 $p_{总}$ 后，K_y 也是一个常数，它是以平衡时各气体摩尔分数表示的平衡常数。K_y 不仅取决于温度，还与反应体系的压力有关。

联系式(6-10) 和式(6-12) 有

$$K_p^{\ominus}=K_c(0.083T)^{\Delta n}=K_y(\overline{p}_{总})^{\Delta n} \tag{6-13}$$

恒温下反应的 $K_p^{\ominus}$、K_c、K_y 的值一般不相等，只有对 $\Delta n=0$ 的反应，$K_p^{\ominus}$、K_c、K_y 才相等。需要注意的是，在应用上述平衡常数的换算关系时，要注意单位的选用。

【例 6-3】 已知气相反应 $2SO_2+O_2 \rightleftharpoons 2SO_3$ 在 100kPa、1000K 时，$K_p^{\ominus}=3.44$。求：(1) 1000K 时，反应的 K_c、K_y；(2) 200kPa、1000K 时反应的 K_{c_1}、K_{y_1}。

解 (1) 根据式(6-10) 和式(6-12)

$$K_c=K_p^{\ominus}(0.083T)^{-\Delta n}=3.44\times(0.083\times 1000)^{-(2-1-2)}\approx 285$$

$$K_y=K_p^{\ominus}(\overline{p}_{总})^{-\Delta n}=3.44\times\left(\frac{100}{100}\right)^{-(2-1-2)}=3.44$$

(2) 200kPa、1000K 时

因为温度不变，所以

$$K_{c_2}=K_{c_1}=285$$

$$K_{p_2}^{\ominus}=K_{p_1}^{\ominus}=3.44$$

$$K_{y_1}=K_{p_1}^{\ominus}(\overline{p}_{总})^{-\Delta n}=3.44\times\left(\frac{200}{100}\right)^{-(2-1-2)}=6.88$$

计算结果表明，当压力从 100kPa 升到 200kPa 时，K_{y_1} 增大，对正反应有利。

6.3 化学平衡实例

6.3.1 气相反应的化学平衡

为了衡量化学反应的平衡产量，常用转化率、分解率、解离度、产率等表示，其中转化率、分解率和解离度的表达式是一致的。

平衡转化率是指平衡时已转化的某种原料量占该原料投料量的摩尔分数，即

$$\text{平衡转化率}=\frac{\text{平衡时已转化的某种原料的物质的量}}{\text{该原料的投料量(物质的量)}}\times 100\%$$

平衡产率是指反应达到平衡时产品产量占按化学方程式计量的产品产量的摩尔分数。

$$\text{平衡产率}=\frac{\text{平衡时产品的产量(物质的量)}}{\text{按化学方程式计量该产品的产量(物质的量)}}\times 100\%$$

在没有副反应时，平衡转化率等于平衡产率。

【例 6-4】 25℃、100kPa 时，测得 N_2O_4 部分分解后气体的密度 $\rho=3.176\text{kg}\cdot\text{m}^{-3}$，求：(1) 解离度；(2) 平衡常数 $K_p^{\ominus}$。

解 (1) 设 N_2O_4 的解离度为 α，开始时 N_2O_4 的物质的量为 1mol，根据反应

	$N_2O_4 \rightleftharpoons$	$2NO_2$
开始时各气体的物质的量/mol	1	0
平衡时各气体的物质的量/mol	$1-\alpha$	2α

平衡时总物质的量 (mol) 为 $\sum n=1-\alpha+2\alpha=1+\alpha$

代入理想气体状态方程，得

$$pV=\sum nRT=(1+\alpha)RT \qquad \text{或} \qquad V=\frac{(1+\alpha)RT}{p}$$

因为反应前后物质的总质量不变，都等于 1mol N_2O_4 的质量，即 92×10^{-3} kg (N_2O_4 的摩尔质量 $M=92\times10^{-3}\text{kg}\cdot\text{mol}^{-1}$)，所以

$$\rho=\frac{M}{V}=\frac{Mp}{(1+\alpha)RT}$$

$$\alpha=\frac{Mp}{\rho RT}-1=\frac{92\times10^{-3}\times100000}{3.176\times8.314\times298}-1=0.169=16.9\%$$

$$(2)\ K_p^{\ominus}=\frac{\left(\frac{2\alpha}{1+\alpha}\bar{p}_{总}\right)^2}{\frac{1-\alpha}{1+\alpha}\bar{p}_{总}}=\frac{4\alpha^2}{1-\alpha^2}\bar{p}_{总}=\frac{4\times0.169^2}{1-0.169^2}\times\frac{100}{100}\approx0.118$$

【例 6-5】 合成氨反应 $N_2(g)+3H_2(g)\rightleftharpoons 2NH_3(g)$，现用体积比为 3∶1 的氢氮混合气在 400℃和 10×100kPa 下反应，达到平衡时产生 3.85%（体积分数）的氨，求 $K_p^{\ominus}$。

解 因为投料体积比为 $V_{H_2}:V_{N_2}=3:1$（即摩尔比），按比例关系，平衡时有

	$N_2(g)$ +	$3H_2(g)$ $\rightleftharpoons$	$NH_3(g)$
摩尔分数	$\frac{1}{4}(1-0.0385)$	$\frac{3}{4}(1-0.0385)$	0.0385
平衡分压/kPa	$\frac{1}{4}\times0.9615\times10\times100$	$\frac{3}{4}\times0.9615\times10\times100$	$0.0385\times10\times100$

则 $$K_p^{\ominus}=\frac{\bar{p}_{NH_3}^2}{\bar{p}_{N_2}\bar{p}_{H_2}^3}=\frac{\left(0.0385\times\frac{10\times100}{100}\right)^2}{\left(\frac{1}{4}\times0.9615\times\frac{10\times100}{100}\right)\left(\frac{3}{4}\times0.9615\times\frac{10\times100}{100}\right)^3}$$

$$=\frac{0.385^2}{2.4\times0.72^3\times10^3}=1.65\times10^{-4}$$

【例 6-6】 上题在相同温度下要得到 10.7% NH_3，求总压力应多大？

解 按题意有 $y_{H_2}+y_{N_2}=1-0.107=0.893$

反应 $N_2(g) + 3H_2(g) \rightleftharpoons 2NH_3(g)$

平衡时各气体的分压 $\frac{1}{4}\times0.893p_{总}$ $\frac{3}{4}\times0.893p_{总}$ $0.107p_{总}$

$$K_p^{\ominus}=\frac{\bar{p}_{NH_3}^2}{\bar{p}_{N_2}\bar{p}_{H_2}^3}=\frac{(0.107\bar{p}_{总})^2}{\left(\frac{1}{4}\times0.893\bar{p}_{总}\right)\left(\frac{3}{4}\times0.893\bar{p}_{总}\right)^3}$$

因为温度没有变化，所以 $K_p^{\ominus}$ 也不变，即

$$K_p^{\ominus}=1.65\times10^{-4}=\frac{0.0114}{0.2233\times0.3\bar{p}_{总}^2}$$

解得 $\bar{p}_{总}=32$ 即 $\frac{p_{总}}{100}=32$ 则 $p_{总}=32\times100\text{kPa}$

6.3.2 液相反应的化学平衡

在液相中的化学平衡，如乙酸和乙醇的酯化反应。设乙醇、乙酸、乙酸乙酯和水的起始物质的量各为 $a$mol、$b$mol、$c$mol、$d$mol，在体积为 V L 的容器中，达到平衡时有 x mol 乙酸和乙醇反应，则有

$$C_2H_5OH+CH_3COOH \rightleftharpoons CH_3COOC_2H_5+H_2O$$

开始时各物质的量/mol a b c d

平衡时各物质的量浓度 c/mol·L^{-1} $\frac{a-x}{V}$ $\frac{b-x}{V}$ $\frac{c+x}{V}$ $\frac{d+x}{V}$

则 $$K_c=\frac{\left(\frac{c+x}{V}\right)\left(\frac{d+x}{V}\right)}{\left(\frac{a-x}{V}\right)\left(\frac{b-x}{V}\right)}=\frac{(c+x)(d+x)}{(a-x)(b-x)}$$

若以 1∶1 的比例混合乙酸和乙醇，平衡时测得 x 为 $\frac{2}{3}$mol，则

$$K_c=\frac{\frac{2}{3}\times\frac{2}{3}}{\frac{1}{3}\times\frac{1}{3}}=4$$

由于上式中反应前后物质的量相等，因此体积 V 可以消去；而在反应前后物质的量不相等时，则体积 V 不能消去，因而影响平衡转化率。

【例 6-7】 若将含有 1mol C_2H_5OH、2mol CH_3COOH、3mol $CH_3COOC_2H_5$、4mol 水的混合物置于体积为 VL 的容器中，试问会达到怎样的平衡？

解 设乙酸、乙醇的转化量为 $x$mol，则

$$C_2H_5OH+CH_3COOH \rightleftharpoons CH_3COOC_2H_5+H_2O$$

平衡时 $1-x$ $2-x$ $3+x$ $4+x$

因该反应的平衡常数 $K_c=4$，故

$$K_c=4=\frac{(3+x)(4+x)}{(1-x)(2-x)}$$

由此解得　　$x_1=-0.2$，$x_2=+6.50$（不合题意舍去）

因此平衡时为

$$\begin{array}{cccc} C_2H_5OH + & CH_3COOH \rightleftharpoons & CH_3COOC_2H_5 + & H_2O \\ 1.2mol & 2.2mol & 2.8mol & 3.8mol \end{array}$$

即该反应实际上是左移的。

6.3.3　多相反应的化学平衡

前面所讨论的化学反应平衡常数一般都局限于均相化学反应，即参加反应的物质都是液相或者气相。但是事实上经常遇到一些反应，参加反应的各组分聚集状态不同而形成很多相，这样的反应称为多相反应，如

$$3Fe(s)+4H_2O(g) \rightleftharpoons Fe_3O_4(s)+4H_2(g)$$

反应达到平衡时，平衡常数的关系式同样适用，即

$$K_p^{\ominus\prime}=\frac{\bar{p}_{Fe_3O_4}\bar{p}_{H_2}^4}{\bar{p}_{Fe}^3\bar{p}_{H_2O}^4}$$

对于纯固体或纯液体参加的化学反应，在一定温度下，反应达到平衡时，其平衡分压指的是该温度下的升华压或饱和蒸气压，它在数值上只与温度有关，与纯固体或纯液体的数量无关（反应过程中它们的数量是变化的）。因此，可以将升华压或蒸气压合并到平衡常数 $K_p^{\ominus\prime}$中去，写成

$$K_p^{\ominus}=K_p^{\ominus\prime}\frac{\bar{p}_{Fe}^3}{\bar{p}_{Fe_3O_4}}\times\frac{\bar{p}_{H_2}^4}{\bar{p}_{H_2O}^4}$$

该反应的实验数据见表 6-1。

表 6-1　反应 $3Fe(s)+4H_2O(g) \rightleftharpoons Fe_3O_4(s)+4H_2(g)$

在平衡状态下的各组分分压和平衡常数（1150℃）

p_{H_2O}	p_{H_2}	$K_{p_1}^{\ominus}$	p_{H_2O}	p_{H_2}	$K_{p_1}^{\ominus}$
9.9	11.3	1.14	35.4	41.1	1.16
15.4	18.1	1.17	49.3	58.2	1.18

注：取 $K_{p_1}^{\ominus}=\frac{\bar{p}_{H_2}}{\bar{p}_{H_2O}}=(K_p^{\ominus})^{\frac{1}{4}}$。

表 6-1 中 $K_{p_1}^{\ominus}$ 接近常数，说明表达多相反应的化学平衡常数时，只要写出反应中气体物质的平衡分压即可，不必将固体的升华压和液体的蒸气压写在平衡常数的表达式中。例如硫氢化铵的分解反应

$$NH_4(HS)(s) \rightleftharpoons NH_3(g)+H_2S(g)$$

其平衡常数可写成　　$K_p^{\ominus}=\bar{p}_{NH_3}\bar{p}_{H_2S}$

又如氧化汞的分解反应

$$2HgO(s) \rightleftharpoons 2Hg(g)+O_2(g)$$

平衡常数为　　$K_p^{\ominus}=\bar{p}_{Hg}^2\bar{p}_{O_2}$

在讨论多相化学平衡时有两个方面需明确：

① 对于固体物质的分解反应，可以根据体系的总压力求出分解反应的平衡常数。例如碳酸钙的分解反应

$$CaCO_3(s) \rightleftharpoons CaO(s) + CO_2(g)$$

平衡体系的总压（$p_{总}$）就等于 p_{CO_2}，即反应的平衡常数

$$K_p^{\ominus} = \overline{p}_{CO_2}$$

对于硫氢化铵分解反应，由于分解产生的 NH_3 和 H_2S 气体的物质的量相等，若测得平衡时体系的总压为 $p_{总}$，那么

$$p_{NH_3} = \frac{1}{2}p_{总} \qquad p_{H_2S} = \frac{1}{2}p_{总}$$

所以

$$K_p^{\ominus} = \overline{p}_{NH_3}\overline{p}_{H_2S} = \left(\frac{1}{2}\overline{p}_{总}\right)\left(\frac{1}{2}\overline{p}_{总}\right) = \frac{1}{4}\overline{p}_{总}^2$$

根据总压就能求出反应的平衡常数。当然如果容器中另有 NH_3、H_2S 或其他物质存在时，就不能按照上法处理了。

② 关于分解压的概念。对于像碳酸盐、氧化物、硫酸盐、结晶水合物等在分解时能产生气体物质，而且平衡常数由分解产物中气体物质的分压所决定的情况，例如：

$$CaCO_3(s) \rightleftharpoons CaO(s) + CO_2(g)$$

一定温度下，$K_p^{\ominus} = \overline{p}_{CO_2}$，即 CO_2 的平衡分压为一定值，通常将平衡时 CO_2 的分压称为碳酸钙的分解压。不同温度下碳酸钙的分解压见表 6-2。

表 6-2　碳酸钙在不同温度时的分解压

温度/℃	500	600	700	800	897	1000	1100	1200
分解压 $K_p^{\ominus} = p_{CO_2}/p^{\ominus}$	9.6×10^{-5}	2.42×10^{-3}	2.92×10^{-2}	0.22	1	3.87	11.50	28.68

依照化学反应恒温方程式，碳酸钙的分解反应可表示为

$$\Delta G_{T,p} = -RT\ln K_p^{\ominus} + RT\ln J_p$$

或

$$\Delta G_{T,p} = -RT\ln\overline{p}_{CO_2} + RT\ln\overline{p}'_{CO_2}$$

式中，$\overline{p}_{CO_2}$ 为一定温度下碳酸钙的分解压；$\overline{p}'_{CO_2}$ 为体系中二氧化碳的实际分压。根据 $\overline{p}_{CO_2}$ 和 $\overline{p}'_{CO_2}$ 的大小即可判断碳酸钙能否分解。

分解压是一个重要的概念，因为它反映了化合物在一定温度下的稳定性，分解压越小，化合物越稳定。例如，1600℃时，铁的氧化物分解压数据如下：

$$Fe_2O_3(s) \rightleftharpoons 2Fe(s) + \frac{3}{2}O_2(g) \qquad p_{O_2}/p^{\ominus} = 25$$

$$Fe_3O_4(s) \rightleftharpoons 3Fe(s) + 2O_2(g) \qquad p_{O_2}/p^{\ominus} = 4\times10^{-5}$$

$$FeO(s) \rightleftharpoons Fe(s) + \frac{1}{2}O_2(g) \qquad p_{O_2}/p^{\ominus} = 1.4\times10^{-8}$$

从数据可以看出，$\overline{p}_{O_2}(Fe_2O_3) > \overline{p}_{O_2}(Fe_3O_4) > \overline{p}_{O_2}(FeO)$，所以其稳定性次序为 $FeO > Fe_3O_4 > Fe_2O_3$。

【例 6-8】 已知 Ag_2CO_3 分解反应

$$Ag_2CO_3(s) \rightleftharpoons Ag_2O(s) + CO_2(g)$$

100kPa、110℃时，$K_p^{\ominus} = 9.51\times10^{-3}$。问：

(1) 将 Ag_2CO_3 在 CO_2 含量为 0.03%（体积分数）的空气中烘干，Ag_2CO_3 会不会

分解？

（2）若可能分解，需要将空气中的 CO_2 改变到何值时才能避免 Ag_2CO_3 的分解？

解　（1）根据反应　　$Ag_2CO_3(s) \rightleftharpoons Ag_2O(s)+CO_2(g)$

应有　　$K_p^{\ominus}=\bar{p}_{CO_2}=9.51\times10^{-3}$

而空气中 CO_2 含量为0.03%时其分压为　　$\bar{p}'_{CO_2}=3\times10^{-4}$

根据恒温方程　　$\Delta G_{T,p}=-RT\ln\bar{p}_{CO_2}+RT\ln\bar{p}'_{CO_2}$

$\bar{p}_{CO_2}>\bar{p}'_{CO_2}$，则 $\Delta G_{T,p}<0$，反应自发进行即 Ag_2CO_3 分解。

（2）要使 Ag_2CO_3 不分解，可向反应容器内导入 CO_2 气体，使 $\bar{p}'_{CO_2}>\bar{p}_{CO_2}=9.51\times10^{-3}$即可。

而　　$\bar{p}'_{CO_2}=\bar{p}_{总}\ y_{CO_2}=y_{CO_2}>9.51\times10^{-3}$

所以导入 CO_2 含量达 $y_{CO_2}=1\%>9.51\times10^{-3}$即可。

【例6-9】 将固体 NH_4HS 放入 t℃的抽空容器中，由于 NH_4HS 的分解，在达到平衡时容器中的压力为50kPa。求：

（1）分解反应的平衡常数；

（2）同样温度时，如固体 NH_4HS 放入已盛有 $p_{H_2S}=40000\text{Pa}$ 的 H_2S 的密闭容器内，达到平衡时总压为多少？

解　（1）先求出 t℃时分解反应的平衡常数。

$$NH_4HS(s) \rightleftharpoons NH_3(g)+H_2S(g)$$

因为总压力 p 等于平衡时两种气体的分压之和（密闭容器中仅有 NH_3 和 H_2S 气体），所以

$$p_{NH_3}=p_{H_2S}=\frac{1}{2}\times50\text{kPa}$$

$$K_p^{\ominus}=\bar{p}_{NH_3}\bar{p}_{H_2S}=\left(\frac{1}{2}\times\frac{50}{100}\right)\times\left(\frac{1}{2}\times\frac{50}{100}\right)=0.0625$$

（2）现在容器内已盛有40000Pa的 H_2S，故平衡时 H_2S 的分压为 $40\text{kPa}+p_{NH_3}$，则

$$\bar{p}_{H_2S}=\frac{40}{100}+\frac{p_{NH_3}}{p^{\ominus}}\qquad\bar{p}_{NH_3}=\frac{p_{NH_3}}{p^{\ominus}}$$

由于温度不变，所以

$$K_p^{\ominus}=\bar{p}_{H_2S}\bar{p}_{NH_3}=\left(\frac{40+p_{NH_3}}{p^{\ominus}}\right)\left(\frac{p_{NH_3}}{p^{\ominus}}\right)=0.0625$$

整理上式，得　　$\bar{p}^2_{NH_3}+0.4\bar{p}_{NH_3}-0.0625=0$

解方程得　　$\bar{p}_{NH_3}=0.12$（已舍去了不合题意的根）

所以　　$p_{NH_3}=0.12\times100=12\ (\text{kPa})$

$$p_{H_2S}=40+12=52\ (\text{kPa})$$

$$p_{总}=p_{NH_3}+p_{H_2S}=12+52=64\ (\text{kPa})$$

6.4　化学反应平衡常数的计算

平衡常数是进行化学平衡组成计算的依据。对于平衡常数的计算，前面已有部分介绍，本节将归纳平衡常数的计算方法，重点是用热力学函数计算。

6.4.1 标准生成吉氏函数 $\Delta G_f^{\ominus}$

当温度为 TK、压力指定为 100kPa 时，规定最稳定单质的摩尔吉氏函数等于零。这样，在标准状态下由最稳定单质生成 1mol 纯净化合物的标准吉氏函数变化 $\Delta G^{\ominus}$，就等于此化合物的标准生成吉氏函数，用符号 $\Delta G_f^{\ominus}(i)$ 表示，单位为 $kJ \cdot mol^{-1}$。例如：

(1) $C(石墨)+\frac{1}{2}O_2(g) \longrightarrow CO(g) \qquad \Delta G_1^{\ominus}=-137.2kJ \cdot mol^{-1}$

(2) $H_2(g)+\frac{1}{2}O_2(g) \longrightarrow H_2O(g) \qquad \Delta G_2^{\ominus}=-228.59kJ \cdot mol^{-1}$

根据以上表述，反应 (1) 的标准吉氏函数变化应等于 $CO(g)$ 的标准生成吉氏函数，即

$$\Delta G_1^{\ominus}=\Delta G_f^{\ominus}[CO(g)]$$

同理，反应(2) 的标准吉氏函数变化应等于 $H_2O(g)$ 的标准生成吉氏函数，即

$$\Delta G_2^{\ominus}=\Delta G_f^{\ominus}[H_2O(g)]$$

反应 $CO(g)+\frac{1}{2}O_2(g) \longrightarrow CO_2(g)$ 的 $\Delta G^{\ominus} \neq \Delta G_f^{\ominus}[CO_2(g)]$，因为 $CO(g)$ 不是最稳定的单质。

现已测定得到 298.15K 时各种化合物的标准生成吉氏函数，并列表（见附录一）。按照下面的公式，可以计算化学反应的标准吉氏函数变化 $\Delta G^{\ominus}$，即

$$\Delta G^{\ominus}=\sum[n_i \Delta G_f^{\ominus}(i)]_{产物}-\sum[n_j \Delta G_f^{\ominus}(j)]_{反应物} \tag{6-14}$$

式中，n_i、n_j 分别为反应式中反应物及产物的计量系数。

进一步利用 $\Delta G^{\ominus}=-RT\ln K_p^{\ominus}$ 就可以计算平衡常数了。

注意：式(6-14) 的推导方法类似于用化合物标准生成焓 $\Delta H_f^{\ominus}$ 计算反应焓 $\Delta H^{\ominus}$ 的方法。

【例 6-10】 计算反应 $H_2(g)+\frac{1}{2}O_2(g) \rightleftharpoons H_2O(l)$ 在 298.15K 的平衡常数 $K_p^{\ominus}$。

解 查附录一得 $\Delta G_f^{\ominus}[H_2(g)]=0 \qquad \Delta G_f^{\ominus}[O_2(g)]=0$（最稳定单质）

$$\Delta G_f^{\ominus}[H_2O(l)]=-237.19kJ \cdot mol^{-1}$$

则

$$\begin{aligned}\Delta G^{\ominus}&=\sum[n_i \Delta G_f^{\ominus}(i)]_{产物}-\sum[n_j \Delta G_f^{\ominus}(j)]_{反应物}\\&=\Delta G_f^{\ominus}[H_2O(l)]-\left\{\Delta G_f^{\ominus}[H_2(g)]+\frac{1}{2}\Delta G_f^{\ominus}[O_2(g)]\right\}\\&=-237.19-0-\frac{1}{2}\times 0=-237.19\ (kJ)\end{aligned}$$

而

$$\Delta G^{\ominus}=-RT\ln K_p^{\ominus}$$

即

$$-237.19\times 10^3=-8.314\times 298.15\ln K_p^{\ominus}$$

解得

$$K_p^{\ominus}=3.6\times 10^{41}$$

【例 6-11】 计算反应 $N_2O_4(g) \rightleftharpoons 2NO_2(g)$ 在 298.15K 时的平衡常数 $K_p^{\ominus}$。

解 $\qquad N_2O_4(g) \rightleftharpoons 2NO_2(g)$

查得 $\Delta G_f^{\ominus}/kJ \cdot mol^{-1} \qquad 98.29 \qquad 51.84$

根据式(6-14)，有

$$\begin{aligned}\Delta G^{\ominus}&=\sum[n_i \Delta G_f^{\ominus}(i)]_{产物}-\sum[n_j \Delta G_f^{\ominus}(j)]_{反应物}\\&=2\Delta G_f^{\ominus}[NO_2(g)]-\Delta G_f^{\ominus}[N_2O_4(g)]\\&=2\times 51.84-98.9=5.39\ (kJ)\end{aligned}$$

又

$$\Delta G^{\ominus}=-RT\ln K_p^{\ominus}$$

有 $$5.39\times10^3=-8.314\times298.15\ln K_p^\ominus$$

解得 $$\ln K_p^\ominus=-2.174$$

$$K_p^\ominus=0.114$$

6.4.2 用 $\Delta H_f^\ominus$ 和 $\Delta S_m^\ominus$ 计算

对于指定的化学反应，通过查阅各物质的标准生成焓和标准熵，计算化学反应的标准反应焓 $\Delta H^\ominus$ 和反应的标准熵变 $\Delta S^\ominus$，可以进一步求出反应在一定温度下的 $\Delta G^\ominus$ 和 $K_p^\ominus$。

【例 6-12】 已知下列各物质在 298.15K 时的热力学数据如下：

	$\Delta H_f^\ominus/kJ\cdot mol^{-1}$	$S_m^\ominus/J\cdot K^{-1}\cdot mol^{-1}$
$C_2H_5OH(g)$	-235.3	282.0
$C_2H_4(g)$	52.292	219.45
$H_2O(g)$	-241.8	188.74

求 25℃时反应 $C_2H_5OH(g)\rightleftharpoons C_2H_4(g)+H_2O(g)$ 的 $\Delta G^\ominus$、$K_p^\ominus$。

解 根据式(2-43)，标准反应焓为

$$\begin{aligned}\Delta H^\ominus&=\sum[n_i\Delta H_f^\ominus(i)]_{产物}-\sum[n_j\Delta H_f^\ominus(j)]_{反应物}\\&=\Delta H_f^\ominus[C_2H_4(g)]+\Delta H_f^\ominus[H_2O(g)]-\Delta H_f^\ominus[C_2H_5OH(g)]\\&=(52.292-241.8)-(-235.3)\\&=45.792\ (kJ)=45792\ (J)\end{aligned}$$

根据式(3-14)，反应的标准熵变为

$$\begin{aligned}\Delta S^\ominus&=\sum[n_iS_m^\ominus(i)]_{产物}-\sum[n_jS_m^\ominus(j)]_{反应物}\\&=219.45+188.74-282.0\\&=126.19\ (J\cdot K^{-1})\end{aligned}$$

所以 $$\begin{aligned}\Delta G^\ominus&=\Delta H^\ominus-T\Delta S^\ominus\\&=45792-298.15\times126.19\approx8168\ (J)\end{aligned}$$

又 $$\Delta G^\ominus=-RT\ln K_p^\ominus$$

则 $$\ln K_p^\ominus=\frac{-\Delta G^\ominus}{RT}=\frac{-8168}{8.314\times298.15}\approx-3.295$$

得 $$K_p^\ominus=3.71\times10^{-2}$$

6.4.3 用已知 $\Delta G^\ominus$ 的反应计算

如要求某一化学反应的标准吉氏函数的变化，有时可以通过与其有关的其他已知反应的标准吉氏函数变化求得，从而进一步计算平衡常数。

【例 6-13】 已知 25℃时下面两个反应的 $\Delta G^\ominus$：

(1) $2H_2O(g)\rightleftharpoons 2H_2(g)+O_2(g)$ $\quad\Delta G_1^\ominus=457.3kJ\cdot mol^{-1}$

(2) $CO_2(g)+H_2(g)\rightleftharpoons H_2O(g)+CO(g)$ $\quad\Delta G_2^\ominus=28.45kJ\cdot mol^{-1}$

求反应

(3) $2CO_2(g)\rightleftharpoons 2CO(g)+O_2(g)$ 的 $\Delta G_3^\ominus$ 及 $K_p^\ominus$

解 由反应式(1) ＋反应(2)×2＝反应式 (3)，故

$$\Delta G_3^\ominus=\Delta G_1^\ominus+2\Delta G_2^\ominus=457.31+28.45\times2=514.21\ (kJ)$$

$$\Delta G_3^\ominus=-RT\ln K_{p_3}^\ominus$$

则 $$K_p^\ominus=\exp\left(\frac{-514210}{8.314\times298.15}\right)=8.13\times10^{-91}$$

6.5 温度对平衡常数的影响——恒压方程式

平衡常数是温度的函数。温度改变，平衡常数随之改变。对于某一反应，25℃时其平衡常数可以借助热力学数据求得，但是实际生产过程中化学反应往往都是在其他温度下进行的。因此，从理论上找出平衡常数与温度的定量计算方法就具有十分重要的意义。以下进行必要的推导。

根据式(3-21) $dG=-SdT+Vdp$ 有

$$\left(\frac{dG}{dT}\right)_p=-S$$

变形得
$$\left[\frac{d(\Delta G^{\ominus})}{dT}\right]_p=-\Delta S^{\ominus} \tag{6-15}$$

由于 $\Delta G^{\ominus}=-RT\ln K_p^{\ominus}$，将该式左边在恒压下对温度求微分，得

$$\left[\frac{d(\Delta G^{\ominus})}{dT}\right]_p=-R\ln K_p^{\ominus}-RT\left(\frac{d\ln K_p^{\ominus}}{dT}\right)_p \tag{6-16a}$$

又因为　$\Delta G^{\ominus}=\Delta H^{\ominus}-T\Delta S^{\ominus}$，则

$$-\Delta S^{\ominus}=\frac{\Delta G^{\ominus}-\Delta H^{\ominus}}{T}$$

将 $\Delta G^{\ominus}=-RT\ln K_p^{\ominus}$ 代入上式，得

$$-\Delta S^{\ominus}=-R\ln K_p^{\ominus}-\frac{\Delta H^{\ominus}}{T} \tag{6-16b}$$

将式(6-16a) 和式(6-16b) 代入式(6-15) 并整理得

$$\left[\frac{d(\ln K_p^{\ominus})}{dT}\right]_p=\frac{\Delta H^{\ominus}}{RT^2} \tag{6-16}$$

式(6-16) 表明，在恒压下 $\ln K_p^{\ominus}$ 对 T 的微分等于标准反应焓除以 RT^2，该式称为恒压方程式。式中，$\Delta H^{\ominus}$的单位为 $J\cdot mol^{-1}$，或用 $\Delta H_m^{\ominus}$ 表示。

若反应吸热，即 $\Delta H_m^{\ominus}>0$，则$\frac{d\ln K_p^{\ominus}}{dT}>0$，说明随着温度的升高 $K_p^{\ominus}$ 增大；

若反应放热，即 $\Delta H_m^{\ominus}<0$，则$\frac{d\ln K_p^{\ominus}}{dT}<0$，说明随着温度的升高 $K_p^{\ominus}$ 减小。

如果反应温度范围较小，$\Delta H_m^{\ominus}$ 不随温度变化，可看成常数，则对式(6-16) 两边积分，可得

$$\int_{\ln K_{p_1}^{\ominus}}^{\ln K_{p_2}^{\ominus}} d\ln K_p^{\ominus}=\frac{\Delta H_m^{\ominus}}{R}\int_{T_1}^{T_2}\frac{1}{T^2}dT$$

即
$$\ln\frac{K_{p_2}^{\ominus}}{K_{p_1}^{\ominus}}=-\frac{\Delta H_m^{\ominus}}{R}\left(\frac{1}{T_2}-\frac{1}{T_1}\right) \tag{6-17}$$

式(6-17) 为范特荷夫方程式的定积分形式。若已知 T_1 时的 K_{p_1}，则可利用式 (6-17) 计算 T_2 时的 $K_{p_2}^{\ominus}$。

对式(6-16) 作不定积分，得

$$\ln K_p^{\ominus}=-\frac{H_m^{\ominus}}{RT}+C \tag{6-18}$$

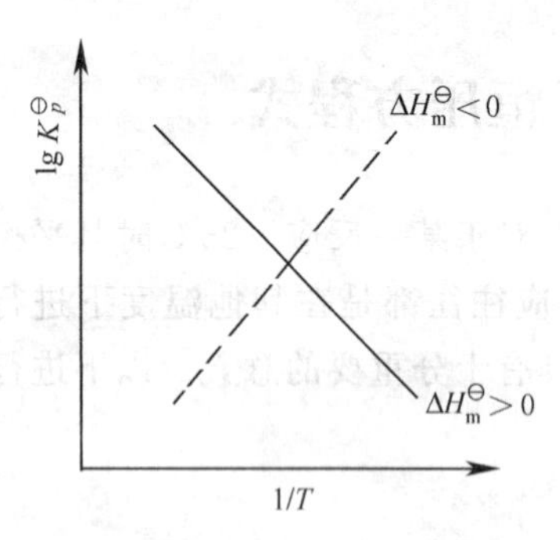

图 6-1　$\lg K_p^\ominus$-$1/T$ 的关系

式(6-18)为范特荷夫方程式的不定积分形式。式中，C是积分常数。由式(6-18)可以看出，以 $\lg K_p^\ominus$ 对 $1/T$ 作图，应呈直线关系（见图 6-1），直线的斜率为 $-\dfrac{\Delta H_m^\ominus}{2.303R}$，截距为 C。

如果某反应的 $K_p^\ominus$ 随温度变化的经验式为 $\lg K_p^\ominus=\dfrac{A}{T}+B$（式中，$A$、$B$ 为经验常数），则根据 A 值，通过与式(6-18)比较，即可计算反应的热效应（反应焓）：$\Delta H_m^\ominus=-2.303RA$。

【例 6-14】　已知气相反应 $N_2O_4(g) \rightleftharpoons 2NO_2(g)$ 在25℃时，$K_p^\ominus=0.113$，$\Delta H_m^\ominus=58040J\cdot mol^{-1}$。求 50℃时该反应的 $K_p^\ominus$。

解　(1) 用定积分方法。根据式(6-17)

$$\ln\frac{K_{p_2}^\ominus}{K_{p_1}^\ominus}=-\frac{\Delta H_m^\ominus}{R}\left(\frac{1}{T_2}-\frac{1}{T_1}\right)$$

将数据代入，得

$$\ln\frac{K_{p_2}^\ominus}{0.113}=-\frac{58040}{8.314}\times\left(\frac{1}{323}-\frac{1}{298}\right)$$

$$\ln\frac{K_{p_2}^\ominus}{0.113}=1.813 \qquad \frac{K_{p_2}^\ominus}{0.113}=6.13$$

解得

$$K_{p_2}^\ominus=0.693$$

(2) 用不定积分方法。根据式(6-18)　　$\ln K_p^\ominus=-\dfrac{\Delta H_m^\ominus}{RT}+C$

将数据代入，得

$$\ln 0.113=-\frac{58040}{8.314\times298}+C$$

解得

$$C=21.25$$

所以

$$\ln K_{p_2}^\ominus=-\frac{58040}{8.314\times323}+21.25=-0.367$$

解得　$K_{p_2}^\ominus=0.693$　结果与定积分方法一致。

6.6　其他因素对平衡组成的影响

前面介绍了温度对平衡常数的影响。对于一个化学反应，平衡常数改变，平衡组成（包括平衡分压）也随之改变。其实，影响平衡组成的因素还有很多，如反应总压力、惰性气体、投料比等，以下逐一讨论。

6.6.1　压力对平衡组成的影响

为便于分析，以下列两反应为例。

(1) 合成氨反应　　$N_2(g)+3H_2(g) \rightleftharpoons 2NH_3(g)$

$\Delta n=2-3-1=-2$，即 $\Delta n<0$，称为缩分子反应。

(2) 乙苯脱氢制苯乙烯 $C_6H_5C_2H_5(g) \rightleftharpoons C_6H_5C_2H_3(g)+H_2(g)$

$\Delta n=2-1=1$，即 $\Delta n>0$，称为增分子反应。

根据式(6-4)

$$K_p^{\ominus}=\frac{\bar{p}_G^g \bar{p}_R^r}{\bar{p}_D^d \bar{p}_B^b}$$

由分压定律知 $\bar{p}_i=\frac{n_i}{\sum n_i}\bar{p}_{总}$，代入上式并整理，可得

$$K_p^{\ominus}=\frac{n_G^g n_R^r}{n_D^d n_B^b}\left(\frac{\bar{p}_{总}}{\sum n_i}\right)^{\Delta n} \tag{6-19}$$

式中　n_i——平衡时各物质的物质的量，i=B，D，G，R；

$\sum n_i$——平衡时各种气体的总物质的量。

由式(6-19) 可见，若反应 $\Delta n<0$（如合成氨反应），$\bar{p}_{总}$ 增大将使$\left(\frac{\bar{p}_{总}}{\sum n_i}\right)^{\Delta n}$减小，为了保持 $K_p^{\ominus}$ 为常数，产物在平衡时的物质的量 n_G、n_R 必定增大，对合成氨有利。具体计算如下：

当 1mol N_2 和 3mol H_2 混合反应时，设 N_2 转化 $x$mol、H_2 转化 $3x$mol 时生成 $2x$mol NH_3 而达到平衡状态。

$$N_2 + 3H_2 \rightleftharpoons 2NH_3$$

平衡时　　$1-x$　　$3(1-x)$　　$2x$　　$(\sum n=4-2x)$

设反应体系的总压为 $p_{总}$，则各组分的分压如下：

$$p_{N_2}=\left(\frac{1-x}{4-2x}\right)p_{总} \qquad p_{H_2}=\frac{3(1-x)}{4-2x}p_{总} \qquad p_{NH_3}=\frac{2x}{4-2x}p_{总}$$

则

$$K_p^{\ominus}=\frac{\bar{p}_{NH_3}^2}{\bar{p}_{H_2}^3\bar{p}_{N_2}}=\frac{\left(\frac{2x}{4-2x}\bar{p}_{总}\right)^2}{\left[\frac{3(1-x)}{4-2x}\bar{p}_{总}\right]^3\left(\frac{1-x}{4-2x}\bar{p}_{总}\right)}=\frac{(2x)^2(4-2x)^2}{3^3(1-x)^4}\times\frac{1}{\bar{p}_{总}^2}$$

在 N_2 转化率（x）不高时可简化上式为

$$K_p^{\ominus}=\frac{64}{27}\times\frac{x^2}{\bar{p}_{总}^2}$$

由上式可知，N_2 的转化率 x 的平方与总压的平方成正比（$K_p^{\ominus}$ 不随压力变化）。因此可知要提高 N_2 的转化率，必须在高压下进行反应。又因这一反应是放热反应，温度愈低反应愈往右移动。由此可以预料高压、低温对反应有利。表 6-3 中的数据显示了这一规律。

表 6-3　不同压力和温度下生成 NH_3 的摩尔分数

T/K	$p_{总}$/kPa			
	50×100	100×100	300×100	1000×100
573	39%	52%	71%	93%
673	15%	25%	47%	80%
773	6%	11%	26%	57%
873	2%	5%	14%	13%

注：N_2 和 H_2 以摩尔比为 1∶3 混合。

相反，当反应 $\Delta n>0$ 时，增分子反应（如乙苯脱氢反应），$p_{总}$ 增大时产物量应当减少。

6.6.2　惰性气体对平衡组成的影响

惰性气体对平衡组成的影响也可通过式(6-19) 看出，若反应 $\Delta n<0$（如合成氨反应），

则惰性气体量增大将使$\sum n_i$增大，在$p_总$不变的情况下，使$\left(\frac{p_总}{\sum n_i}\right)^{\Delta n}$增大，这时产物数量将减少，以保持$K_p^{\ominus}$不变，对合成氨不利。所以合成氨反应一段时间后，有排放累积的惰性气体的操作。

若反应$\Delta n>0$，加入惰性气体水蒸气，同时保持$p_总$不变，可使产物的产率提高。

【例 6-15】 乙苯脱氢制苯乙烯的反应如下：

$$C_6H_5C_2H_5(g) \rightleftharpoons C_6H_5C_2H_3(g) + H_2(g)$$

在 600℃时，$K_p^{\ominus}=0.178$。

试计算：

(1) 压力$p=100$kPa 时乙苯的分解率和苯乙烯的产率；

(2) 压力$p=10$kPa 时乙苯的分解率和苯乙烯的产率。

解 (1) 在无副反应的情况下，乙苯的分解率即是苯乙烯的产率。

设乙苯的分解率为α。

	$C_6H_5C_2H_5(g)$	$\rightleftharpoons C_6H_5C_2H_3(g)$	$+ H_2(g)$
开始时各气体的物质的量/mol	1	0	0
平衡时各气体的物质的量/mol	$1-\alpha$	α	α
平衡时体系的总物质的量/mol	$\sum n=1-\alpha+\alpha+\alpha=1+\alpha$		
各气体的平衡分压/kPa	$\frac{1-\alpha}{1+\alpha}p_总$	$\frac{\alpha}{1+\alpha}p_总$	$\frac{\alpha}{1+\alpha}p_总$

则
$$K_p^{\ominus}=\frac{\bar{p}_{C_6H_5C_2H_3}\bar{p}_{H_2}}{\bar{p}_{C_6H_5C_2H_5}}=\frac{\left(\frac{\alpha}{1+\alpha}\bar{p}_总\right)^2}{\frac{1-\alpha}{1+\alpha}\bar{p}_总}=\frac{\alpha^2}{1-\alpha^2}\bar{p}_总$$

因为
$$p=p^{\ominus}=100\text{kPa}$$

所以
$$K_p^{\ominus}=\frac{\alpha}{1-\alpha^2}$$

$$\alpha=\sqrt{\frac{K_p^{\ominus}}{1+K_p^{\ominus}}}=\sqrt{\frac{0.178}{1+0.178}}\approx 0.389=3.89\%$$

苯乙烯的平衡产率等于乙苯的平衡分解率（或转化率），等于 38.9%。

(2) 当$p=10$kPa 时

$$K_p^{\ominus}=\frac{\alpha^2}{1-\alpha^2}\bar{p}_总=\frac{\alpha^2}{1-\alpha^2}\times\frac{10}{100}=\frac{\alpha^2}{1-\alpha^2}\times 0.1$$

解得
$$\alpha=0.8=80\%$$

该例说明对于$\Delta n>0$的反应，降低总压，平衡向产物生成方向移动。

【例 6-16】 在上例中，如以 1mol 乙苯加 9mol 水蒸气的比例进行投料，求乙苯的分解率α。已知$p_总=100$kPa。

解 反应中加入惰性气体水蒸气，起稀释剂的作用。

	$C_6H_5C_2H_5(g)$	$\rightleftharpoons C_6H_5C_2H_3(g)$	$+ H_2(g)$	$H_2O(g)$
开始时各气体的物质的量/mol	1	0	0	9
平衡时各气体的物质的量/mol	$1-\alpha$	α	α	9
平衡时体系的总物质的量/mol	$\sum n=1-\alpha+\alpha+\alpha+9=10+\alpha$			
平衡分压/kPa	$\frac{1-\alpha}{10+\alpha}p_总$	$\frac{\alpha}{10+\alpha}p_总$	$\frac{\alpha}{10+\alpha}p_总$	

$$K_p^{\ominus}=\frac{\left(\frac{\alpha}{10+\alpha}\bar{p}_{总}\right)^2}{\frac{1-\alpha}{10+\alpha}\bar{p}_{总}}=\frac{\alpha^2}{(10+\alpha)(1-\alpha)}\bar{p}_{总}$$

$$0.178=\frac{\alpha^2}{(10+\alpha)\ (1-\alpha)}\times\frac{100}{100}$$

解得

$$\alpha=0.728=72.8\%$$

计算结果表明，由于稀释剂 H_2O(g) 的加入，使苯乙烯的平衡产率由 38.9%增加到 72.8%，对生产有利，这里水蒸气起了减压的作用。除上述作用外，乙苯脱氢是吸热反应，过热蒸气可作为热载体，提供给反应所需的热量；水蒸气的存在，既可防止苯乙烯聚合，又可防止催化剂结炭中毒。

6.6.3 反应物配料比对平衡组成的影响

合成氨反应 $N_2(g)+3H_2(g)\rightleftharpoons 2NH_3(g)$ 在一定温度和压力下，以怎样的配料比投料可以得到较多的氨气呢？从图 6-2 及表 6-4 可以看出，氨在混合气体中的平衡组成与原料配比 r 之间存在着一个极大值，这个极大值对应于 $r=3$，因此，在合成氨生产中，氢气与氮气的体积比控制在 3∶1。特殊情况下，可以改变配料比，如 N_2 大大过量，可使 H_2 得到充分反应。

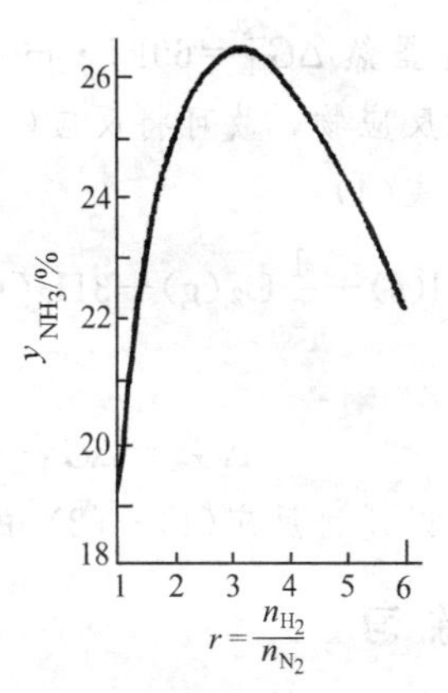

图 6-2 平衡氨浓度与原料气体配比之间的关系（500℃，300×100kPa）

表 6-4 500℃、300×100kPa 下不同氢氮比时混合气中氨的平衡组成

$r=\frac{n_{H_2}}{n_{N_2}}$	1	2	3	4	5	6
$y_{NH_3}/\%$	18.8	25	26.4	25.8	24.2	22.2

科海拾贝

古文物的铜锈与热力学

古文物青铜器编钟出土时有大量铜锈，经鉴定含有 CuCl、CuO 及 $Cu_2(OH)_3Cl$。有人认为，其腐蚀反应的可能途径是

$$Cu\xrightarrow{Cl^-}CuCl\begin{cases}\xrightarrow{(1)}Cu_2O\xrightarrow{(2)}Cu_2(OH)_3Cl\\ \xrightarrow{(3)}Cu_2(OH)_3Cl\end{cases}$$

即 $Cu_2(OH)_3Cl$ 可能通过反应(1)+(2) 或反应(3) 两种途径生成。这是一个反应的方向性问题（即反应能否发生），现用热力学方法分析如下：

(1) 写出铜锈生成的三步反应；

(2) 用各物质的标准生成吉氏函数 $\Delta G_f^{\ominus}$ 计算每一步反应的标准吉氏函变 $\Delta G^{\ominus}$。

反应(1) $2CuCl(s)+H_2O(l)\rightleftharpoons Cu_2O(s)+2HCl(aq)$

经计算该反应 $\Delta G_1^{\ominus}=69kJ\cdot mol^{-1}$

反应(2)　$Cu_2O(s)+\frac{1}{2}O_2(g)+2H_2O(l)+Cl^{-1}(aq) \rightleftharpoons Cu_2(OH)_3Cl(s)+OH^{-1}(aq)$

$$\Delta G_2^{\ominus}=-744\text{kJ}\cdot\text{mol}^{-1}$$

反应(3)　$2CuCl(s)+\frac{1}{2}O_2(g)+2H_2O(l) \rightleftharpoons Cu_2(OH)_3Cl(s)+HCl(aq)$

$$\Delta G_3^{\ominus}=-755\text{kJ}\cdot\text{mol}^{-1}$$

分析如下。

① 因为 $\Delta G_3^{\ominus}\ll 0$，所以通过反应 (3) 的途径生成铜锈是可能的。

② 虽然 $\Delta G_1^{\ominus}=69\text{kJ}\cdot\text{mol}^{-1}>0$，似乎反应不能进行，但是反应(1) 的产物恰是反应(2) 的反应物，故可将反应(1)、(2) 耦合得到如下反应［设为反应(4)］：

反应(4)

$$2CuCl(s)+\frac{1}{2}O_2(g)+3H_2O(l)+Cl^{-1}(aq) \rightleftharpoons Cu_2(OH)_3Cl(s)+2HCl(aq)+OH^{-1}(aq)$$

则

$$\Delta G_4^{\ominus}=\Delta G_1^{\ominus}+\Delta G_2^{\ominus}=69+(-744)=-675\ (\text{kJ}\cdot\text{mol}^{-1})\ll 0$$

所以通过反应(1)+(2) 的途径生成铜锈 $Cu_2(OH)_3Cl$ 也是完全可能的。

练习

1. 温度为 50℃，压力为 6.67×10^4 Pa 条件下，反应 $N_2O_4(g) \rightleftharpoons 2NO_2(g)$ 达到平衡时，测得 $p_{N_2O_4}$ 为 2.5×10^4 Pa，p_{NO_2} 为 4.17×10^4 Pa，则 $K_p^{\ominus}=$________。已知该反应在 25℃及 100kPa 下 $K_p^{\ominus}=0.113$，说明标准平衡常数随________而变化。

2. 温度为 900℃，压力为 100kPa 下，反应 $CO_2(g)+H_2(g) \rightleftharpoons CO(g)+H_2O(g)$ 的标准平衡常数 $K_p^{\ominus}=1.29$，则该反应的标准吉氏函数改变 $\Delta G^{\ominus}=$________。该反应在 25℃时 $\Delta G^{\ominus}=28.52\text{kJ}\cdot\text{mol}^{-1}$，则标准平衡常数 $K_p^{\ominus}=$________。

3. 25℃时反应 $\frac{1}{2}N_2(g)+\frac{3}{2}H_2(g) \rightleftharpoons NH_3(g)$ 的 $\Delta G^{\ominus}=-16.5\text{kJ}\cdot\text{mol}^{-1}$，某时刻时该反应的 $J_p=2.309$，则该反应的 $\Delta G=$________ kJ。该条件下，合成氨反应的方向为________。

4. 已知气体反应 $2SO_3(g) \rightleftharpoons 2SO_2(g)+O_2(g)$ 在 1000K、100kPa 时平衡常数 $K_{p_1}^{\ominus}=0.291$，则 $K_{c_1}=$________，$K_{y_1}=$________。

同样温度下，将反应写成 $SO_3(g) \rightleftharpoons SO_2(g)+\frac{1}{2}O_2(g)$，则反应的 $K_{p_2}^{\ominus}=$________，$K_{c_2}=$________，$K_{y_2}=$________。

5. 一定温度下戊烯和醋酸混合在与反应无关的 $845\times10^{-6}\text{m}^3$ 的溶剂中，达到平衡时有如下数据：

	$C_5H_{10}(l)+CH_3COOH(l) \rightleftharpoons CH_3COOC_5H_{11}(l)$		
平衡时的物质的量/mol	0.00567	0.000216	0.000784

则该反应的 $K_c=$________。

6. 某多相反应 $B(s) \rightleftharpoons C(g)+2D(g)$ 在抽空的密闭容器中进行，一定温度下达到平衡时测得压力为 75kPa，则该反应的平衡常数 $K_p^{\ominus}=$________。

7. 反应 I_2+环戊烯 $\rightleftharpoons$ 2HI+环戊二烯，在 448～688K 的温度区间内，$K_p^{\ominus}$ 与温度的关系为

$$\ln K_p^{\ominus}=-\frac{11155}{T}+17.39$$

该反应为________（填“吸热”或“放热”）反应；温度升高时，反应的 $K_p^{\ominus}$ ________（填“增大”或“减小”）；该反应的标准反应焓 $\Delta H_m^{\ominus}$ 为________ $\text{kJ}\cdot\text{mol}^{-1}$。

8. 合成氨反应 $N_2(g)+3H_2(g) \rightleftharpoons 2NH_3(g)$ 在 25℃时为放热反应，温度升高时，反应向________移动；增大体系总压，反应向________移动。

9. 对放热反应 $A(g) \rightleftharpoons 2B(g)+C(g)$，提高转化率的方法有四种，即________、________、________和________。

10. 对于化学反应 $aA+bB \rightleftharpoons gG+rR$，当 $n_{A0}:n_{B0}=$________时，B 的转化率最大；当 $n_{A0}:n_{B0}=$________时，产物浓度最高。

11. 气相反应 $H_2+CO_2 \rightleftharpoons H_2O+CO$ 在 1000K 达到平衡时，测得各物质的浓度分别为 $c_{H_2}=0.600mol \cdot L^{-1}$，$c_{CO_2}=0.459mol \cdot L^{-1}$，$c_{H_2O}=0.500mol \cdot L^{-1}$，$c_{CO}=0.425mol \cdot L^{-1}$。

(1) 求 $K_p^{\ominus}$；

(2) 现有混合气体，其中含 10% H_2O，其余三种气体均为 30%，问该混合气体在 1000K、$p=100kPa$ 下反应能否自发进行？

12. 气相反应 $C_2H_6 \rightleftharpoons C_2H_4+H_2$ 在 1000K、$p=100kPa$ 时平衡转化率为 $x=0.485$，求 $K_p^{\ominus}$。

13. 气相反应 $C_2H_4+HCl \rightleftharpoons CH_3CH_2Cl$ 在 200℃、100kPa 时，$K_p^{\ominus}=16.6$，求 C_2H_4 转化的物质的量 n。

14. 气相反应 $PCl_5 \rightleftharpoons PCl_3+Cl_2$ 在 250℃进行，$K_p^{\ominus}=1.78$，问 1L 容器内放入多少摩尔 PCl_5 才能得到 0.2mol 的 Cl_2？

15. 气相反应 $N_2+3H_2 \rightleftharpoons 2NH_3$ 在 400℃时，$K_p^{\ominus}=1.65\times10^{-4}$，求 $n_{H_2}:n_{N_2}=3:1$ 时生成 40% 的 NH_3 所需的压力。

16. $COCl_2$（光气）分解反应 $COCl_2 \rightleftharpoons CO+Cl_2$ 在 550℃、$p=100kPa$ 下部分分解，解离后每升含混合气 0.852g，求：

(1) $COCl_2$（光气）的解离度 α；

(2) 解离平衡常数 $K_p^{\ominus}$；

(3) 同温度下，$p=2\times100kPa$ 时的解离度 α。

17. 根据附录中各物质的标准生成吉氏函数，求下列气相反应在 $p=100kPa$ 下的 $\Delta G^{\ominus}$ 和 $K_p^{\ominus}$：

(1) $C_3H_8 \rightleftharpoons C_3H_6+H_2$

(2) $NO_2+SO_2 \rightleftharpoons NO+SO_3$

18. 已知下列反应：

(1) $CO_2+4H_2 \rightleftharpoons CH_4+2H_2O$　　$\Delta G_1^{\ominus}=-112.599kJ$

(2) $2H_2+O_2 \rightleftharpoons 2H_2O$　　$\Delta G_2^{\ominus}=-456.114kJ$

(3) $2C(s)+O_2 \rightleftharpoons 2CO$　　$\Delta G_3^{\ominus}=-272.043kJ$

(4) $C(s)+2H_2 \rightleftharpoons CH_4$　　$\Delta G_4^{\ominus}=-51.070kJ$

求 25℃时气相反应 $CO+H_2O \rightleftharpoons CO_2+H_2$ 的 $\Delta G^{\ominus}$ 及 $K_p^{\ominus}$。

19. 固体 NH_4Cl 分解反应 $NH_4Cl(s) \rightleftharpoons NH_3(g)+HCl(g)$ 在 597K 时，氯化铵的分解压为 100kPa，求 $K_p^{\ominus}$ 和 $\Delta G^{\ominus}$。

20. 甲醇脱氢制甲醛反应如下：

	$CH_3OH \rightleftharpoons$	$HCHO$ +	H_2
已知：$\Delta H_f^{\ominus}/kJ \cdot mol^{-1}$	-207.17	-115.89	0
$S^{\ominus}/J \cdot K^{-1} \cdot mol^{-1}$	237.65	220.08	130.587

求：(1) 上述反应在 25℃时的 $\Delta G^{\ominus}$ 和 $K_p^{\ominus}$；

(2) 700℃时的 $\Delta G^{\ominus}$ 和 $K_p^{\ominus}$(设 $\Delta H^{\ominus}$ 和 $\Delta S^{\ominus}$ 不随温度变化)。

21. 下列反应的 $\Delta G^{\ominus}$ 在 298～2500K 范围内适用：

(1) $C(s)+O_2 \rightleftharpoons CO_2$　　$\Delta G_1^{\ominus}=-394133-0.84T$

(2) $2CO+O_2 \rightleftharpoons 2CO_2$　　$\Delta G_2^{\ominus}=-565258+173.64T$

求 $C(s)+\frac{1}{2}O_2 \rightleftharpoons CO$ 在 1000K 时的 $\Delta G^{\ominus}$ 和 $K_p^{\ominus}$。

22. 已知环己烷与甲基环戊烷之间的异构化反应 $C_6H_{12}(l) \rightleftharpoons C_5H_9CH_3(l)$ 的平衡常数与温度的关系如下：

$$\ln K^{\ominus}=4.814-\frac{2059}{T}$$

求 25℃异构化反应的 $\Delta H^{\ominus}$ 和 $\Delta S^{\ominus}$。

23. 温度在 181～202℃之间的反应（$\Delta H^{\ominus}$ 视为常数）$2C_2H_5OH \rightleftharpoons CH_3COOC_2H_5+2H_2$ 的恒压方程式为

$$\lg K_p^{\ominus}=-\frac{2100}{T}+4.66$$

若 C_2H_5OH 的标准生成焓 $\Delta H_{f,298}^{\ominus}=-236kJ \cdot mol^{-1}$，求 $CH_3COOC_2H_5$ 的标准生成焓。

24. 气相反应

$$CO+H_2O \rightleftharpoons CO_2+H_2 \qquad \Delta H^{\ominus}=-36400J$$

已知 500K 时，$K_{p_1}^{\ominus}=126$，求 1500K 时的 $K_{p_2}^{\ominus}$（$\Delta H^{\ominus}$ 视为常数）。

25. Fe 在 570℃以上容易被 CO_2 氧化生成 FeO，反应为

$$Fe(s)+CO_2 \rightleftharpoons FeO(s)+CO$$

已知 600℃和 800℃的平衡常数分别为 1.11 和 1.80，求：

(1) $\lg K_p^{\ominus}=\frac{A}{T}+B$ 的经验常数 A 和 B；

(2) 反应的 $\Delta G^{\ominus}$ 与温度的关系；

(3) 反应的热效应；

(4) 1000℃的 $K_p^{\ominus}$；

(5) 1000℃时铁在含有 15% CO_2 和 85% CO 的混合气中能否被氧化？

26. 工业上乙苯脱氢反应

$$C_6H_5C_2H_5 \rightleftharpoons C_6H_5C_2H_3+H_2$$

在 627℃下进行，$K_p^{\ominus}=1.49$。试计算下述情况下乙苯的转化率：

(1) 反应在 100kPa 下进行；

(2) 反应在 200kPa 下进行；

(3) 反应在 100kPa 下进行，但加入水蒸气使原料气中水蒸气与乙苯蒸气之比为 5∶1。

7 电 化 学

学习指南

电化学是研究化学现象与电现象之间关系的科学。内容包括三部分：电解质溶液；原电池；电解与极化。

1. 电解质溶液的电导

$$G=\frac{1}{R}=\frac{I}{U}=\kappa\frac{A}{l}$$

$$\Lambda_{\mathrm{m}}=\kappa\frac{10^{-3}}{c}$$

$$\Lambda_{\mathrm{m}}^{\infty}=\Lambda_{\mathrm{m+}}^{\infty}+\Lambda_{\mathrm{m-}}^{\infty}$$

2. 原电池

设有某电池反应 $b\mathrm{B}+d\mathrm{D}\longrightarrow g\mathrm{G}+r\mathrm{R}$

(1) 原电池电动势

$$E^{\ominus}=\varphi_{+}^{\ominus}-\varphi_{-}^{\ominus}$$

$$E=\varphi_{+}-\varphi_{-}$$

$$\varphi_i=\varphi_i^{\ominus}+\frac{0.0592}{n}\lg\frac{[\mathrm{Ox}]^h}{[\mathrm{Red}]^b}$$

$$E=E^{\ominus}-\frac{0.0592}{n}\lg\frac{\bar{p}_{\mathrm{G}}^{g}\bar{p}_{\mathrm{R}}^{r}}{\bar{p}_{\mathrm{B}}^{b}\bar{p}_{\mathrm{D}}^{d}}$$

(2) 原电池电动势的应用

$$\Delta G^{\ominus}=-nFE^{\ominus}$$

$$\Delta G=-nFE$$

$$K=\exp\left(\frac{nFE^{\ominus}}{RT}\right)$$

$$\varphi_i=\varphi_i^{\ominus}-0.0592\mathrm{pH}$$

3. 电极与极化

$$m_{\mathrm{B}}=\frac{M_{\mathrm{B}}It}{nF}$$

$$E_{\text{理论}}=\varphi_{+}-\varphi_{-}$$

$$E_{\text{实际}}=(\varphi_{+})_{\text{析出}}-(\varphi_{-})_{\text{析出}}$$

$$(\varphi_{+})_{\text{析出}}=\varphi_{+}+\eta_{+}$$

$$(\varphi_{-})_{\text{析出}}=\varphi_{-}-\eta_{-}$$

目前，电化学工业已经成为国民经济的重要组成部分。工业电解是电能转化为化学能的过程，许多有色金属及稀有金属的冶炼经常采用电解方法，例如，铝、镁、钾、钠以及锂、铪和钽等都是用电解方法来冶炼的，其他金属如铜、锌、镓等的精炼也广泛采用电解的方法。利用电解方法还可以生产许多化工产品，如烧碱、过氧化氢、氯、氟以及一些重要的有机化合物等。由于电解过程中不需要另外加入氧化剂或还原剂，因而可以减少环境污染。近年来，世界各国对电解制备无机物和有机物的研究日益广泛和深入。此外，工业分析中使用的许多分析仪器和方法都运用了电化学理论，如电导率测定、电位滴定、极谱等。

7.1 电解质溶液的导电机理

7.1.1 两类导体

能导电的物体称为导体。金属导体属于电子导体，电解质溶液、熔融电解质属于离子导体。这两类导体的导电机理是不同的。金属导体是在一定的电位下，金属晶格中的自由电子向一方流动的结果。当电流流过这类导体时，除了它本身可能发热外，不发生任何化学反应。而电解质溶液的导电是依赖正、负两种离子各自沿相反方向迁移以运输电量的结果。当插入电解质溶液中的两个电极之间存在电位差时，离子作定向运动，正离子移向阴极，负离子移向阳极，同时在电极上有化学变化发生。显然，只有电极反应的不断进行才能使电路中的电子不断地作定向运动而导电。离子迁移的速度随温度升高而加快，所以离子导体的导电能力随着温度的升高而增大，与上述的电子导体正好相反。

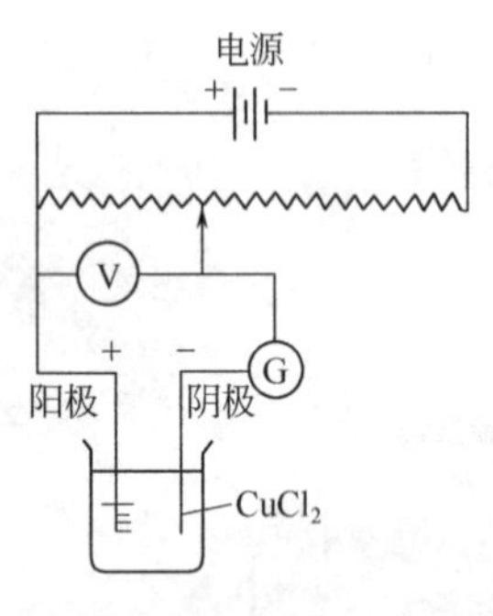

图 7-1 电解池

除电子导体和离子导体外，与导电相关的物体还有半导体、绝缘体，在此不一一赘述。

7.1.2 电能与化学能相互转化装置

7.1.2.1 电解池

电解池是完成电能向化学能转化的装置，如图 7-1 所示。

在电解质溶液（氯化铜水溶液）中放置两个惰性电极（如铂片），并接通外电源（直流电源）。当外加电压调到足够高时，电流表 G 指针发生偏转，说明电路中有电流通过，电解过程开始进行。这时正离子移向阴极，负离子移向阳极，两电极上分别发生如下化学反应（电极反应）：

阴极 $Cu^{2+}+2e \longrightarrow Cu$ 还原反应

阳极 $2Cl^{-} \longrightarrow Cl_2+2e$ 氧化反应

将两式配平电子得失后相加得到电解反应 $Cu^{2+}+2Cl^{-} \longrightarrow Cu+Cl_2$

从以上电极反应可以看出，在阴极得到电源供给的电子，所以阴极总是进行还原作用，如 Cu^{2+}（+2 价）变成 Cu（0 价）；在阳极放出电子流向外电路，所以阳极总是进行氧化作用，如 Cl^{-}（−1 价）变成 Cl_2（0 价）。

7.1.2.2 原电池

将化学反应转变为一个能够产生电流的电池，首要条件是这个化学反应是一个氧化还原反应，其次是给予适当的装置，使反应通过电极来完成。该装置称为原电池，其结构如图 7-2 所示。

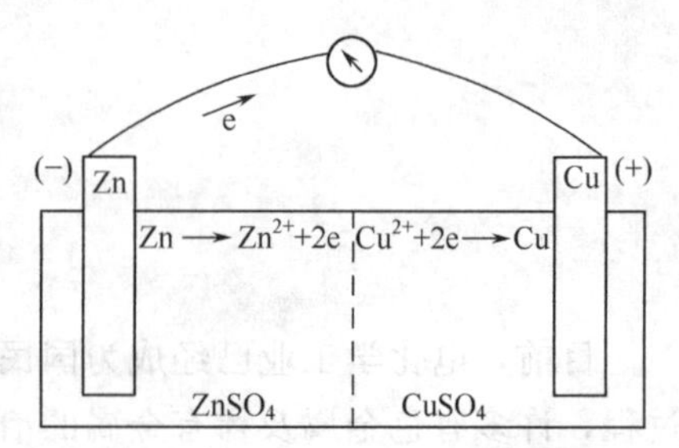

图 7-2 Cu-Zn 原电池装置示意图

图 7-2 中，锌片插入硫酸锌溶液中，构成锌电极；铜片插入硫酸铜溶液中，构成铜电极。两者用一个半透性的隔膜隔开（烧熔玻璃或盐桥），这就构成了铜锌原

电池。当用导线将两个电极接通时，可以看到电流表指针发生偏转。在两个电极上进行如下反应：

锌极　$Zn \longrightarrow Zn^{2+} + 2e$　氧化反应

铜极　$Cu^{2+} + 2e \longrightarrow Cu$　还原反应

将两式配平电子得失后相加得到电池反应　$Cu^{2+} + Zn \longrightarrow Cu + Zn^{2+}$

从以上电极反应可以看出，在锌极上，锌原子放出电子变成 Zn^{2+} 进入溶液，锌电极上积累的电子通过导线流到铜电极上，使 Cu^{2+} 在铜电极上接受电子而析出金属铜，电流的方向与电子流的方向相反，是从铜极流向锌极。原电池的讨论详见 7.5 节。

7.2　电导和摩尔电导率

7.2.1　电导

如前所述，电解质溶液的导电是由于离子迁移和电极反应的结果。下面先说明电解质溶液的导电能力如何表示和测定，以及哪些因素影响其导电能力。

金属的导电能力通常用电阻 R 来衡量，而电解质溶液导电能力的大小，常用电导 G 来表示。电导是电阻的倒数。根据欧姆定律：

$$G = \frac{1}{R} = \frac{I}{U} \tag{7-1}$$

式中，I 为通过导体的电流；U 为电压。电阻的单位是欧姆（Ω），因而电导 G 的单位为 Ω^{-1}。在 SI 制中电导的单位称为西门子，用符号 S 表示，$1S = 1A \cdot V^{-1} = \Omega^{-1}$。研究表明，电解质溶液的电导与两平行电极间的距离 l 成反比，而与电极表面积 A 成正比，即

$$G = \kappa \frac{A}{l} \tag{7-2}$$

式中，κ（读作"卡帕"）为比例常数，称为电导率（亦称比电导）。从式(7-2) 可以看出，电导率的物理意义就是电极之间距离为 1m，电极表面积为 $1m^2$，中间放置 $1m^3$ 电解质溶液的电导，即电导率是指单位体积电解质溶液的电导，如图 7-3 所示。电导率的单位为 $S \cdot m^{-1}$（或 $\Omega^{-1} \cdot m^{-1}$）。

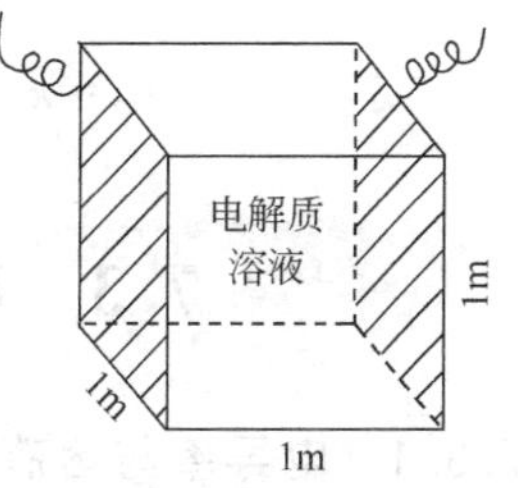

图 7-3　电导率定义示意图

7.2.2　摩尔电导率

用电导率来比较电解质溶液的导电能力的不足之处在于只考虑了电解质溶液的体积，没有考虑电解质的浓度，为此，引入摩尔电导率的概念。

在相距 1m 的两平行板电极之间，盛放含有 1mol 电解质溶液时的电导称为摩尔电导率，用 Λ_m 表示。由于摩尔电导率规定了电解质数量而不论其体积的大小，其次，比较导电能力的对象针对电解质，电解质溶液的导电能力又与相应的离子价态有关，为此需定义电解质化学式的基本单元。例如，HCl 的摩尔电导率 Λ_m（HCl），定义其化学式的基本单元是 HCl；$CuSO_4$ 的摩尔电导率 $\Lambda_m\left(\frac{1}{2}CuSO_4\right)$，其化学式的基本单元是 $\frac{1}{2}CuSO_4$；$Al(NO_3)_3$ 的摩尔电导率 $\Lambda_m\left[\frac{1}{3}Al(NO_3)_3\right]$，其基本单元是 $\frac{1}{3}Al(NO_3)_3$。这样，不仅指定了电解质的含量，同时又将离子数目和离子价态两个因素放在同一标准下比较电解

质溶液的导电能力，比用电导率更为合理。

摩尔电导率和电导率的关系可用图 7-4 来说明。设有 1mol 电解质的溶液，其溶液体积随浓度增大而减小。例如，浓度 c 为 $1\mathrm{mol}\cdot\mathrm{L}^{-1}$ 的 KCl 电解质溶液，其体积恰好为 1000mL；若 KCl 浓度 c 增大至 $2\mathrm{mol}\cdot\mathrm{L}^{-1}$，则根据摩尔电导率的定义，500mL 该溶液的电导即为摩尔电导率。因此，若电解质溶液的浓度为 $c\mathrm{mol}\cdot\mathrm{L}^{-1}$，则其溶液的体积为 $\frac{1000}{c}\mathrm{mL}$ 时即为该电解质溶液的摩尔电导率 Λ_m 了。

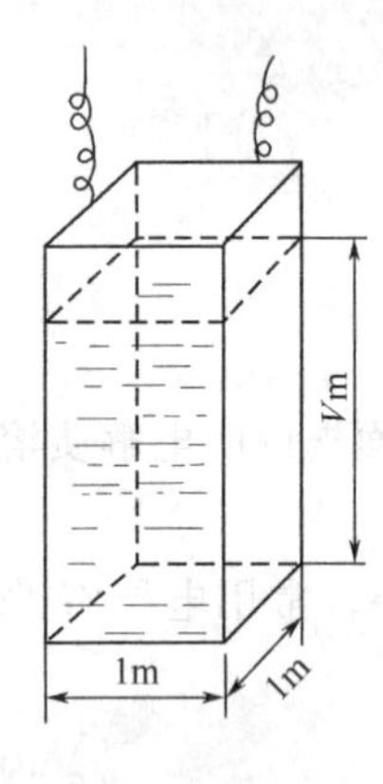

图 7-4 摩尔电导率概念示意图

下面来求摩尔电导率 Λ_m 与 κ 的数量关系。图 7-4 中放置 1mL 电解质溶液，其电导则为该溶液的电导率 κ；如放置 2mL 电解质溶液，其电导则为该溶液的电导率的 2 倍，即为 2κ；如放置 $\frac{1000}{c}\mathrm{mL}$ 电解质溶液，其电导就是摩尔电导率 Λ_m（此溶液中含 1mol 电解质）且等于该溶液电导率的 $\frac{1000}{c}$ 倍，即

$$\Lambda_\mathrm{m}=\kappa\,\frac{1000}{c} \tag{7-3a}$$

若电导率 κ 的单位为 $\mathrm{S}\cdot\mathrm{cm}^{-1}$，浓度 c 的单位为 $\mathrm{mol}\cdot\mathrm{L}^{-1}$，则 Λ_m 的单位为 $\mathrm{S}\cdot\mathrm{cm}^2\cdot\mathrm{mol}^{-1}$。

采用 SI 制单位时上式成为

$$\Lambda_\mathrm{m}=\kappa\,\frac{10^{-3}}{c} \tag{7-3b}$$

式中，κ 的单位为 $\mathrm{S}\cdot\mathrm{m}^{-1}$，$c$ 的单位为 $\mathrm{mol}\cdot\mathrm{L}^{-1}$，因而 Λ_m 的单位为 $\mathrm{S}\cdot\mathrm{m}^2\cdot\mathrm{mol}^{-1}$。

【例 7-1】 测得 298K 时浓度 $c=1.028\times10^{-3}\mathrm{mol}\cdot\mathrm{L}^{-1}$ 的醋酸溶液的电导率 $\kappa=4.95\times10^{-3}\mathrm{S}\cdot\mathrm{m}^{-1}$。求醋酸溶液的摩尔电导率 Λ_m。

解 $$\Lambda_\mathrm{m}=\kappa\,\frac{10^{-3}}{c}=\frac{4.95\times10^{-3}\times10^{-3}}{1.028\times10^{-3}}=4.815\times10^{-3}\ (\mathrm{S}\cdot\mathrm{m}^2\cdot\mathrm{mol}^{-1})$$

或 $$\Lambda_\mathrm{m}=\kappa\,\frac{1}{c}=\frac{4.95\times10^{-3}\mathrm{S}\cdot\mathrm{m}^{-1}}{1.028\mathrm{mol}\cdot\mathrm{m}^{-3}}=4.815\times10^{-3}\mathrm{S}\cdot\mathrm{m}^2\cdot\mathrm{mol}^{-1}$$

7.3 电导率和摩尔电导率与溶液浓度的关系

7.3.1 电导率与溶液浓度的关系

无论是强电解质溶液还是弱电解质溶液，它们的电导率都随着溶液浓度的变化而变化，但是，强电解质和弱电解质的变化规律有所不同，见图 7-5。其一般特点如下。

① 强酸和强碱（均为强电解质）的电导率最大，盐类次之，弱电解质如 HAc 电导率最小。

② 不论强、弱电解质，它们的电导率随浓度的增大先是增大，越过极值后，又随浓度增大而减小。

κ-c 曲线出现极大值说明有两个相互制约的因素影响着电解质溶液的导电能力，那就是溶液中离子的数目和离子间的相互作用力。显然，单位体积溶液中离子数目愈多（即溶液浓度愈大），导电能力愈大，κ 也愈大。相反，离子间相互作用愈强，对离子向电极迁移的牵制愈强，κ 就愈小。

对于强电解质来说，浓度达到每升几摩尔之前，电导率随浓度增大而明显增大，几乎成正比关系。这是因为随着溶液浓度的增加，单位体积溶液中的离子数目不断增加。当浓度超过某个值之后，电导率反而有随着浓度增加而减小的趋势，这是因为溶液中的离子已相当密集，正、负离子间的引力随浓度加大而增大，从而限制了离子的导电能力。

对于弱电解质来说，电导率 κ 显然也随浓度的增大而有所增大，但变化并不显著。这是因为浓度增大时，虽然单位体积溶液中电解质分子数增加了，但电离度却随之减小，因此使离子数增加得并不显著。

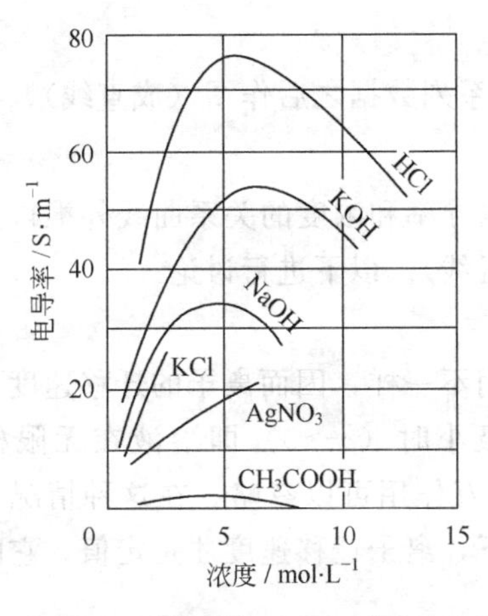

图 7-5　18℃时若干电解质溶液的电导率随浓度的变化曲线

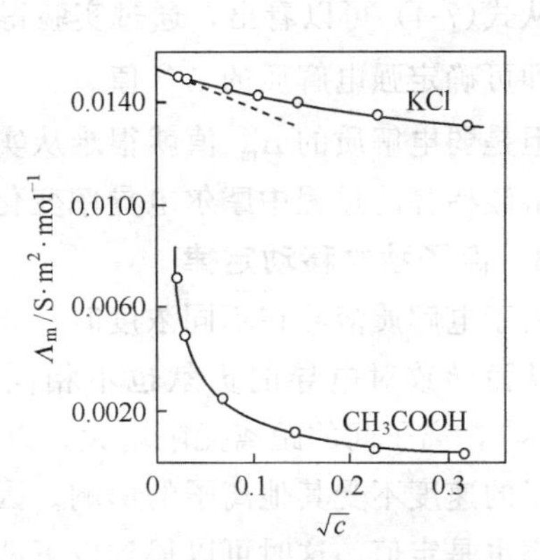

图 7-6　某些电解质在水溶液中的摩尔电导率与浓度的关系（25℃）

7.3.2　摩尔电导率与溶液浓度的关系

与电导率不同，无论是强电解质还是弱电解质，溶液的摩尔电导率 Λ_m 均随浓度的增大而减小。一些电解质的摩尔电导率随浓度变化的规律见图 7-6 和表 7-1。从图 7-6 和表 7-1 可以看出，强电解质与弱电解质的摩尔电导率随浓度变化的规律也是不同的。

表 7-1　一些电解质溶液在 25℃时的摩尔电导率 Λ_m

单位：10^{-4} S·m²·mol⁻¹

c/mol·L⁻¹	NaCl	KCl	NaAc	HCl	HAc	NH_4OH	$\frac{1}{2}CuSO_4$	$\frac{1}{2}H_2SO_4$
0.0000	126.45	149.86	91.0	426.16	390.7	271.4	133.0	429.6
0.0001	—	—	—	—	134.7	93	—	—
0.0005	124.50	147.81	89.2	422.74	67.7	47	120.0	413.1
0.001	123.74	146.95	88.5	421.36	49.2	34	115.0	399.5
0.005	120.65	143.55	85.72	415.80	22.9	16	95.5	364.9
0.01	118.51	141.27	83.76	412.00	16.3	11.3	83.5	336.4
0.02	115.76	138.34	81.24	407.24	11.6	8.0	72.3	308.0
0.05	111.06	133.37	76.92	399.09	7.4	5.1	59.0	272.6
0.10	106.74	128.96	72.80	391.32	—	3.6	51.0	250.8
0.20	101.6	123.9	67.7	379.6	—	—	43.6	234.3
0.50	93.3	117.2	58.6	359.2	—	—	35.3	222.5
1.00	—	111.9	49.1	332.8	—	—	29.0	

对强电解质来说，随着浓度的下降，摩尔电导率 Λ_m 很快接近一极限值——无限稀释时的摩尔电导率 Λ_m^∞（应注意 Λ_m^∞ 不是纯溶剂的 Λ_m）。在浓度较低的范围内（图 7-6 的虚线部分）强电解质的摩尔电导率 Λ_m 与其浓度 c 可看成直线关系，现已归纳出下列经验关系，并称为科尔劳施（Kohlrausch）定律。

$$\Lambda_m = \Lambda_m^\infty - A\sqrt{c} \tag{7-4}$$

式中 Λ_m^∞——无限稀释时溶液的摩尔电导率；

Λ_m——溶液的摩尔电导率；

A——常数，其值由实验测定。

从式(7-4) 可以看出，通过实验得到 Λ_m 与$\sqrt{c}$的一系列数据之后作图（成直线），再用外推法即可确定强电解质的 Λ_m^∞ 值。

但是弱电解质的 Λ_m^∞ 值就很难从实验测得的摩尔电导率和浓度的关系曲线外推得到，因为在溶液稀释的过程中摩尔电导率变化太大（纵轴渐近线）。以下进行讨论。

7.3.3 离子独立移动定律

由于电解质溶液在不同浓度时，离子间的相互作用不一样，因而离子的迁移速度也不一样，从而导致对电导的贡献也不相同。只有在浓度极小时（$c \to 0$）即溶液在无限稀释时（$V \to \infty$），离子间的距离无限增大，以至于离子间的相互作用可以忽略。在这种情况下，各个离子的速度不受其他离子的影响。因而在一定温度下，离子迁移速度才是定值，它的摩尔电导率也是定值。这时可以得到以下两个结论。

(1) 溶液的极限摩尔电导率可以看作是正、负离子的极限摩尔电导率之和，即

$$\Lambda_m^\infty = \Lambda_{m+}^\infty + \Lambda_{m-}^\infty \tag{7-5}$$

式中，Λ_{m+}^∞、Λ_{m-}^∞ 分别称为正、负离子的极限摩尔电导率。该关系式叫作离子独立运动定律。

表 7-2 列出的一些强电解质的极限摩尔电导率实验数据可作为这个定律的印证。

表 7-2 25℃时某些强电解质的极限稀释摩尔电导率 Λ_m^∞

电解质	$\Lambda_m^\infty/S \cdot m^2 \cdot mol^{-1}$	差值/$S \cdot m^2 \cdot mol^{-1}$	电解质	$\Lambda_m^\infty/S \cdot m^2 \cdot mol^{-1}$	差值/$S \cdot m^2 \cdot mol^{-1}$
KCl	0.014986	34.83×10^{-4}	HCl	0.042616	4.7×10^{-4}
LiCl	0.011503		HNO_3	0.04215	
$KClO_4$	0.014004	34.06×10^{-4}	KCl	0.014986	4.9×10^{-4}
$LiClO_4$	0.010598		KNO_3	0.014496	
KNO_3	0.01450	34.9×10^{-4}	LiCl	0.011503	4.93×10^{-4}
$LiNO_3$	0.01101		$LiNO_3$	0.01101	

由表 7-2 中数据可以看出，具有相同负离子的钾盐和锂盐溶液的极限摩尔电导率 Λ_m^∞ 之差为 $34.9\times10^{-4} S \cdot m^2 \cdot mol^{-1}$，与负离子的本性无关。同样，具有相同正离子的氯化物和硝酸盐的 Λ_m^∞ 之差为 $4.9\times10^{-4} S \cdot m^2 \cdot mol^{-1}$，也与正离子的本性无关。这些事实表明，在无限稀释时每一种离子对摩尔电导率的贡献是个定值，与其共存的离子的性质无关。表 7-3 列出了一些离子在 25℃时的极限摩尔电导率 Λ_m^∞。

利用离子独立运动定律和一些有关的强电解质溶液的值，可以间接推算弱电解质溶液的极限摩尔电导率 Λ_m^∞。

表 7-3 25℃时无限稀释水溶液中某些离子的摩尔电导率

正离子	$\Lambda_{m+}^{\infty}\times10^4$/S·m²·mol⁻¹	负离子	$\Lambda_{m-}^{\infty}\times10^4$/S·m²·mol⁻¹
H^+	349.82	OH^-	198.0
Li^+	38.69	Cl^-	76.34
Ni^+	50.11	Br^-	78.4
K^+	73.52	I^-	76.8
NH_4^+	73.4	NO_3^-	71.44
Ag^+	61.92	CH_3COO^-	40.9
$\frac{1}{2}Ca^{2+}$	59.50	ClO_4^-	68.0
$\frac{1}{2}Ba^{2+}$	63.64	$\frac{1}{2}SO_4^{2-}$	79.8
$\frac{1}{2}Mg^{2+}$	53.06	$\frac{1}{2}CO_3^{2-}$	83.00

【例 7-2】 根据表 7-2 和表 7-3 的数据用两种方法求弱电解质 HAc 的极限摩尔电导率 Λ_m^{∞}。

解 ① 查表 7-3 得 $\Lambda_m^{\infty}(H^+)=0.034982S\cdot m^2\cdot mol^{-1}$，$\Lambda_m^{\infty}(Ac^-)=0.00409S\cdot m^2\cdot mol^{-1}$，所以 $\Lambda_m^{\infty}(HAc)=\Lambda_m^{\infty}(H^+)+\Lambda_m^{\infty}(Ac^-)=0.034982+0.00409=390.72\times10^{-4}$ $(S\cdot m^2\cdot mol^{-1})$

② 查表 7-2 得 $\Lambda_m^{\infty}(HCl)=426.2\times10^{-4}S\cdot m^2\cdot mol^{-1}$，$\Lambda_m^{\infty}(KCl)=149.9\times10^{-4}S\cdot m^2\cdot mol^{-1}$

查表 7-3 得 $\Lambda_m^{\infty}(K^+)=0.007352S\cdot m^2\cdot mol^{-1}$，$\Lambda_m^{\infty}(Ac^-)=0.00409S\cdot m^2\cdot mol^{-1}$，则

$$\Lambda_m^{\infty}(KAc)=\Lambda_m^{\infty}(K^+)+\Lambda_m^{\infty}(Ac^-)=114.42\times10^{-4}S\cdot m^2\cdot mol^{-1}$$

所以$\Lambda_m^{\infty}(HAc)$

$=\Lambda_m^{\infty}(H^+)+\Lambda_m^{\infty}(Ac^-)$

$=[\Lambda_m^{\infty}(H^+)+\Lambda_m^{\infty}(Cl^-)]+[\Lambda_m^{\infty}(K^+)+\Lambda_m^{\infty}(Ac^-)]-[\Lambda_m^{\infty}(K^+)+\Lambda_m^{\infty}(Cl^-)]$

$=\Lambda_m^{\infty}(HCl)+\Lambda_m^{\infty}(KAc)-\Lambda_m^{\infty}(KCl)=(426.2+114.42-149.9)\times10^{-4}$

$=390.72\ (S\cdot m^2\cdot mol^{-1})$

计算结果表明，两种计算方法结果是一致的。

(2) 用极限摩尔电导率比较电解质溶液的导电能力，不仅考虑到离子的数量而且考虑到离子之间作用力的影响，因此用极限摩尔电导率比较导电能力是最为合理的。

7.4 电导的测定及其应用

7.4.1 电导的测定

电导是电阻的倒数，因此可通过测定电解质溶液的电阻来得到电导。图 7-7 是测量电解质溶液电阻的惠斯顿电桥示意图。

图 7-7 中 S 是交流电源，其频率为 1000～2500Hz；M 是装有待测电解质溶液的电导池，设其电阻为 R；R_1 为可变电阻；K 为用以抵消电导池电容的可变电容；AB 为一均匀的滑线电阻；T 为耳机或示波器。通电后，移动接触点 C 直到耳机中声音最小或示波器屏幕上

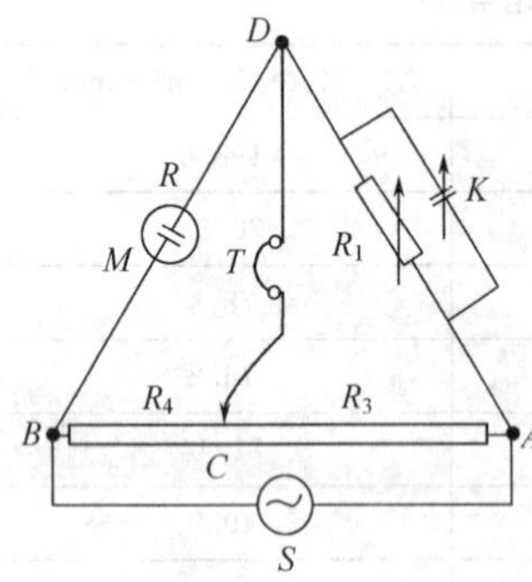

图 7-7　惠斯顿电桥示意图

无波形为止，这时 D、C 两点的电位相等，在 DC 导线上没有电流通过，因此 G 可由下式算出：

$$G=\frac{1}{R}=\frac{R_3}{R_4R_1}=\frac{AC}{CB}\times\frac{1}{R_1}$$

式中，R_1、AC 和 CB 都是从实验中测得的数值。

但是仅测定了电导池中溶液的电导还不能算出其电导率。由式(7-1) 和式(7-2) 可得式(7-6)。

$$\kappa=\frac{1}{R}\times\frac{1}{A}=\frac{1}{R}\times K_{cell} \quad (7\text{-}6)$$

式中，电导池的电极面积 A 和电极之间的距离 l 的数值很难由实验直接测得，通常是由已知电导率的溶液间接地求出该电导池的 $\frac{l}{A}$ 比值。这个比值称为电导池常数，用 K_{cell} 表示。不同的电导池有不同的 K_{cell}，只要求出 K_{cell}，就可按式(7-6) 求出待测溶液的电导率 κ。将所得 κ 值代入式(7-3)，便可计算溶液的摩尔电导率 Λ_m。

用来测求电导池常数的溶液通常是 KCl 水溶液，不同浓度 KCl 水溶液的电导率数据列于表 7-4。

表 7-4　不同浓度 KCl 水溶液的电导率

c/mol·L^{-1}	1000g H_2O 中 KCl 的质量/g	电导率 κ/S·m^{-1}		
		0℃	18℃	25℃
0.01	0.74625	0.07751	0.1227	0.14114
0.10	7.47896	0.7154	1.1192	1.2886
1.00	76.6276	6.543	9.820	11.173

【例 7-3】 25℃时用交流电桥法测得 0.001mol·L^{-1} $AgNO_3$ 溶液的电阻为 $1.890\times10^4\Omega$。该电导池充满 0.01mol·L^{-1}的 KCl 溶液时，测得其电阻为 1749Ω。试计算：

(1) 电导池常数 K_{cell}；

(2) $AgNO_3$ 溶液的电导率 κ；

(3) $AgNO_3$ 溶液的摩尔电导率 Λ_m。

解　(1) 用已知电导率的 KCl 溶液计算 K_{cell}。

查得 25℃时 0.01mol·L^{-1}KCl 溶液的 $\kappa'=0.14114$S·m^{-1}，则根据式(7-6) 得

$$K_{cell}=\kappa'R=0.14114\times1749=246.85\ (\text{m}^{-1})$$

(2) 0.001mol·L^{-1} $AgNO_3$ 溶液的电导率为

$$\kappa=\frac{1}{R}\times K_{cell}=\frac{1}{1.890\times10^4}\times246.85\approx1.31\times10^{-2}\ (\text{S}\cdot\text{m}^{-1})$$

(3) 0.001mol·L^{-1} $AgNO_3$ 溶液的摩尔电导率为

$$\Lambda_m=\kappa\frac{10^{-3}}{c(AgNO_3)}=1.31\times10^{-2}\times\frac{10^{-3}}{0.001}=1.31\times10^{-2}\ (\text{S}\cdot\text{m}^2\cdot\text{mol}^{-1})$$

由本例可以看出，测定溶液的摩尔电导率要经过下列几个步骤。

① 测定已知电导率的 KCl 溶液的电导；

② 计算出电导池常数 K_{cell}；

③ 在相同条件下测定待测溶液的电导；

④ 由电导池常数 K_{cell} 计算待测溶液的电导率；

⑤ 由待测溶液的物质的量浓度和电导率计算出待测溶液的摩尔电导率。

7.4.2 计算弱电解质的电离度和电离常数

电导测定可用于计算弱电解质的电离度。弱电解质的极限摩尔电导率 Λ_m^∞ 反映了该电解质完全电离且离子间没有相互作用力时的导电能力，而一定浓度下的摩尔电导率 Λ_m 则反映了弱电解质部分电离且所产生离子间存在一定作用力时的导电能力。Λ_m 和 Λ_m^∞ 的区别可近似地看成是弱电解质部分电离与完全电离时所产生离子数目不同而造成的，因此有

$$\frac{\Lambda_m}{\Lambda_m^\infty}=\alpha \tag{7-7}$$

设弱电解质为 1-1 价型（如 HAc、NH_4OH 等）。若 c 为弱电解质的原始浓度，则可求出弱电解质的电离常数。

$$K_c=\frac{c\alpha^2}{1-\alpha} \tag{7-8}$$

【例 7-4】 25℃时实验测得浓度为 $0.07369\mathrm{mol\cdot L^{-1}}$ 的 HAc 溶液的摩尔电导率，$\Lambda_m=6.086\times10^{-4}\mathrm{S\cdot m^2\cdot mol^{-1}}$，而 HAc 的极限摩尔电导率已算出，为 $\Lambda_m^\infty=390.72\times10^{-4}\mathrm{S\cdot m^2\cdot mol^{-1}}$。求：

（1）HAc 的电离度 α；

（2）HAc 的电离常数 K_c。

解 （1）根据式(7-7) 有

$$\alpha=\frac{\Lambda_m}{\Lambda_m^\infty}=\frac{6.086\times10^{-4}}{390.72\times10^{-4}}=1.56\%$$

（2）HAc 的电离常数为

$$K_c=\frac{c\alpha^2}{1-\alpha}=\frac{0.07369\times0.0156^2}{1-0.0156}=1.82\times10^{-5}$$

7.4.3 计算难溶盐的溶解度

用电导测定的方法可以计算出难溶盐（如 AgCl、$BaSO_4$ 等）的溶解度。举例如下。

【例 7-5】 25℃时测得 AgCl 饱和溶液的电导率是 $3.41\times10^{-4}\mathrm{S\cdot m^{-1}}$，纯水的电导率为 $\kappa=1.6\times10^{-4}\mathrm{S\cdot m^{-1}}$。求：

（1）AgCl 的电导率 κ；

（2）AgCl 的溶解度 c；

（3）AgCl 的溶度积。

解 （1）由于 AgCl 是难溶盐，在纯水中溶解度极小，所以 AgCl 饱和水溶液的电导率为 $\kappa_{饱和}=\kappa_{水}+\kappa_{AgCl}$。则

$$\kappa_{AgCl}=3.41\times10^{-4}-1.6\times10^{-4}=1.81\times10^{-1}(\mathrm{S\cdot m^{-1}})$$

（2）查表 7-3 得 $\Lambda_m^\infty(Ag^+)=61.92\times10^{-4}\mathrm{S\cdot m^2\cdot mol^{-1}}$，$\Lambda_m^\infty(Cl^-)=76.34\times10^{-4}\mathrm{S\cdot m^2\cdot mol^{-1}}$，则

$$\Lambda_m^\infty(AgCl)=61.92\times10^{-4}+76.34\times10^{-4}=138.26\times10^{-4}\ (\mathrm{S\cdot m^2\cdot mol^{-1}})$$

则 AgCl 的溶解度为

$$c(AgCl)=\frac{\kappa(AgCl)}{\Lambda_m^\infty(AgCl)}=\frac{1.81\times10^{-4}}{138.26\times10^{-4}}=1.31\times10^{-2}\ (\mathrm{mol\cdot m^{-3}})$$

(3) AgCl 的溶度积为

$$K_{sp}(AgCl)=c(Ag^{+})c(Cl^{-})=(1.31\times10^{-2})^{2}=1.72\times10^{-4}$$

7.5 原 电 池

以上讨论了电解质溶液的性质及其行为，这是电化学领域内一个十分重要的问题，因为任何一种电化学装置（电池、电解池、电镀池等）都是由电解液和电极两个基本部分组成的，研究电解质溶液的规律性可为电化学工艺条件的选择提供理论依据。下面讨论电极上进行的反应。在电极与溶液界面上的反应，可以可逆方式进行，也可以不可逆方式进行。当以可逆方式进行时，用热力学方法处理，问题被大大简化。当以不可逆方式进行时，则主要用动力学方法处理。因此前面论述的化学热力学的一般原理，是研究电化学的理论基础。

先用电池这种装置来讨论电极反应以可逆方式进行时所具有的一些规律，然后简要讨论不可逆电极反应的问题。

7.5.1 原电池的电动势

金属锌在含有铜离子的溶液中将发生以下氧化还原反应：

$$Zn+Cu^{2+}\longrightarrow Zn^{2+}+Cu \qquad \text{(自发反应)}$$

如果将该反应设计成电池（见图 7-2)，则反应的化学能转化为电能，并具有对外做功的能力。原电池做功能力的大小取决于电池电动势 E。

上述铜锌原电池中铜电极和锌电极的电极电位不相等，即两极之间存在着电位差，该电位差由下列因素构成，现分述如下。

图 7-8 双电层

7.5.1.1 电极电位

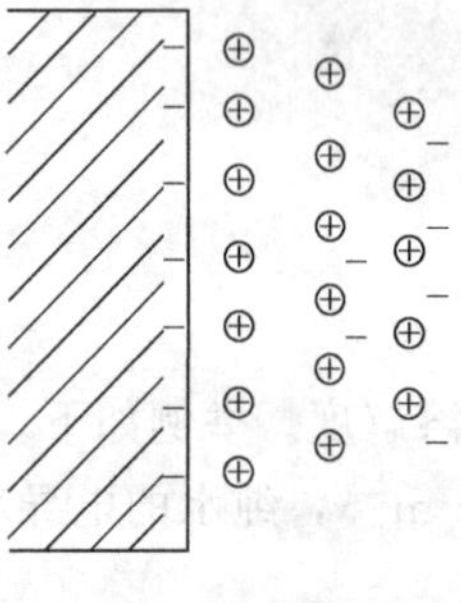

一般电极都是由金属及电解质溶液构成的。当金属锌片浸入水中时，由于极性很强的水分子与构成晶格的锌离子相互吸引而发生水化作用，结果使一部分锌离子脱离锌片表面形成水化离子进入水中。一个锌离子进入水中时，就有两个电子留在金属锌片上，其反应如下：

$$Zn\longrightarrow Zn^{2+}+2e$$

这时锌片上由于电子过剩而带负电，水中锌离子较多而带正电，从而形成双电层。随着锌片的不断溶解，其逆过程锌离子受锌片上负电荷的吸引而沉积逐步加速，当溶解与沉积速度相等时达到平衡，即

$$Zn\underset{\text{沉积}}{\overset{\text{溶解}}{\rightleftharpoons}}Zn^{2+}+2e$$

此时两相界面上的双电层也趋于稳定，见图 7-8。

把双电层之间所产生的电位差称为电极电位。电极电位用符号 φ 表示，其值与金属性质、电解质溶液的浓度及温度有关。

7.5.1.2 液接电位

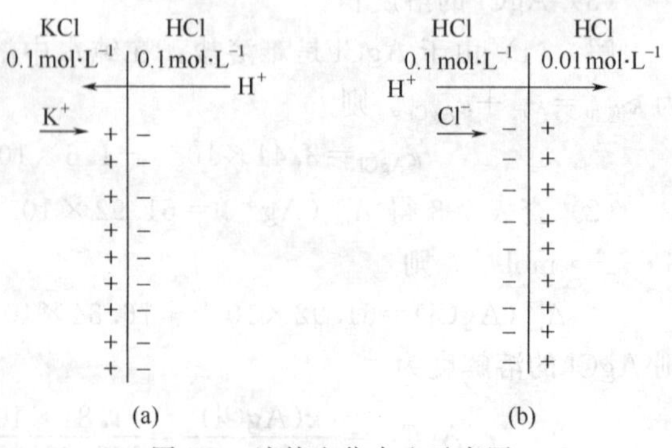

图 7-9 液接电位产生示意图

在两种含有不同溶质的溶液的界面上，或者两种溶质相同而浓度不同的溶液界面

上，由于离子迁移速度不同，在隔膜两边逐渐形成双电层。待这种迁移达到平衡时，双电层所形成的电位称为液接电位（又称扩散电位），见图 7-9。

液接电位一般不超过 0.03V，数值虽小，但因其不稳定，不易准确重复测得，因而影响原电池电动势 E 的准确性。常采用盐桥法消除液接电位，盐桥装置见图 7-10。

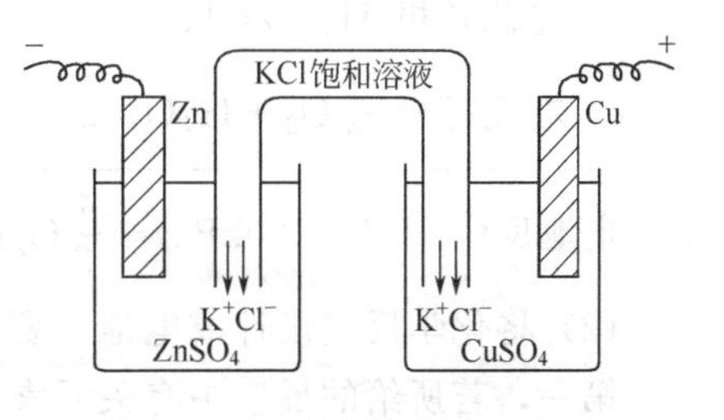

图 7-10　装有盐桥的电池

盐桥一般是用饱和 KCl 溶液（加入琼脂使之成冻胶状）装在倒置的 U 形管内，放在两个溶液之间，以代替原来两个溶液直接接触。由于 K^+ 和 Cl^- 迁移速度十分相近，代替了原来迁移速度不同的两种离子，从而使液接电位最大程度地得到消除。应当注意：如果作为电极的电解质溶液（如 $AgNO_3$）能与盐桥中的 KCl 发生反应，则应改用硝酸铵（NH_4NO_3）饱和溶液作盐桥。

7.5.1.3　接触电位

两种金属相接触时，在界面上产生的电位差称为接触电位。这是因为不同金属的电子逸出能力不同，当两种金属相互接触时，相互逸入的电子数目不相等形成双电层所致。但一般其数值很小，可以忽略不计。

综上所述，原电池的电动势在不考虑接触电位和用盐桥使液接电位减到最小的情况下，可写成下式：

$$E=\varphi_+-\varphi_- \tag{7-9}$$

式中，φ_+ 和 φ_- 分别为原电池中正极和负极的电极电位。

7.5.2　电池的表示方法

7.5.2.1　电池的书写方法

电池的表示不用画如图 7-2 之类的图形，一般采用下列方法书写。

① 发生氧化作用的负极（阳极）写在左方，发生还原作用的正极（阴极）写在右方。

② 在电极或电池组成部分中，凡是两相界面处或两种不同溶液之间的界面都用竖线“|”或用“,”表示。两溶液间用盐桥跨接时，其界面处用双竖线“‖”表示。

③ 书写电池时，将电解质溶液置于两极中间位置，即左边写成 $M|M^{n+}$，右边写成 $M^{n+}|M$，当气体或金属不等价离子作电极时要写出代替它作导体的惰性金属（指不参加反应），通常为 Pt（金属铂）。

④ 电池中的各物质要注明聚集态（气、液或固），并注明浓度（或气体分压）。

7.5.2.2　电池表示式与电池反应的“互译”

（1）由电池表示式写出电池反应　要写出一个电池表示式所对应的化学反应，只需分别写出左侧电极（负极）发生氧化作用和右侧电极（正极）发生还原作用的电极反应（配平电子得失），并将二者相加即可。

【例 7-6】 写出下列电池的电极反应和电池反应：

① $Pt|Sn^{4+}(1mol\cdot L^{-1}),\ Sn^{2+}(1mol\cdot L^{-1})\|Cu^{2+}(1mol\cdot L^{-1})|Cu$

② $Pt|H_2(g,100kPa)|NaOH(0.1mol\cdot L^{-1})|O_2(g,100kPa)|Pt$

解　① 左侧负极 $Sn^{2+}-2e\longrightarrow Sn^{4+}$　　（氧化作用）

$+$右侧正极 $Cu^{2+}+2e\longrightarrow Cu$　　（还原作用）

电池反应 $Sn^{2+}(1mol\cdot L^{-1})+Cu^{2+}(1mol\cdot L^{-1})\longrightarrow Cu+Sn^{4+}(1mol\cdot L^{-1})$

② 左侧负极 $H_2+2OH^- -2e \longrightarrow 2H_2O$

$+$ 右侧正极 $\frac{1}{2}O_2+H_2O+2e \longrightarrow 2OH^-$

电池反应 $H_2(g,100kPa)+\frac{1}{2}O_2(g,100kPa) \longrightarrow H_2O(l)$

(2) 将化学反应设计成电池　要将一个化学反应设计成电池有两种情况。

第一，若所给的反应中有关元素的氧化态在反应前后有变化，例如：

$$Zn+Cd^{2+} \longrightarrow Zn^{2+}+Cd \quad 及 \quad Pb+HgO \longrightarrow PbO+Hg$$

则可将发生了氧化作用的元素所对应的电极作负极，写于左侧，发生了还原作用的元素所对应的电极作正极，写于右侧。

第二，若所给的反应中各有关元素的氧化态在反应前后无变化，例如 $Ag^+ + I^- \longrightarrow AgI$ (s)，则应根据反应物和产物的种类先确定出所用的一个电极，再用该电极反应与电池反应之差确定另一电极。电池设计好之后，再验证反应，以判断设计是否正确。

【例 7-7】 将反应 $Ag^+ + I^- \longrightarrow AgI$ (s) 设计成电池。

解　本反应中有关元素的氧化态无变化。

方法 1：根据常用电极种类（见 7.6.2 节）可以看出，反应式中有 AgI 和 I^-，应有一个难溶盐电极 $Ag|AgI(s)|I^-$，电极反应为

$$Ag+I^- -e \longrightarrow AgI$$

所以该电极反应与所给电池反应之差为

$$\begin{array}{rl} \text{电池反应} & Ag^+ + I^- \longrightarrow AgI \\ - \ \text{电极反应} & Ag+I^- \longrightarrow AgI+e \\ \hline & Ag^+ + e \longrightarrow Ag \end{array}$$

其差值为银电极。所以可将反应设计成下列电池：

$$(-)Ag|AgI(s)|I^- \parallel Ag^+|Ag(+)$$

复核：

$$\begin{array}{rll} \text{负极} & Ag^+ + I^- - e \longrightarrow AgI & \text{氧化作用} \\ + \ \text{正极} & Ag^+ + e \longrightarrow Ag & \text{还原作用} \\ \hline & Ag^+ + I^- \longrightarrow AgI & \text{电池反应} \end{array}$$

方法 2：当电池反应为难溶盐溶解时（逆过程为沉淀反应），一般将反应式两边同时加上该难溶盐中的金属单质。

本例中为 Ag，则电池反应为

$$Ag^+ + Ag + I^- \longrightarrow AgI + Ag$$

很容易看出该反应所对应的两个电极，其对应的电池为

$$(-)Ag|AgI(s)|I^- \parallel Ag^+|Ag(+)$$

7.6　原电池电动势的测定

7.6.1　可逆电池

将化学能转变为电能的装置称为原电池。如果这种转化是以热力学上的可逆方式进行的，则体系吉氏函数的减少 $\Delta G_{T,p}$ 等于体系所做的最大电功 W'_R（$-\Delta G_{T,p}=-W'_R$），此时电

池两电极之间的电位差可达到最高值，称为可逆电池的电动势 E。因此有以下关系：

$$-\Delta G_{T,p}=-W'_{R}=nFE \tag{7-10}$$

研究可逆电池的电动势一方面可以揭示一个反应的化学能转变为电能的最高极限，从而为改善电池性能提供依据；另一方面，也为解决热化学问题提供了电化学的手段和方法，如通过测原电池电动势 E 随温度的变化$\left(\frac{dE}{dT}\right)_p$，从而求反应热效应等，该部分内容本教材不作讨论。

可逆电池必须具备以下两个条件。

① 电池放电时进行的反应与充电时进行的反应必须互为逆反应。

如图 7-11(a) 所示，电池 1 中的 $E_{外}$ 为一可调节的外加电动势。

a. 当 $E>E_{外}$ 而放电时：

$$\begin{array}{lll} & 锌极 & Zn-2e \longrightarrow Zn^{2+} \\ + & 铜极 & Cu^{2+}+2e \longrightarrow Cu \\ \hline & 放电反应 & Zn+Cu^{2+} \longrightarrow Zn^{2+}+Cu \end{array}$$

b. 当 $E<E_{外}$ 而充电时：

$$\begin{array}{lll} & 锌极 & Zn^{2+}+2e \longrightarrow Zn \\ + & 铜极 & Cu-2e \longrightarrow Cu^{2+} \\ \hline & 充电反应 & Zn^{2+}+Cu \longrightarrow Zn+Cu^{2+} \end{array}$$

可见电池 1 的充放电反应为可逆反应。

如图 7-11(b)所示的电池 2。

a. 当 $E>E_{外}$ 而放电时：

$$\begin{array}{lll} & 锌极 & Zn-2e \longrightarrow Zn^{2+} \\ + & 铜极 & 2H^{+}+2e \longrightarrow H_2 \\ \hline & 放电反应 & Zn+2H^{+} \longrightarrow Zn^{2+}+H_2 \end{array}$$

b. 当 $E<E_{外}$ 而充电时：

$$\begin{array}{lll} & 锌极 & 2H^{+}+2e \longrightarrow H_2 \\ + & 铜极 & Cu-2e \longrightarrow Cu^{2+} \\ \hline & 充电反应 & Cu+2H^{+} \longrightarrow Cu^{2+}+H_2 \end{array}$$

可见电池 2 的充放电反应并非可逆反应，因此后者不可能是可逆电池。

② 电池充电和放电时 E 与 $E_{外}$ 只相差无限小量，即符合 $E_{外}=E\pm dE$，通过的电流为无限小，此时不会有电能不可逆地转化成热的现象发生，符合热力学可逆的条件。只有同时满足上述两个条件的电池才是可逆电池。

7.6.2 可逆电极的种类

一个电池总是由两个电极构成的。构成可逆电池的电极本身也必须是可逆电极。可逆电极主要有以下三种类型。

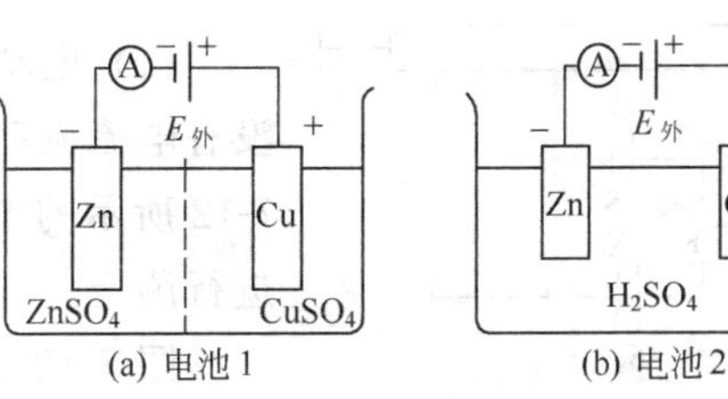

图 7-11 电池与外加电动势并联

(1) 第一类电极 这类电极包括金属电极、氢电极、氧电极及卤素电极。金属电极

是将金属浸在含有该种金属离子的溶液中构成的，以符号 $M|M^{n+}$ 表示。电极反应为

$$M^{n+}+ne \rightleftharpoons M$$

氢电极、氧电极和氯电极，分别是将被 H_2、O_2、Cl_2 气流冲击着的铂片浸入含有 H^+、OH^-、Cl^- 的溶液中构成的，分别用符号“Pt，$H_2|H^+$”或“Pt，$H_2|OH^-$”、“Pt，$O_2|OH^-$”或“Pt，$O_2|H^+$”以及“Pt，$Cl_2|Cl^-$”来表示。其电极反应分别为

$$2H^+ +2e \rightleftharpoons H_2\text{(酸性介质)} \quad \text{或} \quad 2H_2O+2e \rightleftharpoons H_2+2OH^-\text{(碱性介质)}$$

$$O_2+2H_2O+4e \longrightarrow 4OH^-\text{(碱性介质)} \quad \text{或} \quad O_2+4H^+ +4e \longrightarrow 2H_2O\text{(酸性介质)}$$

$$Cl_2+2e \longrightarrow 2Cl^-$$

(2) 第二类电极　这类电极是由金属、该金属的难溶盐（覆盖于金属之上）浸入与该难溶盐有相同阴离子的易溶盐中所构成的。例如，“$Ag|AgCl(s)|Cl^-$”电极、“$Pb|PbSO_4(s)|SO_4^{2-}$”电极均属此类。电极反应分两步：

$$
\begin{array}{lll}
\text{第一步} & & AgCl(s) \longrightarrow Ag^+ +Cl^- \\
\text{第二步} & + & Ag^+ +e \longrightarrow Ag \\
\hline
\text{电极反应} & & AgCl+e \longrightarrow Ag+Cl^-
\end{array}
$$

依此方法

$$
\begin{array}{lll}
 & & PbSO_4 \longrightarrow Pb^{2+} +SO_4^{2-} \\
 & + & Pb^{2+} +2e \longrightarrow Pb \\
\hline
\text{电极反应} & & PbSO_4+2e \longrightarrow Pb+SO_4^{2-}
\end{array}
$$

金属与其难溶氧化物电极也属于这类电极。常见的如氧化汞电极：

$$Hg|HgO(s)|OH^-(H_2O) \quad \text{(碱性介质)}$$

电极反应

$$HgO+H_2O+2e \longrightarrow Hg+2OH^-$$

$$Hg|HgO(s)|H^+(H_2O) \quad \text{(酸性介质)}$$

电极反应

$$HgO+2H^+ +2e \longrightarrow Hg+H_2O$$

(3) 第三类电极　这类电极是由惰性金属（如铂片）插入含有某种离子的两种不同氧化态的溶液中所构成的，称为氧化还原电极，例如“Pt，$Fe^{3+}|Fe^{2+}$”电极、“Pt，$Sn^{4+}|Sn^{2+}$”电极等。其电极反应分别为

$$Fe^{3+} +e \longrightarrow Fe^{2+} \qquad Sn^{4+} +2e \longrightarrow Sn^{2+}$$

应该注意：

① 以上所有电极反应都写成得电子的还原作用，即正极反应；若为负极则写出对应的逆反应即可（电极反应可逆）。

② 无论是气体电极还是氧化还原电极中的惰性金属铂片，都不参与反应，但书写电池时要明确写出。

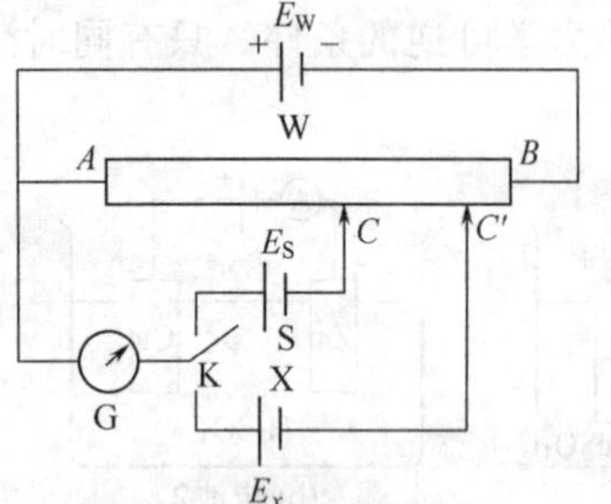

图 7-12　对消法测电池电动势

7.6.3　电动势的测定

(1) 电动势测定的原理　测定电池电动势，需在电池内没有电流流动的状态下测定两极间的电位差。为此，用如图 7-12 所示的电位差计，并用坡根多夫（Poggendorff）对消法进行测定。

图 7-12 中 W 是工作电池，常用铅蓄电池；G 为检流计；S 为标准电池（此后介绍）；X 为待测电动势的电池。先将开

关 K 调到电池 S，沿均匀的电阻线 AB 移动接触点，找出检流计上没有电流通过的点 C。设电池 W、S、X 的电动势分别为 E_W、E_S、E_x，此时符合下列关系式：

$$\frac{E_W}{AB\text{ 的电阻}}=\frac{E_S}{AC\text{ 的电阻}}$$

然后将开关调到 E_x 后再求出检流计上无电流通过的 C' 点，此时有

$$\frac{E_W}{AB\text{ 的电阻}}=\frac{E_x}{AC'\text{的电阻}}$$

则由上两式得

$$\frac{E_x}{E_S}=\frac{AC'\text{的电阻}}{AC\text{ 的电阻}}=\frac{AC'\text{的长度}}{AC\text{ 的长度}}$$

因 E_S 有精确值，故可通过上式求得 E_x。实验测定时，直接从电位差计上读得 E 值而不必进行上述计算。在实验时需保证 $E_W > E_S$。

(2) 标准电池　用对消法测定电池电动势时，通常需要一种已知电动势且电动势稳定的电池——标准电池 (S)。韦斯顿 (Wenston) 电池是常用的一种标准电池（镉汞电池），如图 7-13 所示。

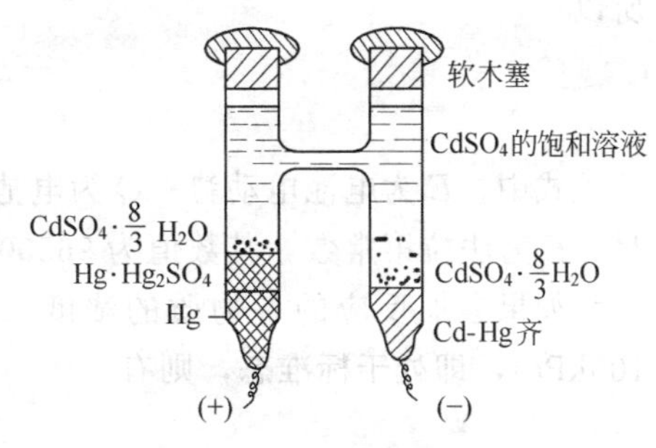

图 7-13　标准镉电池

该电池的正极是汞和硫酸亚汞（Hg_2SO_4）的糊状体，负极是镉汞齐（含 12.5% Cd 的镉汞齐），在镉汞齐和糊状体的上面分别都放有 $CdSO_4\cdot\frac{8}{3}H_2O$ 的晶体及相应的饱和溶液，为了使正极中的糊状体与引入的导线接触得更紧密，再加些水银。电池式为

(−)Cd(含 12.5% Cd 的镉汞齐)|$CdSO_4\cdot\frac{8}{3}H_2O$(s)|$CdSO_4$ 饱和溶液|Hg_2SO_4(s)|Hg(+)

电极反应：

负极　　　　　Cd(镉汞齐)$\longrightarrow Cd^{2+}+2e$

正极　　　　　$Hg_2SO_4(s)+2e\longrightarrow 2Hg(l)+SO_4^{2-}$

电池反应　　　Cd(镉汞齐)$+Hg_2SO_4\longrightarrow Cd^{2+}+SO_4^{2-}+2Hg$

这个标准电池是可逆的，并且电动势很稳定，在 20℃ 时 $E_S=1.01830$V，在 25℃ 时 $E_S=1.01807$V。在其他温度时，电动势可按下式算得：

$$E_S=1.01830-4.06\times10^{-5}(t-20)-9.5\times10^{-7}(t-20)^2$$

式中，t 为摄氏温度。

7.7　能斯特方程式

7.7.1　电池反应的能斯特方程式

设下列可逆电池 Pt，$H_2(p_1)$|$HCl(c_1)$|$Cl_2(p_2)$，Pt 在一定温度和压力下，当电池产生 1F 的电流时，电极上的反应为

负极　　　　　$\frac{1}{2}H_2(p_1)\longrightarrow H^+(c_1)+e$

正极 $\frac{1}{2}Cl_2(p_2)+e \longrightarrow Cl^-(c_1)$

电池反应 $\frac{1}{2}H_2(p_1)+\frac{1}{2}Cl_2(p_2) \longrightarrow H^+(c_1)+Cl^-(c_1)$

根据化学反应恒温方程式，上述反应的 ΔG 为

$$\Delta G=\Delta G^{\ominus}+RT\ln\frac{\bar{c}_{H^+}\bar{c}_{Cl^-}}{(\bar{p}_{H_2})^{1/2}(\bar{p}_{Cl_2})^{1/2}} \tag{7-11}$$

在第3章介绍吉氏函数 G 的增量的物理意义时，曾指出恒温恒压下体系吉氏函数的减少等于体系在可逆过程中所做的最大非体积功，即。$-\Delta G_{T,p}=-W'_R$。此处 W'_R 指的是最大电功。已知

电功(J)＝电量(C)×电动势(V)

所以

$$-\Delta G_{T,p}=-W'_R=QE$$

$$-\Delta G_{T,p}=nFE \tag{7-12}$$

式中，E 为电池电动势；Q 为电池在反应时通过的电量；n 为电极反应中得失电子的数目；F 为法拉第常数，其数值为 $96500C \cdot mol^{-1}$（即 1mol 电子具有的电量）。

如果参加反应的各物质的浓度（严格地讲应是活度）都为 $1mol \cdot L^{-1}$（或压力均为 100kPa），即处于标准态，则有

$$\Delta G^{\ominus}=-nFE^{\ominus} \tag{7-13}$$

式中，$\Delta G^{\ominus}$ 表示各物质的浓度（或压力）都处于标准状态时反应的吉氏函变；$E^{\ominus}$ 为标准电动势。将式(7-12) 和式(7-13) 代入式(7-11) 得

$$-nFE=-nFE^{\ominus}+RT\ln\frac{\bar{c}_{H^+}\bar{c}_{Cl^-}}{(\bar{p}_{H_2})^{1/2}(\bar{p}_{Cl_2})^{1/2}}$$

则可逆电池电动势为

$$E=E^{\ominus}-\frac{RT}{nF}\ln\frac{\bar{c}_{H^+}\bar{c}_{Cl^-}}{(\bar{p}_{H_2})^{1/2}(\bar{p}_{Cl_2})^{1/2}}$$

此式表明可逆电池电动势与参加电池反应各物质的浓度（或压力）间的关系，称为电池反应的能斯特方程式。

若电池反应为 $bB+dD \longrightarrow gG+rR$，则能斯特方程的通式为

$$E=E^{\ominus}-\frac{RT}{nF}\ln\frac{\bar{p}_G^g\bar{p}_R^r}{\bar{p}_D^d\bar{p}_B^b} \tag{7-14}$$

7.7.2 电极反应的能斯特方程式

对于任意给定的一个作为正极的电极，其电极反应可以写成如下的通式：

$$b\text{Ox}(\text{氧化态})+ne \longrightarrow h\text{Red}(\text{还原态})$$

在恒温恒压条件下，可逆电极反应的吉氏函变为

$$-\Delta G_{T,p}=nF\varphi \tag{7-15}$$

$$-\Delta G_{T,p}^{\ominus}=nF\varphi^{\ominus} \tag{7-16}$$

式中，$\varphi^{\ominus}$ 称为标准电极电位。

同理，根据恒温方程式有

$$\Delta G=\Delta G^{\ominus}+RT\ln\frac{[\text{Red}]^h}{[\text{Ox}]^b} \tag{7-17}$$

将式(7-15) 和式(7-16) 代入式(7-17) 得

$$-nF\varphi=-nF\varphi^{\ominus}+RT\ln\frac{[\mathrm{Red}]^h}{[\mathrm{Ox}]^b}$$

则可逆电极的电极电位为

$$\varphi=\varphi^{\ominus}-\frac{RT}{nF}\ln\frac{[\mathrm{Red}]^h}{[\mathrm{Ox}]^b}$$

或

$$\varphi=\varphi^{\ominus}+\frac{RT}{nF}\ln\frac{[\mathrm{Ox}]^b}{[\mathrm{Red}]^h} \tag{7-18}$$

式中，b 和 h 分别为参加电极反应的氧化态物质和还原态物质的计量系数。此式表明可逆电极的电极电位与参加电极反应各物质浓度的关系，称为电极反应的能斯特方程式。

7.7.3 标准电极电位

在电极反应能斯特方程式(7-18) 中的 $\varphi^{\ominus}$ 称为标准电极电位，即参加电极反应各物质的浓度（严格地讲为活度）都等于 1mol·L^{-1} 或压力都等于 100kPa 时电极的电位。如果 $\varphi^{\ominus}$ 数值可以测得，则根据参加反应各物质的浓度或压力就可算得电极电位 φ。但是单个电极的电位至今还未能由实验直接测得或从理论上算出，只能测定由两个电极组成的电池的电动势。国际上现在采用标准氢电极为基准，即指定氢气压力为 100kPa，氢离子浓度为 1mol·L^{-1} 的溶液所组成的电极为标准氢电极，规定其平衡电位在任何温度下都等于零，即

$$\mathrm{Pt},\ H_2(p=100\mathrm{kPa})\,|\,H^+(c_{H^+}=1\mathrm{mol\cdot L^{-1}})$$

$$\varphi^{\ominus}_{H^+/H_2}=0.0000\mathrm{V}$$

标准氢电极的结构见图 7-14。

将其他电极（待测电极）在标准态下（即参加电极反应的物质浓度都等于 1mol·L^{-1} 或压力都等于 100kPa）与标准氢电极组成一个电池，用盐桥消除液接电位，测得的可逆电池电动势就是待测电极的标准电极电位 $\varphi^{\ominus}$，它是以标准氢电极电位为零的相对值。

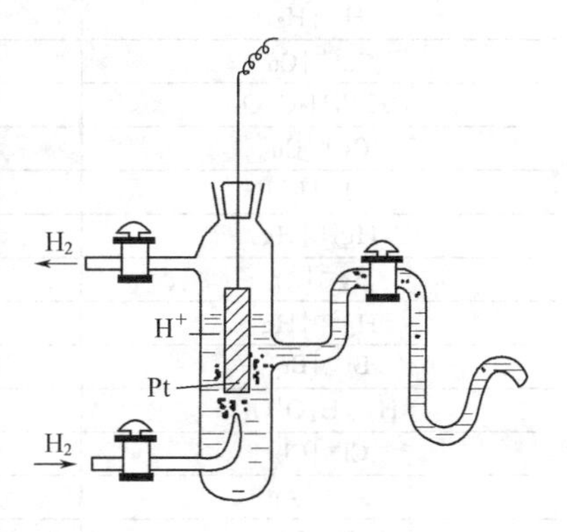

图 7-14　标准氢电极的结构

按照常规，这种待测电池以标准氢电极作负极，待测电极作正极，即

(－)标准氢电极 ‖ 待测电极(＋)

所测电池电动势称为待测电极的标准还原电极电位，简称标准电极电位，用 $\varphi^{\ominus}$ 表示，单位为 V。

【例 7-8】 电池(－)Pt，H_2(p＝100kPa)｜H^+(1mol·L^{-1}) ‖ Cu^{2+}(1mol·L^{-1})｜Cu(＋)在 25℃时实验测得 $E^{\ominus}$＝0.3402V，根据定义

$$E^{\ominus}=\varphi^{\ominus}_{+}-\varphi^{\ominus}_{-}=\varphi^{\ominus}_{Cu^{2+}/Cu}-\varphi^{\ominus}_{H^+/H_2}$$

$$=\varphi^{\ominus}_{Cu^{2+}/Cu}-0=\varphi^{\ominus}_{Cu^{2+}/Cu}=0.3402\mathrm{V}$$

由此可见，此可逆电池的标准电动势就是铜电极的标准电极电位。

【例 7-9】 (－)Pt，H_2(p＝100kPa)｜H^+(1mol·L^{-1}) ‖ Zn^{2+}(1mol·L^{-1})｜Zn(＋)根据该电池写法，其电池反应为

$$H_2+Zn^{2+}\longrightarrow Zn+2H^+$$

25℃时实验测得 $E^{\ominus}$＝0.7628V。按 $\Delta G^{\ominus}=-nFE^{\ominus}$ 说明该电池反应 $\Delta G^{\ominus}<0$，为自发反应。事实上，该反应是不自发的，根据符号惯例，此电池反应的 $E^{\ominus}$＝－0.7628V，则锌电极的

标准电极电位为 $\varphi^{\ominus}_{Zn^{2+}/Zn}=-0.7628V$。

按照这样的方法，可以测定一系列电极的标准电极电位。电极电位的大小与温度有关。表 7-5 列出一些在 25℃时以水为溶剂的各种电极的标准电极电位，它们是按电位大小次序自上而下从负值到正值排列的。

表 7-5　25℃时在水溶液中一些电极的标准电极电位

电　极	电极反应	$\varphi^{\ominus}$/V
第一类电极		
$Li^+\|Li$	$Li^+ + e \rightleftharpoons Li$	−3.045
$K^+\|K$	$K^+ + e \rightleftharpoons K$	−2.924
$Ba^{2+}\|Ba$	$Ba^{2+} + 2e \rightleftharpoons Ba$	−2.90
$Ca^{2+}\|Ca$	$Ca^{2+} + 2e \rightleftharpoons Ca$	−2.76
$Na^+\|Na$	$Na^+ + e \rightleftharpoons Na$	−2.7109
$Mg^{2+}\|Mg$	$Mg^{2+} + 2e \rightleftharpoons Mg$	−2.375
$OH^-, H_2O\|H_2$	$2H_2O + 2e \rightleftharpoons H_2 + 2OH^-$	−0.8277
$Zn^{2+}\|Zn$	$Zn^{2+} + 2e \rightleftharpoons Zn$	−0.7628
$Cr^{3+}\|Cr$	$Cr^{3+} + 3e \rightleftharpoons Cr$	−0.74
$Cd^{2+}\|Cd$	$Cd^{2+} + 2e \rightleftharpoons Cd$	−0.4026
$Co^{2+}\|Co$	$Co^{2+} + 2e \rightleftharpoons Co$	−0.28
$Ni^{2+}\|Ni$	$Ni^{2+} + 2e \rightleftharpoons Ni$	−0.23
$Sn^{2+}\|Sn$	$Sn^{2+} + 2e \rightleftharpoons Sn$	−0.1364
$Pb^{2+}\|Pb$	$Pb^{2+} + 2e \rightleftharpoons Pb$	−0.1263
$Fe^{3+}\|Fe$	$Fe^{3+} + 3e \rightleftharpoons Fe$	−0.036
$H^+\|H_2$	$2H^+ + 2e \rightleftharpoons H_2$	−0.0000
$Cu^{2+}\|Cu$	$Cu^{2+} + 2e \rightleftharpoons Cu$	+0.3402
$OH^-, H_2O\|O_2$	$O_2 + 2H_2O + 4e \rightleftharpoons 4OH^-$	+0.401
$Cu^+\|Cu$	$Cu^+ + e \rightleftharpoons Cu$	+0.522
$I^-\|I_2$	$I_2(s) + 2e \rightleftharpoons 2I^-$	+0.535
$Hg_2^{2+}\|Hg$	$Hg_2^{2+} + 2e \rightleftharpoons 2Hg$	+0.7961
$Ag^+\|Ag$	$Ag^+ + e \rightleftharpoons Ag$	+0.7996
$Hg^{2+}\|Hg$	$Hg^{2+} + 2e \rightleftharpoons Hg$	+0.851
$Br^-\|Br_2$	$Br_2(l) + 2e \rightleftharpoons 2Br^-$	+1.065
$H^+, H_2O\|O_2$	$O_2 + 4H^+ + 4e \rightleftharpoons 2H_2O$	+1.229
$Cl^-\|Cl_2$	$Cl_2(g) + 2e \rightleftharpoons 2Cl^-$	+1.3583
$Au^+\|Au$	$Au^+ + e \rightleftharpoons Au$	+1.68
$F^-\|F_2$	$F_2(g) + 2e \rightleftharpoons 2F^-$	+2.87
第二类电极		
$SO_4^{2-}\|PbSO_4(s)\|Pb$	$PbSO_4(s) + 2e \rightleftharpoons Pb + SO_4^{2-}$	−0.356
$I^-\|AgI(s)\|Ag$	$AgI(s) + e \rightleftharpoons Ag + I^-$	−0.1519
$Br^-\|AgBr(s)\|Ag$	$AgBr(s) + e \rightleftharpoons Ag + Br^-$	+0.0713
$Cl^-\|AgCl(s)\|Ag$	$AgCl(s) + e \rightleftharpoons Ag + Cl^-$	+0.2223
$SO_4^{2-}\|Hg_2SO_4(s)\|Hg$	$Hg_2SO_4(s) + 2e \rightleftharpoons 2Hg + SO_4^{2-}$	+0.615
第三类电极		
$Cr^{3+}, Cr^{2+}\|Pt$	$Cr^{3+} + e \rightleftharpoons Cr^{2+}$	−0.41
$Sn^{4+}, Sn^{2+}\|Pt$	$Sn^{4+} + 2e \rightleftharpoons Sn^{2+}$	+0.15
$Cu^{2+}, Cu^+\|Pt$	$Cu^{2+} + e \rightleftharpoons Cu^+$	+0.158
H^+,醌,氢醌$\|Pt$	$C_6H_4O_2 + 2H^+ + 2e \rightleftharpoons C_6H_4(OH)_2$	+0.6995
$Fe^{3+}, Fe^{2+}\|Pt$	$Fe^{3+} + e \rightleftharpoons Fe^{2+}$	+0.770
$Tl^{3+}, Tl^+\|Pt$	$Tl^{3+} + 2e \rightleftharpoons Tl^+$	+1.247
$Ce^{4+}, Ce^{3+}\|Pt$	$Ce^{4+} + e \rightleftharpoons Ce^{3+}$	+1.61
$Co^{3+}, Co^{2+}\|Pt$	$Co^{3+} + e \rightleftharpoons Co^{2+}$	+1.808

7.7.4 电极电位的计算

当各类电极的标准电极电位 $\varphi^{\ominus}$ 已知时，通过式(7-18) 可以进行电极电位 φ 的计算。

【例 7-10】 写出下列电极的电极反应，并计算该电极在 25℃时的电极电位。

(1) Pt，$H_2(p_{H_2}=91.2kPa)|H^+(c_{H^+}=0.01mol\cdot L^{-1})$

(2) $Cu|Cu^{2+}(c_{Cu^{2+}}=0.1mol\cdot L^{-1})$

(3) $Ag|AgCl(s)|Cl^-(c_{Cl^-}=0.1mol\cdot L^{-1})$

(4) Pt，$Br_2(l)|Br^-(c_{Br^-}=0.05mol\cdot L^{-1})$

解 (1) 电极反应 $2H^+(c_{H^+}=0.01mol\cdot L^{-1})+2e\longrightarrow H_2(p_{H_2}=91.2kPa)$

根据式(7-18) 有

$$\varphi_{H^+/H_2}=\varphi^{\ominus}_{H^+/H_2}+\frac{RT}{nF}\ln\frac{\bar{c}^2_{H^+}}{\bar{p}_{H_2}}=0+\frac{8.314\times298\times2.303}{2\times96500}\lg\frac{\left(\frac{0.01}{1}\right)^2}{\left(\frac{91.2}{100}\right)}=-0.117(V)$$

注意：式中$\frac{RT\times2.303}{F}$项经常会要求计算，25℃时，其值为$\frac{8.314\times298\times2.303}{96500}=0.0592$。

(2) 电极反应 $Cu^{2+}(c_{Cu^{2+}}=0.1mol\cdot L^{-1})+2e\longrightarrow Cu$

从表 7-5 查得 $\varphi^{\ominus}_{Cu^{2+}/Cu}=0.3402V$，代入式(7-18) 得

$$\varphi_{Cu^{2+}/Cu}=\varphi^{\ominus}_{Cu^{2+}/Cu}+\frac{RT}{nF}\ln\frac{\bar{c}_{Cu^{2+}}}{\bar{c}_{Cu}}=0.3402+\frac{0.0592}{2}\ln\frac{\frac{0.1}{1}}{1}=0.3106\ (V)$$

(3)
$$AgCl\longrightarrow Ag^++Cl^-$$
$$+\ Ag^++e\longrightarrow Ag$$

电极反应 $AgCl+e\longrightarrow Ag+Cl^-(0.1mol\cdot L^{-1})$

其电极电位为

$$\varphi_{AgCl(s)/Ag}=\varphi^{\ominus}_{AgCl(s)/Ag}+\frac{0.0592}{1}\lg\frac{1}{1\times\bar{c}_{Cl^-}}$$

查表 7-5 得 $\varphi^{\ominus}_{AgCl(s)/Ag}=0.2223V$，代入上式得

$$\varphi_{AgCl(s)/Ag}=0.2223+\frac{0.0592}{1}\lg\frac{1}{\frac{0.1}{1}}=0.2815\ (V)$$

(4) 电极反应 $\frac{1}{2}Br_2+e\longrightarrow Br^-(0.05mol\cdot L^{-1})$

查表 7-5 得 $\varphi^{\ominus}_{Br_2/Br^-}=1.065V$，所以

$$\varphi_{Br_2/Br^-}=\varphi^{\ominus}_{Br_2/Br^-}+\frac{0.0592}{1}\lg\frac{\bar{c}_{Br_2}}{\bar{c}_{Br^-}}=1.065+\frac{0.0592}{1}\lg\frac{1}{\frac{0.05}{1}}=1.142\ (V)$$

应当指出，当电极反应中有处于标准态条件下的纯液态物质和纯固态物质时，其浓度视作 $1mol\cdot L^{-1}$。

7.8 电池电动势及其计算

7.8.1 电池电动势的计算

利用电极反应能斯特方程式先算出 φ_+、φ_-，再用 $E=\varphi_+-\varphi_-$ 算出电动势。也可用电

池反应能斯特方程式(7-14) 直接计算，其先决条件是要写出电极反应和电池反应。

【例 7-11】 计算下列电池的电动势：

$$(-)Zn|ZnCl_2(0.1875mol \cdot L^{-1}) \| CdSO_4(0.0137mol \cdot L^{-1})|Cd(+)$$

解 方法 1：用电池反应能斯特方程式计算。

负极 $Zn \longrightarrow Zn^{2+} + 2e$(氧化作用)

正极 $Cd^{2+} + 2e \longrightarrow Cd$(还原作用)

电池反应 $Zn + Cd^{2+} \longrightarrow Cd + Zn^{2+}$

代入式(7-14) 得

$$E = E^{\ominus} - \frac{0.0592}{2} \lg \frac{c_{Zn^{2+}}}{c_{Cd^{2+}}}$$

从表 7-5 查得 $\varphi^{\ominus}_{Zn^{2+}/Zn} = -0.763V$，$\varphi^{\ominus}_{Cd^{2+}/Cd} = -0.403V$，代入上式得 $E = [-0.403 - (-0.763)] - \frac{0.0592}{2} \lg \frac{0.1875}{0.0137} = 0.326$ (V)

方法 2：用电极反应能斯特方程算出 φ_+、φ_-，然后再算出 E。

$$\varphi_- = \varphi_{Zn^{2+}/Zn} = \varphi^{\ominus}_{Zn^{2+}/Zn} + \frac{0.0592}{n} \lg \frac{c_{氧化态}}{c_{还原态}} = -0.763 + \frac{0.0592}{2} \lg \frac{0.1875}{1} = -0.784 \text{ (V)}$$

$$\varphi_+ = \varphi_{Cd^{2+}/Cd} = -0.403 + \frac{0.0592}{2} \lg \frac{0.0137}{1} = -0.458 \text{ (V)}$$

$$E = \varphi_+ - \varphi_- = -0.458 - (-0.784) = 0.326 \text{ (V)}$$

【例 7-12】 写出下列电池的电极反应和电池反应并计算电池电动势：

$$(-)Pt, H_2(100kPa)|H_2SO_4(0.017mol \cdot L^{-1})|Hg_2SO_4(s)|Hg(+)$$

解 方法 1：写出电极反应和电池反应，用电池反应能斯特式(7-14) 计算。

负极 $H_2 \longrightarrow 2H^+ + 2e$(氧化作用)

正极 $Hg_2SO_4 + 2e \longrightarrow 2Hg + SO_4^{2-}$(还原作用)

电池反应 $H_2 + Hg_2SO_4 \longrightarrow 2Hg + 2H^+ + SO_4^{2-}$

根据式(7-14) 有

$$E = E^{\ominus} - \frac{0.0592}{2} \lg \frac{1 \times c^2(H^+) c(SO_4^{2-})}{\bar{p}_{H_2}}$$

查表 7-5 得 $\varphi^{\ominus}_{H^+/H_2} = 0$，$\varphi^{\ominus}_{Hg_2SO_4(s)/Hg} = 0.615$ (V)，则

$$E = (0.615 - 0) - \frac{0.0592}{2} \lg \frac{(2 \times 0.017)^2 \times 0.017}{\frac{100}{100}} = 0.754 \text{ (V)}$$

方法 2：用电极反应能斯特式(7-18) 计算。

$$\varphi_- = \varphi_{H^+/H_2} = 0 - \frac{0.0592}{2} \lg \frac{c^2(H^+)}{\bar{p}_{H_2}} = -0.0592 \lg \frac{2 \times 0.017}{1} = -0.087 \text{ (V)}$$

$$\varphi_+ = \varphi_{Hg_2SO_4(s)/Hg} = 0.615 + \frac{0.0592}{2} \lg \frac{1}{1 \times 0.017} = 0.667 \text{ (V)}$$

$$E = \varphi_+ - \varphi_- = 0.667 - (-0.087) = 0.754 \text{ (V)}$$

注意：

① 以上几例中 $\bar{c}_i$ 简化为 c_i，值不变；

② 本例中 H^+ 浓度为 H_2SO_4 浓度的 2 倍。

7.8.2 溶液 pH 值的测定

通过测定电池电动势，可以计算溶液中的氢离子浓度，进一步计算溶液的 pH 值。

pH 定义为 $pH=-\lg c_{H^+}$。因此，电极反应中有 H^+ 参加的任何电极，原则上都可用于测定溶液的 pH 值，如氢电极、醌氢醌电极等。但是由于氢电极制备比较困难，使用条件苛刻，实际上很少应用。

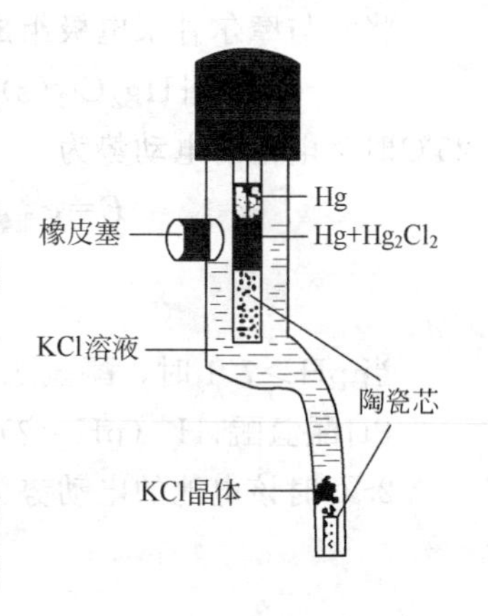

图 7-15 甘汞电极

7.8.2.1 甘汞电极

甘汞电极作为一种标准电极，常用来代替标准氢电极，称为第二类参比电极。其电极符号为 $Hg|Hg_2Cl_2(s)|Cl^-$，结构如图 7-15 所示。

电极反应为 $$Hg_2Cl_2+2e \longrightarrow 2Hg+2Cl^-$$

电极电位表达为 $$\varphi_{Hg_2Cl_2(s)/Hg}=\varphi^{\ominus}_{Hg_2Cl_2(s)/Hg}-\frac{0.0592}{1}\lg\frac{c_{Cl^-}^{-1}}{1}$$

式中，c_{Cl^-} 为 KCl 溶液的浓度。恒温恒压下，甘汞电极的电极电位由 KCl 溶液的浓度来决定，常用的 KCl 溶液浓度有三种，见表 7-6。表 7-6 列出实验中最常用的三种甘汞电极的电极电位与温度的关系。

表 7-6 三种甘汞电极的电极电位与温度的关系

氯化钾溶液的浓度	$\varphi_{甘汞}(t℃)/V$	$\varphi_{甘汞}(25℃)/V$
$0.1mol \cdot L^{-1}$	$0.3337-8.75\times10^{-5}(t-25)-3\times10^{-6}(t-25)^2$	0.3337
$1mol \cdot L^{-1}$	$0.2801-2.75\times10^{-4}(t-25)-2.5\times10^{-6}(t-25)^2$	0.2801
饱和	$0.2412-6.61\times10^{-4}(t-25)-1.75\times10^{-6}(t-25)^2$	0.2412

7.8.2.2 醌氢醌电极和玻璃电极

测未知溶液 pH 值常用的电极有醌氢醌电极和玻璃电极。

(1) 用醌氢醌电极测定溶液的 pH 值　醌氢醌电极是氧化还原电极。醌氢醌是等物质的量的对苯二酚和对苯醌的复合物，它微溶于水，少量溶解后，即分解成对苯二酚（氢醌）和对苯醌（醌）。反应如下：

$$\underset{醌氢醌}{C_6H_4O_2C_6H_4(OH)_2} \rightleftharpoons \underset{醌}{C_6H_4O_2}+\underset{氢醌}{C_6H_4(OH)_2}$$

将少量醌氢醌粉末放入一个含 H^+ 的溶液中，并在溶液中浸入一根铂丝作为导体，组成醌氢醌电极，可记为

$$Pt|醌氢醌溶液(H^+)(c_{H^+})$$

电极反应为
$$C_6H_4O_2+2e \longrightarrow C_6H_4O_2^{2-}$$
$$+\ C_6H_4O_2^{2-}+2H^+ \longrightarrow C_6H_4(OH)_2$$
$$\overline{C_6H_4O_2+2H^++2e \longrightarrow C_6H_4(OH)_2}$$

电极电位为 $$\varphi_{醌氢醌}=\varphi^{\ominus}_{醌氢醌}+\frac{0.0592}{2}\lg\frac{c_{醌}\,c^2_{H^+}}{c_{氢醌}}$$

因为 $c_{醌}=c_{氢醌}$，$\varphi^{\ominus}_{醌氢醌}=0.6995V$，所以

$$\varphi_{醌氢醌}=0.6995+0.0592\lg c_{H^+}$$

或 $$\varphi_{醌氢醌}=0.6995-0.0592pH$$

将它与摩尔甘汞电极组成电池，在 pH<7.1 时，醌氢醌电极作正极。

$$Hg|Hg_2Cl_2(s)|KCl(1mol \cdot L^{-1}) \parallel H^+(pH=?)|\text{醌氢醌电极},Pt$$

25℃时该电池的电动势为

$$E=\varphi^{\ominus}_{\text{醌氢醌}}-\varphi_{\text{甘汞}}=(0.6995-0.0592pH)-0.2801$$

$$pH=\frac{0.4194-E}{0.0592} \tag{7-19}$$

当 pH>7.1 时，醌氢醌作负极：

$Pt|\text{醌氢醌}|H^+(pH=?) \parallel KCl(1mol \cdot L^{-1})|Hg_2Cl_2(s)|Hg$

25℃时该电池的电动势为

$$E=0.2801-(0.6995-0.0592pH)$$

$$pH=\frac{0.4194+E}{0.0592} \tag{7-20}$$

醌氢醌电极不能用于碱性溶液；因为氢醌在此环境中易被氧化，影响测定结果，所以 pH>8.5 时不用醌氢醌电极。

(2) 用玻璃电极测定溶液的 pH 值　如果用一特制的玻璃膜将两个 pH 值不同的溶液隔开在玻璃膜的两边，就产生了电位差，这个电位差的大小与两溶液的 pH 值有关。

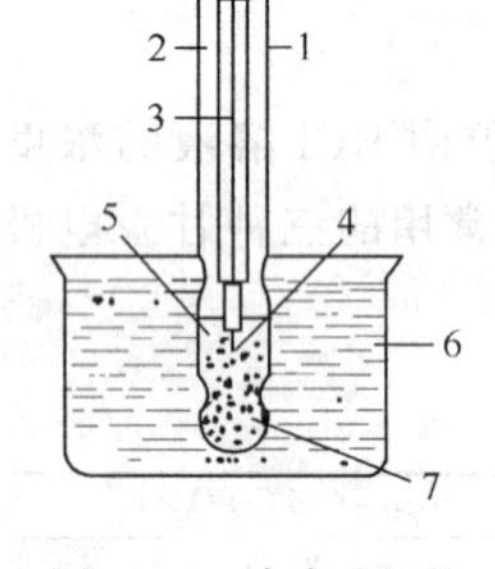

图 7-16　玻璃电极的构造简图

1，2—玻璃管；3—银丝；4—Ag-AgCl 电极；5—0.1mol·L⁻¹的盐酸溶液；6—待测含 H^+ 的溶液；7—玻璃膜

玻璃电极的构造如图 7-16 所示。由特制的玻璃吹成厚度为 0.2mm 的玻璃泡，泡内封入 0.1mol·L^{-1} HCl 溶液和 Ag-AgCl 电极（这时泡内 pH 值不变）。使用时将此玻璃泡浸入待测溶液中去，即成玻璃电极。

玻璃电极的电极电位可用下式表示：

$$\varphi_{\text{玻璃}}=\varphi^{\ominus}_{\text{玻璃}}+0.0592\lg c_{H^+}$$

或

$$\varphi_{\text{玻璃}}=\varphi^{\ominus}_{\text{玻璃}}-0.0592pH \tag{7-21}$$

如果将玻璃电极与摩尔甘汞电极组成原电池，则测出电动势 E，即可算出溶液的 pH 值。

$Ag|AgCl(s)|HCl(0.1mol \cdot L^{-1})|\text{玻璃膜}|\text{待测溶液}(pH=?) \parallel \text{甘汞电极}(1mol \cdot L^{-1})$

在 25℃时：

$$E=\varphi_{\text{甘汞}}-\varphi_{\text{玻璃}}=0.2801-(\varphi^{\ominus}_{\text{玻璃}}-0.0592pH)$$

$$pH=\frac{E-0.2801-\varphi^{\ominus}_{\text{玻璃}}}{0.0592} \tag{7-22}$$

式中，$\varphi^{\ominus}_{\text{玻璃}}$ 为一常数，其数值与制备玻璃泡的材料有关。另外，同一支玻璃电极经多次使用后，$\varphi^{\ominus}_{\text{玻璃}}$ 也会改变。因此每支玻璃电极的 $\varphi^{\ominus}_{\text{玻璃}}$ 值在使用前需预先测定。其测定方法与上述测定 pH 值的相同，只不过是先将待测溶液改成已知 pH 值的缓冲溶液。例如邻苯二甲酸氢钾缓冲溶液 pH=4，测出电池电动势 E，就可按式(7-21) 求出 $\varphi^{\ominus}_{\text{玻璃}}$。

玻璃电极可用于 pH 值为 1～9 的范围，碱性过大对玻璃有作用，结果不易准确。目前较好的玻璃电极可测到 pH=12。玻璃电极不受溶液中强氧化剂和还原剂的影响，不易中毒，不污染溶液，在工业上得到广泛应用。由于玻璃电极内阻大，一般可达 10～100MΩ，因此测量时不能用普通电位差计，而应采用 pH 计。

【例 7-13】　25℃时测得电池(－)$Hg|Hg_2Cl_2(s)|KCl(1mol \cdot L^{-1}) \parallel H^+(pH=?)|$醌氢

醌，Pt(＋)的电动势为0.04V，求溶液的pH值。

解 根据式(7-19)有

$$pH=\frac{0.4194-E}{0.0592}=\frac{0.4194-0.04}{0.0592}=6.41$$

【例 7-14】 25℃时电池

Ag|AgCl(s)|HCl(0.1mol·L^{-1})|玻璃膜|待测溶液(pH=?)‖摩尔甘汞电极

当加入pH=4.00的缓冲溶液时测得E=0.1120V，当加入未知pH的某溶液时测得E=0.3865V，求未知溶液的pH值。

解 $\varphi^{\ominus}_{玻璃}=0.2801+0.0592pH-E=0.2801+0.0592\times4.00-0.1120=0.4049$ (V)

将$\varphi^{\ominus}_{玻璃}$=0.4049V和E=0.3865V代入式(7-22)得

$$pH_x=\frac{E-0.2801+\varphi^{\ominus}_{玻璃}}{0.0592}=\frac{0.3865-0.2801+0.4049}{0.0592}=8.64$$

7.8.3 反应自发方向的判断

利用电池电动势判断过程的方向，即利用$\Delta G_{T,p}$判断过程的方向。从式$\Delta G=-nFE$可以看出，nF恒为正值，若E为正值，则$\Delta G_{T,p}<0$，即在恒温恒压下，电池反应能自发地从左向右进行。

【例 7-15】 25℃时有溶液（1）$c_{Sn^{2+}}=1.0mol\cdot L^{-1}$，$c_{Pb^{2+}}=1.0mol\cdot L^{-1}$，（2）$c_{Sn^{2+}}=1.0mol\cdot L^{-1}$，$c_{Pb^{2+}}=0.1mol\cdot L^{-1}$。问在两种溶液条件下，反应的自发方向如何？已知反应为

$$Pb+Sn^{2+}\longrightarrow Pb^{2+}+Sn$$

解 将反应写成电池为

$$Pb|Pb^{2+}(c_{Pb^{2+}})\|Sn^{2+}(c_{Sn^{2+}})|Sn$$

(1) $c_{Pb^{2+}}=c_{Sn^{2+}}=1.0mol\cdot L^{-1}$，则电池电动势为

$$E=E^{\ominus}=\varphi^{\ominus}_{Sn^{2+}/Sn}-\varphi^{\ominus}_{Pb^{2+}/Pb}$$

查表7-5得$\varphi^{\ominus}_{Sn^{2+}/Sn}=-0.1364V$，$\varphi^{\ominus}_{Pb^{2+}/Pb}=-0.1263V$，则

$$E=E^{\ominus}=-0.1364-(-0.1263)=-0.0101\ (V)$$

由于$E<0$，所以在上述浓度时，反应不能自发向右进行。

(2) 当$c_{Pb^{2+}}=0.1mol\cdot L^{-1}$，$c_{Sn^{2+}}=1.0mol\cdot L^{-1}$时：

$$\varphi_{-}=\varphi_{Pb^{2+}/Pb}=\varphi^{\ominus}_{Pb^{2+}/Pb}+\frac{0.0592}{2}\lg c_{Pb^{2+}}=-0.1263+\frac{0.0592}{2}\lg0.1=-0.1559\ (V)$$

$$\varphi_{+}=\varphi_{Sn^{2+}/Sn}=\varphi^{\ominus}_{Sn^{2+}/Sn}=-0.1364V$$

$$E=\varphi_{+}-\varphi_{-}=\varphi^{\ominus}_{Sn^{2+}/Sn}-\varphi_{Pb^{2+}/Pb}=-0.1364-(-0.1559)=0.0195\ (V)$$

由于这一浓度条件下E=0.0195V>0，所以反应能自发向右进行。

7.8.4 平衡常数的计算

前已述及，化学反应平衡常数与反应标准吉氏函变有如下关系：

$$\Delta G^{\ominus}=-RT\ln K$$

又

$$\Delta G^{\ominus}=-nFE^{\ominus}$$

代入整理可得

$$E^{\ominus}=\frac{RT}{nF}\ln K \tag{7-23}$$

根据式(7-23)，利用电池的标准电动势，可计算该电池反应的平衡常数 K。

【例 7-16】 试计算 25℃时下列反应的平衡常数：

$$Ag + Fe^{3+} \rightleftharpoons Ag^{+} + Fe^{2+}$$

解 将电池反应写成电池符号为

$$(-)Ag|Ag^{+} \parallel Fe^{2+}, Fe^{3+}, Pt(+)$$

则 $E^{\ominus} = \varphi_{+}^{\ominus} - \varphi_{-}^{\ominus} = \varphi_{Fe^{3+}/Fe^{2+}}^{\ominus} - \varphi_{Ag^{+}/Ag}^{\ominus} = 0.770 - 0.7996 = -0.0286\ (V)$

代入式(7-23) 可得

$$E^{\ominus} = \frac{0.0592}{1}\lg K$$

即

$$-0.0286 = \frac{0.0592}{1}\lg K$$

解得

$$\lg K = -\frac{0.0286}{0.0592} = -0.483 \qquad K = 0.329$$

7.8.5 电位滴定

在酸碱滴定时，被滴定溶液（酸）中 H^{+} 的浓度随着试剂（碱）的加入而变化。如果溶液中放入一个与该离子进行可逆反应的指示电极，与另一个参比电极（甘汞电极）组成电池，通过电池电动势的测定，就可以知道离子浓度的变化，从而确定滴定等当点。这种方法称为电位滴定。

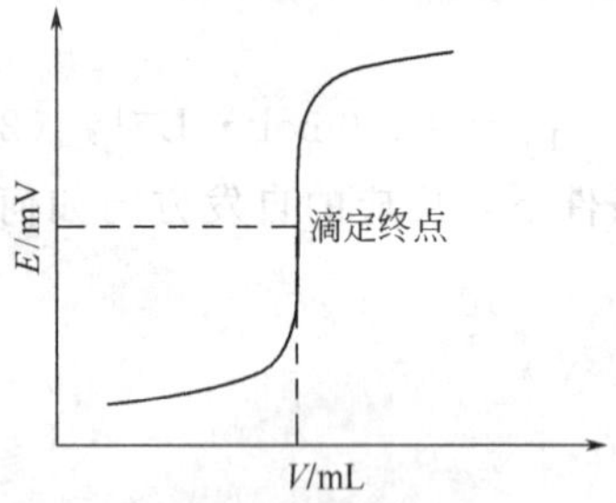

25℃时，H^{+} 浓度变化 10 倍，E 变化 0.0592V。在滴定开始时，较大量试剂的加入引起 H^{+} 浓度的改变，不会使 E 发生明显改变，但接近滴定终点时，几滴试剂就可使 H^{+} 浓度发生千百倍的变化，电动势也发生突变，指示滴定终点到达，见图 7-17。具体操作时，被滴定溶液体积应尽可能大，滴定试剂浓度可浓一些。

图 7-17 电位滴定

7.9 浓差电池

前面讨论的电池，都是通过进行化学反应来完成化学能与电能的转化，称为化学电池。还有一类电池称为浓差电池。典型的浓差电池可以是：①相同的电极材料分别插入浓度不同的电解质溶液；②在同一溶液中插入材料种类相同而浓度不同的两个电极（如汞齐电极和气体电极）。

7.9.1 第一类浓差电池

第一类浓差电池又称双液化学电池或溶液浓差电池。例如：

$$(-)Ag|AgNO_3(c_1) \parallel AgNO_3(c_2)|Ag(+) \qquad (c_2 > c_1)$$

阳极 $Ag \longrightarrow Ag^{+}(c_1) + e$

阴极 $Ag^{+}(c_2) + e \longrightarrow Ag$

电池反应 $Ag^{+}(c_2) \longrightarrow Ag^{+}(c_1)$

该电池的电动势为

$$E = \frac{RT}{F}\ln\frac{c_2}{c_1} \qquad (E^{\ominus} = 0)$$

即电池电动势取决于两边的银离子浓度。现 $c_2 > c_1$，故 $E > 0$，自发扩散。

7.9.2 第二类浓差电池

第二类浓差电池又称单液化学电池或电极浓差电池。例如，由两个氢电极所构成以下电池，溶液浓度相同，但电极材料不同（如分压）。

$$(-)\mathrm{Pt},\mathrm{H_2}(p_1)\,|\,\mathrm{H^+}(c)\,|\,\mathrm{H_2}(p_2),\mathrm{Pt}(+) \qquad (p_1>p_2)$$

阳极 $\mathrm{H_2}(p_1)-2\mathrm{e} \longrightarrow 2\mathrm{H^+}(c)$

阴极 $2\mathrm{H^+}(c)+2\mathrm{e} \longrightarrow \mathrm{H_2}(p_2)$

电池反应 $\mathrm{H_2}(p_1) \longrightarrow \mathrm{H_2}(p_2)$

该电池的电动势为

$$E=\varphi_+-\varphi_-=\left(\varphi^{\ominus}_{\mathrm{H^+/H_2}}+\frac{RT}{2F}\ln\frac{\bar{c}^{\,2}_{\mathrm{H^+}}}{\bar{p}_2}\right)-\left(\varphi^{\ominus}_{\mathrm{H^+/H_2}}+\frac{RT}{2F}\ln\frac{\bar{c}^{\,2}_{\mathrm{H^+}}}{\bar{p}_1}\right)=\frac{RT}{2F}\ln\frac{p_1}{p_2}$$

即电动势的大小取决于氢气压力的差别，而与溶液中 $\mathrm{H^+}$ 的浓度无关。现 $p_1>p_2$，故 $E>0$，自发扩散。

7.10 电解与极化

前面介绍了可逆电极的电极电位和可逆电池的电动势，它们对许多电化学及热力学问题的解决是十分有用的。但是，也有许多电化学过程，如电解操作或使用化学电源做电功等，它们在工作时，都有一定的电流通过，即不可逆地发生了电极反应。那么它们的电极电位与可逆电极电位有何不同呢？本节将介绍有关这方面的一些基本知识。

7.10.1 法拉第定律

用电解的方法制取各种工业产品，包括化工产品，已经为人们所熟知。1833 年法拉第（Faraday）通过大量的实验结果，总结出在电解过程中，通过电解池的电量与电极上析出（或溶解）物质的数量之间的关系，可用下式表示：

$$Q=n_{\mathrm{B}}nF \tag{7-24}$$

$$Q=\frac{m_{\mathrm{B}}}{M_{\mathrm{B}}}nF \tag{7-25}$$

式中 Q——通过电解池的电量，用库仑计测出或用 $Q=It$ 算出；

m_{B}——电极上发生变化的物质 B 的质量；

n_{B}——电极上发生变化的物质 B 的物质的量；

M_{B}——B 物质的摩尔质量；

n——B 物质在反应时的电子得失数，简称电荷数；

F——法拉第常数，即 1mol 电子具有的电量，其值为 96500C · mol^{-1}。

法拉第定律没有任何限制条件，在任何温度、压力下均可适用，而且实验愈精确，其结果与法拉第定律愈吻合。在实际电解时，电极上常发生副反应或次级反应，因此要析出一定数量的某种物质时，实际上消耗的电量比按法拉第定律所需的理论电量多一些，二者的比值称为电流效率，用 η 表示。

通入的电量一定时 $$\eta=\frac{m_{实际}}{m_{理论}}\times 100\% \tag{7-26}$$

电极上析出物质的数量一定时 $$\eta=\frac{Q_{理论}}{Q_{实际}}\times 100\% \tag{7-27}$$

【例 7-17】 以铂为电极，使 50A（安培）的电流通过 $CuSO_4$ 水溶液 1h。试计算：

(1) 阴极上析出 Cu 多少千克；

(2) 在 25℃、100kPa 时，阳极上析出 O_2 的体积（m^3）。

解 (1) Cu 的摩尔质量 $M_{Cu}=63.5\times10^{-3}kg\cdot mol^{-1}$

根据式(7-25) 及 $Q=It$ 得

$$m_{Cu}=\frac{M_{Cu}Q}{nF}=\frac{M_{Cu}It}{nF}=\frac{63.5\times10^{-3}\times50\times60\times60}{2\times96500}=5.92\times10^{-2}\ (kg)$$

(2) 电解 $CuSO_4$ 水溶液时，阳极上 OH^- 的放电反应为

$$4OH^- - 4e \longrightarrow O_2\uparrow + 2H_2O$$

$$M_{O_2}=32\times10^{-3}kg\cdot mol^{-1},\ n=4$$

则
$$m_{O_2}=\frac{M_{O_2}It}{nF}=\frac{32\times10^{-3}\times50\times60\times60}{4\times96500}=14.9\times10^{-3}\ (kg)$$

O_2 的体积为 $$V_{O_2}=\frac{m_{O_2}RT}{pM_{O_2}}=\frac{14.9\times10^{-3}\times8.314\times298}{100000\times32\times10^{-3}}=0.0115\ (m^3)$$

【例 7-18】 有 10 个串联的电解槽用阴极来析出锌。已知，通电一昼夜，电流强度为 4500A，实际析出锌 1.200t（吨），求电流效率 η。

解 (1) 对其中一个电解槽而言：

$$m_{锌}=\frac{M_{锌}It}{nF}=\frac{65.4\times10^{-3}\times4500\times24\times3600}{2\times96500}=131.7\ (kg)=0.1317\ (t)$$

则 10 个串联电解槽应析出 Zn 的量为 1.317t。

(2) 电流效率 $\eta=\frac{m_{实际}}{m_{理论}}\times100\%=\frac{1.200}{1.317}\times100\%=91.1\%$

7.10.2 分解电压

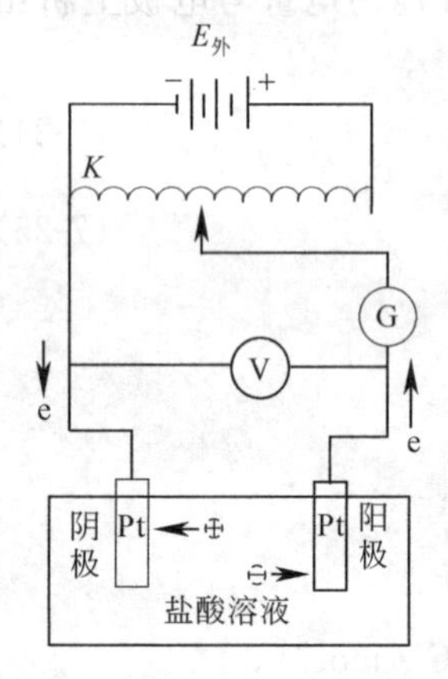

图 7-18 分解电压的测定

若外加一电压在一个电池上，逐渐增加电压致使电池中的化学反应逆转发生，这就是电解。电解是原电池放电的逆过程。电解的发生需要多大的外电压呢？例如用 Pt 作为电极来电解 HCl 溶液，如图 7-18 所示。

图 7-18 中 V 是伏特表，G 是电流表。将电解池接到由电源和可变电阻所组成的分压器上，逐渐增加电压，同时记录相应的电流，然后绘制电流-电压曲线，如图 7-19 所示。

开始时，外加电压很小，几乎没有电流通过电解池；随着电压的增加，电流略有增加；当电压增加到某一数值以后，电流突然上升，同时电极上有气泡逸出，电解开始进行。两极上的反应为

阳极 $$Cl^- \longrightarrow \frac{1}{2}Cl_2 + e\ （氧化作用）$$

阴极 $$H^+ + e \longrightarrow \frac{1}{2}H_2\ （还原作用）$$

电极反应 $$H^+ + Cl^- \longrightarrow \frac{1}{2}H_2 + \frac{1}{2}Cl_2$$

氢气和氯气分别在电解池的两极上析出，使两极分别形成了氢电极和氯电极，构成了一

个原电池，产生了一个与外电压方向相反的电动势，亦称反电动势。

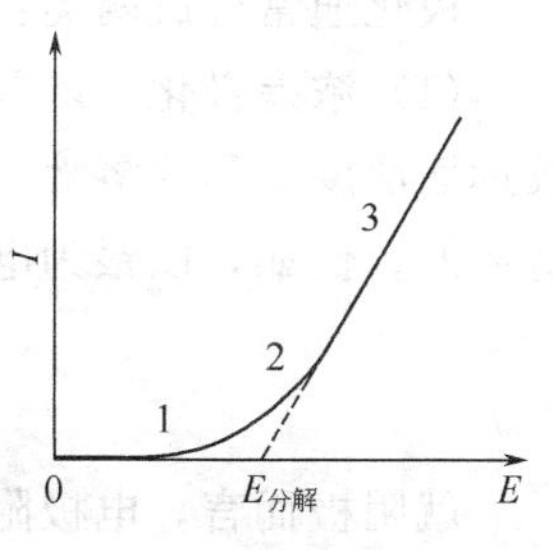

图 7-19 测定分解电压的电流-电压曲线

对上述现象的说明如下。当开始增加电压时，两极上就产生微量呈吸附状态的氢气和氯气，并组成一个原电池，其电动势与外加电压相反，阻碍了电解的进行。这似乎应该有电流通过，然而由于电极上产生的氢气和氯气向溶液扩散，需要通过极微小的电流使产物得到补充。因此，在电流-电压曲线的 0～1 段上电流增加缓慢。若继续增加外电压，电极上不断有氢气和氯气产生并向溶液扩散，因而电流增加稍快，相当于曲线上的 1～2 段，此时由于氢气和氯气的压力不断增加，对抗外加电压的反电动势也相应增大。当氢气和氯气的电压增加到 100kPa 时，电极上开始有气泡逸出，反电动势 E 达到最大值 E_{max} 而不再继续增加。如果这时再增加外加电压，电流急增，这相当于电流-电压曲线上的 2～3 段，这时电解已经开始。

将图 7-19 的直线部分外延到电流强度为零处所得的电压就是使电解得以连续进行所需的最低外加电压，称为该电解质溶液的分解电压。

在可逆情况下发生电解反应所需的外加电压称为理论分解电压，以 $E_{理论}$ 表示，$E_{理论}$ 的数值即可逆电池电动势。实际分解电压往往大于理论分解电压。表 7-7 列出了某些酸和碱水溶液在 25℃电解时的实际分解电压和理论分解电压。

表 7-7　25℃时某些酸和碱水溶液的分解电压（光亮 Pt 电极）

电解质溶液	电解产物	实际分解电压 $E_{实际}$/V	理论分解电压 $E_{理论}$/V	$E_{实际}-E_{理论}$
H_2SO_4	H_2+O_2	1.67	1.23	0.44
HNO_3	H_2+O_2	1.69	1.23	0.46
H_3PO_4	H_2+O_2	1.70	1.23	0.47
KOH	H_2+O_2	1.67	1.23	0.44
NaOH	H_2+O_2	1.69	1.23	0.46
NH_4OH	H_2+O_2	1.74	1.23	0.51

从表 7-7 可以看出，某些酸碱溶液在 25℃时的实际分解电压都在 1.7V 左右。这是因为无论是酸还是碱的水溶液的电解，其实都是水的电解，电解反应的逆反应所构成的电池均为（－）Pt，H_2｜酸或碱的水溶液｜O_2，Pt（＋）。

25℃时当氢气、氧气的分压分别为 100kPa 时，该电池的电动势为 1.23V。

7.10.3　极化现象

从理论上讲，在电解水溶液的过程中，外加电压只需比 1.23V（$E_{理论}$）大一个无限小量的电压，电解即可发生，但是表 7-7 中的数据显示，无论是电解 H_2SO_4、HNO_3 还是电解 NaOH 的实际分解电压均比理论分解电压高出 0.47V 左右。这一事实表明，在电解开始时，两电极与溶液间的实际电极电位不同于可逆过程的电极电位。这种在有限电流通过时，实际电极电位偏离可逆电极电位的现象称为电极的极化。

电极发生极化的原因是电流通过电极时，电极上发生一系列的变化，这些变化都以一定速度进行，而每一步都或多或少地存在着阻力，要使电解过程在一定的速度下顺利进行，必须相应地提高外加电压。

极化通常分成两类：浓差极化和电化学极化。

(1) 浓差极化　浓差极化是由于电解过程中电极附近溶液的浓度与本体溶液（指离电极较远而浓度均匀的溶液）的浓度之差而引起的，这种浓度的差异是由离子扩散速度的迟缓性造成的。例如，以银为电极电解硝酸银溶液时两极的反应为

$$\text{阴极}\quad Ag^{+}+e \longrightarrow Ag$$

$$\text{阳极}\quad Ag \longrightarrow Ag^{+}+e$$

就阴极而言，电极附近的 Ag^+ 沉积到电极上去后，由于 Ag^+ 的扩散速度慢，赶不上电极上 Ag^+ 的沉积速度，则在阴极附近 Ag^+ 的浓度 c_{Ag^+} 要比本体溶液浓度 c'_{Ag^+} 为低，就好像把银电极浸入一个浓度较低的溶液中一样，用电极电位表达式可表示为

可逆电极电位　$(\varphi_{阴极})_{可逆}=(\varphi_{Ag^+/Ag})_{可逆}=\varphi^{\ominus}_{Ag^+/Ag}+\dfrac{RT}{F}\lg c_{Ag^+}$

不可逆电极电位　$(\varphi_{阴极})_{不可逆}=(\varphi_{Ag^+/Ag})_{不可逆}=\varphi^{\ominus}_{Ag^+/Ag}+\dfrac{RT}{F}\ln c'_{Ag^+}$

由于 $c'_{Ag^+}<c_{Ag^+}$，则有 $(\varphi_{阴极})_{不可逆}<(\varphi_{阴极})_{可逆}$。由于极化，阴极不可逆电极电位低于阴极可逆电极电位。同理在阳极，由于银离子的溶解，使阳极附近 Ag^+ 浓度 c''_{Ag^+} 高于本体浓度，使不可逆电极电位产生增大的趋势，用电极电位表达式可表示为

可逆电极电位　$(\varphi_{阳极})_{可逆}=(\varphi_{Ag^+/Ag})_{可逆}=\varphi^{\ominus}_{Ag^+/Ag}+\dfrac{RT}{F}\lg c_{Ag^+}$

不可逆电极电位　$(\varphi_{阳极})_{不可逆}=(\varphi_{Ag^+/Ag})_{不可逆}=\varphi^{\ominus}_{Ag^+/Ag}+\dfrac{RT}{F}\lg c''_{Ag^+}$

因为 $c''_{Ag^+}>c_{Ag^+}$，所以有 $(\varphi_{阳极})_{不可逆}>(\varphi_{阳极})_{可逆}$。

即由于极化，阳极不可逆电极电位高于可逆电极电位。强烈的搅拌和提高溶液的温度都可以减小浓差极化，但不能完全消除。

(2) 电化学极化　对于许多电极反应，如果不考虑电解质溶液存在电阻而引起的电压降 IR，溶液的浓差极化也降低到最低限度，这时，要使电解顺利进行，外电压还必须超过反电动势，特别是当电极上析出氧气、氢气时，更是如此。这是由于在电解过程中，电极反应分很多步骤才能完成。例如用铂电极电解稀硫酸时，在阴极上析出氢气的反应如下：

$$2H^{+}+2e \longrightarrow H_2$$

经研究氢离子在电极上的反应由下列步骤完成。

① 溶液扩散到电极表面；

② 在电极表面取得电子（慢）；

③ 电子吸附在金属表面上形成 M—H；

④ 进一步反应变成氢分子，$2MH \longrightarrow 2M+H_2$（慢）；

⑤ 变成气泡离开电极表面。

以上五步中速率最慢的步骤将决定整个电极的反应速率。实验证明，②、④两步过程是较缓慢的，当电子流入阴极后，都将阻碍 H^+ 及时接受这些电子，导致电极上带电程度与可逆氢电极相比有所升高，因此阴极电位向负的方向移动。这种由电化学反应本身缓慢而引起的极化称为电化学极化（或活化极化）。由于电化学极化，阴极不可逆电极电位低于可逆电极电位，即 $(\varphi_{阴极})_{不可逆}<(\varphi_{阴极})_{可逆}$。同样可以证实，由于电化学极化，阳极不可逆电极电位高于可逆电极电位，即 $(\varphi_{阳极})_{不可逆}>(\varphi_{阳极})_{可逆}$。

事实表明，关于极化有如下结论：

① 阴极不可逆电极电位比可逆电极电位低，阳极不可逆电极电位比可逆电极电位高；

② 电极上产生气体时，极化尤为显著；

③ 电解如要以一定速度进行，则 $E_{实际}$ 必须大于 $E_{理论}$。

7.11 超电压与超电位

因为实际分解电压大于理论分解电压，所以电解时需要多消耗能量。如果溶液内和导线上的电阻很小，可以略而不计；否则还存在电阻超电压。实际分解电压与理论分解电压之差称为超电压，用符号 η 表示即

$$\eta = E_{实际} - E_{理论}$$

或

$$E_{实际} = E_{理论} + \eta \tag{7-28}$$

超电压既可发生在一个电极上，也可能同时发生在两个电极上，即有 η_+ 和 η_- 之分，将它们称为一定电流密度下电极的超电位，其中 η_+ 为阳极超电位，η_- 为阴极超电位。令 η 均为正值，有超电压

$$\eta = \eta_+ + \eta_- \tag{7-29}$$

因为理论分解电压即可逆电池电动势 $E_{可逆} = E_{理论}$，而 $E_{可逆} = \varphi_+ - \varphi_-$，所以将该式与式(7-29) 一并代入式(7-28) 得

$$E_{实际} = (\varphi_+ - \varphi_-) + (\eta_+ + \eta_-)$$

整理得

$$E_{实际} = (\varphi_+ + \eta_+) - (\varphi_- - \eta_-)$$

令

$$(\varphi_+)_{析出} = \varphi_+ + \eta_+ \tag{7-30}$$

$$(\varphi_-)_{析出} = \varphi_- - \eta_- \tag{7-31}$$

则

$$E_{实际} = (\varphi_+)_{析出} - (\varphi_-)_{析出} \tag{7-32}$$

式中 $(\varphi_+)_{析出}$——阳极析出电位；

$(\varphi_-)_{析出}$——阴极析出电位。

影响超电位的因素很多，除电流密度外，还有电极材料、电极表面状态、温度等因素。

7.11.1 电流密度对超电位的影响

图 7-20(a) 和 (b) 分别是电解池和原电池的极化曲线。图中纵坐标为电流密度，横坐标为电极电位。从图 7-20 可以看出，无论是原电池还是电解池，随着电流密度的增大，超电位的值总是增大的，即不可逆电极电位偏离可逆电位的程度随电流密度的增大呈增大的趋势。那么原电池的极化曲线与电解池的极化曲线为什么有不同的形态呢？通过表 7-8 的分析

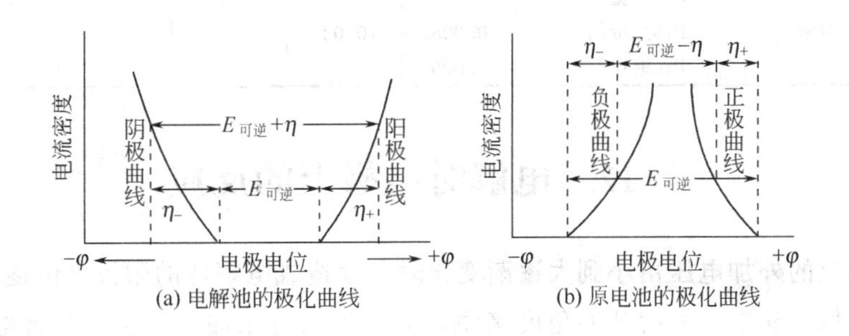

图 7-20 电流密度与电极电位的关系

表 7-8 原电池和电解池的比较

电　池	原 电 池	电 解 池
电极	阴极（正极）	阴极（负极）
	阳极（负极）	阳极（正极）
电极电位	$\varphi_{阴}>\varphi_{阳}$	$\varphi_{阳}>\varphi_{阴}$
极化规律	阳极电位升高	阳极电位升高
	阴极电位降低	阴极电位降低

即可得出结论，关键原因是原电池 $\varphi_{阴}>\varphi_{阳}$，而电解池则是 $\varphi_{阳}>\varphi_{阴}$。另外，两种电池的极化规律完全一致。所以，二者的极化曲线呈现形态上的差异。

7.11.2 电极材料对超电位的影响

一般来说，析出金属或者金属溶解，超电位较小，而析出气体，尤其是氢气、氧气时，超电位特别大。对于同一种气体，由于电极材料不同，超电位的数值也不同。表 7-9 列出了氢气、氧气、氯气在不同材料上的超电位。

表 7-9 25℃时 H_2、O_2、Cl_2 在不同金属上的超电位

电　极		电流密度/$A\cdot m^{-2}$					
		10	100	1000	5000	10000	50000
H_2(1mol·L^{-1} H_2SO_4 溶液)	Ag	0.097	0.13	0.3	—	0.48	0.69
	Al	0.3	0.83	1.00	—	1.29	—
	Au	0.017	—	0.1	—	0.24	0.33
	Fe	—	0.56	0.82	—	1.29	—
	石墨	0.002	—	0.32	—	0.60	0.73
	Hg	0.8	0.93	1.03	—	1.07	—
	Ni	0.14	0.3	—	—	0.56	0.71
	Pb	0.40	0.4	—	—	0.52	1.06
	Pt(光滑的)	0.0000	0.16	0.29	—	0.68	—
	Pt(镀铂黑)	0.0000	0.030	0.041	—	0.048	0.051
	Zn	0.48	0.75	1.06	—	1.23	—
O_2(1mol·L^{-1}KOH 溶液)	Ag	0.58	0.73	0.98	—	1.13	—
	Au	0.67	0.96	1.24	—	1.63	—
	Cu	0.42	0.58	0.66	—	0.79	—
	石墨	0.53	0.90	1.06	—	1.24	—
	Ni	0.36	0.52	0.73	—	0.85	—
	Pt(光滑的)	0.72	0.85	1.28	—	1.49	—
	Pt(镀铂黑)	0.40	0.52	0.64	—	0.77	—
Cl_2(NaCl 饱和溶液)	石墨	—	—	0.25	—	0.53	—
	Pt(光滑的)	0.008	0.03	0.054	—	0.236	—
	Pt(镀铂黑)	0.006	—	0.026	—	—	—

7.12 电解时电极上的反应

当电解池上的外加电压由小到大逐渐变化时，会造成电解池的阳极电位逐渐升高，而阴极电位逐渐降低。从整个电解池的角度来说，只要外加电压加大到实际分解电压 $E_{实际}$ 的数值，电解反应即开始进行。从各个电极的角度来说，只要电极电位达到对应离子的析出电位

($\varphi_{析出}$)，则电解的电极反应即开始进行。各种离子的析出电位可按式(7-30)和式(7-31)计算。以下分别讨论电解时的阴极反应和阳极反应。

7.12.1 阴极反应

在阴极上发生的是还原反应，即金属离子还原成金属（如 $Ag^+ + e \longrightarrow Ag$）或 H^+ 还原成 H_2（$2H^+ + 2e \longrightarrow H_2$）。各种金属离子的超电位一般都很小，可近似地用 $\varphi_{可逆}$ 代替析出电位。如用 $(\varphi_{Ag^+/Ag})_{析出} = \varphi^{\ominus}_{Ag^+/Ag} + \frac{0.0592}{1}\lg c_{Ag^+}$ 计算 Ag^+ 的析出电位等。

如果电解液中含有多种金属离子，则应算出各金属离子的析出电位。析出电位越高的离子，越易获得电子而还原成金属。在确定的 $\varphi_{银}$ 条件下，此时 $E_{实际}$ 最小。所以在阴极析出电位随着放电的进行逐渐由高变低的过程中，各种离子是按其对应的析出电位由高到低的次序先后析出的，这时实际分解电压逐渐增大。

应注意到，所有酸、碱、盐溶液中都有 H^+ 存在，因而在电解时，必须考虑到 H^+ 放电析出而逸出 H_2 的可能性。假如溶液为中性（25℃），$c_{H^+} = 10^{-7}\,mol \cdot L^{-1}$，此时 H^+ 的 $\varphi_{可逆}$ 值为 $\varphi_{H^+/H_2} = 0 + 0.0592\lg 10^{-7}$；如果 H_2 没有超电位，则当电解池阴极析出电位降到 $-0.41V$ 时开始析出 H_2。从而使一切析出电位低于 $-0.41V$ 的离子均不可能从水溶液中析出。但因 H_2 在多数电极上有较大的超电位（见表 7-9），所以应用

$$(\varphi_{H^+/H_2})_{析出} = 0.0592\lg c_{H^+} - \eta_{H_2}$$

或

$$(\varphi_{H^+/H_2})_{析出} = -0.0592pH - \eta_{H_2}$$

算出其析出电位，然后与金属离子的析出电位一一比较，即可得出析出顺序。由于溶液的 pH 可进行调节，因而可以通过调节 H_2 的析出电位 $(\varphi_{H^+/H_2})_{析出}$ 来改变 H_2 的析出顺序。

7.12.2 阳极反应

在阳极上发生的是氧化反应。析出电位越低的离子，越易在阳极上放出电子而氧化。因此电解时，在阳极析出电位逐渐由低变高的过程中，各种不同的离子依其析出电位由低到高的顺序，先后放电进行氧化反应。

如果阳极材料是 Pt 等惰性金属，则电解时的阳极反应，只是负离子放电，即 Cl^-、Br^-、I^- 及 OH^- 等离子氧化成 Cl_2、Br_2、I_2 及 O_2。含氧酸根的离子如 NO_3^-、PO_4^{3-}、SO_4^{2-} 等因析出电位很高，在水溶液中一般不能在阳极上放电。

如果阳极材料是 Zn、Cu 等较为活泼的金属，则电解时的阳极反应既可能是电极溶解为金属离子，又可能是 OH^- 等负离子放电。哪一个电极反应所要求的放电电位低一些，就发生哪一个反应。例如，将 Cu 电极插入 $CuSO_4$（$c = 1mol \cdot L^{-1}$）的中性水溶液中，电解时，Cu 电极溶解为 Cu^{2+}（$Cu \longrightarrow Cu^{2+} + 2e$）所需要的阳极电位是 0.3402V，而 OH^- 放电析出 O_2（$2OH^- - 2e \longrightarrow \frac{1}{2}O_2 + H_2O$）需要的阳极电位，在忽略超电位时其值为

$$(\varphi_{O_2/OH^-})_{析出} = \varphi^{\ominus}_{O_2/OH^-} - \frac{RT}{F}\ln c_{OH^-} = 0.401 - 0.0592\lg 10^{-7} = 0.8\ (V)$$

由于 $(\varphi_{Cu^{2+}/Cu})_{析出} < (\varphi_{O_2/OH^-})_{析出}$，首先发生的是 Cu 的溶解。当 O_2 析出且存在超电位时，则应用 $(\varphi_{O_2/OH^-})_{析出} = \varphi^{\ominus}_{O_2/OH^-} - \frac{RT}{F}\ln c_{OH^-} + \eta_{O_2}$ 算出 $(\varphi_{O_2})_{析出}$ 之值，再进行析出顺序的判断。

【例 7-19】 一电解槽内有 Ag^+（0.05mol·L^{-1}）、Fe^{2+}（0.01mol·L^{-1}）、Cd^{2+}（0.01mol·L^{-1}）、Ni^{2+}（0.10mol·L^{-1}）、H^+（0.001mol·L^{-1}），而 H_2 在 Ag、Ni、Fe、Cd 上析出的超电位分别为 0.2V、0.24V、0.18V、0.3V，电解时外加电压逐渐增大，那么阴极上析出的顺序如何？

解 (1) 金属离子不考虑超电位 η 时，算出的 $\varphi_{可逆}$ 即为 $\varphi_{析出}$。

$$Ag^+ + e \longrightarrow Ag$$

$$(\varphi_{Ag^+/Ag})_{析出} = 0.7996 + 0.0592\lg 0.05 = 0.7226\ (V)$$

$$Fe^{2+} + 2e \longrightarrow Fe$$

$$(\varphi_{Fe^{2+}/Fe})_{析出} = -0.441 + \frac{0.0592}{2}\lg 0.01 = -0.500\ (V)$$

$$Cd^{2+} + 2e \longrightarrow Cd$$

$$(\varphi_{Cd^{2+}/Cd})_{析出} = -0.403 + \frac{0.0592}{2}\lg 0.01 = -0.462\ (V)$$

$$Ni^{2+} + 2e \longrightarrow Ni$$

$$(\varphi_{Ni^{2+}/Ni})_{析出} = -0.23 + \frac{0.0592}{2}\lg 0.1 = -0.26\ (V)$$

(2) 氢气有超电位，需计入析出电位

$$H^+ + e \longrightarrow \frac{1}{2}H_2$$

$(\varphi_{H^+/H_2})_{析出} = 0.0592\lg 0.001 = -0.18\ (V)$

析出电位为

在 Ag 上　　$-0.18-0.2=-0.38$ (V)

在 Ni 上　　$-0.18-0.24=-0.42$ (V)

在 Fe 上　　$-0.18-0.18=-0.36$ (V)

在 Cd 上　　$-0.18-0.30=-0.48$ (V)

故得析出顺序为 Ag→Ni→H_2→Cd→Fe。

【例 7-20】 25℃时用 Zn 电极电解 0.5mol·L^{-1}的 $ZnSO_4$ 溶液（pH=7），若 H_2 在 Zn 上超电位为 0.7V，阳极析出 O_2（O_2 在 Zn 上的超电位不计）。试求：

(1) O_2 的析出电位；

(2) 阴极上离子的析出顺序；

(3) 第一种阴极离子析出时所需的外加电压；

(4) pH 值为何值时可改变阴极上离子的析出顺序。

解 (1) 阳极上 O_2 析出　　$2OH^- - 2e \longrightarrow \frac{1}{2}O_2 + H_2O$

O_2 的析出电位为　　$(\varphi_{O_2/OH^-})_{析出} = 0.401 - 0.0592\lg 10^{-7} + 0 = 0.8\ (V)$

(2) 阴极上有 Zn^{2+} 和 H^+ 析出

$$(\varphi_{Zn^{2+}/Zn})_{析出} = -0.763 + \frac{0.0592}{2}\lg 0.5 - 0 = -0.772\ (V)$$

$$(\varphi_{H^+/H_2})_{析出} = -0.0592\times 7 - 0.7 = -1.114\ (V)$$

阴极上离子的析出顺序为 Zn^{2+}→H^+。

(3) Zn^{2+} 析出时所需的外加电压为

$$E_{实际}=(\varphi_{O_2/OH^-})_{析出}-(\varphi_{Zn^{2+}/Zn})_{析出}=0.8-(-0.772)=1.572\ (V)$$

(4) 调节 pH 值使 $(\varphi_{H^+/H_2})_{析出}>(\varphi_{Zn^{2+}/Zn})_{析出}$ 即可改变析出顺序

$$(\varphi_{H^+/H_2})_{析出}=-0.0592pH-0.7\geqslant-0.0772$$

解得 $$pH\leqslant1.2$$

即 $pH\leqslant1.2$ 时可改变阴极上离子的析出顺序。

科海拾贝

膜电位

无论是动物细胞还是植物细胞，都被细胞膜所包围，细胞膜对物质的透过具有选择性。这种细胞与环境之间物质交换的通道称为生物膜。

一种大分子电解质（如 RNa 溶液）用半透膜（生物膜）与另一种低分子电解质（如 NaCl）溶液隔开，如果除大分子电解质的大离子 R^- 以外，其他小分子、离子都能自由通过这个膜，结果会有一定量小分子电解质透过膜进入大分子电解质溶液中，当达到平衡时，小分子、离子在膜两侧溶液中的浓度会不均等，而且保持膜两边呈电中性。这种平衡现象叫膜平衡，又叫唐南平衡，如图 7-21 所示。

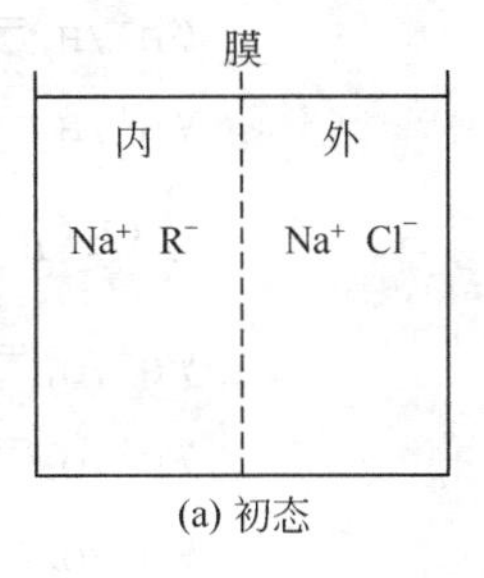

(a) 初态

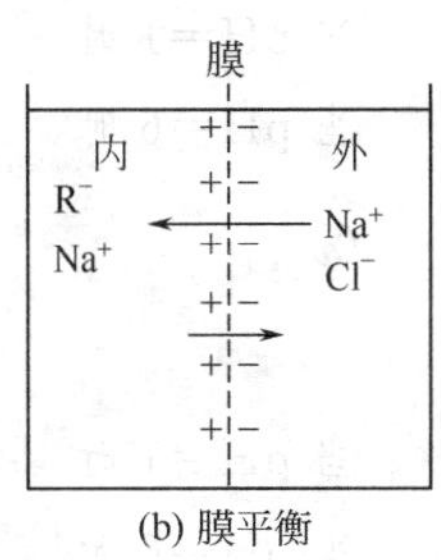

(b) 膜平衡

图 7-21 膜平衡

唐南平衡引起的一种重要效应是产生膜电位。如果用两支对 Cl^- 可逆的电极如 $Ag|AgCl(s)|Cl^-$ 电极，一个插入膜内溶液中，另一个插入膜外溶液中，然后来测定电动势 E_1，结果是 $E_1=0$。如果用盐桥代替膜将两种溶液隔开，就能测得电动势 $E_2\neq0$，这是膜电位 $E_膜$ 的作用，$E_1=E_膜+E_2=0$。E_2 指使用盐桥的电池电动势，则 $E_膜$ 与 E_2 大小相等，符号相反。膜电位的存在是生物细胞产生电流的重要原因之一，正是这个膜电位的存在，维持了神经、脉搏的协调运动。

判断腐蚀性巧用电动势

据有关资料介绍，美国每年腐蚀掉的含铁金属的总量，价值超过 50 亿美元。在我国，每年生产的铁大概有 20%用于替换那些因生锈而丧失用途的产品。

金属发生电化学腐蚀时，金属成为腐蚀电池的阳极，在不同的 pH 条件下，水溶液中可能存在下列几种共轭的还原反应：

酸性条件下 $$2H^++2e\longrightarrow H_2(p^\ominus)\qquad 析氢$$

$$O_2(p^\ominus)+4H^++4e\longrightarrow 2H_2O\qquad 吸氧$$

碱性条件下 $$O_2(p^\ominus)+2H_2O+4e\longrightarrow 4OH^-\qquad 吸氧$$

所谓形成腐蚀，通常是指金属表面形成离子浓度至少为 $1\times10^{-6}kg\cdot mol^{-1}$。利用腐蚀电池电动势 E，可以判断在不同的 pH 条件下会不会发生腐蚀。现有 6 种金属 Au、Ag、Fe、Pb、Al、Cu 在：①强酸性溶液中（pH=1）；②强碱性溶液中（pH=14）；③微酸性溶液中（pH=6）；④微碱性溶液中（pH=8）。已知：$\varphi^\ominus_{Au^{3+}/Au}=1.5V$，$\varphi^\ominus_{Ag^+/Ag}=0.799V$，

$\varphi^{\ominus}_{Pb^{2+}/Pb}=-0.126V$，$\varphi^{\ominus}_{Fe^{2+}/Fe}=-0.44V$，$\varphi^{\ominus}_{Al^{3+}/Al}=-1.66V$，$\varphi^{\ominus}_{Cu^{2+}/Cu}=0.337V$。若金属在阳极氧化，与之共轭的阴极反应（析氢或吸氧）组成的原电池的电动势 $E>0$，则反应能自发进行，金属发生腐蚀。在腐蚀电池阳极发生氧化反应，其电极电位为

$$\varphi_{M^{n+}/M}=\varphi^{\ominus}_{M^{n+}/M}+\frac{RT}{nF}\lg c_{M^{n+}}$$

当 $c_{M^{n+}}=1\times10^{-6}kg\cdot mol^{-1}$ 时（25℃）

$$\varphi_{M^{n+}/M}=\varphi^{\ominus}_{M^{n+}/M}-\frac{0.335}{n}$$

对上述6种金属有如下数值：

$\varphi_{Au^{3+}/Au}=1.38V$　　$\varphi_{Ag^{+}/Ag}=0.444V$　　$\varphi_{Fe^{2+}/Fe}=-0.618V$

$\varphi_{Al^{3+}/Al}=-1.78V$　　$\varphi_{Cu^{2+}/Cu}=0.16V$　　$\varphi_{Pb^{2+}/Pb}=-0.304V$

腐蚀电池在阴极发生还原反应，在析氢和吸氧的不同条件下，可求得电极电位如下：

① $2H^{+}+2e\rightleftharpoons H_2(p^{\ominus})$

$\varphi_{H^{+}/H_2}=-0.0592pH$

当 pH=1 时　$\varphi_{H^{+}/H_2}=-0.0592V$

当 pH=6 时　$\varphi_{H^{+}/H_2}=-0.355V$

② $\frac{1}{4}O_2(p^{\ominus})+H^{+}+e\rightleftharpoons\frac{1}{2}H_2O$

$\varphi_{H^{+}/O_2}=1.23-0.0592pH$

当 pH=1 时　$\varphi_{H^{+}/O_2}=1.17V$

当 pH=6 时　$\varphi_{H^{+}/O_2}=0.87V$

③ $\frac{1}{4}O_2(p^{\ominus})+\frac{1}{2}H_2O+e\rightleftharpoons OH^{-}$

$\varphi_{O_2/OH^{-}}=1.23-0.0592pH$

当 pH=8 时　$\varphi_{O_2/OH^{-}}=0.756V$

当 pH=14 时　$\varphi_{O_2/OH^{-}}=0.401V$

根据原电池电动势 $E=\varphi_{阴极}-\varphi_{阳极}>0$ 或 <0，可判断上述6种金属发生腐蚀的情况如下：

① 当 pH=1 时，若析氢，则 Al、Fe、Pb 被腐蚀；若吸氧，则除 Au 外均被腐蚀。

② 当 pH=6 时，若析氢，则 Al、Fe 被腐蚀；若吸氧，则除 Au 外均被腐蚀。

③ 当 pH=8 时，除 Au 外均被腐蚀。

④ 当 pH=14 时，除 Au、Ag 外均被腐蚀。

极谱分析

极谱分析是基于在电解过程中产生浓差极化而建立起来的一种重要的近代电化学分析方法，可用来对溶液中的多种金属离子进行定性及定量分析。

极谱分析装置示意图见图7-22，图中G为电流计。

把待分析的溶液作为电解液，加两个电极组成一个电解池。其中阳极可以是表面相当大的汞电极，当通过不大的电流时，因电流密度很小并不极化（阳极也可用甘汞电极代替），因此在极谱分析的电解过程中，阳极是很难极化的可逆电极，其电极电位有固定值。极谱分

析的阴极是从毛细管中不断滴下的“滴汞电极”或者“微铂电极”，虽然电解时通过的电流不大，但由于阴极的面积很小，仍可达到很高的电流密度，在不对电解池进行搅动的条件下，将在阴极造成显著的浓差极化。

作极谱分析时，将阴极电位的数值由高到低逐渐改变，记录与各不同阴极电位的数值相对应的电解电流 I。以 I 为纵坐标，以阴极电位 $\varphi_{阴}$ 为横坐标作图，可得到阴极的极化曲线。极化曲线在极谱分析中被称为极谱波，对于只有一种被分析物的电解还原，其极谱波呈 S 形，如图 7-23 所示。根据这一 S 形的极谱波，可对被测物进行定量及定性分析。

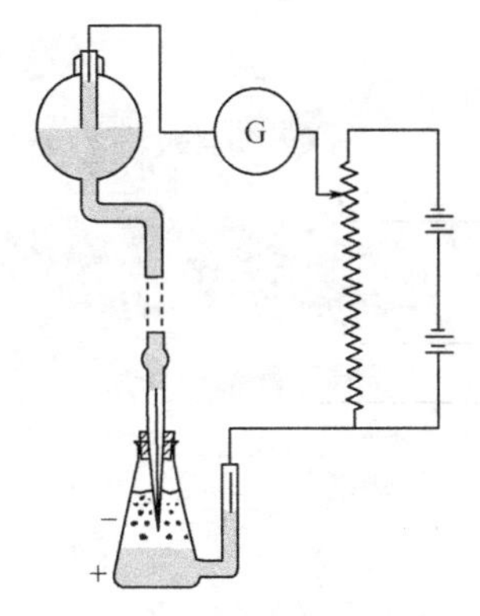

图 7-22　极谱分析装置示意图

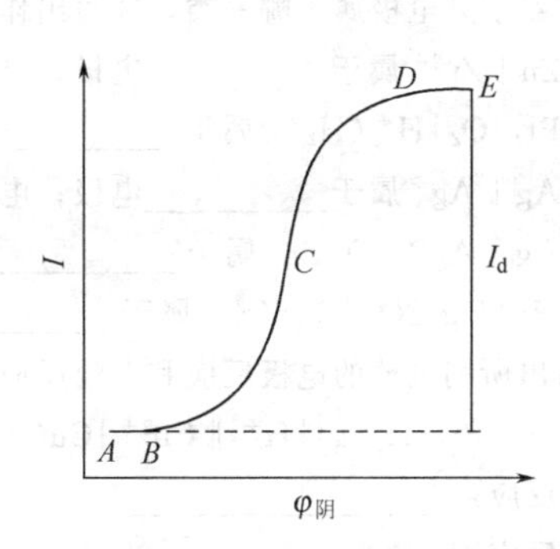

图 7-23　单组分体系极谱图

如何根据极谱波对被测物定量呢？如图 7-23 所示，极谱波上的 DE 段电流与 AB 段电流之差，称为极限电流 I_d，其值即是极谱波的波高。极限电流 I_d 正比于本体浓度 c，即

$$I_d = K'c \tag{7-33}$$

式中，K'为比例常数。配制被测物的已知浓度的电解液，测量其极谱波波高后，即可得知 K'值，继而可由 K'与未知液的极谱波波高，计算被测物的浓度。因此，式(7-33)是极谱法的定量依据。

如何根据极谱波对被测物定性呢？在图 7-23 中 C 点上，$I=\frac{1}{2}I_d$，对应的电极电位 $\varphi_{1/2}$ 称为半波电位。在一定温度下，对一定的物质，$\varphi_{1/2}$ 有一定值；对不同的物质，$\varphi_{1/2}$ 值不同，因此半波电位 $\varphi_{1/2}$ 之值是极谱法对被测物定性的依据。

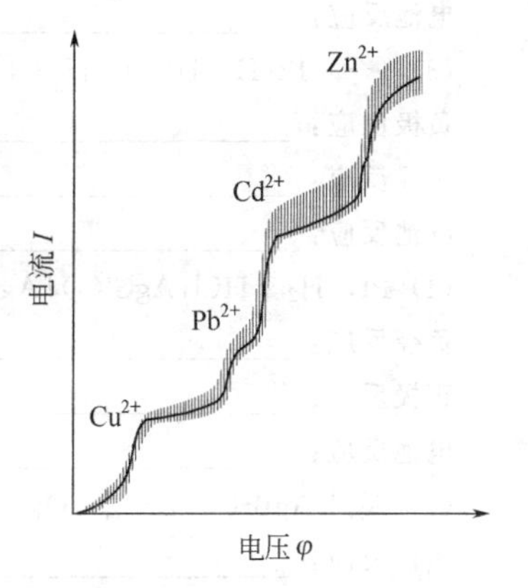

图 7-24　某多组分体系极谱图

图 7-24 表示了对一含有 Cu^{2+}、Pb^{2+}、Cd^{2+} 和 Zn^{2+} 等多种离子的溶液进行极谱分析时所得到的极谱图。由图 7-24 可看出，待分析溶液中含有多种被测物时，极谱图上将出现首尾相接的多个 S 形极谱波。可用每一个半波电位及波高同时对多种被测物进行定性与定量。

练习

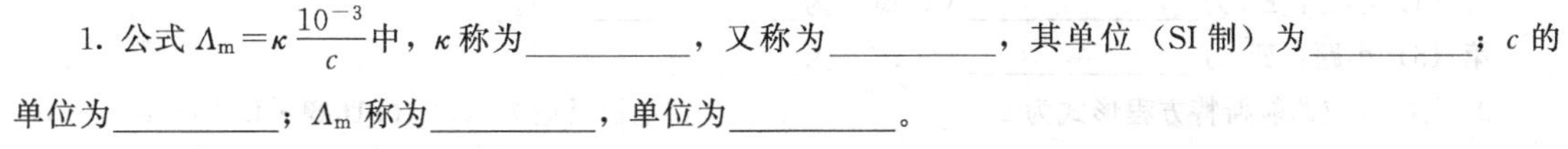
1. 公式 $\Lambda_m = \kappa \frac{10^{-3}}{c}$ 中，κ 称为__________，又称为__________，其单位（SI 制）为__________；c 的单位为__________；Λ_m 称为__________，单位为__________。

2. 定义摩尔电导率时应注意电解质化学式的基本单元。若电解质是 $AgNO_3$，则其基本单元为 Λ_m

(________)；若电解质是$CuSO_4$，则其基本单元应为Λ_m（________）。

3. 用极限摩尔电导率Λ_m^∞，比较电解质的导电能力，其合理性在于它考虑了影响导电能力的三方面因素：________、________和________。

4. 原电池电动势用符号________表示，单位为________。原电池由两个电极组成，电位较高的为________极或________极；电位较低的为________极或________极。电极的电极电位用符号________表示，单位为________。

5. 原电池标记式中，左侧习惯上放置________极，右侧放置________极。左侧电极的电极反应为________反应；右侧电极的电极反应为________反应。将电极反应相加得到电池反应时，需注意配平________得失。

6. 判断下列电极属于哪一类，并写出作为阴极时的电极反应：

(1) $Zn | Zn^{2+}$属于________电极；电极反应为________；

(2) $Pt，O_2 | H^+(H_2O)$属于________电极；电极反应为________；

(3) $Ag | Ag^+$属于________电极；电极反应为________；

(4) $Ag | AgBr(s) | Br^-$属于________电极；电极反应为________；

(5) $Hg | Hg_2SO_4(s) | SO_4^{2-}$ 属于________电极;电极反应为________。

7. 写出所列电池的电极反应和电池反应。

(1) $(-)Pt, | H_2(g) | H^+ \| Cu^{2+} | Cu(+)$

负极反应：________________。

正极反应：________________。

电池反应：________________。

(2) $(-)\ Ag | Ag^+ \| Sn^{4+} | Sn^{2+} | Pt(+)$

负极反应：________________。

正极反应：________________。

电池反应：________________。

(3) $(-)\ Pt | H_2 | H^+ | O_2 | Pt(+)$

负极反应：________________。

正极反应：________________。

电池反应：________________。

(4) $Pt，H_2 | HCl | AgCl(s) | Ag$

负极反应：________________。

正极反应：________________。

电池反应：________________。

(5) $Ag | AgBr(s) | Br^- \| SO_4^{2-} | Hg_2SO_4(s) | Hg$

负极反应：________________。

正极反应：________________。

电池反应：________________。

8. 查表写出第7题第（4）小题及第（5）小题中各电极的标准电极电位$\varphi^\ominus$，并计算标准电动势$E^\ominus$和$\Delta G^\ominus$。

第（4）小题：$\varphi_-^\ominus$为____________V；$\varphi_+^\ominus$为____________V。

第（5）小题：$\varphi_-^\ominus$为____________V；$\varphi_+^\ominus$为____________V。

第（4）小题：$E^\ominus$为____________V；$\Delta G^\ominus$为____________kJ。

第（5）小题：$E^\ominus$为____________V；$\Delta G^\ominus$为____________kJ。

9. 电极反应的能斯特方程形式为$\varphi=$____________。如电极反应为$Ag^+(0.1mol \cdot L^{-1}) + e \longrightarrow Ag$，则$\varphi=$____________V；

电极反应为　$AgCl + e \longrightarrow Ag + Cl^-$ ($0.1mol \cdot L^{-1}$)，则 φ=______________ V。

电极反应为　$O_2(100kPa) + 2H_2O + 4e \rightleftharpoons 4OH^-$ ($0.5mol \cdot L^{-1}$)，则 φ=______________。

10. 25℃时，将某电导池充以 $0.02mol \cdot L^{-1}$ 的 KCl 溶液，测得电阻为 457.3Ω。若代之以 $CaCl_2$ 溶液，当浓度为 $0.555g \cdot L^{-1}$ 时，测得电阻为 1050Ω。试计算：(1) 电导池常数 K_{cell}；(2) $CaCl_2$ 溶液的电导率；(3) $CaCl_2$ 的摩尔电导率 $\Lambda_m\left(\frac{1}{2}CaCl_2\right)$。已知 $0.02mol \cdot L^{-1}$ KCl 溶液的 $\kappa = 0.2768S \cdot m^{-1}$。

11. 测得 $0.001028mol \cdot L^{-1}$ 的 HAc 溶液在 25℃时 $\Lambda_m(HAc) = 4.815 \times 10^{-3} S \cdot m^2 \cdot mol^{-1}$。

计算：(1) HAc 的电离度和电离常数；(2) 溶液的 pH 值。[提示：先求 $\Lambda_m^\infty(HAc)$]

12. 将下列电池反应写成电池符号：

(1) $Zn + Hg_2SO_4(s) \rightleftharpoons ZnSO_4 + 2Hg$

(2) $AgCl(s) + I^- \rightleftharpoons AgI(s) + Cl^-$

(3) $Hg + PbO(s) \rightleftharpoons Pb + HgO(s)$

(4) $Fe^{2+} + Ag^+ \rightleftharpoons Fe^{3+} + Ag$

13. 用铂作阴极，电解 $AgNO_3$ 水溶液，当电极上通过的电量为 96500C 时，阴极上析出的 Ag 有__________g。若将电解液改为 $CuSO_4$，则阴极上析出的 Cu 有__________ g。

14. 用石墨作阳极，电解 NaCl 水溶液。已知阳极上析出 Cl_2 气，则通过的电量为 19300C 时，Cl_2 的质量为__________ g。100kPa、0℃时，体积为__________ L。

15. 某电解槽通电若干时间，理论上应析出 Zn 70g，实际上只得到 63g，该电解槽的电流效率 η 为__________%。

16. 上题电解槽中，若要析出 Zn 65.4g，则应通入电量__________ C。当通电电流强度为 10A 时，则应通电 __________ h。现实际通入电量经库仑计测得为 214444C，则该电解槽的电流效率 η 为__________%。

17. 已知下列电池：

$$(-)\ Cd|Cd^{2+}(1mol \cdot L^{-1})|I^-(1mol \cdot L^{-1})|I_2(s),Pt(+)$$

写出电池反应，并计算 25℃时的 E、$E^\ominus$、$\Delta G^\ominus$ 和 K。

18. 计算下列电池在 25℃时的电动势：

$$(-)\ Hg,Hg_2Cl_2(s)|KCl(1mol \cdot L^{-1}) \| Fe^{2+}(0.1mol \cdot L^{-1}),Fe^{3+}(0.2mol \cdot L^{-1})|Pt(+)$$

19. 醌氢醌电极与饱和甘汞电极组成电池，在 25℃时，测得电池电动势为 0.3128V，求溶液的 pH 值。(提示：醌氢醌电极为正极)

20. 氢电极与摩尔甘汞电极组成电池，在 25℃时电动势为 0.435V，求溶液的 pH 值。

21. 电池 (−) Ag|AgCl(s)|HCl($0.1mol \cdot L^{-1}$)|玻璃膜|pH=? ‖ 饱和甘汞电极 (+)，在 25℃时，用 pH=4 的缓冲溶液充入，测得电池电动势 $E = 0.3010V$；当用被测溶液时，测得电池电动势 $E = 0.4250V$。求被测溶液的 pH 值。

22. 已知浓差电池：

$Pb,PbSO_4(s)|SO_4^{2-}(0.022mol \cdot L^{-1}) \| SO_4^{2-}(0.0064mol \cdot L^{-1})|PbSO_4(s),Pb$

求该电池的电动势 E。

23. 两个氧电极组成的浓差电池，左面电极氧气的压力为 100kPa，右面电极氧气的压力为 2.53kPa，且电解质溶液中 OH^- 浓度相同，求 25℃时的电动势。

24. 某溶液含有 Zn^{2+} $3.67mol \cdot L^{-1}$、Cd^{2+} $0.0089mol \cdot L^{-1}$、Co^{2+} $0.00017mol \cdot L^{-1}$ 和 H^+ $10^{-7}mol \cdot L^{-1}$，试问各离子的析出电位以及它们的析出顺序。已知 Co 和 H_2 的超电位分别为 0.4V 和 0.7V。

25. 电解饱和食盐水($c_{NaCl} = 190g \cdot L^{-1}$)，用铁丝网作阴极、石墨作阳极，当电流密度为 $10000A \cdot m^{-2}$ 时，H_2、O_2、Cl_2 在各电极上的超电位分别为 0.2V、1.24V 和 0.53V(Na 的超电位为零)。在 25℃时电解中性饱和食盐水，问：(1) 阴、阳极各析出什么物质？(2) 其实际分解电压和理论分解电压各为多少？

8 表面现象和分散体系

学习指南

由于表面层分子同体相分子受力的不同，即体相分子受力是对称的，而表面层分子受力是不对称的，因此，表面层具有特殊的性质，在宏观上体现为表面现象。这种现象随着体系分散度的增大而更加明显。体系的分散度用比表面来描述：

$$A_0=\frac{A}{V}$$

表面现象的基本规律：

(1) 力学依据　表面张力σ，即表面相邻的两部分单位长度上相互的牵引力，这种张力造成表面收缩、弯曲等一系列现象。

(2) 热力学依据　$dG=\sigma dA$，$G=\sigma A$。在恒温恒压下，表面积减小或σ降低是自发倾向。这解释了新相生成的困难、表面吸附等一系列现象。

典型表面现象的几个规律：

(1) 新相生成的困难

① 弯曲表面的蒸气压　$\ln\frac{p_r}{p^{\ominus}}=\frac{2\sigma M}{RT\rho r}$

② 微小晶体的溶解度　$\ln\frac{c_r}{c}=\frac{2\sigma M}{RT\rho r}$

(2) 吸附

① 物理吸附（范德华力、单分子层或多分子层、相变热）

② 化学吸附（化学键、单分子层、化学反应热）

③ 典型的单分子层吸附　$\Gamma=\Gamma_\infty\frac{bp}{1+bp}$

(3) 溶胶　具有电泳和电渗现象；可用温度、浓度和外加电解质等控制聚沉。

表面现象是自然界中普遍存在的基本现象。例如，水滴和汞滴会自动呈球形；滴定管内水的液面是凹面，而大气压力计的汞柱面却是凸面；微小晶体比大晶体容易溶解；固体表面能自动吸附其他物质，这些都是表面现象。产生这些现象的主要原因是处在表面层的分子与其内部的分子相比，具有某些特殊的性质。当体系的表面积不大时，表面层分子占体系总分子数的比例很小，因而影响也微不足道。但是，当体系高度分散时（如用喷雾器将水雾化），表面积增大，导致表面层分子数比例升高，从而表面现象也更为明显。

研究表面现象，就是把相界面作为一个特殊相（表面相）来研究它的结构、性质及某些状态函数的特点。

8.1 物质的表面特性

表面现象实际上是指相界面的现象。处在界面上的分子同各相内部的分子受力不同。各相内部的分子受到周围分子的作用力，从统计平均来说是对称的，故合力为零。但界面层的分子，由于两相的性质差异，所受到的作用力是不对称的，因此界面层具有同各相内部不同的性质。最简单的情况是液体与其蒸气构成的体系，如图 8-1 所示。在气液界面上的分子由于液相分子对它们的吸引力比气相分子强，因此受到指向液体内部并垂直于界面的引力。总的引力同界面上的分子数成正比，因而总引力随着界面的扩大而增强。换句话说，体系的分散程度直接影响总引力，因此，首先要研究体系的分散程度。

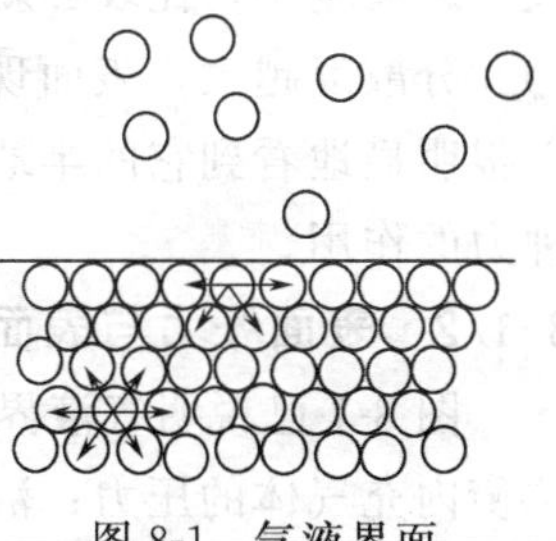

图 8-1 气液界面上的表面分子

8.1.1 分散度与比表面

对于一定量的物质来说，分散度就是粉碎程度。例如，将边长为 10^{-2}m 的立方体进行粉碎，每一次粉碎使立方体的边长减小到原来的 1/10，则总表面积将增至原来的 10 倍，见表 8-1。粉碎得越细，总表面积越大。在胶体中溶胶粒子的直径在10^{-9}～10^{-7}m之间，可见单位物质具有的总表面积很大，即为分散度很高的体系。

表 8-1 $10^{-2}m^3$ 的立方体粉碎为小立方体的总表面积增长

边 长/m	微粒数	微粒总面积/m^2	微粒大小相近实例
10^{-2}	1	6×10^{-4}	—
10^{-3}	10^3	6×10^{-3}	—
10^{-4}	10^6	6×10^{-2}	牛奶内的油粒
10^{-5}	10^9	6×10^{-1}	—
10^{-6}(1μm)	10^{12}	6	—
10^{-7}	10^{15}	6×10	藤黄溶胶
10^{-8}	10^{18}	6×10^2	金溶胶
10^{-9}(1nm)	10^{21}	6×10^3	细分散的金溶胶

由上述分析得出：衡量分散程度的标准应该是单位物质所具有的表面积，通常采用比表面，以符号 A_0 表示。

$$A_0=\frac{A}{V} \tag{8-1}$$

式中 A——物质的总表面积；

V——物质的体积。

因此，比表面也就是单位体积的物质所具有的总表面积。对于边长为 a 的立方体，其比表面可表示为

$$A_0=\frac{A}{V}=\frac{6a^2}{a^3}$$

$$A_0=\frac{6}{a} \tag{8-2a}$$

对于直径为 d 的球体，其比表面为

$$A_0=\frac{\pi d^2}{\frac{1}{6}\pi d^3}=\frac{6}{d} \tag{8-2b}$$

由式(8-2a)和式(8-2b)可知，比表面同立方体的边长或球体的直径成反比。分散度越

大，颗粒越小，比表面就越大。因此，比表面是分散度的量度。

分散度越大，表面现象越明显。如一盆水的水面观察不到弯曲，而玻璃板上的水滴却可以很明显地看到它的半球形液面，即水在玻璃板上会自动地收缩表面，这正说明表面上有某种力的作用。

8.1.2 表面张力与表面功

图 8-1 已说明气液界面层的分子具有向内的引力。在气球的球面上，处处存在向心力以抗衡内充气体的压力；液体表面与此类似，宛如一张绷紧的薄膜，在这张薄膜上存在着使薄膜缩小的收缩张力。如图 8-2 所示，将金属丝弯成 U 形框架，再取一根金属丝制成可以在框架上滑动的滑杆。在框架上蘸上肥皂液，再缓慢地用力往下拉，使肥皂液在框架上形成液膜。一旦放手，将发现肥皂膜会自动收缩，滑杆向上移动，这说明滑杆同液面接触的边界上，存在着克服滑杆重力 F 的拉力，这种拉力垂直于边界并沿着液膜的表面，指向液面收缩的方向。单位长度边界线上的这种收缩力称为表面张力，记作"σ"，单位为 $N \cdot m^{-1}$。显然总的收缩力应该同边界的长度有关，这里肥皂膜有前后两层表面，故滑杆与液膜表面的边界长度为 $2L$，总收缩力为 $2L\sigma$。

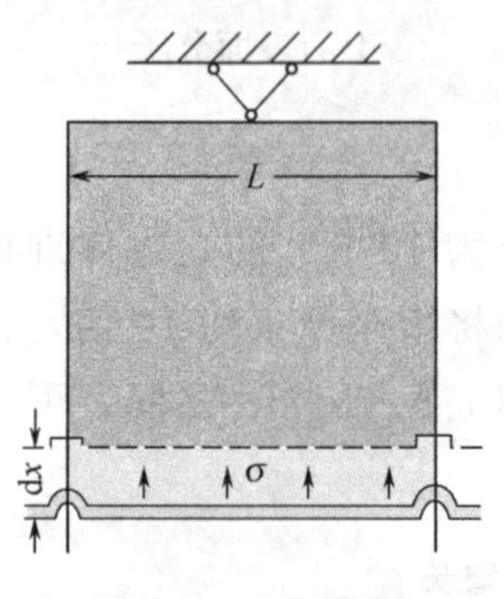

图 8-2 表面张力与表面功

通常纯液体的表面张力是指纯液体与空气（为液体蒸气所饱和）相接触时测得的数据。当接触的两相为不同的液体或液体与固体时，作用在界面上的张力称为界面张力。为简化起见，本教材把这两类张力统称为表面张力。

表面张力能使液膜克服外力的作用，收缩表面。利用表面张力，体系可以对环境做功，这就是第二章中提及的一种非体积功，称为表面功。

如图 8-2 所示，若滑杆的重力略小于滑杆与液膜边界上液膜总的收缩力，则

$$F=2L\sigma-\mathrm{d}F$$

在此接近力平衡的条件下，滑杆回缩位移 $\mathrm{d}x$，这时体系所做的功为可逆功 δW_{R}。根据功与作用力和位移的关系，有

$$\delta W_{\mathrm{R}}=-F\mathrm{d}x=-2L\sigma\mathrm{d}x+\mathrm{d}F\cdot\mathrm{d}x$$

略去高阶无穷小量可得

$$\delta W_{\mathrm{R}}=-2L\sigma\mathrm{d}x$$

收缩前后液膜表面积的变化为

$$\mathrm{d}A=-2L\mathrm{d}x$$

代入上式得到

$$\delta W_{\mathrm{R}}=\sigma\mathrm{d}A \tag{8-3}$$

由于收缩过程中液膜的体积几乎不变，所以这种可逆功是非体积功，其大小取决于表面张力和表面积的变化值。

8.1.3 表面吉氏函数与比表面吉氏函数

表面现象产生的原因与物质表面层分子具有特殊性质有关。从宏观上探讨这些现象的基本规律，仍可采用热力学的原理和方法。当液体内部的分子移向外部而产生新表面时，需要做表面功。若该过程在恒温恒压下进行，则按式(3-17a)和式(8-3)有

$$\delta W'_{\mathrm{R}}=\mathrm{d}G$$

$$\delta W'_{\mathrm{R}}=\sigma\mathrm{d}A$$

即得

$$dG=\sigma dA \tag{8-4}$$

通常把表面层分子比内部分子过剩的吉氏函数称为表面吉氏函数。由式(8-4)可知，表面张力σ也可视为在指定温度、压力和组成条件下，增加单位表面积时，体系表面吉氏函数的增量。因此，σ也被称为比表面吉氏函数，其单位为$J \cdot m^{-2}$，即$\frac{N \cdot m}{m \cdot m}=J \cdot m^{-2}$，同表面张力的单位一致。

比表面吉氏函数是状态函数，取决于体系的状态。表8-2和表8-3分别给出了一些纯液体在不同温度下的比表面吉氏函数和20℃时不同物质接触的比表面吉氏函数。分析这两个表中的数据，可以得出以下四点结论：

① 比表面吉氏函数同体系的温度有关，通常随着温度的升高而下降。

② 由于比表面吉氏函数是体系的界面特性，因此同相接界的两相物质的性质有关。

③ 所有的比表面吉氏函数都是正值，$\sigma>0$。

④ 一般极性越强的液体，分子间作用力越强，则比表面吉氏函数越大。

表8-2　纯液体的比表面吉氏函数　　单位：$J \cdot m^{-2}$

t/℃	H_2O	CCl_4	C_6H_6	$C_6H_6NO_2$	C_2H_5OH	CH_3COOH
0	0.07564	0.0292	0.0316	0.0464	0.0240	0.0295
25	0.07197	0.0261	0.0282	0.0432	0.0218	0.0271
50	0.06791	0.0231	0.0402	0.0402	0.0198	0.0246
75	0.0635	0.0202	0.0373	0.0373	—	0.0220

表8-3　20℃时液体在不同接触界面上的比表面吉氏函数

第一相	第二相	$\sigma/J \cdot m^{-2}$	第一相	第二相	$\sigma/J \cdot m^{-2}$
水	正丁醇	0.0018	汞	水	0.415
水	乙酸乙酯	0.0068	汞	乙醇	0.389
水	苯甲醛	0.0155	汞	正庚烷	0.378
水	苯	0.0350	汞	苯	0.357
水	正庚烷	0.0302	汞		

由热力学第二定律可知，在恒温恒压条件下，吉氏函数的减小是自发的倾向。由式(8-4)可以得到体系的表面吉氏函数：

$$G=\sigma A \tag{8-5}$$

因此，G的下降只有两种可能：一是接触的表面积A减小，这正是人们经常发现的表面收缩现象；二是比表面吉氏函数σ下降。因为比表面吉氏函数同相接触物质的性质有关，所以当接触界面上有多种物质存在时，表面接触有一定的选择性。例如，玻璃在一定温度下同水、空气和汞接触的比表面吉氏函数有下列关系：

$$\sigma_{玻-水}<\sigma_{玻-空气}<\sigma_{玻-汞}$$

因此，在玻璃管的内表面上，水能取代空气而覆盖于玻璃表面；汞却被空气取代而减小同玻璃的接触表面。如图8-3所示，玻璃管中液面的虚线表示平衡时液面应处的位置，而管壁的阴影部分示意被取代的内表面高度。由于取代使玻璃管内壁的比表面吉氏函数减小，从而体系的表面吉氏函数减小，这是

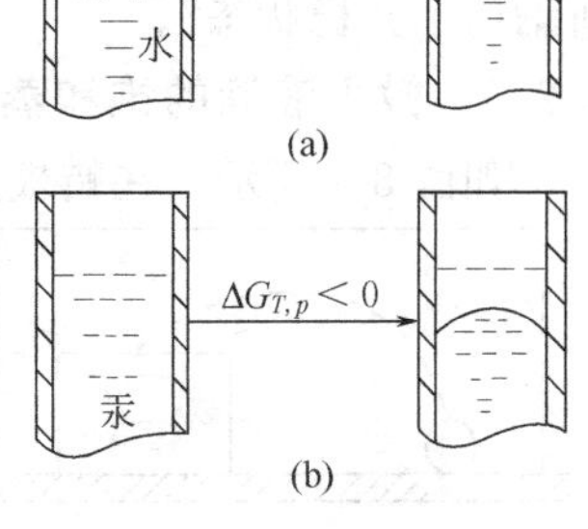

图8-3　凹液面与凸液面

热力学的自发过程，它解释了在滴定管中常见的凹液面和大气压力计上所见的凸液面。

物质表面特性的集中表现为体系的比表面吉氏函数，式(8-5）是分析和解决表面化学问题的依据。

【例 8-1】 25℃时把半径为10^{-3}m 的水滴分散成半径为10^{-6}m 的小水滴。分别计算初、终态的比表面；计算该过程的表面吉氏函数增量以及环境至少消耗多少功。

解 查表 8-2 得水在 25℃时的比表面吉氏函数为 0.07197J·m^{-2}。

球形比表面
$$A_0=\frac{6}{d}=\frac{3}{r}$$
因此，初态比表面为
$$A_{01}=\frac{3}{10^{-3}}=3\times10^{3}\ (\mathrm{m}^{-1})$$
终态比表面为
$$A_{02}=\frac{3}{10^{-6}}=3\times10^{6}\ (\mathrm{m}^{-1})$$
由于纯水在一定温度下的比表面吉氏函数不变，所以按式(8-4）积分可得
$$\Delta G=\sigma\Delta A$$
$$\begin{aligned}\Delta A&=\frac{4}{3}\pi r^{3}(A_{02}-A_{01})\\&=\frac{4}{3}\pi\times(10^{-3})^{3}\times(3\times10^{6}-3\times10^{3})\\&\approx4\pi\times10^{-3}\ (\mathrm{m}^{2})\end{aligned}$$
所以
$$\Delta G=\sigma\Delta A=0.07197\times4\pi\times10^{-3}=9.044\times10^{-4}\ (\mathrm{J})$$
环境所做的最小功为可逆功 W'_{R}，故
$$W'_{\mathrm{R}}=\Delta G=9.044\times10^{-4}\mathrm{J}$$

从例题分析可以看出，大液滴分散成小液滴需要环境做功，而小液滴聚集成大液滴，从表面吉氏函数的角度看是自发过程。换句话说，小液滴是不稳定的，它会被大液滴“吃掉”，即发生“大吃小”的吞并过程。

8.2 介稳状态和新相生成

任何新相的生成都是增加相接触表面积的过程。按表面化学的原理来说，都是吉氏函数升高的过程。因此，要产生新相就需要环境做功，或者体系已处在一个非平衡的条件下，具有“过剩的能量”可以做功；就好比“矫枉”必须“过正”一样，这种“过正”的现象就是所谓的“介稳状态”。

8.2.1 微小液滴的饱和蒸气压

如图 8-4 所示，在蜡板上放一杯水和一滴水，然后用玻璃罩盖上，假设罩内水蒸气已饱和。在恒温的条件下，过一段时间会发现水珠不见了，它“跑回”杯中去了。由式(8-5）分析，显然水总表面积的减少是一个自发倾向，小液滴的表面积被大液面“吃掉”的过程是一个自发过程。反之，在水的体相中要产生一个小气泡，即要增加水的表面积，则是需要环境做功的过程。这一特性

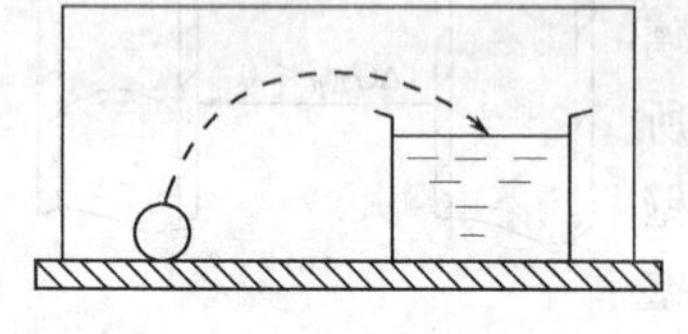

图 8-4 微小液滴的挥发性

用相平衡的理论来解释，可以得到另一个结论。即微小液滴比平面液体容易挥发，用衡量液体挥发能力的物理量饱和蒸气压来描述，就是微小液滴的饱和蒸气压高于平面液体的饱和蒸气压。开尔文（Lord Kelvin）用热力学方法引出了它们的定量关系，即

$$\ln \frac{p_r}{p^{\ominus}}=\frac{2\sigma M}{RT\rho r} \tag{8-6}$$

式中 M——液体的摩尔质量，$kg \cdot mol^{-1}$；

σ——液体与其蒸气在 T 温度下的表面张力（比表面吉氏函数），$J \cdot m^{-2}$；

ρ——液体的密度，$kg \cdot m^{-3}$；

r——液滴的半径，m；

p_r——半径为 r 的液滴的饱和蒸气压，kPa；

$p^{\ominus}$——液体的饱和蒸气压，kPa。

式(8-6)称为开尔文公式。通过式(8-6)可由液滴的半径来计算液滴的饱和蒸气压。对于一定的液体，在指定条件下，式(8-6)中的 T、M、σ 及 ρ 皆为常数。

【例 8-2】 已知在 20℃时，水的饱和蒸气压为 17.535mmHg，密度为 $0.9982\times10^3 kg \cdot m^{-3}$，表面张力为 $72.75\times10^{-3} N \cdot m^{-1}$。试计算水滴在 $10^{-5}\sim10^{-9}$m 的不同半径时，饱和蒸气压之比 $\frac{p_r}{p^{\ominus}}$ 各为若干。

解 当 $r=10^{-5}$m 时

$$\ln \frac{p_r}{p^{\ominus}}=\frac{2\sigma M}{RT\rho r}=\frac{2\times72.75\times10^{-3}\times18.015\times10^{-3}}{8.314\times293.15\times0.9982\times10^{3}\times10^{-5}}$$

$$=1.0774\times10^{-4}$$

则

$$\frac{p_r}{p^{\ominus}}=1.0001$$

用同样方法计算其他半径时的 $\frac{p_r}{p^{\ominus}}$ 值，计算结果列于表 8-4。

表 8-4 20℃时水滴的蒸气压与分散度的关系

液滴半径 r/m	10^{-5}	10^{-6}	10^{-7}	10^{-8}	10^{-9}
$\frac{p_r}{p^{\ominus}}$	1.0001	1.001	1.011	1.114	2.937

应当指出，当液滴的半径$>10^{-7}$m 时，蒸气压随分散度增大的改变较小；但当 r 达到 10^{-9}m 时，液滴的蒸气压几乎为平面液体的 3 倍，这同实验值不符合。一般认为 $r<10^{-7}$m 时，由于体系内的分子数太少，已无法用热力学方法进行处理，因此，开尔文公式一般适用于 $r>10^{-7}$m 的液滴。

虽然以上讨论以球形液滴为例，但实际上开尔文公式适用于一切弯曲的液面。若将一根玻璃毛细管插入饱和水蒸气中，则发现进入毛细管的蒸气凝结为水。说明毛细管内水的蒸气压低于平液面水的蒸气压。可以观察到水在毛细管中形成凹液面，凹液面的曲率半径为负值，因此开尔文公式计算的结果是 $p_r<p^{\ominus}$，即凹液面的饱和蒸气压低于平面的饱和蒸气压。式(8-6)中液滴半径 r 应推广为液面的曲率半径，按液面凹凸不同，其结果见表 8-5。

表 8-5 液面的曲率半径与饱和蒸气压的关系

液面类型	曲率半径	蒸气压关系	实例
凸液面	$r>0$	$p_r>p^{\ominus}$	微小液滴
平液面	$r=\infty$	$p_r=p^{\ominus}$	—
凹液面	$r<0$	$p_r<p^{\ominus}$	液体中的小气泡

8.2.2 微小晶体的溶解度

开尔文公式也可应用于晶体物质，即微小晶体的蒸气压恒大于普通晶体的蒸气压，晶体颗粒不一定是球形，但可用与球体相当的半径代入计算。在一定温度下，晶体溶解度的大小与蒸气压有密切的关系。根据亨利定律，溶质的蒸气压同其在溶液中的浓度成正比，即$p_{质}=kc_{质}$。因此，$\frac{p_r}{p^{\ominus}}=\frac{c_r}{c}$，则开尔文公式可以写成

$$\ln\frac{c_r}{c}=\frac{2\sigma M}{RT\rho r} \tag{8-7}$$

式中 σ——固液界面的比表面吉氏函数（或表面张力）；

ρ——晶体的密度；

M——溶质的摩尔质量；

c_r——半径为 r 的小晶体的溶解度；

c——普通大晶体的溶解度。

式(8-7) 说明晶体的半径越小，溶解度越大。这一原理在工业上有重要的应用价值。例如，从溶液结晶中提纯产品，往往希望晶体颗粒均匀，但通常初晶体的大小并不一致，因此需要采用延长保温时间的方法，使微小晶体能自动溶解，而较大晶体不断成长，晶粒逐渐趋于均匀。这种手段在照相化学中的 AgBr 制备上称为物理成熟过程，在分析化学的重量法中称为沉淀的“陈化”。

8.2.3 介稳状态和新相生成

由于体系比表面增大所引起的饱和蒸气压升高、晶体的溶解度增加等一系列表面现象，只有在颗粒半径很小时，才能达到可以觉察的程度。在通常情况下，这些表面现象是完全可以忽略不计的。但在蒸气的冷凝、液体的凝固和溶液的结晶等过程中，由于最初生成新相的颗粒是极微小的，其比表面和表面吉氏函数都很大，体系处于不稳定状态。因此，在体系中产生一个新相是比较困难的。由于新相难以生成，因此引起各种过饱和现象。例如，蒸气的过饱和、液体的过冷或过热以及溶液的过饱和等现象。

8.2.3.1 过饱和蒸气

过饱和蒸气之所以能存在，是因为新生成微小液滴（新相）的蒸气压大于平液面上的蒸气压。如图 8-5 所示，曲线 OA 和 O_1A_1 分别表示平液面和半径为 r 的小液滴的饱和蒸气压同温度的关系。设压力为 p_1 的蒸气恒压冷却，温度降到同 OA 线的交点对应的值 T_b 时，即已为饱和蒸气，按相平衡的条件，应该开始冷凝。但由于该温度下对于微小液滴来说，尚未达到饱和状态，因此在 T_b 时不能凝结出微小液滴。直到温度降为 T_1 时，小液滴的蒸气压与外压相等，这才开始有液滴产生。把按相平衡条件应该凝结而未凝结的蒸气称为过饱和蒸气。因为它介于稳定的气相和液相之间，也称为介稳状态。如果在过饱和蒸气中有凝结中心存在，如大液滴、具有毛细孔的颗粒等，就能导致介稳状态的瓦解而变成液体。人工降雨就是利用飞机喷撒微小的 AgI 颗粒作为凝聚中心，使云层中的水蒸气易于凝结成水而洒向大地。

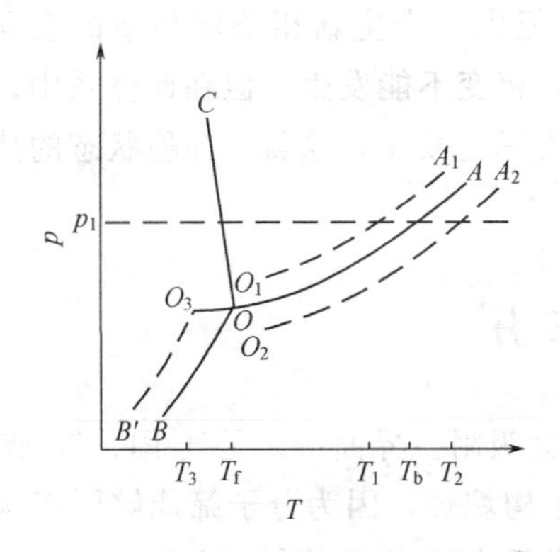

图 8-5　产生过饱和现象示意图

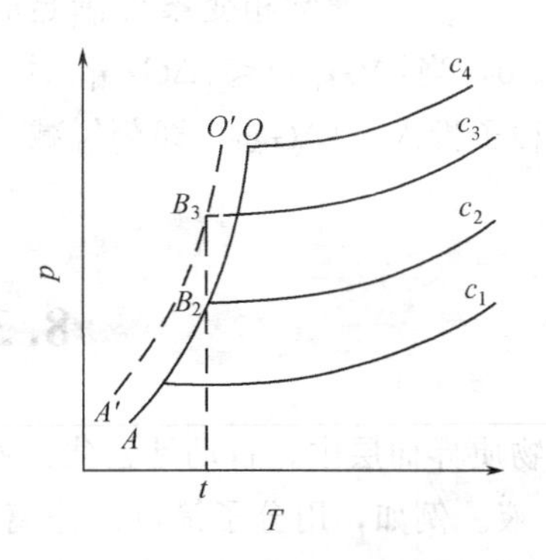

图 8-6　过饱和溶液示意图

8.2.3.2　过热液体

液体的沸腾开始时先要形成小气泡，而小气泡内的蒸气压又低于平液面的饱和蒸气压，如表 8-5 和图 8-5 所示。O_2A_2 线为小气泡内的蒸气压随温度的变化曲线，当外压为 p_1 时加热液体，按相平衡的条件，当交于 OA 线的对应温度为 T_b（沸点）时，液体应该汽化。但沸腾产生小气泡的蒸气压低于 p_1，因此无法生成，只有加热到 T_2 时小气泡内的蒸气压才等于 p_1，这时才能沸腾。将此液体称为过热液体。在液体加热到 T_b 时，若能引入适当的气泡就能使液体沸腾。在做有机实验时，通常要在加热液体的烧瓶中放入瓷片或沸石，其作用就是因为这些多孔物质内贮存有气体，在液体加热时能产生气泡，克服新相生成的困难，避免液体因过热而导致暴沸现象。

8.2.3.3　过冷液体

在一定温度下，微小晶体的饱和蒸气压恒大于普通晶体的饱和蒸气压，这是液体产生过冷现象的主要原因。如图 8-5 所示，OB 线和 O_3B' 线分别表示普通晶体和微小晶体的蒸气压随温度的变化关系。由图 8-5 可知，当液体冷却到正常熔点 T_f 时应该有晶体析出，但由于新相生成的困难，溶液必须冷却到同微小晶体成平衡的 O_3 点时，才能析出晶体。把按相平衡条件应该凝固而未凝固的液体称为过冷液体。它也是一种介稳状态，一旦有新相（晶种）投入，即刻凝固。

8.2.3.4　过饱和溶液

由相平衡原理可知，溶液结晶的条件是固态溶质的饱和蒸气压与溶液中该溶质的蒸气压相等。图 8-6 中，曲线 OA 和 $O'A'$ 分别表示溶质大晶体和微小晶体的饱和蒸气压随温度的变化线。c_1、c_2、c_3、c_4 是四条不同溶解度的溶质蒸气压随温度的变化线。蒸气压与溶解度成正比的关系，显然是 $c_4>c_3>c_2>c_1$。在恒定温度 t 下，蒸发溶液使溶质的溶解度达到 B_2 点（即 c_2 线与 OA 线的交点时），溶质应该开始析出。但由于新生成溶质微小晶体的蒸气压高于溶液中溶质的蒸气压，因而晶体不能析出。只有继续蒸发，使溶质的溶解度达到 B_3 点（即 c_3 线与 $O'A'$ 的交点）时，溶质晶体的蒸气压与溶液中溶质的蒸气压相等，晶体才能析出。把按相平衡条件应该析出晶体而未析出的溶液，称为过饱和溶液。

在结晶过程中，若过饱和程度太大，将会生成细小的晶粒，不利于过滤或洗涤，因而影响产品质量。因此，生产中常常向结晶容器中投入少量晶种，以防止过饱和程度太高。冷却速度、溶解度和晶种的加入与否都能影响结晶的形状和质量。

各种过饱和状态下的体系都不是真正的平衡状态，从吉氏函数角度分析，$\Delta G=$

$\Delta G_{相变}+\Delta G_{表面}$，通常相变条件满足时，$\Delta G_{相变}\leqslant 0$；但由于产生新相要增加新的表面，故$\Delta G_{表面}>0$，当$|\Delta G_{相变}|<|\Delta G_{表面}|$时，$\Delta G>0$，因此，相变不能发生。但在此体系中，一旦有新相种子投入，$|\Delta G_{表面}|$即刻锐减，使$\Delta G<0$，相变马上发生，这就是介稳状态的热力学本质。

8.3 吸附作用

在物质界面层中，自动地富集某些物质的现象称为吸附。界面可以是气-固、气-液、液-固和液-液。例如，用分子筛可以分离混合气体中的正构烷烃，因为分子筛能够同正构烷烃形成气-固吸附。又如在纯水中放些肥皂，可以大大降低水的表面张力。这是因为肥皂同气体接触的比表面吉氏函数显著低于水同气体接触的比表面吉氏函数。因此，肥皂分子易富集在水的表面层中，以降低吉氏函数，这就形成了溶液的表面吸附。再如在 HAc 水溶液中放入固体活性炭，可以降低溶液的酸度，这是因为活性炭同 HAc 分子形成液-固吸附。本节将重点讨论固体的吸附。

8.3.1 固体表面的吸附作用

固体表面自动地富集某些物质的现象称为固体表面吸附。具有吸附作用的物质称为吸附剂，被吸附的物质称为吸附物。吸附作用在工业生产中得到广泛的应用。例如，制糖工业中用活性炭吸附糖液中的有色杂质，从而得到洁白的产物；利用分子筛优先吸附氧气的性质，从而提高空气中氧的浓度；在工业"废气"中含有的有用成分，可通过吸附作用加以回收；仪器分析中的色谱分析是利用被测试样的各组分在色谱柱中被吸附作用的强弱来进行的等。这些实例都说明了研究吸附作用的实际意义。此外，后续章节中的多相催化反应、胶体的结构性质等都与吸附作用有着密切的关系。

固体表面的吸附作用与其表面性质密切相关。固体表面与液体表面一样，也具有一定的表面吉氏函数，但固体表面不像液体表面那样可以收缩，因而降低体系表面吉氏函数的过程只能通过吸附那些能够降低表面吉氏函数的物质来实现。换句话说，吸附那些使表面吉氏函数减小的物质是一个自发的过程。这就是产生吸附的原因。

既然吸附作用是自发进行的过程，那么在恒温恒压下$\Delta G_{T,p}<0$。将公式$\Delta G=\Delta H-T\Delta S$应用于吸附作用时，$\Delta S$表示吸附前后体系的熵变。由于吸附是吸附物分子运动混乱度减小的过程，从熵的物理意义上可知$\Delta S<0$，故$\Delta H<0$，表明吸附过程一定是放热过程。

被吸附在固体表面的分子，由于分子运动的存在，也可以脱离固体表面而逃逸到气相中去，这一过程称为解吸。在一定温度下，当吸附速度与解吸速度相等时，吸附就达到平衡。

吸附作用的强弱通常用吸附量来衡量。对于气-固吸附，把单位质量的吸附剂所吸附气体的物质的量或体积（STP）定义为吸附量，记作Γ。

$$\Gamma=\frac{X}{m} \quad 或 \quad \Gamma=\frac{V}{m} \tag{8-8}$$

式中　m——吸附剂的质量；

X——吸附物的物质的量；

V——吸附物的体积（STP）。

吸附量同吸附物和吸附剂的性质有关。通常，吸附剂的比表面越大，比表面吉氏函数越高，则吸附作用越强，即相同条件下的吸附量越大。如活性炭、硅藻土、分子筛等都有这些特点，因而是良好的吸附剂。当吸附剂和吸附物确定时，吸附量 Γ 由平衡时的温度和压力所决定，即吸附量 $\Gamma=\Gamma(T,p)$。

8.3.2 典型的吸附等温线

温度不变时，由实验测得的吸附量随压力变化的曲线，称为吸附等温线。在不同温度下，氨在木炭上的吸附等温线如图 8-7 所示。由图 8-7 可见：

① 当压力一定时，温度越高，平衡吸附量越低。即随着温度的升高，吸附剂的吸附能力逐渐降低，这与吸附为放热过程是一致的。

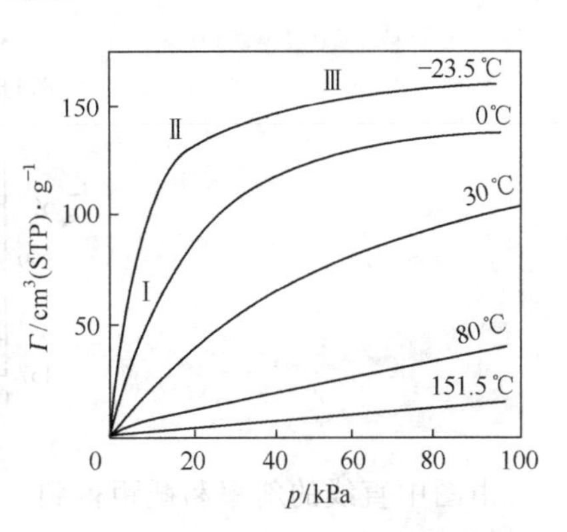

图 8-7 氨在木炭上的吸附等温线

② 当温度一定时，平衡吸附量随着压力的升高而增加，但在吸附等温线的不同部分，压力的影响是不同的。图 8-7 中 $T=-23.5$℃的曲线，在低压部分，压力的影响特别显著，吸附量与平衡压力成正比，近似线性关系（线段Ⅰ）；当气体的压力继续升高时，吸附量虽然也随之增加，但增加的趋势却逐渐变小（线段Ⅱ）；当压力达到足够高时，曲线接近一条平行于横坐标的直线（线段Ⅲ）。此时，相当于达到了吸附的饱和状态，对应的吸附量称为饱和吸附量。吸附达到饱和后，吸附量不再随压力的增加而增加。

根据固体表面的饱和吸附现象，朗格缪尔（I. Langmuir）提出了单分子层的吸附理论。他认为固体表面的吸附就是一层吸附物分子覆盖在固体表面上，即单分子层吸附。由于吸附剂表面积有限，所以形成了吸附的饱和现象。他从动力学的角度导出了朗格缪尔吸附等温式：

$$\Gamma=\Gamma_\infty \frac{bp}{1+bp} \tag{8-9}$$

式中 Γ_∞——饱和吸附量，即 1kg 吸附剂表面盖满一层吸附物分子时所能吸附的最大物质的量；

b——吸附系数，其数值与吸附剂、吸附物的性质及温度有关。

在低压下，$bp \ll 1$，所以 $\Gamma=\Gamma_\infty bp$，近似为线性关系；在高压下，$bp \gg 1$，所以 $\Gamma=\Gamma_\infty$，几乎不随压力变化。因此，式(8-9) 较好地描述了图 8-7 中典型的吸附等温线。方程中 Γ_∞、b 两参数通常由实验确定。

【例 8-3】 下列数据为 0℃时，不同压力下，每克活性炭吸附氮气的体积（STP）。设吸附为单分子层吸附，求饱和吸附量 Γ_∞ 和朗格缪尔吸附系数 b。

压力/Pa	524	1731	3058	4534	7497
吸附量/mL·g^{-1}	0.987	3.04	5.08	7.04	10.31

解 由式(8-9) 改写得到

$$\frac{p}{\Gamma}=\frac{1}{\Gamma_\infty b}+\frac{1}{\Gamma_\infty}p$$

以 $\frac{p}{\Gamma}$ 对 p 作图应得一直线，其斜率为 $\frac{1}{\Gamma_\infty}$，截距为 $\frac{1}{\Gamma_\infty b}$。由 p 和 Γ 求得作图数据如下：

p/Pa	524	1731	3058	4534	7497
$\frac{p}{\Gamma}$/Pa·g·mL^{-1}	531	569	603	644	727

由上表数据作图如下：

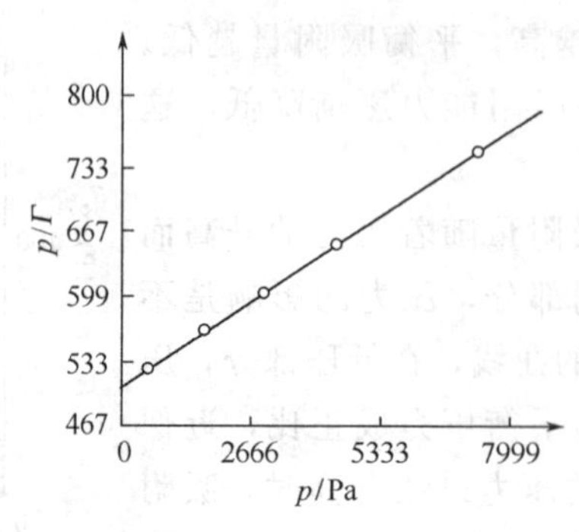

由图中直线的斜率和截距得到

$$\frac{1}{\Gamma_{\infty}}=0.0278$$

故 $$\Gamma_{\infty}=35.97\text{mL}\cdot\text{g}^{-1}$$

$$\frac{1}{\Gamma_{\infty}b}=518$$

故 $$b=5.37\times10^{-5}\text{Pa}^{-1}$$

通过测定吸附等温线，可以求得饱和吸附量，而Γ_{∞}又同吸附剂的比表面 A_0 有关。

$$A_0=\rho\Gamma_{\infty}N_AA_m \tag{8-10}$$

式中，ρ为吸附剂的密度；N_A 为阿伏加德罗常数；A_m 为吸附物分子的截面积。因此，吸附等温线的研究不仅在于揭示吸附量同压力的关系，更重要的是透视了固体吸附的表面特性。随着近代固体催化剂的广泛应用，借助吸附等温线的测定，了解催化剂的比表面、孔体积与孔径分布等重要参数越来越受到人们的重视。

但是，实际的吸附等温线并非仅此一种，通常可分为五类；形成的吸附分子层有单分子层，也有多分子层，有些固体的吸附还伴随有毛细孔内的凝聚等现象。表 8-6 给出了吸附等温线的概况，可用于分析吸附的类型，推测吸附剂可能存在的表面特性。

8.3.3 物理吸附与化学吸附

气-固吸附等温线描述的是吸附的宏观特征。在微观上，不同类型的吸附，其吸附剂与吸附物分子之间的作用力也不相同。通常分为两种：一种是范德华引力，另一种是化学键力。前者形成的吸附称为物理吸附，后者称为化学吸附。

当温度较低时，几乎所有固体表面都有吸附作用。这时吸附热较小（一般为 $10^2\sim10^3$ J·mol^{-1}），与气体液化的凝聚热比较接近。因此，可以认为被吸附的气体分子与吸附剂表面原子或离子间的作用力类似于液体分子间的范德华引力，故这类吸附为物理吸附。由于范德华引力没有饱和性，作用力比较弱，因此物理吸附往往不限于单层分子，可以多层吸附，但也容易解吸。物理吸附一般没有选择性，但吸附量会因吸附剂及吸附物的种类的不同而异，通常越易液化的气体越易于被吸附。

表 8-6　五类吸附等温线

类　型	特　点			实　例
	低　压	高　压	吸附剂孔隙率	
Ⅰ；V；0　1.0；$p/p^{\ominus}$	单分子层	单分子层吸附达饱和		-195℃时 N_2 在活性炭上的吸附
Ⅱ；V；0　1.0；$p/p^{\ominus}$	单分子层	多分子层	孔隙率低	-195℃时 N_2 在硅胶上的吸附
Ⅲ；V；0　1.0；$p/p^{\ominus}$	多分子层	多分子层	孔隙率低	79℃时 Br_2 在硅胶上的吸附
Ⅳ；V；0　1.0；$p/p^{\ominus}$	单分子层	多分子层，伴有毛细孔凝聚	孔隙率高	50℃时汞在氧化铁凝胶上的吸附
Ⅴ；V；0　1.0；$p/p^{\ominus}$	多分子层	多分子层，伴有毛细孔凝聚	孔隙率高	100℃时水蒸气在活性炭上的吸附

化学吸附则不然，其吸附热较大（一般大于 $10^5 J \cdot mol^{-1}$），与化学反应热相近。一般化学反应都需要一定的活化能，因此，化学吸附往往在较高的温度下发生。由于气-固界面上化学键的形成具有饱和性，化学键力作用比较强，因此化学吸附只有单分子层，且不易解吸。化学键的形成同吸附剂和吸附物分子的特性有关，所以具有选择性。

通常低温时易于形成物理吸附，高温时易于形成化学吸附，有些气-固吸附随着温度的升高，能从物理吸附转化成化学吸附。例如 CO 在 Pt 上的吸附，在 -100℃以下是物理吸附，在0℃左右就成了化学吸附。但也有的物理吸附不会转化成化学吸附，这是由化学吸附的选择性所决定的。

物理吸附和化学吸附反映了气-固吸附的本质区别，表8-7对两种吸附的特点作了比较，有利于加深对这些区别的认识。

表8-7　物理吸附与化学吸附的比较

性　质	物　理　吸　附	化　学　吸　附
吸附力	范德华引力	化学键
吸附热	近似于液化热	近似于反应热
选择性	无	有
可逆性	可逆	不可逆
吸附速度	快，不需活化能	慢，常有活化能
吸附层数	单层或多层	单层
吸附单层的压力	$p/p^{\ominus}\approx 0.1$	$p/p^{\ominus}\leqslant 0.1$①
吸附的温度	吸附物沸点附近或以下	远高于吸附物的沸点

① $p^{\ominus}$为吸附物的饱和蒸气压。

8.4　分散体系

一种或几种物质分散在另一种物质中所构成的体系称为分散体系。分散体系中被分散的物质称为分散相，分散相所存在的介质称为分散介质。在自然界中，绝大多数物质是分散体系。例如大气、水、煤、石油、矿石等工业原料及各种工业产品都是分散体系。

8.4.1　分散体系的分类和性质

按分散体系中分散相粒子的大小，可以把分散体系分为以下三类（见表8-8）。

① 分子或离子分散体系　分散相以原子、离子或分子形式均匀分散在分散介质中的体系称为分子或离子分散体系。这类体系也称为真溶液，由于分散相与分散介质的粒子大小相近，不能形成相界面，因此为均相体系。

② 粗分散体系　分散相以“分子集团”（直径$>10^{-7}$m）的形式分散在分散介质中的体系称为粗分散体系。这类体系由于每个分子集团自成一相，分散介质和分散相之间有明显的相界面存在，故成为多相体系。

③ 胶体分散体系　分散相以大分子或“分子集团”（直径为$10^{-9}\sim10^{-7}$m）的形式分散在分散介质中的体系称为胶体分散体系。这类体系介于上述两类体系之间，即可形成均相体系，又可形成多相体系。

表8-8　分散体系的分类及特性

微粒直径	类　型		分散相	性　质	实　例
$<10^{-9}$m	分子或离子分散体系		原子、离子或小分子	均相，热力学稳定体系，扩散快，能透过半透膜，形成真溶液	蔗糖、氯化钠水溶液
$10^{-9}\sim10^{-7}$m	胶体分散体系	高分子化合物溶液	大分子	均相，热力学稳定体系，扩散慢，不能透过半透膜，形成真溶液	聚乙烯醇水溶液
		溶胶	胶粒（原子或分子的聚集体）	多相，热力学不稳定体系，扩散慢，不能透过半透膜，能透过滤纸，形成胶体	金溶液、氢氧化铁溶液
$>10^{-7}$m	粗分散体系		粗颗粒	多相，热力学不稳定体系，扩散慢或不扩散，不能透过半透膜及滤纸，形成悬浮体或乳状液	浑浊泥浆水、牛奶、豆浆等

比较三类分散体系的性质，可以发现除了分子或离子分散体系外，其余两类都具有扩散速度慢、不能透过半透膜的共性。因此，人们把高分子溶液、溶胶、悬浮液、乳状液和泡沫等统称为胶体。

8.4.2 胶体

胶体包括均相分散体系和多相分散体系。从热力学角度看，均相分散体系处于热力学稳定状态；而多相分散体系由于比表面大、表面吉氏函数高，胶粒有自动发生相互聚结变大而下沉的趋势，故处于热力学不稳定状态。此处要讨论的胶体均指这类不稳定的体系。

胶体体系可按分散相和分散介质的聚集状态分为以下几类，其名称和实例列于表 8-9。

表 8-9 胶体体系按聚集状态的分类

名称		分散相	分散介质	实例
气溶胶		液	气	云、雾
		固	气	烟、尘
液溶胶	泡沫	气	液	肥皂泡沫
	乳状液	液	液	牛奶、人造奶油
	溶液、悬浮液、软膏	固	液	金溶胶、泥浆、牙膏
固溶胶	固态泡沫	气	固	泡沫塑料、浮石
	固态乳状液	液	固	珍珠、硅凝胶
	固态悬浮体	固	固	红玉玻璃、照相胶片

分散介质为气体的称为气溶胶（如云、雾、烟、尘）；分散介质为固体的称为固溶胶（如泡沫塑料、照相胶片）；分散介质为液体的称为液溶胶，简称溶胶（如泡沫、牛奶、油漆、牙膏）。化工生产中遇到最多的是水溶胶，而这类物质又最完全地表现出胶体分散体系的基本特性。因此，本节及后续各节主要讨论水溶胶的基本特性和稳定性。

溶胶的分散相粒子通常由 10^3～10^9 个原子聚集而成，它同分散介质的分子尺度相比要大得多，因此有明显的相界面。通常这些胶粒能透过滤纸而不能透过半透膜，这说明宏观上这些胶粒仍属微粒。因此，溶胶是高度分散的体系；而这类比表面很大的体系一定处于热力学不稳定状态。由此可见，溶胶具有三个基本特性：多相性、高度分散性、聚结不稳定性。前两者是造成后者的原因，而后者在实际应用中起着重要的作用。例如在固-液分离时形成溶胶是非常不利的，往往要破坏溶胶使之聚沉；但制备涂料时往往又需要形成溶胶，使颜料能均匀地分散在溶液中。因此需要分析溶胶稳定存在的原因，以便选择合适的条件，维持或破坏溶胶的稳定。

8.5 溶胶的稳定性和聚沉

溶胶具有较高的表面吉氏函数，是热力学不稳定体系，溶胶的粒子有自动聚结变大的趋势。但事实上很多溶胶可以长时间稳定存在而不聚结，这与胶体粒子带电有关，经研究表明，粒子带电是溶胶稳定的重要因素。

8.5.1 溶胶的电学性质

8.5.1.1 电泳和电渗现象

根据电化学可知，如将两个电极插入电解质溶液中，通电时溶液中的正、负离子分别向两极迁移，并在电极上发生电极反应。同样，溶胶在通电时也可观察到胶粒向正极（阳极）或负极（阴极）移动，由于胶粒比一般离子大很多倍，因此，带色的胶粒移动时明显可见。

例如在U形管中加入红褐色$Fe(OH)_3$溶液，然后小心加入NaCl溶液，使二者有清晰的界面，把电极放入NaCl溶液中通电一段时间后，就可以看到负极中红褐色液面上升，正极中溶胶液面下降，如图8-8所示。这种现象说明，$Fe(OH)_3$胶粒是带正电的。在外电场作用下，分散相在分散介质中移动的现象称为电泳。

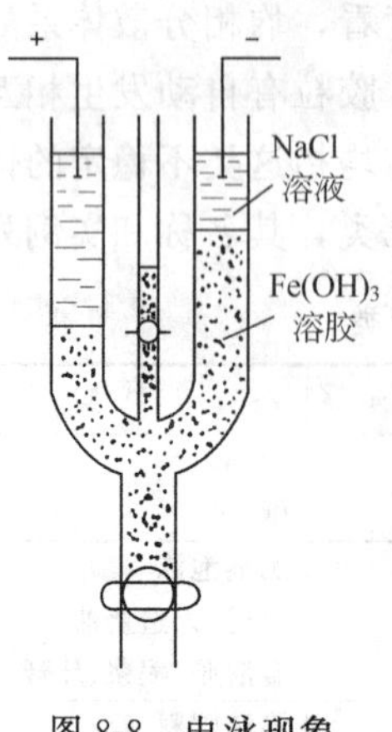

图8-8　电泳现象

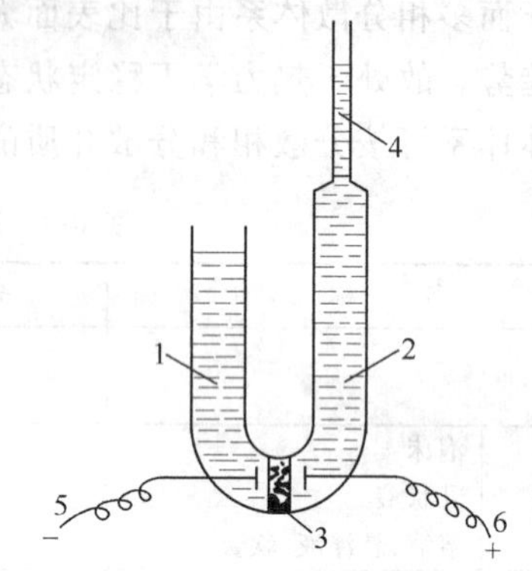

图8-9　电渗装置示意图

1,2—液体；3—多孔膜；4—有刻度的毛细管；5,6—电极

与电泳现象相反，使溶胶中分散相不动而分散介质在外电场作用下定向移动的现象，称为电渗，如图8-9所示。多孔膜可以是某些悬浮体的沉淀，由于沉淀很细，故在沉淀粒子间有很多毛细通道，整个沉淀物体系是电中性的。若沉淀粒子带负电，则毛细通道内的液体带正电，通电后毛细通道内的液体向负极流动，在负极区的出水管内就有液体上升；反之，粒子若带正电，则通电后负极区玻璃毛细管的液面将下降。

电泳和电渗都反应了溶胶粒子带电的本质，它说明分散相在外电场作用下运动的性质，故又称为电动现象。利用该现象可以鉴定胶粒带电的符号。表8-10给出了常见溶胶胶粒的带电情况。

表8-10　常见溶胶胶粒的带电情况

带正电荷的溶胶	带负电荷的溶胶
$Fe(OH)_3$溶胶	金、银、铂溶胶
$Al(OH)_3$溶胶	硫、硒、碳溶胶
ThO_2、ZrO_2溶胶	As_2O_3、Sb_2S_3、PbS、CuS、V_2O_5、SnO_2溶胶
亚甲基蓝和其他碱性染料	硅酸、锡酸、刚果红及其他酸性染料

8.5.1.2　胶粒带电的原因

电动现象说明溶胶粒子带有电荷。一般地说，胶粒之所以带电是由于胶核表面吸附带有电荷的离子或表面分子电离所引起的。以下通过对胶团结构的讨论来分析胶粒带电的两种原因。

① 胶核表面的选择性吸附　构成胶体物质的大量分子或原子的聚集体称为胶核，通常它具有晶体结构。由于胶核的比表面很大，比表面吉氏函数较高，因此胶核具有强烈的吸附作用。如果分散介质中有少量电解质，则胶核就会有选择地吸附某种离子。当吸附正离子时，胶体粒子就带正电；吸附负离子则带负电。胶核的这种选择性吸附，与被吸附离子的本性和胶核的表面结构有关。法扬斯（Faians）规则表明：与胶核有相同化学元素的离子，能

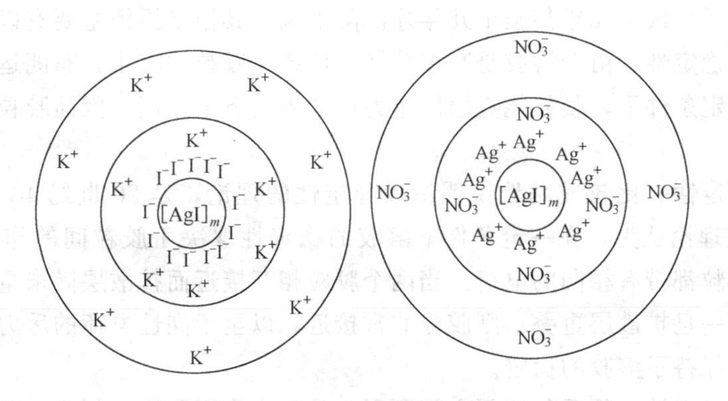

图 8-10　AgI 胶团结构示意图

优先被吸附。例如，用 $AgNO_3$ 和 KI 溶液制备 AgI 溶胶，其结构如图 8-10 所示，固体 AgI 粒子形成胶核。若制备时 KI 过量，则胶核表面吸附 I^- 而带负电。异电离子（又称反离子）K^+ 一部分被吸引在其周围，形成一薄层，称为紧密层；另一部分则扩散在溶胶的分散介质中，形成扩散层。若制备时 $AgNO_3$ 过量，则胶核吸附 Ag^+ 而带正电，一部分 NO_3^- 被吸引在胶核周围形成紧密层，而另一部分则在扩散层中。胶核与被吸附的离子以及异电离子形成的紧密层共同组成胶粒。胶粒连同周围介质中的异电离子构成胶团，并形成稳定的双电层。胶团的结构式可表示如下：

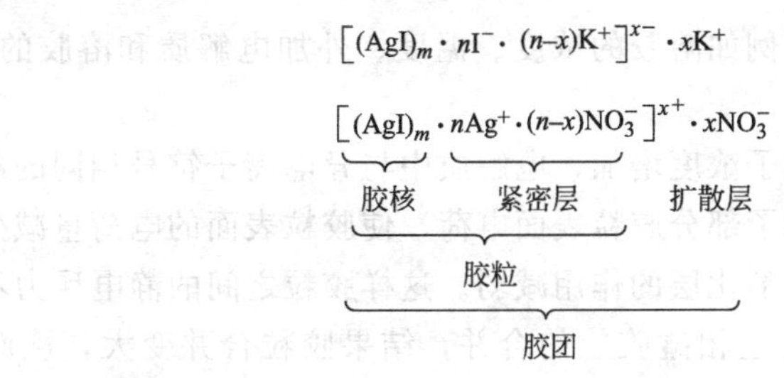

式中　m——胶核中所含 AgI 的分子数；

n——胶核所吸附的 I^- 或 Ag^+ 数；

x——扩散层中的异电离子数。

由溶胶胶团的结构式可见，胶团是电中性的，所谓溶胶带电系指胶粒带电，带电符号依据选择吸附的离子而定。

② 胶核表面分子的电离　除胶核表面吸附之外，胶核本身表面层一部分分子的电离也可使胶粒带电。例如硅胶的胶核是 $(SiO_2)_m$，其表面上一部分 SiO_2 分子与水反应生成 H_2SiO_3，H_2SiO_3 电离产生 H^+ 和 SiO_3^{2-}，然后胶核选择吸附与之组成相类似的 SiO_3^{2-}，形成了带负电的硅胶粒子。其化学反应和胶团结构式如下：

$$SiO_2 + H_2O \rightleftharpoons H_2SiO_3 \rightleftharpoons SiO_3^{2-} + 2H^+$$

$$[(SiO_2)_m \cdot nSiO_3^{2-} \cdot 2(n-x)H^+]^{2x-} \cdot 2xH^+$$

胶核表面的选择吸附和部分表面分子电离是使胶粒带电的主要原因，此外还可能有些接触带电等因素。胶粒带电是溶胶能够稳定存在的重要因素。

8.5.2　溶胶的稳定性

溶胶稳定和聚沉的实质是胶粒间斥力和引力的相互转化。促使粒子相互聚结的是粒子间相互吸引的能量，而阻碍其聚结的则是相互排斥的能量。虽然溶胶在热力学上处于不稳定状态，但有的溶胶可以放上几年甚至十几年才沉降下来，其稳定原因主要有以下几方面。

（1）动力学稳定性　由于溶胶是高度分散的体系，胶粒比较小，布朗运动较剧烈，扩散能力较强。在一定条件下，胶粒能克服因重力而产生的下沉作用，因而胶粒不易聚结，体系比较稳定。

（2）静电稳定性　比较成功地说明溶胶稳定性的理论，是20世纪40年代发展起来的DLVO理论。该理论认为，在一定条件下溶胶的稳定性取决于胶粒间的作用力。从胶团结构可知，每个胶粒都带有相同的电荷。当两个胶粒相互接近而扩散层尚未重叠时，胶粒之间以引力为主；而一旦扩散层重叠，则胶粒非常接近，以至于同性电荷的斥力占优势，使胶粒不易接近聚结，保持了溶胶的稳定。

（3）溶剂化稳定性　物质与溶剂之间所引起的化合作用称为溶剂化。通常胶团扩散层中反离子都是溶剂化的，因而胶粒在溶剂化离子的包围之中，就像在胶粒周围形成一层带电的溶剂膜，以此阻碍胶粒相互接近合并，于是促进了溶胶的稳定。

溶胶的稳定性是由于溶胶的动力学稳定性对重力场的反作用、胶粒带电产生的斥力以及溶剂化所引起的机械阻力三者综合的结果。这三种因素中，静电稳定性最为重要。因此，一旦破坏了溶胶的静电稳定性，最容易导致溶胶的聚沉。

8.5.3　溶胶的聚沉

溶胶中分散相粒子相互聚结，颗粒变大，最后所有的分散相都变为沉淀析出，这种过程称为聚沉。

引起溶胶聚沉的因素很多，例如溶胶的浓度、温度、外加电解质和溶胶的相互作用等。其中最重要的是电解质作用。

当溶胶中加入电解质后，离子浓度增加，电解质中与异电离子符号相同的离子会把扩散层中异电离子挤入紧密层，中和了部分胶粒表面电荷，使胶粒表面的电荷量减少；同时，扩散层中异电离子数减少，以至溶剂化层的作用减弱。这样胶粒之间的静电斥力不足以克服其引力，变薄了的溶剂化层不能防止相碰胶粒的合并，结果胶粒合并变大，从而导致溶胶的聚沉。

电解质对某一溶胶的聚沉能力常用聚沉值来表示。即在一定时间内，促使一定量溶胶发生聚沉所需外加电解质的最小浓度称为该电解质的聚沉值，单位常用 $mmol \cdot L^{-1}$。聚沉值越大，说明电解质对溶胶的聚沉能力越差。聚沉值和聚沉能力互为倒数关系。表8-11列出了不同电解质对带正电荷的 $Fe(OH)_3$ 溶胶和带负电荷的 As_2S_3 溶胶的聚沉值。

表8-11　不同电解质对溶胶的聚沉值　　单位：$mmol \cdot L^{-1}$

$Fe(OH)_3$（正电性溶胶）	聚沉值	As_2S_3（负电性溶胶）	聚沉值
NaCl	9.25	NaCl	51.0
KCl	9.0	KCl	49.5
K_2SO_4	0.20	$CaCl_2$	0.65
$MgSO_4$	0.22	$MgSO_4$	0.81
$K_3[Fe(CN)_6]$	0.096	$AlCl_3$	0.03
		$Al(NO_3)_3$	0.05

比较各种电解质的聚沉值可得出如下经验规律。

① 电解质负离子对正电性溶胶的聚沉起主要作用，而正离子对负电性溶胶的聚沉起主

要作用。聚沉能力随离子价态的增加而显著增大。

② 相同价态的离子聚沉能力也不同。具有相同负离子的各种盐（以氯化物盐类为例），其正离子的聚沉能力按下列顺序递减：

$$Cs^{+} > Rb^{+} > K^{+} > Na^{+} > Li^{+}$$

例如 KCl、NaCl 和 LiCl 对 As_2S_3 溶胶的聚沉值分别为 49.5mmol·L^{-1}、51.0mmol·L^{-1} 和 58.4mmol·L^{-1}。而具有相同正离子的各种盐（以钾盐为例），其负离子的聚沉能力按下列顺序递减：

$$Cl^{-} > Br^{-} > NO_3^{-} > I^{-}$$

例如 KCl、NaCl 和 KI 对 $Fe(OH)_3$ 溶胶的聚沉值分别为 9.0mmol·L^{-1}、12.5mmol·L^{-1} 和 16.0mmol·L^{-1}。

这种将同符号同价的离子按聚沉能力排成的次序，称为感胶离子序。

③ 一般来说，任何价态的有机化合物离子都具有很强的聚沉能力，这可能与胶粒对有机离子有较强的吸附作用有关。

除了加入电解质能够破坏溶胶的稳定性外，增加溶胶的浓度和升高温度，都能增加胶粒碰撞的机会而导致聚沉。另一方面，将电性相反的溶胶混合时，由于电性中和削弱了溶胶的静电作用也会使溶胶聚沉。例如在净化水时，常用明矾[$KAl(SO_4)_2 \cdot 12H_2O$]来使水中细小的悬浮体和胶体污物沉淀。因为这些微粒常带负电荷，而明矾水解时产生带正电的 $Al(OH)_3$ 水溶胶，与水中微粒作用后就一起沉淀下来。

高分子化合物对溶胶既有聚沉作用又有保护作用。在溶胶中加入少量高分子化合物时，胶粒附着在高分子化合物上，质量变大而引起聚沉，这种现象称为敏化作用，见图 8-11(a)。但若加入大量高分子化合物，使之能覆盖胶粒表面，增加胶粒同分散介质的亲和力，从而增加了溶胶的稳定性，这种现象称为保护作用，见图 8-11(b)。

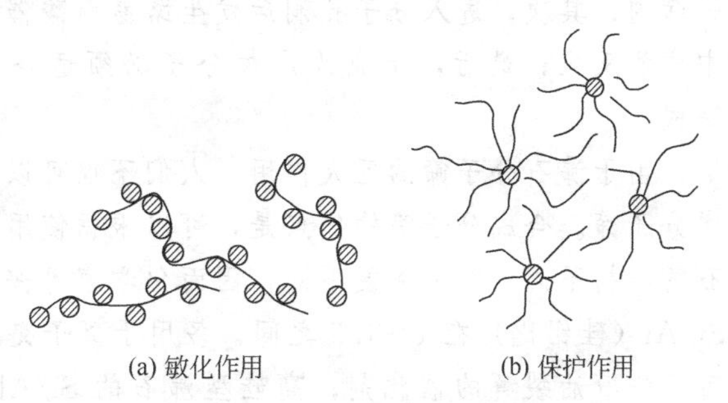

图 8-11 高分子化合物对溶胶的敏化作用和保护作用

溶胶的稳定与聚沉在工业上有着极其重要的意义。例如照相胶片是用明胶作保护的 AgBr 悬浮体；制备工业催化剂的贵金属铂、镉等，常用保护胶制成胶体后使用；人体血液中所含的难溶盐如碳酸钙、磷酸钙等就是在蛋白质的保护作用下以胶体存在的。又如用 $AgNO_3$ 溶液滴定 Cl^{-} 的定量分析中，为了防止 AgCl 溶胶的形成，常加入其他电解质(如 HNO_3)；在某些无机盐生产的结晶过滤过程中，常常采用各种方法防止溶胶的生成，以免影响产率。

科海拾贝

常见的分子筛——沸石

蒸馏实验时，为了防止暴沸现象发生，常常要在烧瓶里放几粒沸石。沸石是一种最常见的分子筛，它能吸附某些分子而让另一些分子通过，其作用好像米筛一样。

200 年前，化学家发现沸石时，曾在较长的一段时间内用它来作吸水剂，之后又用来除去硬水中的硬度如钙离子、镁离子等。因此沸石成为一种价廉物美又可再生的硬水软化剂。到了 20 世纪 50 年代，沸石还用作核能废水中的阳离子处理剂、工业废气的吸收剂和工业废水的净化剂等。

此后，沸石还被用作肥料和饲料的氮基固定剂，它能牢牢地把肥料和饲料的有效氮固定下来，不使它逃逸。目前沸石最大的一项用途就是在石油工业上作催化剂，使石油在热裂解过程中生产出更高级的汽油。沸石具有如此多的用途，主要归功于它的特殊结构。

1930 年，化学家用 X 射线衍射的方法分析沸石的结构，证明了它是地道的天然分子筛。沸石的结构是以硅或铝氧化物的四面体为基本单元，并以氧原子连续硅、铝四面体成为三度空间骨架，如图 8-12 所示，由于骨架结构中含有四、五、六、八、十或十二个四面体构成的环面，形成一定大小分子的孔洞，这些孔洞可以选择地吸附不同物质分子。这就是沸石是天然分子筛的原因。

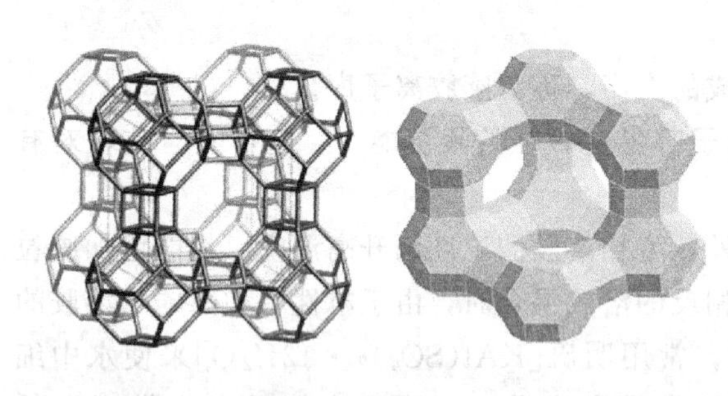

图 8-12　沸石分子筛

沸石的孔洞有极性和抗动性，所以它有离子交换和可逆性的吸水脱水作用。至于沸石的催化机理，与它是一种路易斯酸是分不开的，加上它的分子筛功能，沸石就具有了高效、高选择性等作用。首先，反应物分子必须小于沸石分子的孔径，才能进入分子筛内；其次，进入分子孔洞后发生路易斯酸催化反应，形成的过渡态必须能置身于洞穴之中才能反应；最后，生成的产物分子必须适合从孔洞口逃逸出来，这样才能使催化得以完成。

由于沸石分子筛的巨大作用，人们不仅可以充分利用天然沸石，还可以用人工的方法合成分子筛。合成分子筛的优点是，可以根据使用者的需要控制分子筛的孔径等参数。由于沸石的结构不同，其用途便不同，因而化学家可按不同成分来合成沸石。例如硅型沸石，其中 Si/Al（硅铝比）在 1～1.5 之间，多用于离子交换；中硅型沸石的 Si/Al 在 1.5～5.0 之间，可用作石油裂解的催化剂；高硅型沸石的 Si/Al 大于 5，多用作重油脱蜡、二甲苯异构化等。沸石的热稳定性和酸性强度因硅含量而异，硅含量越高，对热越稳定，但离子交换能力及酸性则因硅含量的增加而降低。另外，沸石的分子洞孔大小不同，用途也不相同。例如，小孔洞沸石的孔洞直径小于 0.5nm，仅用于离子交换；若沸石有十元环，孔洞直径为 0.5～0.6nm，可用于石油裂解、苯衍生物异构化等；若沸石有十二元环，孔洞直径大于 0.6nm，可用于重油裂解等。目前，化学家们已经根据不同用途合成了不同结构的沸石，例如高纯度的丝光沸石，Si/Al 在 2 左右，孔洞直径为 0.55nm，是目前化学家合成的最热门的石油工业催化剂。

目前，除铝、硅等氧化物沸石外，化学家们还合成了锗、硼、镓、铁、磷、钛等氧化物骨架的沸石——人工分子筛，它们已在不同“岗位”上发挥着独特作用。

纳米液滴

纳米尺寸的液体（10～100nm）在自然界和人类生产生活中广泛存在。比如，油在平静的水面及液体在高度浸润的固体表面所形成的几十纳米厚的液态薄膜，就是二维的纳米液体；植物的枝叶具有大量直径为几十纳米的导管，在这些导管中流动的液体就是一维的纳米液体；由两种互不相溶的液体形成的乳状液，其中有均匀分散的直径为几十纳米的液滴，就是零维的纳米液体。由此可见，纳米液体是一种广泛存在于自然界的物质，它的各种特性需要人们去不断研究和认识。

此处仅介绍限于介观的零维纳米液体，或者称为纳米液滴（Nano-droplet，ND)。它是一个比只含几个或几十个液体分子的团簇大得多，而比普通宏观液滴（直径>1μm）小得多的介观体系，尺寸为10～100nm。其中所含的分子大约为10^4～10^7个。这些分子及其相互作用所产生的分子团簇在ND内同样可以存在，并且相互作用、相对运动，从而产生了液体分子和分子团簇不具有的性质，例如整体的任意形变性、分子和团簇之间的关联效应等。同时，仅由10^4～10^7个分子构成的ND也不具有宏观液体的一些特性，例如ND对固-液、气-液相变，对光的吸收、反射等方面会产生不同的效应，宏观液体的很多特性在ND上将发生很大变化甚至失去原来的意义。

纳米液滴的性质和纳米固体粒子相似，也属于一类介观物质，因此必然具有介观物质的普遍特性；同时，纳米液滴又具有液体的性质，所以它又具有一些不同于纳米固体粒子的特性。纳米液滴的性质可归纳为以下几点。

(1) 表面效应　表面效应是指液滴的表面分子数占总分子数的百分比随液滴直径的变小而急剧增加后引起的性质上的变化。液滴直径减小到纳米范围，不仅引起表面分子数的迅速增加，而且液滴的表面积、表面吉氏函数等都会迅速增加。这主要是因为处于表面的分子数较多，表面分子所受的分子间作用力与内部的不同而引起的。同时，由饱和蒸气压公式可知，液滴越小，蒸气压越大。所以，ND作为特殊的液体存在时，其饱和蒸气压、对应的存在温度、表面吉氏函数等物理化学性质将会发生很大变化。

(2) 量子尺寸效应　粒子的尺寸减小到一定值时，金属费米能级附近的电子能级发生分裂，由连续能级变为分立能级的现象称为量子尺寸效应。由于该效应涉及的是粒子中分立的量子化能级上的电子的波动性，因此也适用于纳米液滴。只是在纳米液滴中，量子尺寸效应可能具有与固体粒子不同的现象，因而可能使纳米液滴具有一些特殊性质，如光学非线性。

(3) 小尺寸效应　当液滴尺寸相当于用来标度液体性质的物理量的特征长度时，液滴上就会出现与这个物理量相关的新现象。例如液滴尺寸相当于光波波长时，光的吸收和反射将会发生变化，如胶体体系所具有的丁达尔现象就是胶体粒子对光波的散射造成的。又如液滴尺寸减小时，重力的影响可忽略不计，当液滴尺寸达纳米量级时，纳米液滴将始终保持球形。此外，表面及其附近液体分子密度的减小，也将使纳米液滴在光、电、磁和热力学等特性上产生小尺寸效应。

(4) 纳米液滴内分子取向的稳定性　在纳米液滴中，由于分子或分子团簇的运动范围受到限制，并且这些分子和团簇之间的相互作用又使它们的初始位置和取向状态不发生较大改变，所以ND内的分子取向能够较为稳定地存在。尤其是在较低的温度下或者对于具有各向异性结构的分子，运动更加受限。但对宏观液体来说，除了局部范围具有一定的结构外，整体上则处于无序状态。

(5) 形变效应　因为纳米液滴是由液体分子形成的，在外力作用下会发生形变，而外力撤除后又会恢复原来的形状。在形变和恢复过程中，纳米液滴的表面和内部结构都将发生变化，整个液滴的能量也将有所变化，导致一些相关的现象出现。

(6)“笼”效应　纳米液滴中，表面的单分子层和近表面的液体分子构成了界面，将其他的液体分子包在界面中，从而形成了一个“笼”。与一般的分子笼如C_{60}相比，纳米液滴形成的“笼”既不是空心的，界面也不是刚性的，因此界面和液滴内部、界面和外部环境之间不断有物质和能量的交换。纳米液滴的这种效应与微乳液体中微乳颗粒的界面很相似，与生物体细胞膜的功能也有类似之处。另外，纳米液滴可作为一种微型反应装置，在内部的微反应环境中，反应的各种干扰因素将大大减少，从而有利于对反应机理的研究，因此在纳米液滴这个微环境中可能非常有利于对生物大分子如多糖、蛋白质、核酸等的构象、反应机理、反应位点等方面的研究。

纳米液滴的各种性质使之具有广泛的应用前景。首先，纳米液滴的各种特殊性质将促进其在作为材料方面的运用，虽然普通的材料一般都是固态的，但是将纳米液滴掺入固体材料必然改变固体材料原有的性质，使其产生新的性质和功能，如凝胶。其次，纳米液滴作为微型反应器将促进对化学反应微观机理的研究，对反应过程中物质的能量和结构变化有更深入细致的了解，从而更好地了解宏观化学反应的过程、机制和影响因素。发展纳米液滴的检测技术和手段也将促进分析化学检测限的极大提高，因为目前分析技术的检测极限在10^{-12}～10^{-15}，含大约105个分子的纳米液滴的物质的量仅为10^{-18}mol，所以研究纳米液滴也将促进分析化学领域的发展。由于纳米液滴具有界面，每个液滴与环境都可能存在能量和物质的交换，因此纳米液滴对于研究生物体细胞的结构和功能、探索生命起源过程中的化学反应和作用具有重要意义，同时通过利用纳米液滴对生物分子的研究，也将会促进对生物过程化学反应的认识。

高效液相色谱发展简介

在液相色谱中，采用颗粒十分细的高效固定相，并采用高压泵输送流动相，全部工作通过仪器来完成，这种新的仪器分析方法称为高效液相色谱法（High Performance Liquid Chromatography，以下简称 HPLC）。在过去的 30 多年里，HPLC 已经成为一项在化学科学中最有优势的仪器分析方法之一。在目前已知的有机化合物中，若事先不进行化学改性，只有 20%的化合物用气相色谱可以得到较好的分离，而 80%的有机化合物则需 HPLC 分析。目前，HPLC 在有机化学、生化、医学、药物、化工、食品卫生、环保监测、商检和法检等方面都有广泛的应用，而在生物和高分子试样的分离和分析中更是独领风骚。

(1) HPLC 的前奏　将一滴包含混合色素的溶液滴在一块布或一片纸上，随着溶液的展开可以观察到一个个同心圆环的出现，这就是最古老的液相色谱分离技术，古罗马人就已经采用这样简单的方法来分析染料和色素了。尽管色谱的使用由来已久，但色谱法的真正建立是 20 世纪初期的事情。科学史上第一次提出“色谱”名词并用来描述这种实验的人是俄国植物学家茨维特（Tsweet），他在 1906 年发表的关于色谱的论文中写到：将一植物色素的石油醚溶液从一根主要装有碳酸钙吸附剂的玻璃管上端加入，沿管滤下，然后用纯石油醚淋洗，结果按照不同色素的吸附顺序在管内观察到它们相应的色带，他把这些色带称之为“色谱图”（Chromatogram）。遗憾的是，在随后的 20 年内这一新的分析技术并没有得到科学界的注意和重视，直至 1931 年，库恩（Kohn）报道了他们关于胡萝卜素的分离方法时，色谱法才引起了科学界的广泛注意。

1941 年，马丁（Matin）和辛格（Synge）用一根装满硅胶微粒的色谱柱，成功地完成了乙酰化氨基酸混合物的分离，建立了液液分配色谱方法，他们也因此获得了 1952 年诺贝尔化学奖。1944 年，康斯坦因（Consden）和马丁（Matin）建立了纸色谱法。1949 年，马丁建立了色谱保留值与热力学常数之间的基本关系式，奠定了物化色谱的基础。1952年，马丁和辛格创立了气液色谱法，成功地分离了脂肪酸和脂肪胺系列，并对此法的理论与实验作了精辟的论述，建立了塔板理论。1956年，斯达（Stall）建立了薄层色谱法。同年，范·底姆特（Van Deemter）提出了色谱理论方程；后来吉丁斯（Giddings）对此方程作了进一步改进，并提出了折合参数的概念。这一系列色谱技术和理论的发展都为HPLC的问世打下了扎实的基础。

(2) HPLC分析的建立　1973年，第一届国际液相色谱会议在瑞士的因特拉肯举行，现在则称之为HPLC'73。尽管会议同时展示了经典的低压液相色谱和高效液相色谱，然而后者占了绝对优势，所以这是一次HPLC研究者的盛会。尤为值得纪念的是，当时更好地把握了怎样控制试样容量因子特别是选择性。当填装微小颗粒的色谱柱达到尽可能的高效值（N）后，分析化学家们认识到流动相的变化对于多样选择性将更有用，当时广泛使用的方法是逐一试验各种溶剂，对于吸收液相色谱的分离来说，这个过程可用“等酸洗脱系列”来帮助完成。然而，大量可能溶剂的选择需要一个冗长的逼近过程，这时可以根据选择性来划分组试剂，以避免尝试相似选择性的溶剂。第一次尝试溶剂分类方式是基于选择性参数。几年后，由罗歇雷德（Rohrschneider）进行的实验研究提供了一种更为先进的溶剂分类系统，斯尼德在进一步实验的基础上，把溶剂用一个三角形表示，80种普通溶剂被分为8个选择性组。另一重要发展是关于HPLC的劳伯-伯尼勒（Laub-Purnell）窗口图的推广，这种HPLC方法在使用计算机之后得到了更好的发展。而后，由计算机评估发展起来的反相方法由格拉基（Glajch）和科克兰等人介绍之后，成为世界上该种实验研究的模型。到20世纪80年代中期，在大多数试样的高效液相色谱分析中发展了系统分析和最大选择性的方法。一个相关的发展是使用计算机模拟作为实际实验的替换，其中计算机能够承担起繁重的数学计算。理论和实验的结合使得1979年计算机就可以预测HPLC分离，美国杜邦公司于1982年创建的“探索者”(Sentinel) 色谱仪就利用了计算机。到了1986年，理论发展到在不同实验条件下允许两个以上的实验同时进行预测分离，在真实实验的基础上用计算机很容易实现逐次逼近法。现在，促进HPLC分离的合理方法是计算机模拟与实际实验相结合。

在仪器方面，近年来，毛细管液相色谱的理论塔板数已大大提高，电化学和激光诱导荧光法已获得很大发展，对紫外可见光谱的快速扫描检测使液相色谱能提供的信息量大幅度增加，为化学计量学中的许多手段如模式识别等提供了重要的应用领域。

到了20世纪80年代中期，HPLC分析技术显然已成为一种成熟的技术，激动人心的新发展日益减少，许多领先研究者纷纷转向相关领域的研究，如超临界流体色谱法（SFC）、毛细管电泳（CE）、制备色谱法（PC）等。尽管如此，并不能说HPLC方法已经尽善尽美了。它在有些方面仍需要进一步完善，如HPLC系统与计算机更完善的配合、专用固定相的研制以及群论与HPLC理论的结合等。

综上所述，高效液相色谱是在经典液相色谱的基础上，引入气相色谱的理论和技术，并对经典液相色谱法的固定相、设备、材料、技术及理论应用进行了系列改进而发展起来的。在高效液相色谱的发展过程中，分析化学家们主要进行了以下几项突破性的工作：第一，色谱柱的改进和完善，主要包括固定相填充微粒粒度的改进和流动相溶剂的选择；第二，仪器方面的改进工作，加入了一个高压泵，缩短了分离时间，高效液相色谱有效塔板数比传统液相色谱提高了数百倍，提高了分离效率；第三，与计算机联用之后，自动化程度大大提高。

练习

1. 如附图所示，在一玻璃管的两端连有一大一小两个肥皂泡。现打开旋塞，两肥皂泡变化。用表面化学的原理分析可知，在恒温恒压下表面吉氏函数要自发下降并达到平衡，则大气泡会______________，小气泡会______________(增大、缩小、不变)。理由是____________________________。

练习题1附图

2. 已知水和空气比表面吉氏函数 $\sigma_{水-气}=72.8\times10^{-3}\,J\cdot m^{-2}$，水和汞比表面吉氏函数 $\sigma_{水-汞}=375\times10^{-3}\,J\cdot m^{-2}$，汞和空气比表面吉氏函数 $\sigma_{汞-气}=48.3\times10^{-3}\,J\cdot m^{-2}$。按表面化学原理分析，可知水____________________在汞面上铺开(能够、不能够)。理由是____________________________。

3. 当一根玻璃毛细管插入某种溶液时发现液体上升现象，则该液体在玻璃滴定管中一定呈现______________液面(凹、凸)；原因是 $\sigma_{玻-液}$ ______________ $\sigma_{玻-空}$ (>,=,<)。如果改用一根塑料滴定管，已知塑料与液体和塑料与空气的比表面吉氏函数相比正好与玻璃的情况相反，则滴定管中呈现______________液面；如果塑料做成的毛细管插入该液体，将发现毛细管中液面________现象(上升、下降、平衡)。

4. 液体表面曲率半径不同时，蒸气压大小为 $p_{凹}$ ________ $p_{平}$ ________ $p_{凸}$ (>,=,<)。

5. 色谱分析中，首先出峰的物质同色谱柱中吸附剂的吸附作用力______后出峰的物质(大于,等于,小于)。

6. 物理吸附通常为________________吸附(可逆、不可逆)；吸附过程 Q ________ 0(>,=,<)；Q 近似于______________过程的 ΔH(反应、蒸发、升华、凝固、冷凝、凝华、熔化)。

7. 下列电解质对某溶胶的聚沉值分别为：$c_{NaNO_3}=300\,mmol\cdot L^{-1}$；$c_{Na_2SO_4}=390\,mmol\cdot L^{-1}$；$c_{MgCl_2}=50\,mmol\cdot L^{-1}$；$c_{AlCl_3}=1.5\,mmol\cdot L^{-1}$。则此溶胶的电荷符号为__________________。

8. 将含有0.08mol的KI和0.1mol的 $AgNO_3$ 溶液等体积混合制得AgI溶胶，则化学反应式为____；胶团的结构式为____；此胶粒的电泳方向为________________；如果加入等量的 $MgSO_4$ 和 $K_3[Fe(CN)_6]$，则______________电解质更容易使溶胶聚沉。

9. 1g汞分散为直径等于 $7\times10^{-8}\,m$ 的汞珠，试求其比表面吉氏函数的增加。已知汞的密度为 $1.36\times10^{4}\,kg\cdot m^{-3}$，汞的表面张力为 $0.483\,N\cdot m^{-1}$。

10. 20℃时苯蒸气凝结成雾，其液珠半径为 $10^{-6}\,m$，试计算饱和蒸气压比正常值增加的百分率。已知20℃时液体苯的密度为 $879\,kg\cdot m^{-3}$，表面张力为 $28.9\times10^{-3}\,N\cdot m^{-1}$。

11. 已知25℃时，1,3-二硝基苯在水中的溶解度为 $10^{-3}\,mol\cdot L^{-1}$，其界面的比表面吉氏函数约为 $25.7\times10^{-3}\,J\cdot m^{-2}$；1,3-二硝基苯的密度为 $1575\,kg\cdot m^{-3}$。试求直径为 $10^{-8}\,m$ 的1,3-二硝基苯晶体的溶解度。

12. 在273K时，每千克活性炭吸附氨气的体积（STP）与压力的关系如下：

p_{NH_3}/Pa	6687	13375	26648	53297	79945
$\Gamma/L\cdot kg^{-1}$	74	111	147	177	189

(1) 试画出吸附等温线，并说明其类型。

(2) 试用朗格缪尔吸附等温式图解求得饱和吸附量 Γ_∞ 和吸附系数 b。

13. 已知氮气在某硅酸的表面形成单分子层吸附，通过测定求得饱和吸附量 $\Gamma_\infty=129\,L(STP)\cdot kg^{-1}$。若每个氮分子的截面积为 $16.2\times10^{-20}\,m^2$，试计算1kg硅酸的表面积。

14. 有一 $Al(OH)_3$ 溶胶，加入KCl其最终浓度为 $80\,mmol\cdot L^{-1}$ 时恰能聚沉；若加入 K_2CrO_4，则浓度为 $0.4\,mmol\cdot L^{-1}$ 时恰能聚沉。问 $Al(OH)_3$ 溶胶电荷是正还是负？为使该溶胶聚沉，约需 $CaCl_2$ 的浓度为多少？

9 化学动力学和催化作用

学习指南

化学动力学涉及两方面内容：一是研究各种因素（主要是浓度、温度、催化剂）对反应速率的影响；二是研究各种化学反应的机理。

(1) 化学反应速率

$$v_i=\pm\frac{1}{V}\times\frac{\mathrm{d}n_i}{\mathrm{d}t}\qquad \text{恒容时 } v_i=\pm\frac{\mathrm{d}c_i}{\mathrm{d}t}$$

(2) 化学反应速率方程

① 基元反应 $a\mathrm{A}+b\mathrm{B}\longrightarrow\mathrm{P}$，符合质量作用定律：

$$v_\mathrm{A}=-\frac{\mathrm{d}c_\mathrm{A}}{\mathrm{d}t}=kc_\mathrm{A}^a c_\mathrm{B}^b\ (a、b、a+b\ \text{均为}\leqslant 3\ \text{的正整数})$$

② 简单反应 $b\mathrm{B}+d\mathrm{D}\longrightarrow g\mathrm{G}+r\mathrm{R}$，采用下列方程：

$$v_\mathrm{B}=-\frac{\mathrm{d}c_\mathrm{B}}{\mathrm{d}t}=kc_\mathrm{B}^\alpha c_\mathrm{D}^\beta$$

$$k=A\mathrm{e}^{-\frac{E}{RT}}$$

α、β 为反应分级数，表征反应物浓度对反应速率的影响程度；$n=\alpha+\beta$，称为反应级数。E 为表观活化能，表征反应速率的快慢和温度对反应速率的影响程度。

催化剂可以改变反应途径，从而改变表观活化能 E，以达到改变反应速率的目的。

(3) 反应速率方程积分式的讨论

三种简单反应	积分方程	线性关系
① 零级反应 ($n=0$)	$c_{\mathrm{B}0}-c_\mathrm{B}=k_0t$	c_B-t
② 一级反应 ($n=1$)	$\ln\frac{c_{\mathrm{B}0}}{c_\mathrm{B}}=k_1t$	$\ln c_\mathrm{B}$-t
③ 二级反应 ($n=2$)	$\frac{1}{c_\mathrm{B}}-\frac{1}{c_{\mathrm{B}0}}=k_1t$	$1/c_\mathrm{B}$-t

在化学反应的研究中，人们所关心的问题至少涉及两个方面：一是如何确定反应的限度；二是达到这一限度所需要的时间。前者属于化学热力学的研究范畴，而后者属于化学动力学的研究领域。

前几章介绍了化学热力学的基本内容，其特点是只考虑反应的初态和终态，按反应的条件预言反应能否发生、进行到何种程度，至于反应的经历和反应需要多少时间等问题，它无法回答。例如 25℃时

(1) $\mathrm{H_2(g)}+\frac{1}{2}\mathrm{O_2(g)}\longrightarrow\mathrm{H_2O\ (l)}\qquad \Delta G_1^\ominus=-237.2\mathrm{kJ}$

(2) $\mathrm{NO(g)}+\frac{1}{2}\mathrm{O_2(g)}\longrightarrow\mathrm{NO_2\ (g)}\qquad \Delta G_2^\ominus=-35.1\mathrm{kJ}$

从热力学上看，这两个反应的 $\Delta G^\ominus$ 小于零，都可以自发进行。因为 $|\Delta G_1^\ominus|>|\Delta G_2^\ominus|$，

表明反应（1）自发进行的趋势大于反应（2）。那么，能否由此断言反应（1）的反应速率比反应（2）快呢？事实的回答是否定的。因为在25℃下（若没有催化剂或电火花等条件），H_2 和 O_2 反应的速率极其缓慢，几乎不反应；而 NO 和 O_2 反应却极快，在短时间内，该反应就能达到平衡。这就说明研究化学动力学的重要性。

化学动力学是研究化学反应速率和反应机理的科学，它的最终目的是为了控制化学反应过程，以满足生产和科学技术的要求。化学动力学的基本任务是：

① 研究化学反应的速率及各种因素（如浓度、温度、压力、介质、催化剂等）对反应速率的影响，从而选择最合适的反应条件，掌握控制反应进行的“主动权”，使化学反应按所希望的速率进行。

② 研究反应机理。所谓反应机理，是指反应究竟按什么途径、经过哪些步骤，使反应物转化为产物。适当地选择反应途径，可以使热力学所预期的可能性变成现实性。了解了反应机理，可以找出决定反应速率的关键步骤，从而加快主反应，抑制副反应，在生产上真正做到多、快、好、省。

③ 揭示分子结构与其反应性能之间的联系，从微观上推测反应的机理，以便从理论上建立化学反应的动力学方程式。

化学动力学可分为单相化学反应动力学和多相化学反应动力学。单相化学反应动力学是化学动力学的基础。本章着重介绍单相化学反应动力学的基础知识。

化学动力学是发展中的学科，大多数规律是实验事实的总结。因此，在学习中要注意实验数据的处理以及公式的适用条件。

9.1 化学反应速率

9.1.1 反应速率的概念

化学反应总是在一定的空间和时间内完成的，其特点是在进行反应时，反应物的数量不断减少，产物的数量不断增加。因此，化学反应的速率可以定义为：在单位体积的反应体系中某一化学反应引起反应物或产物的物质的量随时间的变化率。它是衡量化学反应快慢的物理量，同反应体系的大小（或反应物投料多少）无关。

9.1.2 反应速率的表示法

（1）反应速率的数学表达式　根据反应速率的定义，以数学式表示为

$$v_i = \pm \frac{1}{V} \times \frac{dn_i}{dt} \tag{9-1}$$

式中 v_i——以 i 物质的量随时间的变化表示的化学反应速率，$mol \cdot L^{-1} \cdot s^{-1}$；

V——反应体系的总体积，L；

n_i——反应物或产物 i 的物质的量，mol；

t——反应时间，单位为 s、min 或 h。

按习惯，反应速率始终取正值，因此，当用产物增加来表示时，式(9-1）右边冠以正号；而用反应物减少来表示时，则冠以负号。

在化工生产中，化学反应通常在反应器中完成。反应器可粗分为两大类：一类是流动管式反应器，另一类是间歇式反应器。后者的特点是一次投料，反应体系的体积不变或变化甚微，因此，V 可看作定值，$\frac{dn_i}{V} = d\left(\frac{n_i}{V}\right) = dc_i$，故式(9-1）可写成

$$v_i = \pm \frac{\mathrm{d}c_i}{\mathrm{d}t} \qquad (9\text{-}2)$$

式中　c_i——i 物质的浓度，$\mathrm{mol \cdot L^{-1}}$。

式(9-2) 表明，对于间歇式反应器中进行的化学反应（气相恒容反应或液相反应），其反应速率即为单位时间内某一反应物浓度的减小或某一产物浓度的增大。这也可用图像来表示。

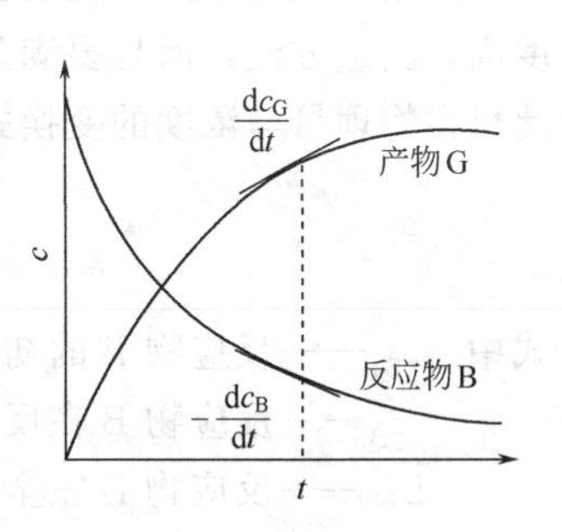

图 9-1　浓度与时间的关系

(2) 反应速率的图像表示　对于反应 $B \longrightarrow 2G$，也可以用图来表示反应速率。如图 9-1 所示，两条曲线分别表示反应物浓度 c_B 和产物浓度 c_G 随反应时间的变化。在 t 时刻的反应速率是曲线上该点的切线斜率，若以反应物表示，则为斜率的负值。

(3) 反应速率的不同表达式　对于上述反应，由于产物 G 是反应物 B 的两倍，即每消耗 1mol B 将生成 2mol G，因此 $-\frac{\mathrm{d}c_B}{\mathrm{d}t}$ 的数值为 $\frac{\mathrm{d}c_G}{\mathrm{d}t}$ 的一半。于是反应速率可表示为

$$v_B = -\frac{\mathrm{d}c_B}{\mathrm{d}t}$$

$$v_G = \frac{\mathrm{d}c_G}{\mathrm{d}t}$$

$$v_B = \frac{1}{2}v_G$$

对于一般反应　　　$bB + dD \longrightarrow gG + rR$

其反应速率不同表达式之间的关系为

$$\frac{v_B}{b} = \frac{v_D}{d} = \frac{v_G}{g} = \frac{v_R}{r} \qquad (9\text{-}3)$$

式(9-3) 表明，对同一化学反应，用不同组分来表示的速率的数值不相同，但彼此之间可以换算。例如 N_2O_5 的分解反应：

$$2N_2O_5 \longrightarrow 4NO_2 + O_2$$

则按式(9-3) 可得

$$\frac{v_{N_2O_5}}{2} = \frac{v_{NO_2}}{4} = \frac{v_{O_2}}{1}$$

由此可见，反应速率必须明确是对于哪一组分来说的。为了简化起见，本章所涉及的反应速率，凡未加说明皆泛指恒容下的反应速率。

9.1.3　反应速率的测定

因为反应速率是以反应物或产物的浓度随时间的变化率来表示的，所以要测定速率就必须分析不同时间内反应物或产物的浓度。分析方法可分成化学方法和物理方法两类。

(1) 化学方法　该法是直接从反应器中取样，用化学分析方法测定样品中各物质的浓度。这种方法一般用于液相反应。由于在取出的样品中反应仍可继续进行，故需采用骤冷、冲稀、加阻化剂或分离催化剂等有效方法使反应立即停止后再进行分析。

(2) 物理方法　该法是通过测定反应混合物的某些与浓度有关的物理量随时间的变化，间接得到不同时刻的浓度。此法较化学方法迅速而方便，既易于跟踪反应，又可制成能自动

记录的装置。通常测定的物理量有压力、体积、旋光度、吸光度、电导率等。对于不同反应，可以选择不同的物理量。

采用物理方法的关键是要明确待测的物理量同浓度的关系。选取物理量不仅要满足灵敏度高，测量方便，而且要满足在变化范围内物理量同各有关物质的浓度近似呈线性关系。由此可得物理量与浓度的变换式：

$$c_{B0}=h(L_{\infty}-L_0)$$
$$c_B=h(L_{\infty}-L_t) \tag{9-4}$$

式中 c_{B0}——反应物B的初浓度；

c_B——反应物B在反应至t时刻的浓度；

L_{∞}——反应物B完全转化时测得体系的物理量；

L_0——反应物B未反应时测得体系的物理量；

L_t——反应至t时刻测得体系的物理量；

h——比例常数。

无论在工业生产还是在实验室中，采用物理方法测定反应速率多于采用化学方法，式(9-4)为简化计算奠定了基础。

9.2 化学反应动力学方程式

化学反应的动力学方程式或称反应速率方程式，是定量地表示各种因素对反应速率影响的数学表达式。这些因素主要有温度、各物质的浓度和催化剂等。本节所讨论的是温度和催化剂等条件一定的情况下，定量描述各物质浓度对反应速率影响的数学表达式。

9.2.1 基元反应

化学反应方程式仅给出反应初终态的化学组成以及参加反应各物种之间的计量关系，并未给出反应经历的途径。而就化学动力学的研究而言，只知道化学反应方程式是不够的，还需要知道反应的途径。例如HI的气相合成反应，反应方程式为

$$I_2+H_2 \longrightarrow 2HI$$

但它并不是通过氢分子和碘分子在一次反应的碰撞中实现的，而是经历了如下步骤才完成的：

(1) $I_2 \longrightarrow 2I$

(2) $2I \longrightarrow I_2$

(3) $2I+H_2 \longrightarrow 2HI$

基元反应是指一步能够完成的反应。例如上述(1)、(2)、(3)都是基元反应，而HI的合成反应就是非基元反应，因为它要分三步完成。一个化学反应，从反应物分子转变成产物分子所经历的那些基元反应，可以代表该反应进行的途径，这些反应途径在化学动力学中称为反应机理（或反应历程）。基元反应的反应机理最为简单（即一步反应），它直接表征了反应分子的碰撞个数。因此，基元反应中反应物的粒子（可以是原子、分子、离子、自由基等）数目叫作反应分子数。只有一个粒子参与的反应称为单分子反应，如上述反应(1)；由两个粒子参加的反应为双分子反应，如上述反应(2)，有两个I参加反应；以此类推，则反应(3)必然是三分子反应。三分子反应很少，目前只发现约四例，三分子以上的基元反应尚未发现。

既然基元反应直接描述了反应分子数，因此建立基元反应速率方程式也最为简单。

9.2.2 基元反应的速率方程式

经验表明，基元反应速率与各反应物浓度的幂乘积成正比，而各反应物浓度的指数就是基元反应方程式中各相应物质的计量系数。这一规律称为质量作用定律。如有基元反应

$$bB+dD \longrightarrow gG+rR$$

则该基元反应的速率方程式为

$$v_B=-\frac{dc_B}{dt}=kc_B^b c_D^d \tag{9-5}$$

式中 k——反应速率常数，与反应温度等因素有关。

对于前述基元反应，有

(1) $I_2 \longrightarrow 2I$ $v_{I_2}=k_1 c_{I_2}$ 单分子反应

(2) $2I \longrightarrow I_2$ $v_{I_2}=k_2 c_I^2$ 双分子反应

(3) $H_2+2I \longrightarrow 2HI$ $v_{H_2}=k_3 c_{H_2} c_I^2$ 三分子反应

基元反应为数不多，大多数化学反应为非基元反应。非基元反应速率方程式不能直接应用质量作用定律，因此是人们研究的重点。

9.2.3 化学反应的速率方程式

化学反应通常有几步基元反应构成。按反应机理可以由各步基元反应的速率方程式导出化学反应的速率方程式，但就目前的理论水平而言，许多非基元反应的机理尚未清楚，因此仍较多地采用实验方法确定化学反应的速率方程式。

设反应为

$$bB+dD+\cdots \longrightarrow gG+rR+\cdots$$

如果反应的平衡常数很大，逆反应可以忽略，则大量实验表明，化学反应的速率方程式仍可应用基元反应速率方程式的幂函数形式，即

$$v=kc_B^{\alpha}c_D^{\beta}\cdots \tag{9-6}$$

式中 k——反应速率常数；

α——反应物B的反应分级数；

β——反应物D的反应分级数。

(1) 反应速率常数 k 反应速率常数是当反应物浓度均为1（即单位浓度）时的反应速率，故又称比速率。当浓度一定时，k 值越大反应速率越快；不同的反应具有不同的 k 值，它的大小常作为衡量反应相对快慢的标志。对于指定的反应，k 值取决于温度、溶剂、催化剂和速率的表达方式。

(2) 反应级数 各反应物反应分级数（即反应物浓度的指数）的总和称为反应级数，即 $n=\alpha+\beta+\cdots$。它反映了浓度对反应速率的影响程度。应当注意的是，反应级数 n 的值一般由实验测得，它不能由化学反应方程式的计量系数来确定。例如反应

$$2N_2O_5 \longrightarrow 4NO_2+O_2$$

实验测得其速率方程式为 $v_{N_2O_5}=kc_{N_2O_5}$，称为一级反应。又如反应

$$CH_3CHO \longrightarrow CH_4+CO$$

在518℃时测得 $v_{CH_3CHO}=kc_{CH_3CHO}^2$，称为二级反应

在447℃时测得 $v_{CH_3CHO}=kc_{CH_3CHO}^{3/2}$，称为$\frac{3}{2}$级反应

反应级数和反应分子数属于不同范畴的概念。反应分子数是对基元反应而言，对于非基元反应不能说反应分子数；而反应级数对基元反应和非基元反应都可以存在。因此反应级数可以有整数、分数、零或负数等多种不同形式，有时甚至不一定存在；但是反应分子数必然是正整数，其值不大于3。只有基元反应，其反应分子数、反应分级数和计量系数才归于一致。

9.3 浓度对反应速率的影响

反应速率方程描述了反应物浓度对反应速率的影响。对于简单反应，即反应级数为一级和二级的反应，下面作具体分析。

9.3.1 一级反应

反应速率仅与某一反应物浓度的一次方成正比的反应称为一级反应。设一级反应的化学反应方程式为

$$b\mathrm{B}+d\mathrm{D} \longrightarrow g\mathrm{G}+r\mathrm{R}$$

根据式(9-6) 及一级反应的定义可得其速率方程式为

$$v_{\mathrm{B}}=-\frac{\mathrm{d}c_{\mathrm{B}}}{\mathrm{d}t}=k_1 c_{\mathrm{B}} \tag{9-7}$$

式中 c_{B}——在 t 时刻反应物B的浓度；

k_1——一级反应的速率常数，s^{-1}，也可用 min^{-1}、h^{-1}。

设反应开始时（$t=0$），反应物B的初浓度为 c_{B0}。将式(9-7) 分离变量并积分得

$$\int_{c_{\mathrm{B0}}}^{c_{\mathrm{B}}}\frac{\mathrm{d}c_{\mathrm{B}}}{c_{\mathrm{B}}}=\int_0^t -k_1\mathrm{d}t$$

即得

$$\ln\frac{c_{\mathrm{B0}}}{c_{\mathrm{B}}}=k_1 t \tag{9-8}$$

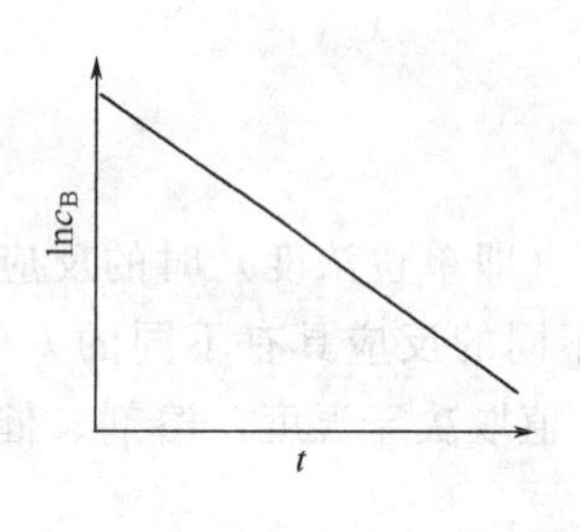

图 9-2 一级反应的线性关系

式(9-8) 也可写成 $\ln c_{\mathrm{B}}=\ln c_{\mathrm{B0}}-k_1 t$。若以 $\ln c_{\mathrm{B}}$ 对 t 作图，应得一条直线，如图9-2所示。直线斜率的负值即为 k_1，截距为 $\ln c_{\mathrm{B0}}$。

在化学工艺计算中，式(9-8) 也常用转化率来表示。转化率为

$$Y_{\mathrm{B}}=\frac{c_{\mathrm{B0}}-c_{\mathrm{B}}}{c_{\mathrm{B0}}}$$

也可写成

$$1-Y_{\mathrm{B}}=\frac{c_{\mathrm{B}}}{c_{\mathrm{B0}}}$$

代入式(9-8) 可得

$$k_1=\frac{1}{t}\ln\frac{1}{1-Y_{\mathrm{B}}} \tag{9-9a}$$

或

$$k_1=\frac{2.303}{t}\lg\frac{1}{1-Y_{\mathrm{B}}} \tag{9-9b}$$

反应转化率达到50%所消耗的时间称为该反应的半衰期，记作 $t_{1/2}$。半衰期也是衡量反应速率的一种尺度。对于一级反应，由式(9-9a) 可得

$$t_{1/2}=\frac{1}{k_1}\ln\frac{1}{1-0.5}=\frac{\ln 2}{k_1}$$

$$t_{1/2}=\frac{0.693}{k_1} \tag{9-10}$$

由式(9-7)、式(9-8) 和式(9-10) 可见，一级反应速率常数的量纲为时间的倒数；其反应物浓度的对数与反应时间呈线性关系；反应的半衰期与反应物初浓度无关。这就是一级反应的重要特征，这些特征可用于判断反应级数。

通常一级反应的实例有：放射性元素的蜕变反应（如 $Ra \longrightarrow Rn + He$）；复杂结构分子的热分解反应（$CH_3N=NCH_3 \longrightarrow N_2 + C_2H_6$；$2N_2O_5 \longrightarrow 4NO_2 + O_2$）；分子内部重排反应。其中有些是单分子反应，有些仅仅是实验级数为 1。

除此之外，还有一些反应，在一定条件下可近似为一级反应。例如 $C_{12}H_{22}O_{11}$（蔗糖）+ $H_2O \xrightarrow{H^+} C_6H_{12}O_6$（葡萄糖）+ $C_6H_{12}O_6$（果糖），原为二级反应，当水过量甚多时，其浓度在反应中可近似为常数，所以反应近似为一级反应。通常把在这种特殊情况下得到的一级反应称为准一级反应。

【例 9-1】 质量数为 14 的碳，常用作考古测定的同位素。其半衰期为 5730 年，今在某出土文物样品中测得 ^{14}C 的含量只有 72%，求该样品距今有多少年？

解 因为同位素蜕变为一级反应，按式(9-10) 有

$$k_1=\frac{0.693}{t_{1/2}}=\frac{0.693}{5730}=1.21\times10^{-4}(\text{年}^{-1})$$

又因为样品中 ^{14}C 含量为 72%，说明转化率为 28%，所以按式(9-9a) 得

$$t=\frac{1}{k_1}\ln\frac{1}{1-Y_B}=\frac{1}{1.21\times10^{-4}}\ln\frac{1}{1-0.28}\approx 2715\ (\text{年})$$

【例 9-2】 蔗糖在酸性溶液中水解成葡萄糖和果糖为一级反应。设在 25℃和 0.5mol·L^{-1} HCl 的水溶液中水解，用旋光仪测得旋角 α 随时间 t 变化的数据如下：

t/min	0	176	∞
α/(°)	25.16	5.46	−8.38

(1) 试计算反应速率常数 k_1；

(2) 计算反应的半衰期 $t_{1/2}$；

(3) 经过 236min 后应有多少（%）蔗糖水解？

(4) 计算转化率达 75%所需的时间；结果同半衰期比较说明什么问题？

解 按式(9-4) 将物理量转化成浓度，代入式(9-8) 得

$$k_1t=\ln\frac{h(L_\infty-L_0)}{h(L_\infty-L_t)}=\ln\frac{L_\infty-L_0}{L_\infty-L_t}$$

以旋光度代入得

(1) $k_1=\dfrac{1}{t}\ln\dfrac{\alpha_\infty-\alpha_0}{\alpha_\infty-\alpha_t}=\dfrac{1}{176}\ln\dfrac{-8.38-25.16}{-8.38-5.46}\approx 5.03\times10^{-3}(\text{min}^{-1})$

(2) 按式(9-10) 有

$$t_{1/2}=\frac{0.693}{k_1}=\frac{0.693}{5.03\times10^{-3}}\approx 138\ (\text{min})$$

(3) 按式(9-9a)

$$\ln\frac{1}{1-Y_B}=5.03\times10^{-3}\times236$$

$$\frac{1}{1-Y_B}=3.277$$

$$Y_B=0.695=69.5\%$$

（4）按式(9-9a) 有

$$t=\frac{1}{k}\ln\frac{1}{1-Y_B}=\frac{1}{5.03\times10^{-3}}\ln\frac{1}{1-0.75}\approx276\ (\text{min})$$

可见，转化率达 75%所需时间正好是半衰期的两倍。这说明一级反应的半衰期同初浓度无关。转化率 75%相当于以反应转化率 50%为初始点再经历一个半衰期，则正好为两倍的半衰期。

9.3.2 二级反应

反应速率与某一反应物浓度的二次方成正比，或与两个反应物的浓度乘积成正比的反应称为二级反应。设有某二级反应的化学反应方程式为

$$b\text{B}+d\text{D}\longrightarrow g\text{G}+r\text{R}$$

根据式(9-6) 和二级反应的定义，可得其速率方程式

$$v_B=-\frac{dc_B}{dt}=k_2c_B^2 \tag{9-11a}$$

或

$$v_B=-\frac{dc_B}{dt}=k_2c_Bc_D \tag{9-11b}$$

式中 k_2——二级反应的速率常数，$L\cdot mol^{-1}\cdot s^{-1}$（时间单位也可用 min 或 h)。

下面分别按式(9-11a) 和式(9-11b) 进行讨论。

（1）反应速率正比于某一反应物浓度的平方　将式(9-11a) 分离变量后积分

$$\int_{c_{B0}}^{c_B}\frac{dc_B}{c_B^2}=-\int_0^t k_2\,dt$$

即得

$$\frac{1}{c_B}-\frac{1}{c_{B0}}=k_2t \tag{9-12}$$

也可写成

$$\frac{1}{c_B}=k_2t+\frac{1}{c_{B0}}$$

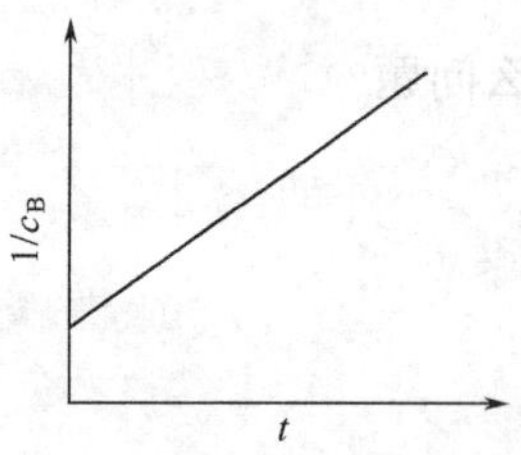

若以$\frac{1}{c_B}$对 t 作图，应得一条直线，如图 9-3 所示。该直线线率为 k_2，截距为$\frac{1}{c_{B0}}$。

图 9-3　二级反应的线性关系

若用转化率表示，则对式(9-12) 作如下运算：

$$k_2=\frac{1}{t}\times\frac{c_{B0}-c_B}{c_{B0}c_B}=\frac{1-\frac{c_B}{c_{B0}}}{tc_{B0}\times\frac{c_B}{c_{B0}}}$$

按转化率的定义有$\frac{c_B}{c_{B0}}=1-Y_B$，代入上式得

$$k_2=\frac{1}{t}\times\frac{Y_B}{c_{B0}(1-Y_B)} \tag{9-13}$$

二级反应的半衰期可由 $Y_B=0.5$ 代入式(9-13) 得到：

$$t_{1/2}=\frac{1}{k_2 c_{B0}} \tag{9-14}$$

由式(9-11)、式(9-12) 和式(9-14) 可知，二级反应速率常数的量纲为时间和浓度乘积的倒数；其反应物浓度的倒数与反应时间呈线性关系；反应的半衰期与反应物的初浓度成反比。这就是二级反应的特征，常用这些特征来判断反应级数。

如果用物理方法测定反应速率，二级反应比一级反应复杂，可将式(9-4) 代入式(9-13) 得

$$k_2=\frac{1}{t}\times\frac{1-\dfrac{L_\infty-L_t}{L_\infty-L_0}}{c_{B0}\dfrac{L_\infty-L_t}{L_\infty-L_0}}=\frac{1}{t}\times\frac{L_t-L_0}{c_{B0}(L_\infty-L_t)} \tag{9-15}$$

与一级反应比较，在测定速率常数时，二级反应通常要知道反应物的初浓度 c_{B0}，而一级反应则不需要。

(2) 反应速率正比于两种反应物的浓度乘积

① 若反应物初浓度之比等于计量系数之比，即

$$\frac{c_{B0}}{c_{D0}}=\frac{b}{d}$$

则在反应的任何瞬间都有

$$\frac{c_B}{c_D}=\frac{b}{d}$$

因此，式(9-11b)
$$v_B=-\frac{dc_B}{dt}=k_2 c_B c_D$$

可以简化为
$$v_B=k_2 c_B\times\frac{d}{b}\times c_B=\left(k_2\ \frac{d}{b}\right)c_B^2$$

上式同式(9-11a) 的区别仅在于 k_2 多了一项计量系数比，可将 $k_2 d/b$ 看作 k_2'，则速率方程式的处理同前面完全一样，不再赘述。

② 若反应物初浓度之比不等于计量系数之比，则速率方程式无法简化。只能将式(9-11b) 统一变量后积分，可得

$$k_2=\frac{1}{t}\times\frac{b}{dc_{B0}-bc_{D0}}\ln\frac{c_B c_{D0}}{c_D c_{B0}} \tag{9-16}$$

二级反应也是最常见的反应。例如气相反应中氢和碘蒸气的化合、碘化氢的分解、烯烃(乙烯、丙烯、异丁烯等) 的二聚反应。溶液中进行的有机反应，如加成、硝化、卤化、皂化等多半为二级反应。

【例 9-3】 丁二烯 (B) 在 860K 时聚合成 3-乙烯基环己烯 (G)，反应式可简写为

$$2B \longrightarrow G$$

测得该气相反应的总压力随时间的变化如表 9-1 所列。

(1) 验证该反应为二级反应，并计算平均速率常数 k_2；

(2) 求反应的半衰期；

(3) 求丁二烯转化率达 75%所需的反应时间。

解 首先找出总压与丁二烯浓度的关系。设 p_T 为总压，p_B 为丁二烯在 t 时刻的分压，p_0 为初压力，则

表 9-1　860K 时丁二烯二聚反应实验数据及处理结果

反应时间 /s	总压力 p_T/kPa	$2p_T-p_0$ /kPa	10^2k_2 /L·mol^{-1}·s^{-1}	反应时间 /s	总压力 p_T/kPa	$2p_T-p_0$ /kPa	10^2k_2 /L·mol^{-1}·s^{-1}
0	84.54	84.54		7200	57.62	30.70	2.06
1200	74.54	64.54	2.18	8400	56.06	27.58	2.08
2400	68.49	52.44	2.15	10800	53.88	23.21	2.07
3600	64.51	44.49	2.12	13200	52.50	20.46	2.00
4800	61.65	38.76	2.08	15600	50.78	17.03	2.15
6000	59.35	34.17	2.08				

$$2B \longrightarrow G$$

$t=0$ 时　　　p_0　　　0

$t=t$ 时　　　p_B　　　$\frac{1}{2}(p_0-p_B)$

反应达 t 时刻时

$$p_T=p_B+\frac{1}{2}(p_0-p_B)$$

即

$$p_B=2p_T-p_0$$

若气相物质视为理想气体，则

$$c_{B0}=\frac{p_0}{RT} \qquad c_B=\frac{p_B}{RT}$$

(1) 按式(9-12) 得

$$k_2=\frac{1}{t}\left(\frac{RT}{2p_T-p_0}-\frac{RT}{p_0}\right)$$

将不同时刻的总压代入计算

$$k_2=\frac{8.314\times860\times10^{-3}}{1.2\times10^3}\times\left(\frac{1}{2\times74.54-84.54}-\frac{1}{84.54}\right)$$
$$=2.18\times10^{-5}\text{m}^3\cdot\text{mol}^{-1}\cdot\text{s}^{-1}$$
$$=2.18\times10^{-2}\text{L}\cdot\text{mol}^{-1}\cdot\text{s}^{-1}$$

依次求得 k_2，如表 9-1 所列。由于 k_2 近似为定值，故反应为二级反应。

$$\bar{k}_2=2.10\times10^{-2}\text{L}\cdot\text{mol}^{-1}\cdot\text{s}^{-1}$$

(2) 按式(9-14) 得

$$t_{1/2}=\frac{1}{\bar{k}_2c_{B0}}=\frac{RT}{\bar{k}_2p_0}=\frac{8.314\times860\times10^3}{2.10\times10^{-2}\times84.54\times10^3}=4027\ (\text{s})$$

(3) 按式(9-13) 得

$$t=\frac{RT}{\bar{k}_2p_0}\times\frac{Y_B}{1-Y_B}=t_{1/2}\times\frac{Y_B}{1-Y_B}=4027\times\frac{0.75}{1-0.75}=12081\ (\text{s})$$

本题也可采取另一种解法，即把 p_T 看作模拟浓度的物理量，由于反应开始时只含丁二烯，则按 p_0 不难推出 p_∞，然后代入式(9-15) 可得同样的结果。此法留给读者思考练习。

【例 9-4】 溴代异丁烷与乙醇钠在乙醇溶液中按下式反应：

$$C_4H_9Br+C_2H_5ONa \longrightarrow NaBr+C_4H_9OC_2H_5$$

在 95.15℃时测得实验数据见表 9-2（B 代表溴代异丁烷，D 代表乙醇钠）。试证明该反应为二级反应，并计算反应速率常数 k_2。

表 9-2　95.15℃时溴代异丁烷与乙醇钠反应的实验数据

t/min	c_B /mol·L^{-1}	c_D /mol·L^{-1}	t/min	c_B /mol·L^{-1}	c_D /mol·L^{-1}	t/min	c_B /mol·L^{-1}	c_D /mol·L^{-1}
0	0.0505	0.0762	13	0.0370	0.0627	50	0.0193	0.0451
2.5	0.0475	0.0372	17	0.0340	0.0596	60	0.0169	0.0427
5	0.0466	0.0703	20	0.0322	0.0580	70	0.0150	0.0407
7.5	0.0419	0.0676	30	0.0275	0.0532	90	0.0119	0.0376
10	0.0398	0.0655	40	0.0228	0.0485	120	0.0084	0.0341

解　由于反应物初浓度之比不等于计量系数之比，故按式(9-16) 计算。

$\frac{1}{c_{B0}-c_{D0}}\ln\frac{c_Bc_{D0}}{c_Dc_{B0}}$对 t 作图得一直线，如图 9-4 所示，故该反应为二级反应。

在直线上取两点 A_1、A_2，得

$$斜率=\frac{Y_{A_2}-Y_{A_1}}{X_{A_2}-X_{A_1}}=\frac{35.5-2.5}{108-8}=0.33$$

于是，该反应速率常数 $k_2=0.33\text{L}\cdot\text{mol}^{-1}\cdot\text{min}^{-1}=5.5\times10^{-3}\text{L}\cdot\text{mol}^{-1}\cdot\text{s}^{-1}$。

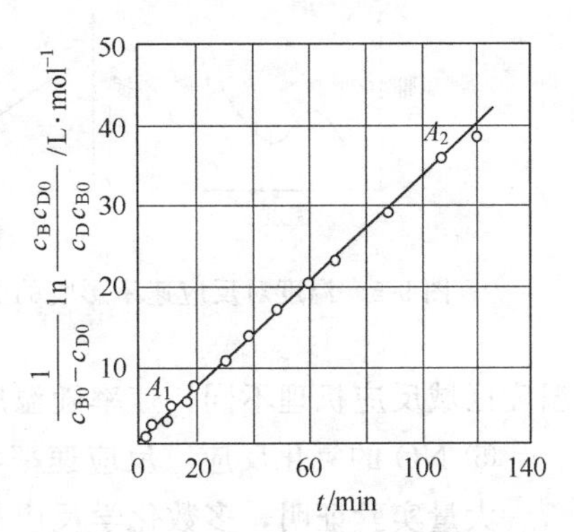

图 9-4　$\frac{1}{c_{B0}-c_{D0}}\ln\frac{c_Bc_{D0}}{c_Dc_{B0}}$对 t 的关系图

除上述讨论的一级和二级反应外，还有零级反应、分数级反应等，在此不一一展开讨论。通常研究化学反应速率方程式的一般规律是：由微分方程导出积分式，分析速率方程式的特征，具有何种变量间的线性关系和半衰期，然后进行有关的计算。

化学反应速率方程式是计算反应器有效容积和探索反应机理的重要依据。因此，了解常见的反应速率方程式极为重要。表 9-3 给出了几种不同级数的反应速率方程式，供读者复习与计算时参考。

表 9-3　几种简单级数反应的速率方程式及特征

反应级数	反应速率方程式		特　征		
	微分式	积分式	k 的单位	半衰期	线性关系
0	$-\frac{dc_B}{dt}=k_0$	$k_0=\frac{1}{t}(c_{B0}-c_B)$	mol·L^{-1}·s^{-1}	$\frac{c_{B0}}{2k_0}$	c_B-t
1	$-\frac{dc_B}{dt}=k_1c_B$	$k_1=\frac{1}{t}\ln\frac{c_{B0}}{c_B}$	s^{-1}	$\frac{0.693}{k_1}$	$\ln c_B$-t
2	$-\frac{dc_B}{dt}=k_2c_B^2$	$k_2=\frac{1}{t}\left(\frac{1}{c_B}-\frac{1}{c_{B0}}\right)$	L·mol^{-1}·s^{-1}	$\frac{1}{k_2c_{B0}}$	$\frac{1}{c_B}$-t
2	$-\frac{dc_B}{dt}=k_2c_Bc_D$	$k_2=\frac{b}{t(dc_{B0}-bc_{D0})}\ln\frac{c_Bc_{D0}}{c_Dc_{B0}}$	L·mol^{-1}·s^{-1}	无意义	$\frac{b}{dc_{B0}-bc_{D0}}\ln\frac{c_Bc_{D0}}{c_Dc_{B0}}$-$t$
$n\geqslant2$	$-\frac{dc_B}{dt}=k_nc_B^n$	$k_n=\frac{1}{t(n-1)}\left(\frac{1}{c_B^{n-1}}-\frac{1}{c_{B0}^{n-1}}\right)$	L^{n-1}·mol^{n-1}·s^{-1}	$\frac{2^{n-1}-1}{(n-1)k_nc_{B0}^{n-1}}$	c_B^{1-n}-t

9.4 温度对反应速率的影响

温度是影响反应速率的重要因素之一。温度对反应速率影响的基本规律大体分为五种类型，如图 9-5 所示。

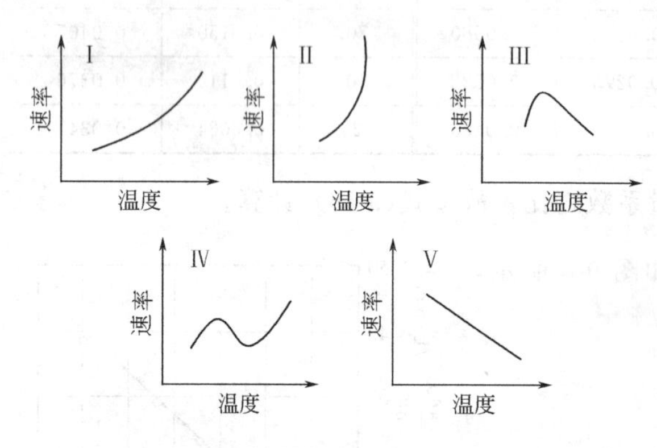

图 9-5 温度对反应速率影响的五种类型

① 一般反应 反应速率随温度升高而加快，如 H_2O_2 的分解、乙醛的热分解等。

② 爆炸反应 反应速率随温度的变化较小，到达燃点时，反应速率突然加快。

③ 酶催化反应 起初反应速率随温度升高而加快，当达一定温度后，酶开始失去活性，所以反应速率下降。

④ 某些碳氢化合物的氧化反应 反应速率随温度的变化规律比较复杂。例如煤的燃烧反应，由于副反应很多，在不同的温度区域反应机理不同，速率随温度的变化规律也不同。

⑤ NO 的氧化反应 反应速率随温度升高而下降。这种类型最为罕见。

大量实验证明，多数化学反应都符合规律①。因此，本节主要讨论反应类型①，讨论温度对其速率影响的定量规律。

由化学反应速率方程式(9-6) 可知，反应速率取决于速率常数和反应物的浓度。温度主要是影响反应速率常数 k 值，那么 k 值同反应温度存在何种关系呢？

9.4.1 阿仑尼乌斯方程

1889 年阿仑尼乌斯（S. A. Arrhenius）根据实验提出了表示速率常数 k 与温度 T 之间关系的经验方程式：

$$\frac{\mathrm{d}\ln k}{\mathrm{d}T}=\frac{E}{RT^2} \tag{9-17}$$

将上式写成定积分式和不定积分式，分别为

$$\ln\frac{k_{(2)}}{k_{(1)}}=\frac{E}{R}\left(\frac{T_2-T_1}{T_1T_2}\right) \tag{9-18a}$$

和

$$\ln k=-\frac{E}{RT}+C \tag{9-18b}$$

或

$$\lg k=-\frac{E}{2.303RT}+C' \tag{9-18c}$$

若以 $\ln A$ 代替 C，则式(9-18b) 可简化成

$$k=A\mathrm{e}^{-\frac{E}{RT}} \tag{9-18d}$$

式中 C（或 C'）——经验常数；

$k_{(1)}$——反应温度 T_1 时的速率常数；

$k_{(2)}$——反应温度 T_2 时的速率常数；

E——反应的活化能（物理意义详见后述），$\mathrm{J\cdot mol^{-1}}$；

A——频率因子，单位同 k 值。

由式(9-18d) 可知，反应速率常数按温度的指数规律变化，要确定在任意温度下的 k 值，首先要确定该反应的活化能和频率因子。通常由实验测定不同温度下的 k 值，然后按式(9-18b) 或式(9-18c) 中 $\ln k$ 对 $\frac{1}{T}$ 作图，得一直线，由斜率和截距分别求得反应的活化能和频率因子。

【例 9-5】 实验测得 N_2O_5 分解反应在不同温度下的速率常数 k 值列于表 9-4。

表 9-4 N_2O_5 分解反应速率常数与温度的关系

反应温度 T/K	273	298	308	318	328	338
$k\times10^5/s^{-1}$	0.0787	3.46	13.5	49.8	150	487
$\frac{1}{T}\times10^5$	3.662	3.335	3.242	3.140	3.046	2.959
$\lg k$	−6.1040	−4.4609	−3.8697	−3.3028	−2.8239	−2.3125

(1) 用作图法求该反应的活化能和频率因子；

(2) 分别求 300K 和 400K 时，N_2O_5 转化率达 90%所需的时间。

解 (1) 首先求得 $\lg k$ 和 $\frac{1}{T}$ 的数据，见表 9-4，然后按式(9-18c) 由 $\lg k$ 对 $\frac{1}{T}$ 作图，得一直线，如图 9-6 所示，在线上取两点则得

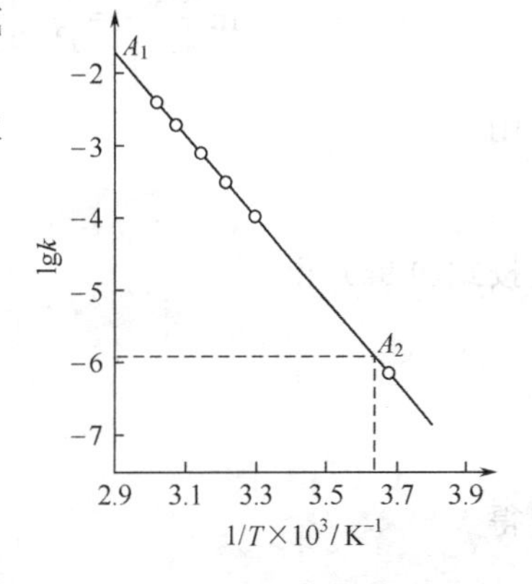

图 9-6 N_2O_5 分解反应 $\lg k$ 对 $\frac{1}{T}$ 关系图

$$斜率=\frac{Y_{A_1}-Y_{A_2}}{X_{A_1}-X_{A_2}}=\frac{-2.00-(-6.00)}{(2.90-3.64)\times10^{-3}}=-5405$$

因为 $$斜率=\frac{-E}{2.303\times8.314}$$

所以 $E=5405\times2.303\times8.314=1.03\times10^5\,(J\cdot mol^{-1})$

又因为 $截距=\lg A=13.67$

所以 $A=4.677\times10^{13}\,s^{-1}$

(2) 由 k 值的单位可知 N_2O_5 分解为一级反应，按式(9-18d) 分别得 300K 和 400K 时的 $k_{(1)}$、$k_{(2)}$：

$$k_{(1)}=Ae^{-\frac{E}{RT}}=4.677\times10^{13}\times e^{-\frac{1.03\times10^5}{8.314\times300}}=5.44\times10^{-5}\,(s^{-1})$$

$$k_{(2)}=4.677\times10^{13}\times e^{-\frac{1.03\times10^5}{8.314\times400}}=1.66\,(s^{-1})$$

按式(9-9a) 分别得

$$t_{300K}=\frac{1}{k_{(1)}}\ln\frac{1}{1-Y_B}=\frac{1}{5.44\times10^{-5}}\times\ln\frac{1}{1-0.9}=4.23\times10^4\,(s)$$

$$t_{400K}=\frac{1}{1.66}\times\ln\frac{1}{1-0.9}=1.39\,(s)$$

【例 9-6】 均戊酮二酸在水溶液中的分解反应，已知 10℃和 60℃时反应的半衰期分别为 $t_{1/2(10)}=6418s$ 和 $t_{1/2(60)}=12.65s$。

(1) 求反应的活化能；

（2）若反应为一级反应，求 30℃反应 1000s 后均戊酮二酸的转化率为多少。

解 （1）因为反应的半衰期同速度常数的关系为

$$t_{1/2} \propto \frac{1}{k}$$

所以
$$\frac{k_{(60)}}{k_{(10)}} = \frac{t_{1/2(10)}}{t_{1/2(60)}}$$

按式(9-18a) 得

$$\ln \frac{t_{1/2(10)}}{t_{1/2(60)}} = \frac{E}{R}\left(\frac{T_2 - T_1}{T_1 T_2}\right)$$

$$E = \left(\frac{T_1 T_2}{T_2 - T_1}\right) R \ln \frac{t_{1/2(10)}}{t_{1/2(60)}}$$

$$= \left(\frac{283.2 \times 333.2}{333.2 - 283.2}\right) \times 8.314 \times \ln \frac{6418}{12.65} = 97.7(\text{kJ} \cdot \text{mol}^{-1})$$

（2）按一级反应半衰期同 k 值的关系，求得 10℃时的 k 值。

$$k_{(10)} = \frac{0.693}{t_{1/2(10)}} = \frac{0.693}{6418} = 1.08 \times 10^{-4}(\text{s}^{-1})$$

按式(9-18a) 求 $k_{(30)}$：

$$\ln \frac{k_{(30)}}{k_{(10)}} = \frac{E}{R}\left(\frac{303.2 - 283.2}{303.2 - 283.2}\right) = \frac{97.7 \times 10^3}{8.314} \times \left(\frac{303.2 - 283.2}{303.2 \times 283.2}\right)$$

则
$$\frac{k_{(30)}}{1.08 \times 10^{-4}} = 15.44$$

$$k_{(30)} = 1.67 \times 10^{-3}\,\text{s}^{-1}$$

按式(9-9a) 得

$$k_{(30)} t = \ln \frac{1}{1 - Y_B}$$

得
$$\frac{1}{1 - Y_B} = e^{1.67 \times 10^{-3} \times 1000} = 5.31$$

解得
$$Y_B = 1 - \frac{1}{5.31} = 0.812 = 81.2\%$$

9.4.2 活化能

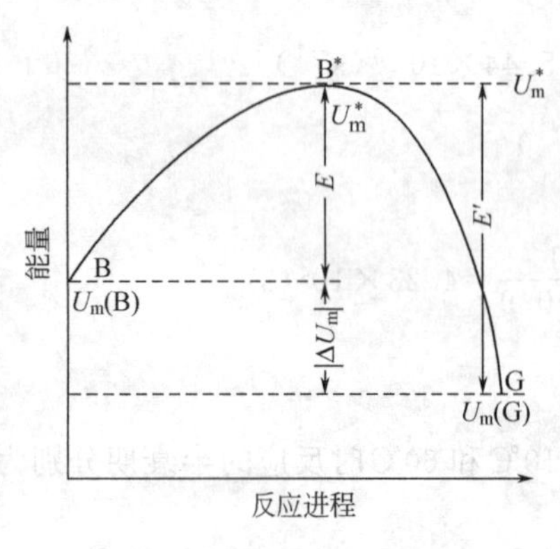

图 9-7 活化能示意图

阿仑尼乌斯在解释其经验方程式时，首先提出活化能概念。他认为在反应体系中，并非所有互相碰撞的反应物分子都即刻发生反应，而只有部分具有足够高能量的分子才发生反应。这部分分子称为活化分子；它们所处的状态称为活化状态。

对于单分子反应 B ⟶ G，可用反应进程同能量关系图来表示活化能的概念。如图 9-7 所示，纵坐标表示反应体系的能量，横坐标表示反应进程。$U_m(B)$表示反应物分子 B 的平均摩尔能，$U_m(G)$表示产物分子 G 的平均摩尔能。由图 9-7 可以清楚地看到，反应物 B 变成产物必须经过一个活化状态 B^*，换句话说，反应物 B 必须吸收能量 E 才能到达平均摩尔能 U_m^* 的活化状态，然后进行反应变成产物 G。同理，若逆反应在热力学上允许的话，反应沿原来途径返回，则 G 物质必须吸收能量 E' 才能到达活化状态，然后进行反应变成 B 物质。这里 E 和 E' 分别称为正反应的活化能和逆反应的活化能。

由上述分析可知，活化状态 B^* 相当于一个能峰，活化能大小代表能峰的高低。若用数学式表示为

$$U_m^* = E + U_m(B) = E' + U_m(G)$$

即

$$E = U_m^* - U_m(B)$$

$$E' = U_m^* - U_m(G) \tag{9-19}$$

式(9-19) 表明，基元反应的活化能是反应体系中活化分子的平均摩尔能与反应物分子的平均摩尔能之差。这称为阿仑尼乌斯活化能的托尔曼（R. C. Tolman）解释。应该强调，这种解释只适用于基元反应，尽管实验表明，阿仑尼乌斯方程也适用于非基元反应，然而由此得到的活化能是一种表观活化能。托尔曼解释对表观活化能是不适用的。

虽然表观活化能没有具体的物理意义，但它的数值同基元反应的活化能一样，反映了化学反应速率的相对快慢和温度对反应速率影响程度的大小。一般化学反应的活化能在 50～300kJ·mol^{-1}之间。

若有两个反应的频率因子近似相同，而活化能分别为 100kJ·mol^{-1} 和 110kJ·mol^{-1}，即

$$E_2 - E_1 = 10\text{kJ}\cdot\text{mol}^{-1}$$

则在 500K 时

$$\frac{k_{(1)}}{k_{(2)}} = e^{\frac{-(E_1-E_2)}{RT}} = e^{\frac{10\times10^3}{8.314\times500}} = 11$$

即在相同反应条件下，两个反应速率约相差 11 倍。

表 9-5　反应温度敏感性（使速率增高一倍所需提高温度的值）

温度/℃	活化能/kJ·mol^{-1}			温度/℃	活化能/kJ·mol^{-1}		
	42	167	293		42	167	293
0	11℃	3℃	2℃	1000	273℃	62℃	37℃
400	70℃	17℃	9℃	2000	1037℃	197℃	107℃

表 9-5 列出了反应活化能不同时，反应速率增高一倍需要提高温度的值。由此可得到如下结论：

① 在相同温度下，活化能越小的反应，其速率常数越大，即反应速率越快。

② 对同一反应，速率常数随温度的变化率在低温下较大，在高温下较小。

③ 对不同反应（在相同温度下比较时），活化能越大，其速率常数随温度的变化率越大。也就是说，几个反应同时进行时，高温对活化能较大的反应有利，低温对活化能较小的反应有利。工业生产上常利用这些特殊性来加速主反应，抑制副反应。

9.5　催化剂的基本特征

前面介绍了浓度和温度对反应速率的影响，现在来讨论第三个因素——催化剂对反应速率的影响。

催化剂在现代化学工业中起着越来越大的作用。在无机化工中，硫酸、硝酸和氨的生产都需要在催化剂存在下进行。在有机化工中，石油的裂解，基本有机原料的生产，橡胶、纤维和塑料的合成，有机染料、医药、农药的生产都离不开催化剂。那么，什么是催化剂呢？

凡是能显著地加速化学反应速率，而本身在反应前后化学性质和数量保持不变的物质均称为催化剂。能显著地加速反应速率的作用称为催化作用。催化剂的种类繁多，可以是气体、液体和固体，有单质、化合物也有混合物。但它们在起催化作用时都具有三个基本特征。

（1）催化剂参与催化反应，但反应终了时催化剂复原。例如，反应 $SO_2+\frac{1}{2}O_2 \longrightarrow SO_3$ 在 NO 催化下的反应过程为

$$NO+\frac{1}{2}O_2 \longrightarrow NO_2$$

$$NO_2+SO_2 \longrightarrow NO+SO_3$$

可见催化剂 NO 在每一步反应中都参与化学变化，但从总反应前后看，它既无化学变化也无数量消耗。这就是催化剂既参与又复原的一大特征。

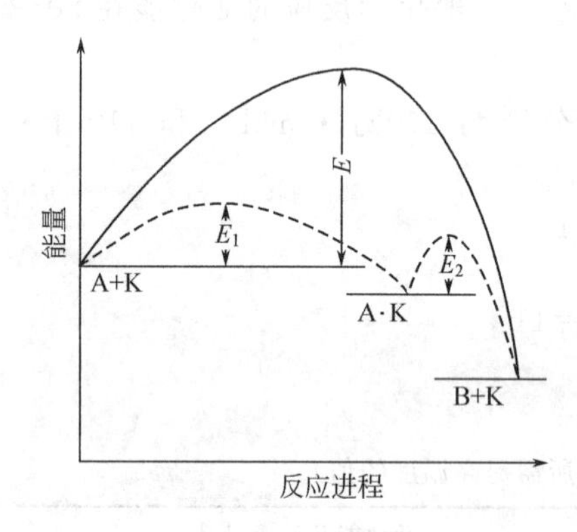

图 9-8　催化剂改变反应途径示意图

（2）催化剂能改变反应途径，但不改变反应体系的平衡状态。催化剂之所以能加速反应，是因为催化剂能改变反应途径，降低反应的表观活化能。如图 9-8 所示，反应 A ⟶ B，当有催化剂 K 存在时，其反应途径为

$$A+K \longrightarrow A\cdot K$$

$$A\cdot K \longrightarrow B+K$$

图 9-8 中实线表示非催化反应途径，虚线表示催化反应途径。实验表明，催化反应的表观活化能 $E_1+E_2<E$（非催化反应的活化能）。表 9-6 给出了几个实际反应在催化条件和非催化条件下的活化能数据。活化能的降低对反应速率的影响是很大的。例如，HI 的分解反应，若在 503K 下进行，可计算出在 Au 催化剂和没有催化剂时反应速率常数的比值为

$$\frac{k_{催化}}{k_{非催化}}=\frac{e^{-\frac{105\times10^3}{8.314\times503}}}{e^{-\frac{184\times10^3}{8.314\times503}}}=1.6\times10^8$$

由此可见，催化剂提高反应速率功效之大远超过其他因素对反应速率的影响。

表 9-6　催化反应和非催化反应的活化能比较

化学反应	催化剂	非催化反应 E/kJ·mol^{-1}	催化反应 E/kJ·mol^{-1}
$2HI \longrightarrow H_2+I_2$	Au	184	105
$2N_2O \longrightarrow 2N_2+O_2$	Pt	245	136
$2NH_3 \longrightarrow N_2+3H_2$	Fe	326	159～176
$2SO_2+O_2 \longrightarrow 2SO_3$	Pd	251	92

由于催化剂不能改变化学反应的初终状态，因此，催化剂的加入不会改变状态函数的变化值，即反应的焓和吉氏函数的变化都不受催化剂的影响。由此可见，催化剂只能使 $\Delta G<$

0 的反应加速进行，直到 $\Delta G=0$，即反应达到平衡为止。但是它不能改变平衡状态，不能使已达平衡的反应继续进行，以致超过平衡转化率。换句话说，无论是否存在催化剂，化学反应的平衡转化率是相同的，催化剂仅仅是缩短了反应达到平衡的时间。从催化剂的这一特征中，可以得出以下重要结论：

① 催化剂同时加速正逆反应速率　因为催化剂不能改变平衡状态，所以在催化作用下平衡常数 K 不变。由于 $K=k_1/k_{-1}$（k_1 和 k_{-1}分别为正向反应速率常数和逆向反应速率常数），催化剂加速正向反应，显然 k_1 要变大，则 k_{-1}也必然按同样的比例增大，因此，正反应的催化剂同样是逆反应的催化剂。这一结论为利用实验方法寻找催化剂提供了很大的方便。例如氨的合成需要在高压下进行，而逆反应的氨分解可以在常压下进行。因此，研制合成氨的催化剂可以变换成研制氨分解的催化剂，这样实验过程要简易得多。

② 催化剂不改变反应热效应　因为催化剂不改变反应体系状态函数的变化值，则标准反应热 $\Delta H^{\ominus}$ 也不会改变。利用这一点，可将原先必须在高温下进行的量热测定反应改在较低温度下借助催化剂来进行，从而提高测定的准确度。表 9-7 列出了乙烯加氢反应热的测量值与两种计算值的比较，说明吻合良好。

表 9-7　乙烯加氢反应热的测量值与计算值比较

方　法	$\Delta H^{\ominus}/\mathrm{kJ\cdot mol^{-1}}$	方　法	$\Delta H^{\ominus}/\mathrm{kJ\cdot mol^{-1}}$
用催化剂在 355K 时量热测定 由燃烧焓计算的值	−136.3 −137.2	由 670K 时测得的平衡常数而得的计算值	−136.4

(3) 催化剂具有选择性。当化学反应在理论上可能有几个反应方向时，通常一种催化剂在一定条件，只对其中一个反应起加速作用，这种专门对某一化学反应起加速作用的性能称为催化剂的选择性。

例如，乙醇的催化反应，利用各种催化剂，在不同条件下，可以得到 25 种产物，主要的反应如下：

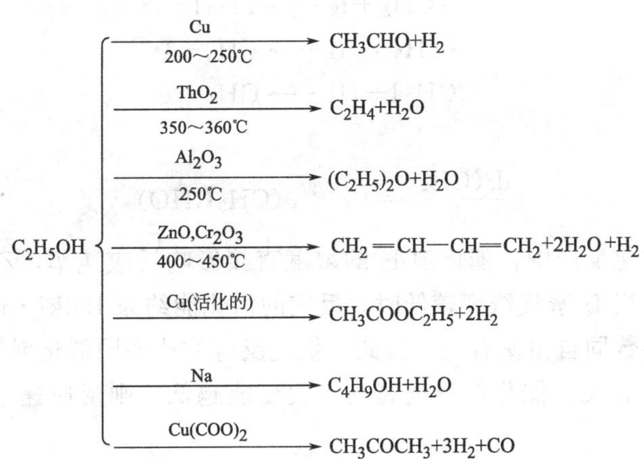

催化剂的这一特征在工业上具有重要的意义，它像一把钥匙开一把锁一样，使人们有可能合成各种各样的产品。

选择性是衡量化学反应在动力学竞争中的重要参数，记作 S。工业上常用下式定义选择性：

$$S=\frac{\text{转换为目的产品的原料量}}{\text{原料总的转化量}}\times 100\% \qquad (9\text{-}20)$$

例如，用 Al_2O_3 催化剂在 300℃时使 1kmol 乙醇催化转化，其中 0.3kmol 生成了乙烯，0.4kmol 转化成乙醚，选择性分别为

$$S_{C_2H_4}=\frac{0.3}{0.3+0.4}\times 100\%=42.9\%$$

$$S_{(C_2H_5)_2O}=\frac{0.4}{0.3+0.4}\times 100\%=57.1\%$$

催化剂的选择性也与反应的条件有关。如乙醇在相同的催化剂 Al_2O_3 或 ThO_2 作用下脱水，在 350～360℃时，主要得到乙烯，而在 250℃时主要得到乙醚。

9.6 单相催化反应

单相催化反应是指反应体系处在一个相态的催化反应。单相催化反应一般分为两种：一种是气相催化反应；另一种是液相催化反应。

9.6.1 气相催化反应

气相催化反应中，反应物和催化剂均为气体。作为气体的催化剂并不多见，常用的有 NO、H_2O 和 I_2 蒸气等。如前面列举的用 NO 催化 SO_2 进行氧化反应的例子；水蒸气也能催化 CO 的氧化；而 I_2 蒸气常可催化乙醛、甲醇、环氧乙烷等的热分解。例如 $CH_3CHO(g) \longrightarrow CH_4(g)+CO(g)$反应在 518℃下进行时，其速率方程为

$$\frac{dc(CH_4)}{dt}=kc^{3/2}(CH_3CHO)$$

反应速率只同乙醛的浓度有关，其级数为 1.5 级，活化能约为 200kJ·mol^{-1}。如果反应在 I_2 蒸气催化下进行，则反应机理为

$$I_2 \rightleftharpoons 2I\cdot$$

$$I\cdot + CH_3CHO \longrightarrow HI + \cdot CH_3 + CO$$

$$\cdot CH_3 + I_2 \longrightarrow CH_3I + I\cdot$$

$$\cdot CH_3 + HI \longrightarrow CH_4 + I\cdot$$

$$CH_3I + HI \longrightarrow CH_4 + I_2$$

其速率方程为

$$\frac{dc(CH_4)}{dt}=k'c_{I_2}^{1/2}\, c(CH_3CHO)$$

由此可见，在催化反应中，催化剂 I_2 的浓度直接影响反应速率，乙醛浓度对速率的影响比非催化时减弱。当 I_2 蒸气浓度较低时，反应的活化能约为 150kJ·mol^{-1}。

气相催化反应多数同自由基有关。因此，催化反应的速率同催化剂的浓度和催化剂裂变成原子态所需的能量有关。催化剂浓度越高，裂变能越低，则反应速率越快；反之，速率越低。

9.6.2 液相催化反应

液相催化反应中，反应物和催化剂形成均相的液态溶液。常用的催化剂有广义的酸碱、能同反应物形成不稳定络合物的过渡金属化合物以及有良好选择性的酶催化剂。工业上发展最早、用得最多的是酸碱催化。例如 NH_2NO_2 的水解，就是在碱（OH^-）的催化下进行的，其反应机理为

$$NH_2NO_2 + OH^- \longrightarrow H_2O + NHNO_2^-$$

$$NHNO_2^- \longrightarrow N_2O + OH^-$$

又如丙酮溴化 $CH_3COCH_3 + Br_2 \longrightarrow CH_3COCH_2Br + HBr$，其机理为

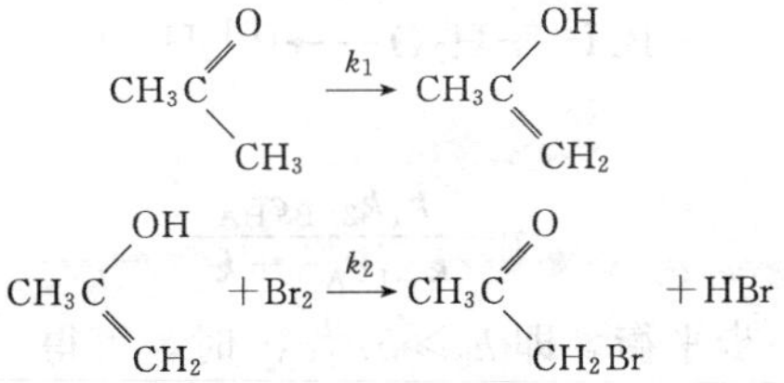

$$CH_3C(=O)CH_3 \xrightarrow{k_1} CH_3C(OH)=CH_2$$

$$CH_3C(OH)=CH_2 + Br_2 \xrightarrow{k_2} CH_3C(=O)CH_2Br + HBr$$

动力学实验表明，该反应是丙酮的一级反应。因此，$k_1 \ll k_2$，反应速率取决于丙酮向烯醇式转换这一步。当用酸催化时，这一步转换机理为

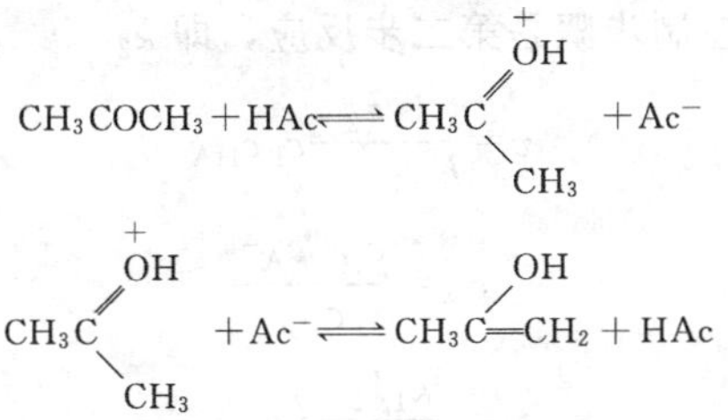

$$CH_3COCH_3 + HAc \rightleftharpoons CH_3C(=\overset{+}{O}H)CH_3 + Ac^-$$

$$CH_3C(=\overset{+}{O}H)CH_3 + Ac^- \rightleftharpoons CH_3C(OH)=CH_2 + HAc$$

因为 HAc 比 H_2O 易向羰基上转移 H^+，Ac^- 也更易吸引甲基中的 H^+，如图 9-9 所示，所以在酸性溶液中丙酮分子内的质子转移更易实现，这也就是酸催化作用的原理。酸碱催化的主要特征是质子（H^+）的转移。因此，一般脱水、水合、聚合、酯的水解、醇醛缩合等一系列反应都需要用酸碱催化剂，但这些酸碱是指广义的酸碱。

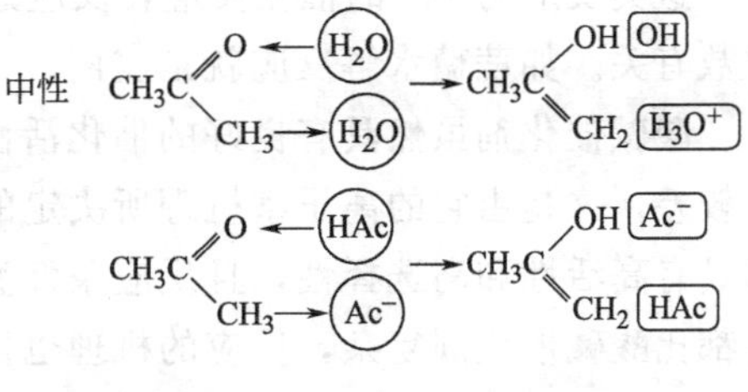

中性 $CH_3C(=O)CH_3$（$O \leftarrow H_2O$，$CH_3 \rightarrow H_2O$）$\longrightarrow$ $CH_3C(OH)=CH_2$（OH，H_3O^+）

$CH_3C(=O)CH_3$（$O \leftarrow HAc$，$CH_3 \rightarrow Ac^-$）$\longrightarrow$ $CH_3C(OH)=CH_2$（Ac^-，HAc）

图 9-9　溶剂分子对分子内 H^+ 转移的影响

把能够放出质子的物质称为广义酸；能够接受质子的物质称为广义碱。它们可以是中性分子或离子。酸碱的关系可用下列化学方程式表示：

$$酸(\text{I}) + 碱(\text{II}) \longrightarrow 酸(\text{II}) + 碱(\text{I})$$

例如

$$HAc + H_2O \rightleftharpoons H_3O^+ + Ac^-$$

$$NH_4^+ + H_2O \rightleftharpoons H_3O^+ + NH_3$$

$$H_2O + CN^- \rightleftharpoons HCN + OH^-$$

$$H_2O + H_2O \rightleftharpoons H_3O^+ + OH^-$$

可见一种物质可以是酸，也可以是碱，这决定于与它作用的另一种物质。水在酸溶液里是碱，在碱溶液里是酸。一般地说，在广义酸催化作用中，反应物是碱；而在广义碱催化作用中，反应物是酸。

例如 NH_2NO_2 的水解，也可以用 Ac^- 代替（OH^-）作碱催化剂，其反应为

$$NH_2NO_2 + Ac^- \longrightarrow HAc + NHNO_2^-$$

$$NHNO_2^- \longrightarrow N_2O + OH^-$$

$$OH^- + HAc \longrightarrow H_2O + Ac^-$$

单相酸碱催化反应一般都以离子型机理进行，反应速率很快。反应物 B 先与广义酸 HA 作用，生成质子化物 BH^+，然后质子从质子化物转移，得到产物 P 并重新得到质子。最常见的机理是

$$B+HA \underset{k_{-1}}{\overset{k_1}{\rightleftharpoons}} BH^+ + A^-$$

$$BH^+ + H_2O \xrightarrow{k_2} P + H_3O^+$$

其速率方程为

$$v=\frac{k_1 k_2 c_B c_{HA}}{k_{-1} c_{A^-} + k_2} \tag{9-21}$$

当反应控制步骤为第一步平衡，即 $k_2 \gg k_{-1} c_{A^-}$ 时，可得

$$v=k_1 c_B c_{HA}$$

该式说明反应为广义酸催化反应，其速率同催化剂的浓度成正比。另一种情况是酸同反应物作用很快达到平衡，反应的控制步骤是第二步反应，即 $k_2 \ll k_{-1} c_{A^-}$，可得

$$v=\frac{k_1 k_2}{k_{-1} c_{A^-}} c_B c_{HA}$$

按照电离平衡
$$K_a=\frac{c_{H^+} c_{A^-}}{c_{HA}}$$

所以
$$v=\frac{k_1 k_2}{k_{-1} K_a} c_B c_{H^+}$$

这类反应为 H^+ 的催化反应，反应速率不仅取决于酸的浓度，还同酸的强度即电离平衡常数有关。如蔗糖水解反应就是实例。

酸碱催化剂虽然具有良好的催化活性，催化剂的制备也比较容易，但酸碱催化通常选择性较差，这是由它的离子型机理所决定的。而络合催化和酶催化恰恰弥补了这一缺陷，它们都具有高活性和高选择性，且反应条件温和，因此，近年来发展很快，但催化剂的寻找和制备都比酸碱催化剂复杂，反应的机理也比较复杂。

液相催化反应，无论是酸碱催化、络合催化还是酶催化，动力学方程的形式大多类似于式(9-21)，反应速率往往同催化剂的浓度成正比，且同酸碱的电离平衡常数、络合物的络合平衡常数等有关。

单相催化反应的优点是催化剂与反应物能均匀地接触，具有较高的活性和较好的选择性，反应散热快，反应设备简单等；但也存在催化剂的回收比较困难、不利于连续操作等缺点。

9.7 多相催化反应

多相催化反应是指反应体系处在两个或两个以上相态的催化反应。固体催化剂对气体或液体的催化反应，称为气固相催化和液固相催化。在化工生产中，大多数是气固相催化反应。例如，石油的裂解用 Si-Al 或者分子筛催化剂与汽化的重油接触裂解成轻质油，氢气和氮气在固体催化剂铁上合成氨，SO_2 气体和 O_2 在 V_2O_5 固体催化剂作用下产生 SO_3 等。因此，本节主要讨论气固相催化反应。

作为催化剂的固体种类繁多，见表 9-8。从化学性质看，固体催化剂一般由金属和金属氧化物等构成；从物理性质看，常可分为导体、半导体和绝缘体。各类催化剂的催化机理各不相同，但其基本原理都是靠固体的表面吸附，活化了反应物分子，改变了反应途径，降低了表观活化能，从而提高了反应速率。例如，异丙醇的脱氢反应 $(CH_3)_2CHOH \longrightarrow$

表 9-8　固体催化剂的分类

种　类	导电类型	作　用	实　例
金属	导体	加氢、脱氢 氢解、氧化	Fe、Ni、Pt、Pd Cu、Ag
金属氧化物和硫化物	半导体	氧化、还原 脱氢、加氢 脱硫、环化	NiO、ZnO、CuO Cr_2O_3、WS_2
金属氧化物	绝缘体	脱水、异构化	Al_2O_3、SiO_2、MgO
固体酸		聚合、异构化 裂化、烷基化	SiO_2-Al_2O_3、H_3PO_4 分子筛

$CH_3COCH_3+H_2$ 通常很难进行，但在 ZnO 固体催化剂作用下非常易于实现。这是因为异丙醇在 ZnO 固体表面形成化学吸附：

```
       CH3 H   H
        |  `. /
  CH3— C — O
        |    |
Zn—O—Zn—O—Zn—O—
```

使羟基上的氢原子游离出来同周围的氢结合成氢气，而异丙醇变成了丙酮。由此可见，ZnO 作为催化剂的作用是通过吸附，使反应物的某些化学键松动，从而易于发生反应。

不同类型的催化剂形成表面吸附的特点各不相同，这就使催化剂具有选择性。例如上述反应物在 Al_2O_3 催化剂存在时，其吸附为

```
            H
            |
     CH3— C —CH3
            |
            O—H
            ..
—Al —O— Al—O—Al—
  |        |     |
```

由于 Al 外层的 3 个电子同氧结合后，还可以接受一个电子对，使其易于吸附具有高电荷密度的羟基中的氧，从而削弱了异丙醇的碳氧键，使分子脱水变成丙烯。

多相催化反应通常都在两相接触的界面上产生特殊的化学变化。因此，多相催化反应速率的影响因素要比单相催化反应复杂得多。当固体催化剂浸入溶液（可以是气态或液态）时，反应过程可分成五步：

① 反应物分子向固体表面（包括外表面和孔隙内表面）扩散；

② 反应物分子被固体表面吸附；

③ 在固体表面上活化的反应物分子发生化学反应，生成产物；

④ 产物分子从固体表面上脱附；

⑤ 产物分子从固体表面向外扩散。

其中①、⑤是物理的扩散过程，②、④是吸附和脱附过程，③是固体表面的反应过程。任何一步最慢的过程都会成为多相催化反应的速率控制步骤。通常液态溶液的搅拌能增加扩散速率；固体表面积的增大能加速吸附过程。因此，催化剂一般都要求高度分散，具有较大的比表面，甚至用少量的催化剂分散在多孔的具有高比表面的物质（通常称为载体）上，以增加催化剂的接触表面，迅速扩散在固体表面层附近的产物分子，有利于加速固体表面上产物分子的脱附。一些液固相反应由于扩散速率较慢，常为扩散控制的催化反应。但多数气固相反应都是表面反应最慢，过程③是反应的控制步骤。

表面反应的速率同反应物在表面吸附的覆盖率有关。由于化学吸附都是单分子层吸附，

其覆盖率 θ 同吸附量的关系为

$$\theta=\frac{\Gamma}{\Gamma_{\infty}}$$

表面反应的速率 v 满足表面质量作用定律。例如

$$aA+bB \longrightarrow P$$

则
$$v=k\theta_A^a\theta_B^b \tag{9-22}$$

式(9-22) 为表面反应的速率方程式。如为单分子反应

$$A \longrightarrow C$$

则式(9-22) 简化成 $v=-\frac{dp_A}{dt}=k\theta_A$。因为表面反应是控制步骤，即扩散和吸附的速率都很快，可以认为吸附达到平衡，按照朗格缪尔方程式(8-9) 可得

$$\theta=\frac{\Gamma}{\Gamma_{\infty}}=\frac{bp_A}{1+bp_A}$$

代入
$$-\frac{dp_A}{dt}=k\frac{bp_A}{1+bp_A} \tag{9-23}$$

以下根据气体压力的大小或反应物吸附程度的强弱来讨论不同的速率方程。

① 若压力很小，或反应物的吸附强度很弱即 b 很小，则 $1+bp_A\approx1$，式(9-23) 可简化为

$$-\frac{dp_A}{dt}=kbp_A=k'p_A$$

此式表明反应为一级反应。如甲酸蒸气在铂、铑、玻璃上的分解，HI 在铂表面上的分解都是一级反应。

② 若压力稍大，催化剂表面覆盖程度适中，则

$$-\frac{dp_A}{dt}=\frac{kbp_A}{1+bp_A}=\frac{k'p_A}{1+bp_A}$$

可以近似表达为
$$-\frac{dp_A}{dt}=k'p_A^n(0<n<1)$$

该式表明反应为分数级反应。如 SbH_3 在锑表面上的催化反应为 0.6 级。

③ 若压力很大，反应物的吸附很强，则由于 $bp_A\gg1$，因此式(9-23) 可写成

$$-\frac{dp_A}{dt}=k\frac{bp_A}{bp_A}=k$$

属于零级反应。如氨在钨上的分解，在高压下就是零级反应。

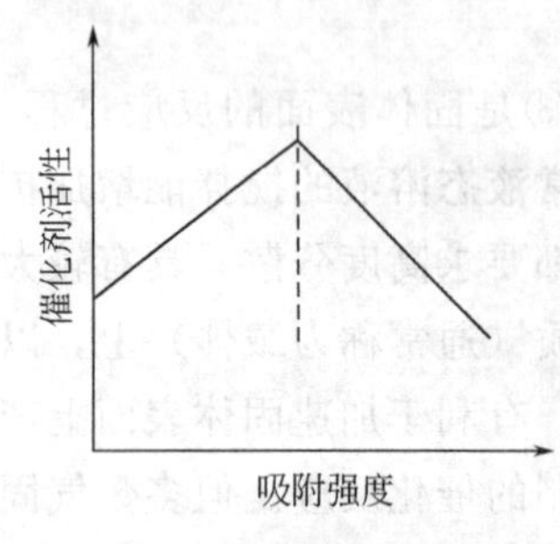

图 9-10　催化剂活性同吸附强度之间的“火山形”曲线

上述分析表明，气固催化反应的速率同压力和吸附强弱有关。近代研究证明在金属催化剂上吸附太强或太弱都不利于提高反应速率。催化剂活性同吸附强度之间呈“火山形”曲线，如图 9-10 所示。

多相催化反应比较复杂，以上仅分析了较为简单的气固相催化反应动力学，并以单分子反应为例。实际的多相催化反应可能不仅与吸附的强弱有关，还同催化剂的孔结构、吸附的空间位置、晶格缺陷等因素有关。因此，固体催化剂是近代研究的热门课题。

9.8 固体催化剂的活性及其影响因素

9.8.1 固体催化剂的活性

在给定反应条件下，单位时间内单位表面积（或质量、体积等）催化剂促进反应物转化为某种产物的能力，称为催化剂活性。根据使用目的不同，催化剂活性的表示方法大致分为两类：一类是实验室里用来筛选催化活性物质或进行理论研究的，称为比活性 a；另一类是工业上用来衡量催化剂生产能力大小的，常表示为时空产率 S_t。

(1) 比活性　用催化剂单位表面积上的反应速率常数来表示活性，称为比活性，即

$$a=\frac{k}{A} \tag{9-24}$$

式中　k——催化反应速率常数；

A——催化剂的表面积。

例如，在 $20cm^2$ 的 Pt 片上分解 H_2O_2，其速率常数 $k=0.0094$，则反应在铂片上的比活性为

$$a=\frac{0.0094}{20}=4.7\times10^{-4}$$

比活性的大小不受催化剂比表面的影响，仅仅取决于催化剂的化学本性。因此，它是研究评价催化剂活性时常用的表示方法。

(2) 时空产率　在一定反应条件下（即反应的温度、压力、反应物浓度和原料气的空间速率等），单位时间单位体积催化剂上所得产物的量，称为时空产率，即

$$S_t=\frac{n_{产物}}{tV_{催化剂}} \tag{9-25}$$

式中　$n_{产物}$——产物的量，mol；

$V_{催化剂}$——催化剂的体积，m^3；

t——反应时间，h。

例如，年产 3000t 合成氨的小氮肥厂（年生产日按 365 天计），合成塔内的催化剂体积约为 $0.34m^3$，则时空产率为

$$S_t=\frac{3000\times10^3\times10^3}{17\times0.34\times365\times24}$$

$$=59.3\times10^3\ (mol\cdot m^{-3}\cdot h^{-1})$$

用时空产率表示催化剂活性，从理论上讲不太严格，因为它受反应条件（进料组成、进料空间速率等）影响。但在工业上应用比较方便，时空产率乘上反应器内催化剂床层的体积即可得到产率。因此生产实际中也经常使用它来表示催化剂的活性。

9.8.2 影响催化剂活性的因素

在多相催化反应中，影响催化剂活性的因素很多，有催化剂本身化学和物理结构的因素，也有环境的因素，其中主要的有以下四个方面。

9.8.2.1 物理因素

均相催化反应的反应速率同催化剂的浓度成正比，而多相催化反应的反应速率同催化剂的表面积有关，高度分散的催化剂具有较好的活性。因此，通常制备催化剂时采取两种方法。一是将催化剂尽量分散，以提高比表面。例如各种形态的 Pt 的催化活性顺序为

块状<丝状<粉状<铂黑<胶体铂

氨氧化法制硝酸时，常将新的铂丝网在氢焰中燃烧几小时，使它变成粗糙的铂黑才能使用，就是为了提高催化活性。二是将催化剂附着在具有较大比表面的载体上，这样一方面增加催化剂的表面积，另一方面增加机械强度和散热能力，使催化剂的活性增大，利用率提高，不易在高温下熔结，延长使用寿命。

除比表面外，催化剂或载体的孔隙结构也影响催化活性。孔道太小，不易使反应物和产物分子进出，造成阻塞，降低催化活性；孔道太大即不可能有高的比表面。因此，对特定的反应物和产物分子往往需要催化剂具有一定的孔道结构。

9.8.2.2 化学因素

影响催化剂活性的化学因素来自两方面：一是催化剂的化学结构；二是反应体系中能使催化剂失活的某些化学物质。

催化剂的主体是活性组分，它可以是金属、金属氧化物等，可以是一种物质，也可以由多种物质构成。例如合成氨的催化剂由 Fe、Al_2O_3、SiO_2、K_2O、TiO_2 等物质组成，其中有些物质是独立存在时就有催化作用的，称之为主催化剂，如 Fe 是合成氨的主催化剂；还有一些是单独存在时没有催化作用，但在主催化剂中掺入少量这些物质却可以提高催化活性，同时增强选择性和稳定性，将这些物质称为助催化剂。若用纯铁作合成氨催化剂在 550℃、101.3kPa 下操作，其反应的催化活性很快就降到开始时的 10%；当加入 Al_2O_3 时其活性可以增加一倍，并使催化剂在几个月中保持活性；再加入 K_2O，活性会进一步提高。因此 Al_2O_3、K_2O 都是合成氨反应的助催化剂。

工业上固体催化剂大部分由主催化剂、助催化剂和载体构成，其中主催化剂和助催化剂的化学结构直接决定着催化剂的活性和选择性。某些载体的化学结构有特殊催化作用时，常称为双功能催化剂。例如，Al_2O_3-SiO_2 载体具有异构的催化功能，而 Pt 或 Pd 具有加氢的功能，因此 Pt 或 Pd 载在 Al_2O_3-SiO_2 上就形成了加氢异构的双功能催化剂。

催化剂在使用过程中，由于反应物中存在少量杂质或反应生成副产物，使催化剂活性急剧下降或完全消失，这种现象称为催化剂中毒，这类物质称为催化毒物。催化剂中毒的原因是由于毒物在催化剂表面上被强烈吸附或者同表面物质发生化学反应，从而遮盖了催化剂的活性表面，使反应物无法在催化剂表面形成活化物。一般的催化毒物列于表 9-9，从中可以看出一些具有未共用电子对的物质通常都是毒物。

表 9-9 常见催化剂的毒物

催化剂	反应	毒物
Ni、Pt、Pd、Cu	加氢、脱氢氧化	S、Se、Te、P、As、Sb、Bi、Zn 及某些硫化物 Hg、Pb、NH_3、吡啶、O_2、CO(<180℃)、铁的氧化物、银的氧化物、砷化物、乙炔、H_2S、PH_3
Co	加氢裂解	NH_3、S、Se、Te、P 的化合物
Ag	氧化	CH_4、C_2H_6
V_2O_5	氧化	砷化物
Fe	合成氨	硫化物、PH_3、O_2、H_2O、CO、乙炔
	加氢	Bi、Se、Te、P 的化合物，H_2O
	氧化	Bi
	费-托合成	硫化物
SiO_2-Al_2O_3	裂化	吡啶、喹啉、碱性的有机物、H_2O、重金属化合物

催化剂中毒一般分为两种，即暂时中毒和永久中毒。暂时中毒只要将毒物除去，催化活

性仍可恢复；而永久中毒则使催化剂完全失活而不能再生。例如对合成氨的铁催化剂而言，氧和水蒸气是暂时性毒物，可用还原或加热的办法除去，使催化剂复活，而硫、磷、砷的化合物则是永久性毒物，一旦使催化剂中毒就不能再生。

9.8.2.3　温度

催化剂的活性与反应温度有关。通常温度过高会引起活性组分重结晶，甚至发生烧结和熔融等现象，使催化剂失活。因此，催化剂必须严格控制在规定温度范围内使用。

9.8.2.4　催化剂的寿命

催化剂的活性与使用时间有关，二者之间的关系可用图 9-11 的催化剂寿命曲线来表示。该曲线可分为三个时期：催化剂在使用一段时间后，活性达到最高，称为成熟期；当催化剂成熟后活性会略有下降并在一个相当长的时间内保持不变，这段时间因使用条件而异，可以从数周到数年，称为稳定期；最后催化活性逐渐下降，此期称为衰老期。某些催化剂在老化后可以再生，使之重新活化。

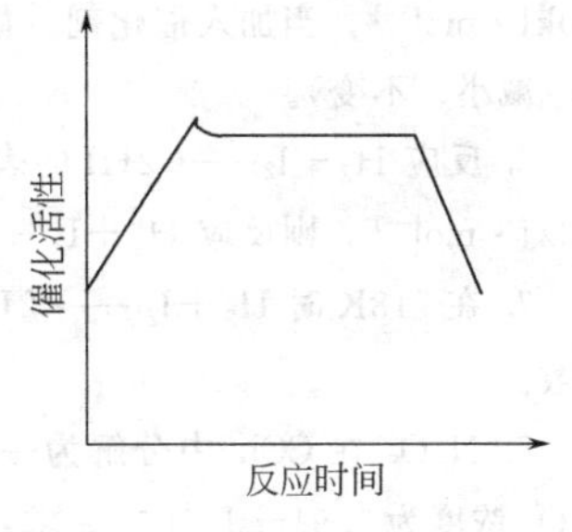

图 9-11　催化活性与时间的关系

综上所述，催化剂的活性主要取决于催化剂的组成与制备；但在使用过程中必须控制好温度，及时排除反应体系中的催化剂毒物，根据催化剂使用寿命，按期再生或更新催化剂。对于固体催化剂活性的研究正在迅速发展，以上仅对几个主要因素进行了概述。

科海拾贝

催化动力学光度法

催化动力学光度法就是把被测试样中的微量物质当作催化剂，利用在设计的反应中催化剂对反应速率的影响，间接测量反应速率和催化剂浓度的关系。在此引用一个实例——测定人发中的痕量铁。通过研究得知，铁（Ⅲ）能够催化三氯偶氮胂（TCA）褪色反应。在 H_2SO_4 介质中，微量铁（Ⅲ）对 H_2O_2 还原该试剂的褪色反应具有强烈催化作用，其褪色反应速率与微量铁（Ⅲ）的浓度在一定范围内呈良好的线性关系。经实验研究三氯偶氮胂（TCA）催化动力学光度法测定微量铁（Ⅲ）的条件，建立了测定微量铁（Ⅲ）的方法，方法检出限为 $1.47\times10^{-10}mL^{-1}$，选择性好，可不经分离直接测定人发中的微量铁（Ⅲ），方法的相对标准偏差为2.4%。实验比较了不同性别、年龄的人发中铁的含量变化情况。

练习

1. 反应速率 $v_i=\pm\dfrac{dc_i}{dt}$成立的条件是________（恒温、恒容、恒压）。

2. 25℃时反应（1）$N_2+3H_2\longrightarrow 2NH_3$ 的 $\Delta G^{\ominus}=-33.272kJ$，反应（2）$C+O_2\longrightarrow CO_2$ 的 $\Delta G^{\ominus}=-394.38kJ$，则 $K_{p1}^{\ominus}$ ____ $K_{p2}^{\ominus}$，v_1 ____ v_2（>、=、<、不能确定）。

3. 合成氨的反应速率可以表述为：$v_{N_2}=$ ________；$v_{H_2}=$ ________；$v_{NH_3}=$ ________。它们的相互关系为__________。

4. 填写下列基元反应的反应速率方程和反应分子数：

(1) $HOCH_2CH_2CH_2COOH\longrightarrow$ H_2C—CH_2—CH_2—C（=O）—O—（环，H_2C 与 C 经 O 相连）$+H_2O$

v=______________；反应分子数为______________。

(2) $2CH_3COOH \longrightarrow$ $H_3C-C\begin{smallmatrix}\nearrow O\cdot HO \searrow \\ \searrow OH\cdot O \nearrow\end{smallmatrix}C-CH_3$

v=______________；反应分子数为______________。

(3) $CH_2=CH_2+H_2 \longrightarrow CH_3-CH_3$

v=______________；反应分子数为______________。

(4) $2NO+O_2 \longrightarrow 2NO_2$

v=______________；反应分子数为______________。

5. 某一反应 $A \longrightarrow B$，在 298K 时，$\Delta H^{\ominus}=120kJ$，$K_p^{\ominus}=100$，平衡转化率 $Y_A=80\%$，表观活化能 $E=150kJ\cdot mol^{-1}$。当加入催化剂（能加速正反应）后，$\Delta H^{\ominus}$______；$K_p^{\ominus}$______；Y_A______；E______（增大、减小、不变）。

6. 反应 $H_2+I_2 \longrightarrow 2HI$ 的表观活化能为 $167kJ\cdot mol^{-1}$，其逆反应 $2HI \longrightarrow H_2+I_2$ 的表观活化能为 $183kJ\cdot mol^{-1}$，则反应 $H_2+I_2 \longrightarrow 2HI$ 是______反应（放热或吸热）。

7. 在 718K 时 $H_2+I_2 \longrightarrow 2HI$ 反应的速率常数 $k_{HI}=80.2L\cdot mol^{-1}\cdot min^{-1}$，求 k_{H_2} 并判断该反应的级数。

8. N_2O_5 在 CCl_4 中分解为一级反应，已知在 45℃时 N_2O_5 的初浓度为 $2.33mol\cdot L^{-1}$，经过 319s 后 N_2O_5 浓度为 $1.91mol\cdot L^{-1}$。求：(1) 反应速率常数；(2) 反应的初速率；(3) 半衰期；(4) 经过 0.5h 以后 N_2O_5 的浓度。

9. 把一定量的 PH_3 迅速引入一个 956K 的已抽空的容器中，待反应达到指定温度后，测得下列数据：

t/s	0	58	∞
p/kPa	34.99	36.33	36.84

已知反应 $4PH_3(g) \longrightarrow P_4(g)+6H_2(g)$ 为一级反应。求：(1) 反应的速率常数 k；(2) 90%的 PH_3 分解所需时间；(3) 若反应物一进入反应器即达指定温度，则从上述数据中求得测定时刻 $t=0$ 时实际反应已经历的时间。

10. 若将浓度相同（$c_0=0.0366mol\cdot L^{-1}$）的 $CH_3COOC_2H_5$ 与 NaOH 的溶液以等体积混合，因反应物与产物的电导率相差较大，故可通过测定混合物的电导率反映变化着的反应物浓度，数据如下：

t/min	0	15	∞
电导率 κ/S·m^{-1}	3.66×10^{-3}	2.27×10^{-3}	1.31×10^{-3}

求：(1) 该二级反应的速率常数；(2) 半衰期；(3) 反应 20min 时乙酸乙酯的转化率。

11. 反应 $CH_3CH_2NO_2+OH^- \longrightarrow H_2O+CH_3CH:NO_2^-$ 为二级反应，在 0℃时 k 为 $39.1L\cdot mol^{-1}\cdot min^{-1}$。若开始时硝基乙烷浓度为 $0.004mol\cdot L^{-1}$，NaOH 的浓度为 $0.005mol\cdot L^{-1}$，问多少时间后有 90%的硝基乙烷已进行反应？

12. 某一级反应在 340K 时转化 20%反应物需要 3.20min，而在 300K 时同样达到转化率 20%则需要 12.6min，试计算反应的活化能。

13. 硝基异丙烷在水溶液中被碱中和时，反应是二级反应，其速率常数可用下式表达：

$$\lg k=-\frac{3163.0}{T}+11.89$$

时间以 min 为单位，浓度以 $mol\cdot L^{-1}$ 为单位。(1) 计算反应的活化能和频率因子；(2) 283K 时反应物初浓度均为 $0.008mol\cdot L^{-1}$，则反应的半衰期为多少？

14. 环氧乙烷在蒸气状态时的热分解反应为

$$\underset{\diagdown O \diagup}{CH_2-CH_2}(g) \longrightarrow CH_4(g)+CO_2(g)$$

已知在 378.5℃时环氧乙烷反应的半衰期为 363min，该反应的活化能为 217568J·mol^{-1}。如果该反应为一级反应，试求在 450℃时环氧乙烷分解 75%所需的时间。

15. 乙醛分解为甲烷及一氧化碳的反应 $CH_3CHO \longrightarrow CH_4 + CO$ 的活化能为 190.381kJ·mol^{-1}，如果用适量碘蒸气作催化剂，则活化能可降为 139.986kJ·mol^{-1}。试问反应在 500℃的条件下进行时，加入催化剂后反应速率增加多少倍？(设频率因子不变)

附　　录

附录一　部分物质的标准摩尔生成焓、标准摩尔生成吉氏函数、标准摩尔熵和摩尔恒压热容（298.15K）

物　　质	$\Delta H_f^\ominus$ /kJ·mol^{-1}	$\Delta G_f^\ominus$ /kJ·mol^{-1}	$S_m^\ominus$ /J·mol^{-1}·K^{-1}	热　　容					
				$c_{p,m}$ /J·mol^{-1}·K^{-1}	$c_p=f(T)$的系数				
					a	10^3b	10^6c	$10^{-5}c'$	适用温度范围/K
Ag(s)	0	0	42.712	25.48	23.97	5.284		−0.251	293～1234
Ag_2O(s)	−30.56	−10.84	121.71	65.57					298
Al(s)	0	0	28.315	24.35	20.67	12.38			273～931.7
α-Al_2O_3(s)	−1669.8	−2213.21	50.986	79.00	92.38	37.54		−21.86	273～1973
$Al_2(SO_4)_3$(s)	−3434.98	−3728.73	239.3	259.4	368.57	61.92		−113.47	298～1100
Br_2(g)	30.71	3.142	245.346	35.99	37.2	0.690		−1.188	300～1500
Br_2(l)	0	0	152.3	35.6					298
C(金刚石)	1.896	2.866	2.439	6.07	9.12	13.22		−6.19	298～1200
C(石墨)	0	0	5.694	8.66	17.15	4.27		−8.79	298～2300
CO(g)	−110.525	−137.269	197.907	29.142	27.6	5.02			290～2500
CO_2(g)	−393.511	−394.38	213.65	37.129	44.14	9.04		−8.54	298～2500
CS_2(g)	115.28	65.06	237.82	45.61	52.09	6.69		−7.53	298～1800
CS_2(l)	87.8	63.6	151.0	75.73	75.7				298
Ca(s)	0	0	41.63	26.27	21.92	14.64			273～673
CaC_2(s)	−62.8	−67.8	70.2	62.34	68.62	11.88		−8.66	298～720
$CaCO_3$(方解石)	−1206.87	−1128.75	92.8	81.89	104.52	21.92		−25.94	298～1200
$CaCl_2$(s)	−795.0	−750.2	113.8	72.63	71.88	12.72		−2.51	298～1055
CaO(s)	−635.6	−604.2	39.7	48.53	48.83	4.52		−6.53	298～1800

续表

物质	$\Delta H_f^\ominus$ /kJ·mol⁻¹	$\Delta G_f^\ominus$ /kJ·mol⁻¹	$S_m^\ominus$ /J·mol⁻¹·K⁻¹	热容					
				$c_{p,m}$ /J·mol⁻¹·K⁻¹	$c_p=f(T)$的系数				
					a	10^3b	10^6c	$10^{-5}c'$	适用温度范围/K
$Ca(OH)_2$(s)	−986.5	−896.69	76.1	84.5	84.5				276～373
$CaSO_4$(硬石膏)	−1432.68	−1320.31	106.7	97.65	77.49	91.92		−6.561	273～1373
Cl_2(g)	0	0	222.948	33.93	36.69	1.05		−2.523	273～1500
Cu(s)	0	0	33.32	24.47	24.56	4.18		−1.200	273～1357
CuO(s)	−155.2	−127.2	43.51	44.4	38.79	20.08			298～1250
α-Cu_2O	−166.69	−146.35	100.8	69.8	62.34	23.85			298～1200
F_2(g)	0	0	203.4	31.46	34.69	1.84		−3.35	273～2000
α-Fe	0	0	27.15	25.23	17.28	26.69			273～1041
FeO(s)	−266.52	−244.3	54.0	51.1	52.80	6.243		−3.188	273～1173
Fe_2O_3(s)	−822.1	−741.0	90.0	104.6	97.74	72.13		−12.89	298～1100
Fe_3O_4(s)	−1117.1	−1014.2	146.4	143.42	167.03	78.91		−41.88	298～1100
H_2(g)	0	0	130.589	28.83	29.08	−0.837	2.008		300～1500
HBr(g)	−36.24	−53.22	198.49	29.12	26.15	5.858		1.088	298～1600
HCl(g)	−92.311	−95.265	186.677	29.12	26.53	4.60		1.09	298～2000
HI(g)	−25.94	−1.30	206.31	29.12	26.32	5.94		0.92	298～1000
H_2O(g)	−241.825	−228.593	188.723	33.571	30.13	11.30			273～2000
H_2O(l)	−285.838	−237.191	69.940	75.296					
H_2S(g)	−20.146	−33.020	205.64	33.97	29.29	15.69			273～1300
H_2SO_4(l)	−811.35	−686.6	156.85	137.57					
I_2(s)	0	0	116.7	55.97					
I_2(g)	62.242	19.37	260.49	36.87	37.196				456～1500
N_2(g)	0	0	191.489	29.12	27.87	4.27			273～2500
NH_3(g)	−46.19	−16.636	192.50	35.65	29.79	25.48	−1.665		273～1400
NH_3(l)	−69.87			80.7					298

续表

物质	$\Delta H_f^{\ominus}$ /kJ·mol^{-1}	$\Delta G_f^{\ominus}$ /kJ·mol^{-1}	$S_m^{\ominus}$ /J·mol^{-1}·K^{-1}	热容					
				$c_{p,m}$ /J·mol^{-1}·K^{-1}	$c_p=f(T)$的系数				
					a	10^3b	10^6c	$10^{-5}c'$	适用温度范围/K
$NH_4Cl(s)$	315.39	−203.88	94.5	84.10	49.37	133.89			298～457.7
$NH_4HCO_3(s)$	−849.4	−666.1	121						
$NH_4NO_3(s)$	−364.55			171.5					
$(NH_4)_2SO_4(s)$	−1191.85	−900.35	220.29	187.6	103.64	281.16			298～600
NO(g)	89.860	90.37	210.2	29.861	29.58	3.85		−0.59	298～2500
$NO_2(g)$	33.85	51.84	240.46	37.90	42.93	8.54		−6.74	298～2000
$N_2O(g)$	81.55	103.60	219.99	38.70	45.69	8.64		−8.54	298～2000
$N_2O_4(g)$	9.660	98.29	304.31	79.0	83.9	39.75		−14.90	298～1000
$N_2O_5(g)$	2.51	110.4	342.3	108.0					
$O_2(g)$	0	0	205.029	29.37	31.46	3.38		−3.766	273～2000
$PCl_3(g)$	−306.35	−286.27	311.66	71.1	83.97	1.209		−11.32	298～1000
$PCl_5(g)$	−398.94	−324.63	352.71	109.6	19.83	449.1	−498.7		298～450
S(单斜)	0.297	0.096	32.55	23.64	14.89	29.08			368.6～392
S(斜方)	0	0	31.9	22.60	14.98	26.11			273～368.6
$SO_2(g)$	−296.90	−300.37	248.53	39.79	47.69	7.171		−8.54	298～1800
$SO_3(g)$	−395.18	−370.42	256.23	50.70	57.32	26.86		−13.05	273～900
$CH_4(g)$甲烷	−74.848	−50.79	186.19	35.715	14.318	74.663	−17.426		291～1500
$C_2H_2(g)$乙炔	226.73	209.20	200.83	43.93	50.75	16.07			298～2000
$C_2H_4(g)$乙烯	52.292	68.178	219.45	43.56	11.322	122.00	−37.903		291～1500
$C_2H_6(g)$乙烷	−84.67	−32.886	229.49	52.68	5.753	175.109	−57.852		291～1000
$C_3H_6(g)$丙烯	20.42	62.72	266.9	63.89	12.443	188.380	−47.597		270～510
$C_3H_8(g)$丙烷	−103.85	−23.47	269.91	73.51	1.715	270.75	−94.483		298～1500
$C_4H_6(g)$1,3-丁二烯	111.9	153.68	279.78	79.83	9.67	243.84	87.65		

续表

物质	$\Delta H_f^\ominus$ /kJ·mol⁻¹	$\Delta G_f^\ominus$ /kJ·mol⁻¹	$S_m^\ominus$ /J·mol⁻¹·K⁻¹	热容					
				$c_{p,m}$ /J·mol⁻¹·K⁻¹	$c_p=f(T)$的系数				
					a	10^3b	10^6c	$10^{-5}c'$	适用温度范围/K
C_4H_{10}(g) 正丁烷	−124.725	−15.69	310.03	98.78	18.230	303.558	−92.65		298～1500
C_6H_6(g) 苯	82.93	129.08	269.69	81.76	−21.09	400.12	−169.9		
C_6H_6(l) 苯	49.04	124.140	173.264	135.1					
C_6H_{12}(g) 环已烷	123.14	31.76	298.24	106.3	−32.221	525.824	−173.987		298～1500
C_6H_{12}(l) 环已烷	−156.2	24.73	204.35	156.5					
C_7H_8(g) 甲苯	50.00	122.30	319.74	103.8	19.83	474.72	−195.4		
C_7H_8(l) 甲苯	12.00	114.27	219.2	156.1					
$C_6H_4(CH_3)_2$(g) 邻二甲苯	18.995	122.076	352.75	133.26	19.26	437.13	−140.65		298～1500
$C_6H_4(CH_3)_2$(l) 邻二甲苯	−24.439	110.332	246.48	187.9					
$C_6H_4(CH_3)_2$(g) 间二甲苯	17.238	118.846	357.69	127.57	8.184	456.67	−148.88		298～1500
$C_6H_4(CH_3)_2$(l) 间二甲苯	−25.418	107.654	252.17	183.3					
$C_6H_4(CH_3)_2$(g) 对二甲苯	17.949	121.135	352.42	126.86	7.724	454.36	−147.28		298～1500
$C_6H_4(CH_3)_2$(l) 对二甲苯	−24.426	110.081	247.36	183.7					
C_8H_8(g) 苯乙烯	146.90	213.8	345.10	122.09	13.10	545.6	−221.3		
C_8H_{10}(l) 乙苯	−12.47	119.75	255.01	186.44					
CH_4O(l) 甲醇	−238.57	−166.23	126.8	81.6					
CH_4O(g) 甲醇	−201.17	−161.88	237.7	45.2	20.42	103.7	−24.640		300～700
C_2H_6O(l) 乙醇	−277.634	−174.77	160.7	111.46					
C_2H_6O(g) 乙醇	−235.31	−168.6	282.0	73.60	14.970	208.560	71.090		300～1000
C_3H_8O(g) 丙醇	−261.5	−171.1	192.9	146.0	−2.59	312.419	105.52		
C_3H_8O(l) 异丙醇	−319.7	−184.1	179.9	163.2					
C_3H_8O(g) 异丙醇	−286.6	−175.4	306.3						
$C_4H_{10}O$(l) 乙醚	−272.5	−118.4	253.1	168.2					

续表

物质	$\Delta H_f^\ominus$ /kJ·mol^{-1}	$\Delta G_f^\ominus$ /kJ·mol^{-1}	$S_m^\ominus$ /J·mol^{-1}·K^{-1}	热容 $c_{p,m}$ /J·mol^{-1}·K^{-1}	$c_p=f(T)$的系数 a	10^3b	10^6c	$10^{-5}c'$	适用温度范围/K
$C_4H_{10}O$(g) 乙醚	−190.8	117.6							
CH_2O(g) 甲醛	−115.9	−110.0	220.1	35.35	18.820	58.379	−15.61		291～1500
C_2H_4O(g) 乙醛	−166.36	−133.7	265.7	62.8	31.054	121.457	−36.577		298～1500
C_7H_6O(l) 苯甲醛	−82.0		206.7	169.5					
C_3H_6O(g) 丙酮	−216.69	−152.7	304.2	76.9	22.472	201.782	−63.521		298～1500
CH_2O_2(l) 甲酸	−409.2	−346.0	128.95	99.04					
CH_2O_2(g) 甲酸	−362.63	−335.72	246.06	54.22	30.67	89.20	−34.539		300～700
$C_2H_4O_2$(l) 乙酸	−487.0	−392.5	159.8	123.4					
$C_2H_4O_2$(g) 乙酸	−436.4	−381.6	293.3	72.4	21.76	193.13	−76.78		300～700
$C_2H_2O_4$(s) 草酸	−826.8	−697.9	120.1	108.8					
$C_7H_6O_2$(s) 苯甲酸	−384.55	−245.6	170.7	145.2					
$CHCl_3$(g) 氯仿	−100.4	−67	295.47	65.40	29.506	148.942	−90.734		273～773
CH_3Cl(g) 氯甲烷	−82.0	−58.6	234.18	40.79	14.603	96.224	−31.552		273～773
CH_4ON_2(s) 尿素	−333.189	−197.15	104.60	93.14					
C_2H_5Cl(g) 氯乙烷	−105.0	−53.1	275.73	62.76					
C_6H_5Cl(l) 氯苯	−116.3	203.8	197.5	145.6					
C_6H_7N(l) 苯胺	35.31	153.2	191.2	190.8					
$C_6H_5NO_2$(l) 硝基苯	22.2	146.2	224.3	185.8					
C_6H_6O(s) 苯酚	−155.90	−40.75	142.2	134.7					
$C_6H_{12}O_6$(s) 葡萄糖			212.1						

附录二　部分有机化合物的标准燃烧焓（298.15K）

物　质	ΔH_c/kJ·mol^{-1}	物　质	ΔH_c/kJ·mol^{-1}
CH_4(g) 甲烷	−890.31	$(C_2H_5)_2O$(l) 乙醚	−2751.1
C_2H_6(g) 乙烷	−1559.9	HCOOH(l) 甲酸	−254.64
C_3H_8(g) 丙烷	−2220.0	CH_3COOH(l) 乙酸	−874.54
C_4H_{10}(g) 正丁烷	−2878.5	$(COOH)_2$(s) 草酸	−246.0
C_4H_{10}(g) 异丁烷	−2871.7	$CH_2CHCOOH$(l) 丙烯酸	−1368
C_5H_{12}(g) 戊烷	−3536.2	C_6H_5COOH(s) 苯甲酸	−3227.5
C_5H_{12}(g) 异戊烷	−2871.7	$C_{17}H_{33}COOH$(l) 油酸	−11118.6
C_2H_4(g) 乙烯	−1411.0	$C_{17}H_{35}COOH$(s) 硬脂酸	−11280.6
C_2H_2(g)乙炔	−1299.6	$HCOOCH_3$(l) 甲酸甲酯	−979.5
C_3H_6(g) 环丙烷	−2091.5	$CH_3COOC_2H_5$(l) 乙酸乙酯	−2254.21
C_4H_8(l) 环丁烷	−2720.5	$C_6H_5COOCH_3$(l) 苯甲酸甲酯	−3958
C_5H_{10}(l) 环戊烷	−3290.9	CCl_4(l) 四氯化碳	−156.1
C_6H_{12}(l) 环己烷	−3919.9	$CHCl_3$(l) 氯仿	−373.2
C_6H_6(l) 苯	−3267.6	CH_3Cl(g) 氯甲烷	−689.1
C_7H_8(l) 甲苯	−3909.9	C_6H_5Cl(l) 氯苯	−3140.9
C_8H_{10}(l) 对二甲苯	−4552.9	COS(g) 氧硫化碳	−553.4
$C_{10}H_8$(s) 萘	−5153.9	CS_2(l) 二硫化碳	1075.3
CH_3OH(l) 甲醇	−726.64	C_2N_2(g) 氰	1087.8
C_2H_5OH(l) 乙醇	−1366.9	$CO(NH_2)_2$(s) 尿素	−631.99
$(CH_2OH)_2$(l) 乙二醇	−1192.9	CH_3NH_2(l) 甲胺	−1060.6
$C_3H_8O_3$(l) 甘油	−1664.4	$C_2H_5NH_2$(l) 乙胺	1713.3
C_6H_5OH(s) 苯酚	−3062.7	$C_6H_5NO_2$(l) 硝基苯	−3097.8
HCHO(g) 甲醛	−563.58	$C_6H_5NH_2$(l) 苯胺	−3396.2
CH_3CHO(l) 乙醛	−1166.4	$C_6H_{12}O_6$(s) 葡萄糖	−2815.8
CH_3CHO(g) 乙醛	−1192.4	$C_{12}H_{22}O_{11}$(s) 蔗糖	−5640.9
CH_3COCH_3(l) 丙酮	−1802.9	$C_{10}H_{16}O$(s) 樟脑	−5903.6

附录三　国际单位制（SI）

一、SI 基本单位制

量		单　位	
名　称	符　号	名　称	符　号
长度	l	米	m
质量	m	千克(公斤)	kg
时间	t	秒	s
电流	I	安[培]	A
热力学温度	T	开[尔文]	K
物质的量	n	摩[尔]	mol
发光强度	I_V	坎[德拉]	cd

二、常用的SI导出单位

量		单位		
名称	符号	名称	符号	定义式
频率	ν	赫[兹]	Hz	s^{-1}
能量	E	焦[耳]	J	$kg \cdot m^2 \cdot s^{-2}$
力	F	牛[顿]	N	$kg \cdot m \cdot s^{-2} = J \cdot m^{-1}$
压力	p	帕[斯卡]	Pa	$kg \cdot m^{-1} \cdot s^{-2} = N \cdot m^{-2}$
功率	P	瓦[特]	W	$kg \cdot m^2 \cdot s^{-3} = J \cdot s^{-1}$
电荷量	Q	库[仑]	C	$A \cdot s$
电位;电压;电动势	U	伏[特]	V	$kg \cdot m^2 \cdot s^{-3} \cdot A^{-1} = J \cdot A^{-1} \cdot s^{-1}$
电阻	R	欧[姆]	Ω	$kg \cdot m^2 \cdot s^{-3} \cdot A^{-2} = V \cdot A^{-1}$
电导	G	西[门子]	S	$kg^{-1} \cdot m^{-2} \cdot s^3 \cdot A^2 = \Omega^{-1}$
电容	C	法[拉]	F	$A^2 \cdot s^4 \cdot kg^{-1} \cdot m^{-2} = A \cdot s \cdot V^{-1}$
磁通量	ϕ	韦[伯]	Wb	$kg \cdot m^2 \cdot s^{-2} \cdot A^{-1} = V \cdot s$
电感	L	亨[利]	H	$kg \cdot m^2 \cdot s^{-2} \cdot A^{-2} = V \cdot A^{-1} \cdot s$
磁通量密度(磁感应强度)	B	特[斯拉]	T	$kg \cdot s^{-2} \cdot A^{-1} = V \cdot s \cdot m^{-2}$

附录四　元素的相对原子质量

（以$^{12}C=12$相对原子质量为标准）

序数	名称	符号	相对原子质量	序数	名称	符号	相对原子质量	序数	名称	符号	相对原子质量
1	氢	H	1.008	37	铷	Rb	85.47	73	钽	Ta	180.9
2	氦	He	4.003	38	锶	Sr	87.62	74	钨	W	183.9
3	锂	Li	6.941±2	39	钇	Y	88.91	75	铼	Re	186.2
4	铍	Be	9.012	40	锆	Zr	91.22	76	锇	Os	190.2
5	硼	B	10.81	41	铌	Nb	92.91	77	铱	Ir	192.2
6	碳	C	12.01	42	钼	Mo	95.94	78	铂	Pt	195.1
7	氮	N	14.01	43	锝	^{99}Te	98.91	79	金	Au	197.0
8	氧	O	16.00	44	钌	Ru	101.1	80	汞	Hg	200.6
9	氟	F	19.00	45	铑	Rh	102.9	81	铊	Tl	204.4
10	氖	Ne	20.18	46	钯	Pd	106.4	82	铅	Pb	207.2
11	钠	Na	22.99	47	银	Ag	107.9	83	铋	Bi	209.0
12	镁	Mg	24.31	48	镉	Cd	112.4	84	钋	^{210}Po	210.0
13	铝	Al	26.98	49	铟	In	114.8	85	砹	^{210}At	210.0
14	硅	Si	28.09	50	锡	Sn	118.7	86	氡	^{222}Rn	222.0
15	磷	P	30.97	51	锑	Sb	121.8	87	钫	^{223}Fr	223.0
16	硫	S	32.07	52	碲	Te	127.6	88	镭	^{226}Ra	226.0
17	氯	Cl	35.45	53	碘	I	126.9	89	锕	^{227}Ac	227.0
18	氩	Ar	39.95	54	氙	Xe	131.3	90	钍	Th	232.0
19	钾	K	39.10	55	铯	Cs	132.9	91	镤	^{231}Pa	231.0
20	钙	Ca	40.08	56	钡	Ba	137.3	92	铀	U	238.0
21	钪	Sc	44.96	57	镧	La	138.9	93	镎	^{237}Np	237.0
22	钛	Ti	47.88±3	58	铈	Ce	140.1	94	钚	^{239}Pu	239.1
23	钒	V	50.94	59	镨	Pr	140.9	95	镅	^{243}Am	243.1
24	铬	Cr	52.00	60	钕	Nd	144.2	96	锔	^{247}Cm	247.1
25	锰	Mn	54.94	61	钷	^{145}Pm	144.9	97	锫	^{247}Bk	247.1
26	铁	Fe	55.85	62	钐	Sm	150.4	98	锎	^{252}Ct	252.1
27	钴	Co	58.93	63	铕	Eu	152.0	99	锿	^{252}Es	252.1
28	镍	Ni	58.69	64	钆	Gd	157.3	100	镄	^{257}Fm	257.1
29	铜	Cu	63.55	65	铽	Tb	158.9	101	钔	^{256}Md	256.1
30	锌	Zn	65.39±2	66	镝	Dy	162.5	102	锘	^{259}No	259.1
31	镓	Ga	69.72	67	钬	Ho	164.9	103	铹	^{260}Lr	260.1
32	锗	Ge	72.61±3	68	铒	Fr	167.3	104	𬬻	^{261}Rf	261.1
33	砷	As	74.92	69	铥	Tm	168.9	105	𬭊	^{262}Ha	262.1
34	硒	Se	78.96±3	70	镱	Yb	173.0	106		^{263}Nh	263.1
35	溴	Br	79.90	71	镥	Lu	175.0	107		^{262}Ns	262.1
36	氪	Kr	83.80	72	铪	Hf	178.5	109		^{266}Ue	266.1

练习题答案

1　气　　体

1. 气＞液＞固；固＞液＞气
2. 高温、低压
3. 温度；压力；$T_1<T_2<T_3$；$p_1<p_2<p_3$
4. 25；＜；理想；分压
5. 400；800
6. 低于临界温度；处于对应的临界压力下
7. 气体；液体
8. $p=130.6\text{kPa}$
9. $m=54\text{kg}$
10. $\rho=0.931\text{kg}\cdot\text{m}^{-3}$
11. $p=50.7\text{kPa}$
12. $\overline{M}=15.68\text{g}\cdot\text{mol}^{-1}$；$\rho=0.63\text{kg}\cdot\text{m}^{-3}$
13. $p_{总}=62\text{kPa}$；$p_{O_2}=24.8\text{kPa}$；$p_{N_2}=37.2\text{kPa}$
14. $p_{H_2}=62.5\text{kPa}$；$p_{N_2}=20.8\text{kPa}$；$p_{NH_3}=17\text{kPa}$；$V_{总}=2.99\text{m}^3$
15. $p_{理}=1182\text{kPa}$；$p_{范}=1130\text{kPa}$
17. $Z=0.78$；$V=0.17\text{m}^3$

2　热力学第一定律

1. (1) $W<0$；(2) $W>0$；(3) $Q<0$；(4) $Q>0$
2.

体系	电池	电池＋电阻丝	电阻丝	水	水＋电阻丝
环境	水＋电阻丝	水	水＋电池	电池＋电阻丝	电池
Q	$=0$	<0	<0	>0	$=0$
W	<0	$=0$	>0	$=0$	>0
ΔU	<0	<0	$=0$	>0	>0

3. 133000；0
4. ＜；＝
5. 不可逆；＝；＞；＞；＞；＞
6. 从左到右，从上到下：汽化；升华；熔化
7. 从左到右：反应物；产物。横线上从上到下：反应物；产物

8. (1) =；恒压，只做膨胀功；(2) −92.38kJ；(3) 46.19kJ；1；43.71kJ

9. 1440；1094.31；10.8；2.27；89.24；$C_{12}H_{22}O_{11}(s)+12O_2(g) \longrightarrow 12CO_2(g)+11H_2O(l)$；−5640.9；470.07；12584.9；8.7

10. $\Delta H=0$；$\Delta U=0$；$Q=-84kJ$；$W=84kJ$

11. $Q_p=\Delta H=7.46kJ$；$Q_V=\Delta U=5.8kJ$

12. (1) $\Delta U=0$；$\Delta H=0$；$Q=-W$；$W=-7.14kJ$；(2) 皆为 0

13.

步骤	过程名称	Q/kJ	W/kJ	ΔU/kJ	ΔH/kJ
(1)	恒压过程	3.97	−1.13	2.84	3.97
(2)	恒温过程	−1.57	1.57	0	0
(3)	恒容过程	−2.84	0	−2.84	−3.97
A—B—C	循环过程	−0.44	0.44	0	0

14. $\Delta H=39.36kJ=Q$；$W=-3.77kJ$；$\Delta U=35.6kJ$

15. $Q_{总}=92.22kJ$

16. (1) $\Delta U=\Delta H$；(2) $\Delta U=\Delta H$；(3) $\Delta U>\Delta H$；(4) $\Delta U>\Delta H$

17. (1) $\Delta H-\Delta U=-4957J$；(2) $\Delta H-\Delta U=-7436.5J$；(3) $\Delta H-\Delta U=2478.8J$；(4) $\Delta H-\Delta U=0$；(5) $\Delta H-\Delta U=0$

18. $Q_V=-24.04kJ\cdot mol^{-1}$，$Q_p=-24.09kJ\cdot mol^{-1}$

19. (1) $\Delta H_{298}^{\ominus}=-890.4kJ$；(2) $\Delta H_{298}^{\ominus}=-45.76kJ$；(3) $\Delta H_{298}^{\ominus}=-631.2kJ$；(4) $\Delta H_{298}^{\ominus}=-228.6kJ$

20. (1) $\Delta H_{298}^{\ominus}=-107kJ$；(2) $\Delta H_{298}^{\ominus}=-632kJ$；(3) $\Delta H_{298}^{\ominus}=-136.84kJ$

21. $\Delta H_{673}^{\ominus}=-672.8kJ\cdot mol^{-1}$

22. $T=2883K$

3 热力学第二定律

1.

膨胀过程(A→B)	向真空膨胀	一次膨胀	二次膨胀	可逆膨胀
功 W/J	0	−90	−130	−230
热 Q/J	0	90	130	230
可逆压缩过程(B→A)				
功 W/J	230	230	230	230
热 Q/J	−230	−230	−230	−230
循环过程(A→B→A)				
净结果 功 W/J	230	140	100	0
净结果 热 Q/J	−230	−140	−100	0

2. 降低；减少；增大。不变；不变；增加

3. >；<；>

4.（1）＞；（2）＜；（3）＜；（4）＜；（5）＞

5. ＞；＝

6. ＜；＜；＜

7.

过　程	ΔH	ΔS	ΔG
(1)恒温可逆膨胀,使原体积扩大10倍	0	$19.15J \cdot K^{-1}$	$-19.15kJ$
(2)恒温自由膨胀,使原体积扩大10倍	0	$19.15J \cdot K^{-1}$	$-19.15kJ$
(3)绝热可逆膨胀,使原体积扩大10倍	$-16.3kJ$	0	超纲,不要求
(4)绝热自由膨胀,使原体积扩大10倍	0	$19.15J \cdot K^{-1}$	$-19.15kJ$

8. 500℃：$\Delta S_{总1}=0.5627kJ \cdot K^{-1}$，自发。25℃：$\Delta S_{总2}=-0.27kJ \cdot K^{-1}$，不自发。

9. $\Delta U=\Delta H=0$；$\Delta S=5.76J \cdot K^{-1}$；$W=-Q=-1718.2J$

10. $Q=\Delta H=11.76kJ$；$W=-3.33kJ$；$\Delta U=8.43kJ$；$\Delta S=30J \cdot K^{-1}$；$\Delta S_{总}=6.48J \cdot K^{-1}$；自发

11.（1）$11.53J \cdot K^{-1}$；（2）0；（3）0；（4）$-11.53J \cdot K^{-1}$

12. $\Delta S_{总}=154.5J \cdot K^{-1}$

13. $\Delta S_{298}^{\ominus}=-301.65J \cdot K^{-1}$

14. $\Delta H_{298}^{\ominus}=-41.15kJ \cdot mol^{-1}$；$\Delta S_{298}^{\ominus}=-42.39J \cdot K^{-1}$；$\Delta G_{298}^{\ominus}=-28.51kJ \cdot mol^{-1}<0$，标准态时自发。

15. $\Delta H_{298}^{\ominus}=-92.38kJ \cdot mol^{-1}$；$\Delta S_{298}^{\ominus}=-198.3J \cdot K^{-1}$；$\Delta G_{298}^{\ominus}=-33.25kJ \cdot mol^{-1}<0$，标准态时自发。

16. $\Delta U=\Delta H=0$；$Q=-W$；$W=3325.6J$；$\Delta S=-5.76J \cdot K^{-1}$；$\Delta G=2305J$

17. $\Delta H=Q=33.33kJ$；$W=-3.19kJ$；$\Delta U=30.14kJ$；$\Delta G=0$；$\Delta S=86.85J \cdot K^{-1}$

18.（1）ΔG 减小；（2）ΔG 增大；（3）ΔG 减小

19. 第（1）、（2）两方法可行；第（3）种方法不行。

4　相　平　衡

1. 1；2；1

2. 2；2；2

3. 2；3；0

4. 2－2＋1；1；达到平衡态

5. 4；2；3

6. 4

7. $\frac{dp}{dT}=\frac{-\Delta H}{T(V_2-V_1)}$；两相平衡

8. $\lg p$；$1/T$；43368；82.1

9. $\Delta V=1.6\times10^{-7}m^3 \cdot g^{-1}$

10. $T_b=433.3K$

11. $\Delta H_{蒸发}=24.85kJ \cdot mol^{-1}$

12.（1）$\Delta H_{蒸发}=41.5kJ \cdot mol^{-1}$；（2）$A=2170$，$B=10.82$；（3）$p^{\ominus}=143kPa$

13. $\frac{dT}{dp}=7.42\times10^{-8}K\cdot Pa^{-1}$

14. (1) $T\geqslant470.4K$；(2) $\frac{dp}{dT}=3557Pa\cdot K^{-1}$

15. $T_b^{\ominus}=357K$；$\Delta H=37.3kJ\cdot mol^{-1}$

16. (1) $T=196.3K$，$p=1469.2Pa$；(2) 升华热$=35.83kJ\cdot mol^{-1}$，蒸发热$=27.3kJ\cdot mol^{-1}$，熔化热$=8.53kJ\cdot mol^{-1}$

17.

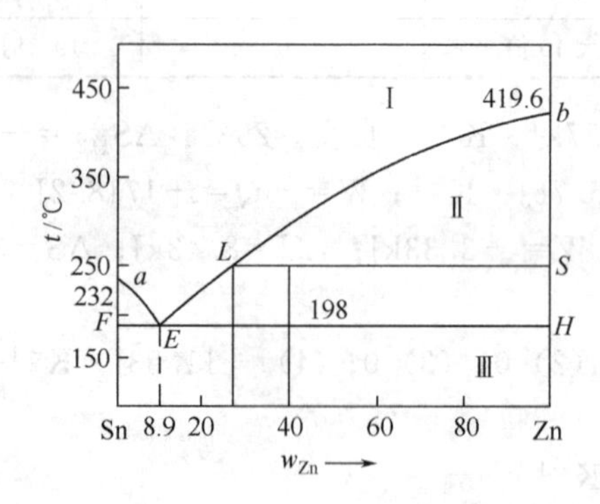

(1) 区域Ⅰ，单一熔液，$f=2$；区域Ⅱ，熔液＋Zn(s)，$f=1$；区域Ⅲ，熔液＋Zn(s)＋Sn(s)，$f=0$；(3) a、b、E；(4) $w_{Zn}=833g$

18. $NaNO_3$ 固体的质量＝24kg；蒸发的水分量＝64.7kg

5 溶　液

1. ＝
2. 吸；增大；正
3. 小于
4. $p_A^{\circ}+p_B^{\circ}$
5. p°；摩尔质量
6. $x_B(g)>x_B$(总)$>x_B(l)$；恒沸混合物
7. $y_A=0.67$
8. (1) $w_{H_2O}=91\%$；(2) $b_{CH_3COOH}=1.67mol/1000g\ H_2O$；(3) $c_{CH_3COOH}=1.53mol/L$；(4) $x_{CH_3COOH}=0.03$
9. (1) $c=18.4mol/L$；(2) $b=500mol/1000g\ H_2O$；(3) $x_{H_2SO_4}=0.9$
10. $p_{H_2O}=101kPa$；$\Delta p=300Pa$
11. $M=165g/mol$
12. $C_{10}H_{22}$
13. $t_b=80.86℃$
14. $M=82g/mol$
15. $m=1.87g$
16. $V=87mL$

17. （1） $x_B=0.75$，$x_A=0.25$；（2） $y_B=0.9$，$y_A=0.1$

18. $p_A^\circ=36.9\text{kPa}$，$p_B^\circ=83.7\text{kPa}$

19. （1） $x_A=0.67$，$p=67.3\text{kPa}$；（2） $x_A=0.25$

6 化学平衡

1. 0.696；温度
2. $-2483.71\text{kJ}\cdot\text{mol}^{-1}$；$10^{-5}$
3. -14.4；向右
4. 0.0035；0.29；0.54；0.059；0.54
5. 531
6. 0.0625
7. 吸热；增大；92.74
8. 左；右
9. 降温；减压；移走产物；充惰性气体
10. $a:b$；$a:b$
11. （1） $K_p^\ominus=0.77$；（2） $J_p=0.333<K_p^\ominus$，反应自发
12. $K_p^\ominus=0.307$
13. $n=0.76\text{mol}$
14. $n_{PCl_5}=1.08\text{mol}$
15. $p=266\times100\text{kPa}$
16. （1） $\alpha=0.68$；（2） $K_p^\ominus=0.86$；（3） $\alpha=0.55$
17. （1） $\Delta G^\ominus=86.19\text{kJ}$，$K_p^\ominus=7.9\times10^{-16}$；（2） $\Delta G^\ominus=-35.2\text{kJ}$，$K_p^\ominus=1.46\times10^6$
18. $\Delta G^\ominus=-30.22\text{kJ}$，$K_p^\ominus=1.97\times10^5$
19. $K_p^\ominus=0.25$，$\Delta G^\ominus=6880\text{J}$
20. （1） $\Delta G^\ominus=57583\text{J}$，$K_p^\ominus=8.15\times10^{-11}$；（2） $\Delta G^\ominus=57583\text{J}$，$K_p^\ominus=8.1\times10^{-4}$
21. $\Delta G^\ominus=-23844\text{J}$，$K_p^\ominus=17.6$
22. $\Delta H^\ominus=17.12\text{kJ}$，$\Delta S^\ominus=40\text{J}\cdot\text{K}^{-1}$
23. $\Delta H_f^\ominus(CH_3COOC_2H_5)=-431.6\ \text{kJ}\cdot\text{mol}^{-1}$
24. $K_{p_2}^\ominus=0.367$
25. （1） $A=-2306.7$，$B=2.75$；（2） $\Delta G^\ominus=19178-22.86T$；（3） $\Delta H^\ominus=19.2\text{kJ}$；（4） $K_p^\ominus=2.56$；（5） 能
26. （1） $x_{乙苯}=0.774$；（2） $x_{乙苯}=0.653$；（3） $x_{乙苯}=0.91$

7 电 化 学

1. 电导率；比电导；S；$\text{mol}\cdot\text{L}^{-1}$；摩尔电导率；$\text{S}\cdot\text{m}^2\cdot\text{mol}^{-1}$
2. $AgNO_3$；$\frac{1}{2}CuSO_4$

3. 价态；浓度；作用力

4. E；V（伏特）；正；阴；负；阳；φ；V（伏特）

5. 负；正；氧化；还原；电子

6. (1) 金属；$Zn^{2+}+2e \longrightarrow Zn$

(2) 氧气；$O_2+4H^++4e \longrightarrow 2H_2O$

(3) 金属；$Ag^++e \longrightarrow Ag$

(4) 难溶盐；$AgBr+e \longrightarrow Ag+Br^-$

(5) 难溶盐；$Hg_2SO_4+2e \longrightarrow 2Hg+SO_4^{2-}$

7. (1) $H_2-2e \longrightarrow 2H^+$；$Cu^{2+}+2e \longrightarrow Cu$；$H_2+Cu^{2+} \longrightarrow Cu+2H^+$

(2) $2Ag-2e \longrightarrow 2Ag^+$；$Sn^{4+}+2e \longrightarrow Sn^{2+}$；$2Ag+Sn^{4+} \longrightarrow 2Ag^++Sn^{2+}$

(3) $H_2-2e \longrightarrow 2H^+$；$\frac{1}{2}O_2+2H^++2e \longrightarrow H_2O$；$H_2+\frac{1}{2}O_2 \longrightarrow H_2O$

(4) $\frac{1}{2}H_2-e \longrightarrow H^+$；$AgCl+e \longrightarrow Ag+Cl^-$；$\frac{1}{2}H_2+AgCl \longrightarrow Ag+H^++Cl^-$

(5) $2Ag+2Br^--2e \longrightarrow 2AgBr$；$Hg_2SO_4+2e \longrightarrow 2Hg+SO_4^{2-}$；$2Ag+2Br^-+Hg_2SO_4 \longrightarrow 2AgBr+2Hg+SO_4^{2-}$

8. 0；0.222；0.071；0.615；0.222；21.4；0.544；－105

9. $\varphi^{\ominus}+\frac{0.0592}{n}\lg\frac{[Ox]^b}{[Red]^h}$；$\varphi^{\ominus}+0.0592\lg\bar{c}_{Ag^+}$；$\varphi^{\ominus}+0.0592\lg\frac{1}{\bar{c}_{Cl^-}}$；$\varphi^{\ominus}+\frac{0.0592}{4}\lg\frac{\bar{p}(O_2)}{\bar{c}_{OH^-}^4}$

10. (1) $K_{cell}=126.6m^{-1}$；(2) $\kappa=0.1206S \cdot m^{-1}$；(3) $\Lambda_m\left(\frac{1}{2}CaCl_2\right)=0.012S \cdot m^2 \cdot mol^{-1}$

11. (1) $\alpha=0.123$；$K_a=1.77\times10^{-5}$；(2) pH=3.9

12. (1) (－)Zn|$ZnSO_4$|Hg_2SO_4(s)|Hg(＋)

(2) (－)Ag|AgI(s)|I^-|Cl^-|AgCl(s)|Ag(＋)

(3) (－)Hg|HgO(s)|OH^-|PbO(s)|Pb(＋)

(4) (－)Pt|Fe^{2+}|Fe^{3+}|Ag^+|Ag(＋)

13. 107.87；31.78

14. 7；2.24

15. 90

16. 19.3×10^4；5.36；90

17. $E=E^{\ominus}=0.938V$，$\Delta G^{\ominus}=-181kJ$，$K=5\times10^{31}$

18. $E=0.51V$

19. pH=2.62

20. pH=2.46

21. pH=6.1

22. $E=0.0158V$

23. $E=0.0236V$

24. 析出电位，$\varphi_{H_2}=-1.114V$，$\varphi_{Cl_2}=-0.792V$，$\varphi_{Zn}=-0.746V$，$\varphi_{Cd}=-0.464V$；

析出顺序为 Cd→Zn→Co→H_2

25.（1）阴极析出 H^+、Na^+，阳极析出 Cl^-、OH^-；（2）$E_{实际}=2.47V$，$E_{理论}=1.23V$

8　表面现象和分散体系

1. 变大；缩小；气泡受到的附加压力与半径成反比$\left(\Delta p=\frac{2\sigma}{r}\right)$且指向气泡中心

2. 能够；附加压力与气泡的半径成反比$\left(\Delta p=\frac{2\sigma}{r}\right)$

3. 凹；<；凸；下降

4. <；<

5. 小于

6. 可逆；<；冷凝

7. 负溶胶

8. $AgNO_3+KI \longrightarrow AgI+KNO_3$；$[(AgI)_m \cdot nAg^+ \cdot (n-x)NO_3^-]^{x+} \cdot xNO_3^-$；向负极；$K_3[Fe(CN)_6]$

9. $\Delta G=0.51J$

10. $\frac{p_r}{p^{\ominus}}=1.002$

11. $c_r=1.25\times10^{-3}mol \cdot L^{-1}$

13. 1kg 硅酸的表面积$=16940m^2$

14. 正溶胶。大约需要 $40mmol \cdot L^{-1}$

9　化学动力学和催化作用

1. 恒温、恒容

2. <；不能确定

3. $v_{N_2}=-\frac{dc_{N_2}}{dt}$；$v_{H_2}=-\frac{dc_{H_2}}{dt}$；$v_{NH_3}=\frac{dc_{NH_3}}{dt}$；$v_{N_2}=\frac{1}{3}v_{H_2}=\frac{1}{2}v_{NH_3}$

4. （1）$v=-\frac{dc_A}{dt}=kc_A$（A 为 $HOCH_2CH_2CH_2COOH$）；1

（2）$v=-\frac{dc_{CH_3COOH}}{dt}=kc^2_{CH_3COOH}$；2

（3）$v=-\frac{dc_{H_2}}{dt}=k_{H_2}c_{H_2}c_{C_2H_4}$；2

（4）$v=-\frac{dc_{O_2}}{dt}=k_{O_2}c^2_{NO}c_{O_2}$；3

5. 不变；不变；不变；减小

6. 放热

7. $k_{H_2}=40.1L \cdot mol^{-1} \cdot min^{-1}$；二级反应

8. (1) $k=6.23\times10^{-4}\text{s}^{-1}$； (2) $v=1.45\times10^{-3}\text{mol}\cdot\text{L}^{-1}\cdot\text{s}^{-1}$； (3) $t_{1/2}=1112\text{s}$； (4) $y_B=0.66$

9. (1) $k=0.222\text{s}^{-1}$；(2) $t=103.7\text{s}$；(3) 实际反应已经历 $t=97\text{s}$

10. (1) $k=5.36\text{L}\cdot\text{mol}^{-1}\cdot\text{min}^{-1}$；(2) $t_{1/2}=10.36\text{min}$；(3) $Y_B=0.66$

11. $t=26.34\text{min}$

12. $E=2.88\times10^4\text{J}\cdot\text{mol}^{-1}$

13. (1) $E=60.56\text{kJ}\cdot\text{mol}^{-1}$；$A=7.8\times10^{11}$；(2) $t_{1/2}=24.2\text{min}$

14. $t=13.73\text{min}$

15. 2544 倍

参 考 文 献

[1] 南京大学化学系．物理化学词典．北京：科学出版社，1988.
[2] 胡英．物理化学．第4版．北京：高等教育出版社，1999.
[3] 王军民等．物理化学．北京：清华大学出版社，1993.
[4] 傅献彩等．物理化学．北京：高等教育出版社，1990.
[5] 庄宏鑫．物理化学．北京：化学工业出版社，1998.
[6] 胡林．物理化学自学指导．北京：水利电力出版社，1985.
[7] 天津大学．物理化学．北京：人民教育出版社，1998.
[8] 江琳才．物理化学．北京：人民教育出版社，1987.
[9] 李吕辉等．物理化学．北京：高等教育出版社，1984.
[10] 邵之三等．物理化学．合肥：中国科学技术大学出版社，1992.
[11] 印永嘉等．物理化学简明教程．北京：高等教育出版社，1992.
[12] 颜肖慈等．物理化学．武昌：武汉大学出版社，1995.
[13] 李得忠等．物理化学题解．武汉：华中科技大学出版社，2001.
[14] 金义范等．物理化学．北京：高等教育出版社，1982.
[15] 范崇正等．物理化学概念辨析、解题方法．合肥：中国科学技术大学出版社，1999.
[16] 胡美禄等．物理化学．北京：高等教育出版社，1988.
[17] 郑重知等．物理化学．上海：上海科学技术出版社，1983.
[18] 朱裕贞等．现代基础化学．北京：化学工业出版社，1998.
[19] 徐彬等．物理化学．北京：化学工业出版社，1999.
[20] 邬宪伟等．物理化学辅助训练．北京：化学工业出版社，1995.
[21] 王文清等．物理化学习题精解．北京：科学出版社，1999.
[22] 董元彦等．物理化学．北京：科学出版社，2001.
[23] 李国珍．物理化学练习500例．北京：高等教育出版社，1985.
[24] 吕瑞东．物理化学教学指南．上海：华东理工大学出版社，1998.
[25] J. William Moncrief. Elements of Physical Chemistry. Addison-Wesley PC，1977.
[26] P. W. Atkins. Physical Chemistry. Oxford：Oxford University Press，1990.
[27] 王佛松等．展望21世纪的化学．北京：化学工业出版社，2001.
[28] 帅敏等．一种新型的物理化学分析方法．九江师专学报，2001，20 (5).
[29] 周燕婷等．信息与熵．广州师院学报，1998，19.
[30] 张兰知等．熵的泛化．哈尔滨师范大学学报，2000，(5).
[31] 陆瑞征等．熵、负熵、生命和人口．工科物理，1997，(1).
[32] 葛欣等．物理化学课堂讨论举例．大学化学，1995.
[33] 郑琦等．催化动力学光度法测定人发中痕量铁．分析化学，1997，25 (6).
[34] 王一川等．常见的分子筛．化学世界，1995，(5).
[35] 杨先碧等．高效液相色谱发展史．化学通报，1998，(11).
[36] 沙健等．一种新型的介观物质．化学世界，1998，39 (1).
[37] 查德根等．海洋——新世纪的希望．上海：复旦大学出版社，2001.

参考文献

[1] [illegible]
[2] 刘秉[illegible]出版社，1999
[3] [illegible]，1998
[4] [illegible]
[5] [illegible]出版社，1996
[6] [illegible]
[7] [illegible]
[8] [illegible]，1982
[9] [illegible]
[10] [illegible]，1991
[11] [illegible]出版社，1992
[12] [illegible]，1995
[13] [illegible]，2001
[14] [illegible]，1982
[15] [illegible]
[16] [illegible]，1988
[17] [illegible]，1982
[18] [illegible]，1998
[19] [illegible]
[20] [illegible]，199[illegible]
[21] [illegible]，1999
[22] [illegible]，2001
[23] [illegible]，1986
[24] [illegible]，1996
[25] J W Hall[illegible] Elements of Physical Chemistry. Addison-Wesley [illegible]
[26] P W Atkins. Physical Chemistry. Oxford: Oxford University Press. [illegible]
[27] [illegible]，2001
[28] [illegible]
[29] [illegible]
[30] [illegible]
[31] [illegible]
[32] [illegible]
[33] [illegible]
[34] [illegible]
[35] [illegible]，1998，(1)
[36] [illegible]
[37] [illegible]，2001